普通化学

第 2 版

李梅　韩莉　主编

上海交通大学出版社
SHANGHAI JIAO TONG UNIVERSITY PRESS

内容提要

本书是编者结合高校工科专业化学教学特点编写而成的,基本内容包括化学反应基本原理、原子和分子的结构、溶液的依数性及水溶液中的平衡、氧化还原反应、定量分析概论、材料化学和有机化学。

本书较为系统地介绍了普通化学的基本理论、基础知识和基本运算,力求揭示物质的微观结构与性质的内在联系,使学生初步把握科学思维方法,掌握化学基础知识和理论。同时,结合每章主题编写了"今日话题",介绍化学学科在相关领域的研究前沿和进展,体现化学与其他学科、其他工程技术之间的相互交叉。

本书可作为高等学校工科类专业的化学基础课程教材,也可供自学者和工程技术人员参考。

图书在版编目(CIP)数据

普通化学/ 李梅,韩莉主编. —2 版. —上海:
上海交通大学出版社,2023.8(2024.7 重印)
ISBN 978-7-313-28098-5

Ⅰ.①普⋯ Ⅱ.①李⋯ ②韩⋯ Ⅲ.①普通化学
Ⅳ.①06

中国国家版本馆 CIP 数据核字(2023)第 145655 号

普通化学(第二版)
PUTONG HUAXUE (DI-ER BAN)

主 编:	李 梅 韩 莉		
出版发行:	上海交通大学出版社	地 址:	上海市番禺路 951 号
邮政编码:	200030	电 话:	021-64071208
印 制:	上海盛通时代印刷有限公司	经 销:	全国新华书店
开 本:	710 mm×1000 mm 1/16	印 张:	27.5
字 数:	468 千字	插 页:	2
版 次:	2015 年 7 月第 1 版 2023 年 8 月第 2 版	印 次:	2024 年 7 月第 13 次印刷
书 号:	ISBN 978-7-313-28098-5		
定 价:	56.00 元		

第 二 版 前 言

《普通化学》自 2015 年出版以来，用作我校面向工科平台学生的大学化学课程教材。在对教材使用情况和教学情况进行分析总结后，我们研究确定了本教材的修订思路，基本保持原有结构框架，进行修订整合：将原第 1 章化学热力学基础和第 2 章化学反应的基本原理的基础理论部分合并为新的第 1 章化学反应基本原理；第 2 章原子和分子的结构增加对分子轨道理论和金属能带理论的介绍；第 3 章增加了对复杂平衡体系的讨论和例题；第 4 章氧化还原反应中也增加了多种平衡共存体系的分析和例题；新增了第 5 章定量分析概论，介绍定量分析的基本概念、步骤、化学分析概述以及常见仪器分析简介；原第 4 章的金属单质及其化合物的性质、金属与合金材料，以及原第 7 章的高分子材料整合补充为新的第 6 章材料化学；原第 7 章中的有机化学部分独立修订为一章；并根据修订后的知识点增补完善了每一章的习题。化学是创造新物质、新材料的基础科学，与人们的生活息息相关，也与物理、生物、电子材料、人工智能等学科相互渗透、协同发展。本书结合每章主题编写了"今日话题"，介绍化学学科在相关领域的研究前沿和研究成果，体现化学与其他学科、与其他工程技术之间的相互交叉渗透，希望学生能够学会从不同视角分析解决问题。

本书汇总过程中恰逢上海市新冠疫情，大家一边坚持网上教学，一边完成了书稿的成稿和校对，虽然不能线下讨论，但仍然通过视频会议讨论书稿修订的问题，大家互相督促，在疫情形势明显好转时完成了书稿，每一个人都为大上海保卫战做出了自己的贡献，也是每位编者一段难忘的回忆。

本书由李梅、韩莉主编。全书共 7 章，第 1 章由张卫修订，第 2 章由谢少艾修订,第 3 章由韩莉修订,第 4 章由李梅修订,第 5 章由陈虹锦执笔,第 6 章和第 7 章由马荔修订,李梅和韩莉统稿。除了本书编者外,东华大学材料学院游正伟教授、北京大学集成电路学院郑雨晴研究员、北京大学材料科学与工程学院窦锦虎研究员、耶鲁大学化学系博士研究生柳晗宇、上海交通大学博士研究生孟德超为本书撰写了"今日话题"的部分内容,上海交通大学教务处和上海交通大学出版社对本书的出版给予支持与关心,在此一并表示感谢。

由于我们水平有限,也不免有疏漏之处,欢迎读者批评指正。

编 者

2022 年 5 月于上海交通大学

目　　录

第1章 化学反应基本原理

化学反应进行过程中能量如何转化？要使反应变化过程朝着人们所希望的方向进行，应创造怎样的外界条件呢？如何最大限度地获得目标产物？反应能以怎样的速率转化为生成物？本章将主要讨论化学反应中的能量变化、反应进行的方向和限度以及反应进行的速率等可能性和现实性问题。

1.1　化学热力学基础

18世纪末期，随着蒸汽机的发明和使用，人们为解决其中的能量转化、交换等问题，提出了热力学理论。热力学主要研究热现象中物质转变与热量、机械功及其他形式能量间相互转换的规律，是以热力学第一、第二定律为基础逐步发展、完善起来的。

化学热力学在热力学定律范畴内，研究化学过程、与化学过程密切相关的物理过程中的能量效应，以及在一定条件下某种变化自发进行的可能性和限度问题。这些问题的解决，无疑将对生产和科学发展起到巨大的推动作用，例如金刚石硬度很大，可用来制作切割刀具、拉丝的模具等，但天然金刚石非常珍贵，而石墨作为同素异形体却非常普通且价格低廉，是否能够在一定条件下采用价廉、易得的石墨制造金刚石？再如，氮肥是农作物生长的基础肥料，而地壳中仅含有极少的可溶性无机氮盐，大部分生物不能直接利用大气中的氮气，如何将大气中的氮气转化成植物可利用的形式呢？我们知道，理论上氢气和氧气都可以与氮气发生反应，那么在工业上采用哪一种人工固氮方法更为经济、合理呢？这一系列与生活息息相关的问题都可以借助于化学热力学进行分析和研究。

化学热力学研究问题时着眼于体系宏观性质的变化，不涉及物质的微观结构和微观运动机理，只需知道研究对象的始态和终态以及过程进行的外界条件，就可通过计算探讨过程的变化趋势及一般规律,得到许多有用的结论。例如,判断过程能不能自发进行,以及进行到什么程度等,这是热力学的优点;但它无法说明单个粒子的微观行为,也无法预测变化的历程和时间,不涉及过程进行的速率等现实性问题。

尽管化学热力学具有一定的局限性,但它依然是非常有用的理论工具,例如,化学反应器以及精馏、吸收、萃取、结晶等化工生产中的基本单元操作都是以它作为理论基础的,在实际生产过程中选择工艺路线、设计工业装置、确定操作条件等都具有重要的指导意义。

1. 体系和环境

热力学中将研究对象称为体系,体系以外、与体系有相互作用的其他部分称为环境。体系与环境之间的界面可实可虚,例如,研究玻璃杯中的水,则作为体系的水与作为环境的水面上的空气、玻璃杯间就有一个实际的界面;再如,研究空气中的氧气时,空气中的氮气、二氧化碳等气体与氧气间没有实际的界面。根据体系与环境之间的物质和能量交换关系,热力学体系分为三类:

(1) 敞开体系:体系与环境之间既有物质交换,也有能量交换。

(2) 封闭体系:体系与环境之间没有物质交换,只有能量交换。

(3) 孤立体系:也称隔绝体系,体系与环境之间既没有物质交换,也没有能量交换。

例如,在一敞口杯中盛满热水,以热水为体系则是敞开体系,降温过程中体系向环境放热直至体系与环境温度相等,同时不断地逸出水蒸气;若在杯上加密闭的盖子,则避免了其与环境之间的物质交换,形成封闭体系;若将杯子换成一个理想的保温瓶,体系与环境不再有能量交换,可得到一个孤立体系。热力学主要研究的是封闭体系。

2. 状态和状态函数

热力学体系的状态是指由一系列表征体系性质的物理量所确定下来的存在形式,是体系的物理、化学性质的综合表现,这一系列的物理量称为体系的状态函数,如质量、温度、压力、体积、浓度、密度等,本章后续讨论的热力学能、焓、熵、吉布斯自由能等物理量也都是状态函数。体系处于一定的状态,各状态函数有确定的数值,当体系的状态发生变化时,一个或几个状态函数将发生改变。

按照与体系中物质量的关系,状态函数可为两类,一类如质量、体积、物质的量等,所表示的体系性质与物质的多少成正比,体现体系"量"的特征,具有加和性,即整个体系的该性质是各部分该性质数值的总和,将具有加和性的性质称为体系的量度性质或广延性质;另一类如压强、温度、密度等,所表示的性质与物质的量无关,不具有加和性,表现体系"质"的特征,称为强度性质,整个体系某一强度性质的数值与各部分该性质的数值相同,例如容器中各部分气体的温度是相同的,气体的温度不是各部分气体温度之和。

状态函数之间常是互相关联的,无须知道所有状态函数的数值,仅需几个状态函数即可确定一个体系的热力学状态,其他的状态函数可根据关联关系加以确定。例如描述 1 mol 理想气体所处的热力学状态,若已确定该体系的温度 T、压强 p,利用理想气体态方程 $pV = nRT$,体系的体积 V 就确定了。同时,体系的某一状态函数发生变化,会引起一个或多个状态函数随之变化,例如上述理想气体,在温度不变的条件下,当体积 V 增大一倍时,必引起压强及密度减小为原来的一半,表明体系的状态函数发生改变,体系的状态也发生了变化。

体系的热力学状态函数具有以下几个特点:

(1) 体系的状态一定,其状态函数都有确定值。

(2) 状态函数只能确定体系当时所处的状态,而不能说明体系以前的状态。例如以标准压力(100 kPa)下、350 K 的水作为研究对象,只说明此时体系的温度为 350 K,但无法确定水究竟是由 450 K 冷却而来,还是由室温的水加热而来。基于这一特点,当体系由某一状态变化到另一状态时,状态函数的改变量只取决于体系的始态和终态,与变化的具体途径无关。

(3) 状态函数通常可以表示为其他状态函数的函数,在同一状态下,不同类型状态函数的任意组合或运算仍为体系的状态函数,例如,1 mol 理想气体的体积 V,可以表示成压力 p 和温度 T 的函数 $V = f(T, p)$。

(4) 若体系从某一状态出发,最终回到该原始状态,则所有的状态函数都恢复至原有数值,即状态函数经历一个循环变化后,各状态函数的变化值都为零,此变化过程称为循环过程。

3. 过程和途径

体系的状态发生变化,即认为体系经历了一个或一系列热力学过程,简称过程。根据变化时的条件,化学热力学主要研究的过程包括如下几类:

（1）恒温过程：体系在恒温条件下发生变化。

（2）恒压过程：体系在恒压条件下发生变化。

（3）恒容过程：体系在恒容条件下发生变化。

（4）绝热过程：变化时体系与环境之间没有热交换。

途径是指体系完成变化的具体方式，体系的同一个变化过程可通过不同的途径来完成。例如，某理想气体由始态（$p = 200$ kPa，$T = 298.15$ K）到终态（$p = 400$ kPa，$T = 373.15$ K）的变化，可采用多种具体方式来实现，如先恒温压缩至 400 kPa，再恒压升温至 373.15 K；亦可先恒压升温至 373.15 K，再恒温压缩至 400 kPa。需要注意的是，状态函数的改变量只取决于体系的始态和终态，而与采取哪种具体途径无关。如上述变化过程中状态函数 p 的改变量 Δp，无论采取哪一种具体的途径，都为 200 kPa。

热力学体系状态变化的着眼点是始态和终态，过程强调的是变化时的条件，途径则是完成热力学状态改变的具体方式。在众多过程中，可逆过程极为重要，在后续章节中将详细讨论。

4. 热与功

体系与环境之间可以多种形式传递能量，热是指因温度不同而在体系与环境之间传递的能量形式，用符号 Q 表示。为区别传热的方向，热力学中统一规定：体系从环境中吸收热量时 $Q > 0$，即体系能量增加；体系向环境放出热量时 $Q < 0$，即体系能量减少。

将除热以外在体系与环境之间传递的一切能量形式称为功，用符号 W 表示。规定：环境对体系做功时 $W > 0$，即体系能量增加；体系对环境做功时 $W < 0$，即体系能量减少。其中，当体系仅因体积的膨胀或压缩而与环境之间传递的能量形式称为体积功（$W_{体}$），除体积功以外所有形式的功称为非体积功（$W_{非}$），如原电池装置将化学能转化为电能，液体克服表面张力而改变其表面积时做表面功，发光体系做功都属于非体积功的范畴。本书中未特别说明时讨论的都是体积功。

体系与环境之间传递能量，必然伴随着体系状态发生变化，功和热都不是状态函数，所以，其数值总是与体系变化的具体途径紧密联系。例如，体系采用不同的途径由始态 A 变化至终态 B，一般情况下，各变化途径的功和热都互不相等。

1.2 热力学第一定律

1.2.1 热力学能

热力学将体系内一切能量的总和称为体系的热力学能,也称"内能",用符号 U 表示,单位为 kJ。热力学能包括体系内各物质分子的动能、分子间的势能、转动能、振动能、原子间的作用能、电子运动能、电子与原子核间的作用能以及核能等。热力学能是体系自身的性质,当体系处在一定状态(如体系内物质的结构、数量、温度和体积一定)时,体系内部的能量是一定值,热力学能是状态函数,且与体系中物质的量成正比,具有加和性,是体系的量度性质。

尽管热力学能的绝对数值无法测得,但当体系的状态发生变化时,只要过程的始态和终态确定,就可通过适当的方法测定或计算出体系热力学能的改变量 ΔU。

1.2.2 热力学第一定律

体系在变化过程中往往伴随着不同形式能量之间的转换,例如化学反应放热是将化学能转变为热能,原电池装置能将化学能转变为电能。人们经过长期的实践总结得出:在宇宙(孤立体系)中,能量有各种不同的形式,它能从一种形式转化为另一种形式,在转化中能量的总值不变,即能量既不能凭空产生,也不能无故消失,这就是能量守恒与转换定律。

对于一个热力学封闭体系,体系的热力学能为 U_1,如果体系从环境中吸收热量 $Q(>0)$,使热力学能增加,同时体系又对环境做功 $W(<0)$,热力学能随之减小,体系由状态 1 变化到状态 2,体系在状态 2 的热力学能为 U_2,根据能量守恒与转换定律,得到关系式:

$$U_1 + Q + W = U_2$$

即
$$\Delta U = U_2 - U_1 = Q + W \tag{1-1}$$

这就是热力学第一定律的数学表达式,体系热力学能的改变量为体系从环境吸收(或放出)的热量与环境对体系所做的功(或体系对环境所做的功)的代数和,这一定律是将能量守恒与转换定律应用于宏观热力学体系的具体体现。

当体系从始态变化至终态时,在实现变化的不同具体途径中,Q 和 W 可有不相同的数值,但 ΔU 却是相同的。

例 1-1 体系在某一变化过程中,从环境吸收热量 80 J,对环境做体积功 30 J。求该过程中体系热力学能的改变量和环境热力学能的改变量。

解: 由热力学第一定律的数学表达式可知

$$\Delta U = Q + W = 80 + (-30) = 50(\text{J})$$

若将环境当作体系来考虑,则有 $Q' = -80\,\text{J}, W' = 30\,\text{J}$,故环境的热力学能改变量

$$\Delta U' = Q' + W' = (-80) + 30 = -50(\text{J})$$

体系的热力学能 U 增加了 50 J,环境的热力学能 U 减少了 50 J。在一个变化过程中,体系与环境的热力学能的改变量代数和为零,即对整个宇宙来说热力学能的改变量为零。这一讨论的结果也说明了热力学第一定律反映了孤立体系能量守恒的实质。

1.2.3 可逆过程

前面的讨论中提到功与热都不是状态函数,与体系状态改变所经历的具体途径有关。现以理想气体的恒温膨胀过程中体积功的具体计算为例,分析体系在确定的始态和终态间变化时体积功随具体途径变化的情况,同时引出热力学中一个至关重要的过程——可逆过程。

由于体积功的计算是以理想气体为载体,探讨其经历不同恒温膨胀过程时,体系对环境所做的功,首先需了解理想气体的主要性质和定律。理想气体是一种理想的气体模型,忽略气体分子的自身体积,将其看成是有质量的几何点,且假设分子间无相互吸引或排斥,分子间及分子与器壁间发生的是完全弹性碰撞,不造成动能损失,理想气体的 p、V、T 之间存在下列关系式:

$$pV = nRT \tag{1-2}$$

此式称为理想气体状态方程,式中 p、V、T 分别为气体的压强、体积和热力学温度,n 为气体物质的量,R 为理想气体常数,当各物理量均取国际标准单位时,该常数为 $8.314\,\text{J} \cdot \text{mol}^{-1} \cdot \text{K}^{-1}$。通常可近似认为,处于温度不太低,压力不太高的稀薄的真实气体符合上述状态方程。

另外，气体的特性是能够均匀地分布在其所占有的全部空间，在同一容器中的气体混合物，只要彼此间不发生化学变化，每种气体就像单独存在一样均匀地分布在整个容器中。1801 年，英国科学家 J. 道尔顿(J. Dalton)提出气体分压定律：在恒温时，混合气体的总压等于混合气体中各组分气体的分压之和，各组分气体的分压大小则等于其单独占有该容器时所产生的压强，数学表达式为

$$p_{总} = \sum_i p_i = p_1 + p_2 + p_3 + \cdots \tag{1-3}$$

若混合气体中各组分均为理想气体，当混合气体各组分间不发生反应时，设各组分物质的量之和为 $n_{总}$，混合气体所占体积为 V，则有

$$p_{总} V = n_{总} R T$$

假设该混合气体中任意一个组分的物质的量为 n_i，分压为 p_i，则关于混合气体总压、总物质的量、各气体分压及其物质的量之间有下列关系：

$$p_i = \frac{n_i}{n_{总}} p_{总} \tag{1-4}$$

对于真实气体来说，由于分子间是有相互作用的，且混合气体中分子间的相互作用不同于纯气体中的作用，因此在压力相对较高时，这种差别不可忽略，混合气体中某气体的分压将与其单独存在时的压力不同，气体分压定律也不再适用。

考虑理想气体的恒温膨胀过程的体积功与不同途径的关系，可设计如下装置：将一定量的理想气体充入截面积为 A 的活塞筒中(假定活塞的质量及其与筒壁间的摩擦力均可忽略)，将此活塞筒置于恒温槽内以维持气体温度恒定，起初外压 p_1(用 4 个砝码表示此时外压的大小)与理想气体的压力相等，活塞静止不动，然后以不同方式降低外压(用砝码减少表示外压减小)，让气体以不同方式恒温膨胀到终态 p_2(用 1 个砝码表示此时外压大小)，如图 1-1 所示。设理想气体的始态和终态分别为(p_1、V_1、T)和(p_2、V_2、T)。

(1) 一次恒外压膨胀。

外压一次减小到终态时的压强 p_2(用 1 个砝码表示 p_2 大小)，并使气体在恒温恒外压下膨胀，体系所做体积功为

$$W_1 = -[p_2(V_2 - V_1)] \tag{1-5}$$

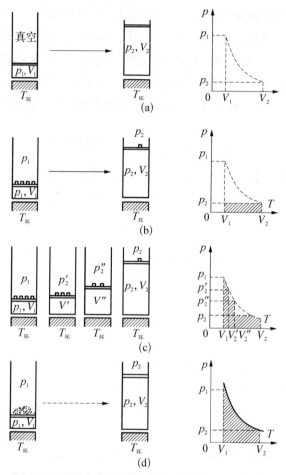

图 1-1 理想气体在不同途径下恒温膨胀的体积功

（2）三次恒外压膨胀。

如果经过三次恒温恒外压膨胀到达终态，设三次膨胀的恒外压分别为 p_2'、p_2'' 和 p_2（分别用 3、2、1 个砝码表示其大小），每次膨胀达到平衡时理想气体的体积分别为 V_2'、V_2'' 和 V_2，则三次恒外压膨胀至终态时所做的体积功为

$$W_2 = -\left[p_2'(V_2' - V_1) + p_2''(V_2'' - V_2') + p_2(V_2 - V_2'') \right] \qquad (1-6)$$

将上述理想气体恒温膨胀抵抗恒外压所做的体积功，以阴影部分的面积来表示其绝对值的大小，如图 1-1(b)(c)所示。可见膨胀途径不同，体积功亦不同；膨胀次数越多，体系反抗外压做功（指绝对值）越大。

（3）无限多次恒外压膨胀。

设想当恒温恒外压膨胀次数无限增多时，即每次外压减少 $\mathrm{d}p$（用 1 颗砂粒表示此压强的大小），气体膨胀 $\mathrm{d}V$ 至平衡，每次减小外压 $\mathrm{d}p$ 则气体体积逐渐膨胀，至终态外压 p_2 为止，如图 1－1(d) 所示。在整个膨胀过程中外压 $p_e = p_i - \mathrm{d}p$，p_i 为每减小一次外压的瞬间筒内理想气体的压强，体系做功为

$$W_3 = -\sum p_e \mathrm{d}V = -\sum (p_i - \mathrm{d}p)\mathrm{d}V \approx -\int p_i \mathrm{d}V \qquad (1-7)$$

由于活塞筒中为理想气体，根据理想气体状态方程 $p = nRT/V$，得到

$$W_3 = -\int_{V_1}^{V_2} \frac{nRT}{V}\mathrm{d}V = -nRT\ln\frac{V_2}{V_1} \qquad (1-8)$$

W_3 为表征理想气体无限多次恒外压膨胀的体积功，其绝对值可图示为恒温膨胀曲线与始态和终态体积及横坐标轴围成图形的阴影部分面积。显然，尽管热力学变化的始态和终态相同，但不同途径膨胀时体积功的数值却不相同，其中以无限多次恒温恒外压膨胀的第三种途径进行时体系对环境所做的功（指绝对值）最大。

假如理想气体恒温膨胀的过程是向真空膨胀，反抗的外部压力为 0，则此时体系对环境所做的体积功为 0，也称为自由膨胀[见图 1－1(a)]。

在无限多次抵抗恒外压膨胀过程中，所需时间是无限长的，体系无限多次膨胀达到平衡，即膨胀过程中体系每时每刻都无限接近平衡态，若从过程的终态出发，将外压一点一点增加（用砂粒一颗一颗重新加到活塞上形象地表示外压增加的大小），则在此压缩过程中，外压始终只比圆筒内气体的压力大 $\mathrm{d}p$（用一颗砂粒表示大小），体系会无限多次地恢复至膨胀前的那种平衡状态，经无限长时间后，被压缩回到始态，理想气体体积恢复到 V_1，在此压缩过程中环境对理想气体所做的体积功为

$$W_3' = \sum p_e \mathrm{d}V = \sum (p_i + \mathrm{d}p)\mathrm{d}V \approx \int p_i \mathrm{d}V = -\int_{V_2}^{V_1} \frac{nRT}{V}\mathrm{d}V = nRT\ln\frac{V_2}{V_1}$$

$$(1-9)$$

比较式(1－8)和式(1－9)可看出，理想气体无限缓慢的恒温膨胀与恒温压缩过程所涉及的体积功，其绝对值相等而符号相反，即当体系回到始态时，与环

境没有功的交换,此时 $\Delta U = 0$,根据热力学第一定律,在整个过程中与环境之间亦无热传递。显然,在体系恢复到原状态时,环境也同时恢复到原状态。

在热力学中,将体系与环境之间在无限接近平衡时所进行的变化途径称为热力学可逆过程,简称可逆过程。可逆过程进行后,若体系恢复原状,环境也能同时恢复原状而未留下任何永久性的变化。可逆过程有如下的特点:

(1) 可逆过程进行时,体系始终无限接近于平衡态,由一系列连续的、渐变的平衡态所构成。

(2) 可逆过程进行时的推动力或阻力非常小,完成任一有限量变化均需无限长时间。

同时,针对理想气体的恒温膨胀或恒温压缩过程,可推出以下两个非常重要的结论:

(a) 理想气体恒温膨胀过程中,体系在可逆过程中因抵抗恒外压对环境所做的体积功最大(指绝对值);而在恒温压缩过程中,以可逆方式进行时,环境对体系做的体积功最小。

(b) 对理想气体来说,热力学能 U 只是温度的函数(该结论可按气体分子运动论的观点来解释,气体的温度是由分子的动能所决定的,由于理想气体分子间无相互作用,在恒温膨胀时,并不需要克服分子间引力而消耗分子的动能,温度不变时,热力学能 U 保持一定值,只有当温度变化时 U 才变化,而与理想气体体积或压力变化无关,这是理想气体分子间无相互作用的必然结果)。根据热力学第一定律,比较不同途径时的功和热,必然有如下结论:理想气体恒温膨胀过程中,以可逆方式进行时体系对环境做的功最大(指绝对值),吸收的热量最多;恒温压缩过程中,以可逆方式进行时环境对体系做的功最小,体系放出的热量最少。

可逆过程是一种理想方式,是科学的抽象,在客观世界中并不存在真正的可逆过程,实际过程只能趋近于它,例如液体在沸点时的蒸发、固体在熔点时的熔化等物质的相变过程可近似看作可逆过程。可逆过程尽管是实际过程的理论极限,但在科学研究中往往能给人们一种启示,通过比较可逆过程和实际过程,可确定提高实际过程效率的可能性。另外,可逆过程可作为热力学的研究手段,许多热力学理论的推演需借助于可逆过程这个重要的概念,某些重要的热力学状态函数的变化值也只有通过可逆过程才能求算,而这些计算结果在解决实际问题中起着重要的作用。

1.2.4　恒容及恒压条件下的反应热

在生产实践和科学研究中,时常遇到恒容或恒压过程,如在密封反应器中进行的为恒容过程,在敞口反应器中进行的又属于恒压过程,在两种条件下进行的过程中能量变化有何不同? 本节主要讨论不做非体积功的这两种变化过程中热的计算。

当体系发生一个微小的变化过程时,如果此过程只做体积功而不做非体积功,则式(1-1)可写为

$$dU = \delta Q + \delta W \tag{1-10}$$

式中微小变化量的表示方法,将状态函数前加符号 d、非状态函数前加符号 δ 以表示两者不同,对于恒容条件下发生的过程来说,不做体积功,$W = 0$,上式可表示为

$$\delta Q_V = dU \tag{1-11}$$

式中下角标"V"代表恒容过程,积分后可得

$$Q_V = \Delta U \tag{1-12}$$

此结果表明,恒容且不做非体积功的过程是无功过程,体系所吸收或放出的热量全部用来改变体系的热力学能,因热力学能是状态函数,与途径无关,故恒容且不做非体积功条件下的 Q_V 只取决于体系的始态和终态。

类似地,对恒压且不做非体积功的过程来说,由于

$$p_e = p_{始}(p_1) = p_{末}(p_2) = 常数$$

将式(1-10)积分后可得

$$
\begin{aligned}
Q_p &= \Delta U + p_e \Delta V = (U_2 - U_1) + p_e(V_2 - V_1) \\
&= (U_2 + p_2 V_2) - (U_1 + p_1 V_1)
\end{aligned}
\tag{1-13}
$$

式中下角标"p"代表恒压过程,因 U、p、V 都是体系的状态函数,$U + pV$ 的改变量必将仅取决于体系的始态和终态,将其定义为新的状态函数——热焓(简称焓),用符号 H 表示,单位为 J 或 kJ,即

$$H = U + pV \tag{1-14}$$

焓表征体系的量度性质,但其本身无明确的物理意义。与热力学能类似,在现有的实验和测量条件下不可能确定焓的绝对值,但可计算过程的焓变,式(1-13)可表示为

$$Q_p = H_2 - H_1 = \Delta H \qquad (1-15)$$

即在恒压且不做非体积功的过程中,体系吸收或放出的热量全部用来改变体系的焓。因 ΔH 是状态函数的变化,故恒压且不做非体积功过程的 Q_p 也必然只取决于体系的始态和终态。

上述讨论表明,尽管热不是状态函数,但在特定条件,如恒容或恒压且不做非体积功的条件下,其数值与体系某些状态函数的变化量相等,仅取决于体系的始态和终态,这样就可通过设计始态和终态间的任意途径求得,方便地计算特定过程的反应热效应。

1.3 热 化 学

化学反应在进行时常伴有热的吸收或放出,从热力学的观点来看,由于通常情况下反应物与生成物的总能量是不相等的,这种能量变化以热的形式与环境进行交换,人们把热力学理论和方法应用到化学反应中,将研究化学反应热效应的学科称为热化学。热化学对实际工作具有重要的指导意义,如设计化工生产过程时,需要有关热化学的数据来确定反应条件和设备选材等。

1.3.1 化学反应的热效应

在不做非体积功的化学反应体系中,当生成物的温度恢复至与反应物的温度相同时,化学反应过程中吸收或放出的热量,称为化学反应的热效应,简称反应热,单位是 J 或 kJ。这里强调生成物恢复至与反应物的温度相同,是为了避免将温度升高或降低所引起的热交换混入反应热的计算或测量当中。

大多数的化学反应是在恒容或恒压条件下进行的,因此主要讨论这两种条件下的反应热,并比较两者的关系。

在恒容过程中完成的化学反应的热效应称恒容反应热,如在 25℃ 及恒容条件下,1 mol C 和 1 mol O_2 完全反应生成 1 mol CO_2,放出 393 kJ 的热量,则此反应在 25℃ 时的恒容反应热为

$$Q_V = -393 \text{ kJ}$$

根据式(1-12),此时化学反应体系热力学能的变化为

$$\Delta U = \sum U_{生成物} - \sum U_{反应物} = Q_V = -393 \text{ kJ}$$

类似地,在恒压过程中完成的化学反应的热效应为恒压反应热,根据式(1-15),化学反应体系焓的变化为

$$\Delta H = \sum H_{生成物} - \sum H_{反应物} = Q_p$$

根据式(1-14),化学反应中存在关系式:

$$\Delta H = \Delta U + \Delta(pV) \qquad (1-16)$$

如果反应体系中只有液体和固体参与,$\Delta(pV)$ 与反应热相比可以忽略不计,此时 $\Delta H \approx \Delta U$。如果反应中有气体参与或生成,在反应过程中,始态(反应物)和终态(生成物)的 T、p 相同,假定将反应体系中的所有气体都看作是理想气体,有 $pV = nRT$,代入式(1-16),得到

$$\Delta H = \Delta U + \Delta nRT$$

或
$$Q_p = Q_V + \Delta nRT \qquad (1-17)$$

式中 Δn 为生成物中气体总物质的量与反应物中气体总物质的量之差。

上述讨论表明,对于同一个化学反应来说,如果在恒温恒压或恒温恒容条件下进行,反应热的差别取决于反应体系的性质,若无气体参与则两者近似相等,若有气体参与,则与反应前后气体总的物质的量的变化值有关。

化学反应的热效应可以采用量热计测定,对于有气体参加且热效应很大的化学反应(如燃烧反应),通常可用弹式量热计进行测定,其结构如图 1-2 所示。将由导热性能良好的材料制成的弹式反应器置入盛满水的绝热容器中,在反应器的样品台上放置定量的被测物,旋紧顶盖,并向反应室中充入氧气,同时将一定规格及长度的细铁丝通电,使其红热及至燃烧并

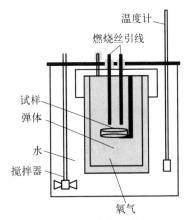

图 1-2　弹式量热计

引燃被测样品。反应过程产生的热将传入水中使水升温,根据水的体积和温度变化很容易计算出反应所放出的热,当然计算时应扣除细铁丝燃烧所放出的热。显然,用弹式量热计测得的是化学反应的恒容热效应,利用式(1-17)可求得同一反应的恒压热效应。

当然,不是所有化学反应的热效应都容易测定,如反应

$$C(\text{石墨}) + \frac{1}{2}O_2(g) \longrightarrow CO(g)$$

由于很难将 C 的氧化控制到仅生成 CO 而不继续氧化成 CO_2,该反应的热效应很难直接测量。另外,许多化学反应由于反应速率慢、测量时间长、热量散失而难以准确测定反应热,也有一些反应因条件难以控制、产物不纯而无法直接测量,对于这些化学反应,反应热需要通过理论计算的方法来确定,如何通过热力学方法计算反应热,成为化学家们关注的问题。

例 1-2 在 298.15 K、标准大气压时,1 mol 氢气和氧气恒压条件下完全反应生成水蒸气,放出 242 kJ 的热量,反应式为

$$H_2(g) + \frac{1}{2}O_2(g) = H_2O(g)$$

试计算反应的焓变 ΔH,若该反应在恒容条件下进行,反应热效应是多少?

解: 反应在恒压条件下进行且不做非体积功, $Q_p = -242$ kJ

即
$$\Delta H = -242 \text{ kJ}$$

根据气相反应:
$$Q_p = Q_V + \Delta nRT$$

得
$$Q_V = Q_p - \Delta nRT$$
$$= -242 - (1 - 1.5) \times 8.314 \times 298.15 \times 10^{-3}$$
$$= -240.8 \text{ (kJ)}$$

即反应在恒容条件下进行,少放出了 1.2 kJ 的热量。

1.3.2 盖斯定律

在恒容或恒压且不做非体积功的条件下,只要反应物及生成物的状态确定,反应的热效应 Q_V 或 Q_p(在数值上分别与反应体系的 ΔU 或 ΔH 相同)也随之确定,仅由反应体系的始态和终态决定,而与是否有中间步骤或有无催化剂等具体

反应历程无关。

在热力学第一定律建立之前,1840 年前后,俄国科学家盖斯(Hess)在总结大量实验结果的基础上提出:"一个化学反应不论是一步完成还是分成几步完成,其热效应总是相同的。"称为盖斯定律。可以看出,盖斯定律体现了热力学能和焓作为体系状态函数的特征,是热力学理论在化学反应中具体应用的必然结果。

例 1 - 3　利用盖斯定律求反应 $C(石墨) + \dfrac{1}{2}O_2(g) \longrightarrow CO(g)$ 在 298.15 K、恒压条件下的焓变 ΔH。

解:前已述及,该反应难以控制只到生成 CO 这一步而不继续氧化成 CO_2,但让 C 全部氧化成 CO_2 以及利用其他方法制得纯 CO 并将 CO 氧化成 CO_2 的反应热都是比较容易测定的。已知在 298.15 K 时:

$$① \ C(石墨) + O_2(g) \longrightarrow CO_2(g) \qquad \Delta H_1 = -393.51 \text{ kJ}$$

$$② \ CO(g) + \frac{1}{2}O_2(g) \longrightarrow CO_2(g) \qquad \Delta H_2 = -283.0 \text{ kJ}$$

利用上述两个反应的反应热数值,根据盖斯定律求解 $C(石墨) + \dfrac{1}{2}O_2(g) \longrightarrow CO(g)$ 的热效应,主要有如下两种方法:

方法一:设计一个途径,使反应物经过一系列的中间步骤后转化为生成物,如将 C 全部氧化成 CO_2 的反应过程分成一步完成即反应①,以及两步完成:先将 C 全部氧化成 CO(待求反应),再将产生的 CO 全部氧化成 CO_2 即反应②,此时根据盖斯定律,有关系式:

$$\Delta H_1 = \Delta H + \Delta H_2$$

即　　　　$\Delta H = \Delta H_1 - \Delta H_2 = -393.51 - (-283.0) = -110.51 \text{ kJ}$

方法二:将已知反应通过简单的代数运算得到所求反应,本示例中:反应①－反应②＝待求热效应的反应,所以得到

$$\Delta H = \Delta H_1 - \Delta H_2 = -110.51 \text{ kJ}$$

上述两种方法中,设计途径法(方法一)概念清楚、反应过程一目了然,但若反应的中间过程多且复杂时,设计途径就较为困难,此时化学反应方程式的代数运算法(方法二)就非常简单明了,当然无论采用哪一种方法,其本质是相同的。

盖斯定律奠定了整个热化学的基础,其重要意义在于能使热化学方程式像

普通代数方程式那样进行加减运算，从而可以根据已经准确测定的反应热效应，来计算难以测定或根本不能测定的反应热。

需要注意的是，在一定条件下，反应热与反应体系中化学反应进行的程度有关。例如，在 298.15 K、100 kPa 条件下，反应体系中 1 mol 氢气完全燃烧生成水放出 285.84 kJ 的热；若 2 mol 氢气完全燃烧则放热 571.68 kJ，通常采用化学反应进度来描述化学反应进行的程度。

对于任意化学反应

$$dD + eE + \cdots = pP + qQ + \cdots$$

式中 D、E、$\cdots$ 和 P、Q、$\cdots$ 分别代表反应物和生成物；d、e、p、q 等分别是配平化学反应方程式的计量系数。

若用 $n_{B,0}$ 和 n_B 分别代表反应体系任意组分 B 在反应开始时和进行至 t 时刻时物质的量，则 $\Delta n_B = n_B - n_{B,0}$，在一般情况下，反应过程中各组分物质的量变化并不相等：

$$-\Delta n_D \neq -\Delta n_E \neq \cdots \neq \Delta n_P \neq \Delta n_Q \neq \cdots$$

但这些变量是互相关联的，与各自化学计量系数之比相等，即

$$-\frac{\Delta n_D}{d} = -\frac{\Delta n_E}{e} = \cdots = \frac{\Delta n_P}{p} = \frac{\Delta n_Q}{q} = \cdots = \xi \tag{1-18}$$

将比值 ξ 称为 t 时刻的化学反应进度，单位为 mol。式(1-18)表明，当 $\xi = 1$ mol 时，各组分的 $|\Delta n|$ 恰好是 V_B mol（V_B 表示任意组分 B 的计量系数），此时称体系中发生了 1 mol 化学反应，显然，对于同一化学反应，ξ 的量值与反应计量方程式的写法有关，而与选取反应体系的哪一种组分计算无关。例如，当体系中有 1 mol 石墨与 0.5 mol O_2 反应生成 1 mol CO 时，对于反应

$$C(\text{石墨}) + \frac{1}{2}O_2(g) \longrightarrow CO(g) \qquad \xi = 1 \text{ mol}$$

而对于反应

$$2C(\text{石墨}) + O_2(g) \longrightarrow 2CO(g) \qquad \xi = 0.5 \text{ mol}$$

因此，在计算或描述化学反应体系的反应热时，必须以确定的反应方程式与之对应，且通常采用反应进度 ξ 为 1 mol 时的反应热，如恒容反应热和恒压反应热分别等于 ΔU_m 和 ΔH_m，单位为 J·mol^{-1} 或 kJ·mol^{-1}。

另外,对于能像普通代数方程式那样进行运算的热化学方程式,也有一定的规范要求:在书写时,如果反应是在标准压力和指定温度 T 下进行,反应焓变可表示为 $\Delta_r H_m^\ominus(T)$,其中 r 是英文单词反应 reaction 的缩写,m 指反应进度是 1 mol 时的反应热,"$\ominus$"代表标准状态,关于标准状态在热力学中有严格的定义(1.3.3 节中有详细说明),T 为反应进行的温度。显然,改变某一反应物或生成物的物态,如 1 mol 氢气完全燃烧生成水或水蒸气,反应的热效应必然不同,因此热化学方程中必须注明反应物和生成物的物态,气态、液态、固态分别用 g、l、s 表示,固体还须考虑晶型不同,如 C(石墨)、C(金刚石)等,若是溶液中溶质参加反应,则需要注明溶剂,如水溶液用 aq 表示。

如在 573.15 K 标准状态下,制备 HI 的热化学方程式为

$$H_2(g) + I_2(g) \longrightarrow 2HI(g) \qquad \Delta_r H_m^\ominus(573.15 \text{ K}) = -12.84 \text{ kJ} \cdot \text{mol}^{-1}$$

上述热化学方程式表示在 573.15 K、标准状态下,当反应体系中有 1 mol 氢气和 1 mol 碘蒸气反应生成 2 mol 碘化氢时,放出 12.84 kJ 热量,并不表明将两者混合即可完全转化为 2 mol 碘化氢。

1.3.3　生成焓

生成焓又称生成热,利用盖斯定律求算反应热,需要设计反应途径,确定一系列反应的热效应才能进行求算,这是非常复杂的过程。化学反应常常是在恒温恒压且不做非体积功的条件下进行的,反应热等于化学反应的焓变,基于状态函数的基本特征,采取一种相对方法定义物质的焓值,可间接计算出化学反应的恒压反应热。

1. 标准生成焓的定义

化学热力学规定,某反应温度下,由处于标准状态、指定的稳定单质生成标准状态下 1 mol 某纯物质的恒压热效应,称为此温度下该物质的标准摩尔生成焓,简称标准生成焓,以符号 $\Delta_f H_m^\ominus$ 表示,单位为 kJ·mol^{-1}。处于标准状态、指定的稳定单质在任意温度时的标准生成焓都为零。

在标准摩尔生成焓的符号 $\Delta_f H_m^\ominus$ 中,ΔH_m 表示恒压下的摩尔反应热,f 是 formation 的字头,即生成,"$\ominus$"表示标准状态,简称为标准态。关于标准状态,化学热力学规定:气态物质的标准状态指在分压为 100 kPa($p^\ominus$)、具有理想气体行为的气体,是一个假想态;固体和液体的标准状态分别为 $p^\ominus$ 下的纯固体和纯液体;溶液中的溶质 A,其标准状态为 $p^\ominus$ 下质量摩尔浓度 $m_A = 1$ mol·kg^{-1},水溶

液中通常近似为 c_A 或 $[A]=1\ \text{mol} \cdot \text{dm}^{-3}$。化学热力学的标准状态对温度没有规定,因此在使用标准状态的数据时应注明温度。

例如在 298.15 K 及 100 kPa 下,反应

$$\frac{1}{2}N_2(g) + \frac{3}{2}H_2(g) \longrightarrow NH_3(g) \quad \Delta_r H_m^{\ominus}(298.15\ \text{K}) = -46.11\ \text{kJ} \cdot \text{mol}^{-1}$$

则 $NH_3(g)$ 在 298.15 K 时的标准生成焓 $\Delta_f H_m^{\ominus}(NH_3(g)) = -46.11\ \text{kJ} \cdot \text{mol}^{-1}$。

标准生成焓提出了相对焓值的概念,原则上纯物质的标准生成焓数据可以在任意指定温度下获得,但目前大多数的文献数据都是在 298.15 K 下得到的,本书中未加特殊说明时,均指 298.15 K 时的数值。利用前人长期积累的一系列常用物质的标准生成焓数据,可以很容易地求出很多反应的摩尔反应焓变 $\Delta_r H_m^{\ominus}$。

2. 标准生成焓的应用

对于一个恒温恒压不做非体积功的化学反应来说,得到生成物的途径都可以设计成两种,一个是利用指定的稳定单质直接转变为生成物,另一途径为先由各种指定的稳定单质生成反应物,再转化为生成物,如图 1-3 所示。

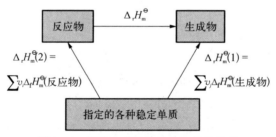

图 1-3　标准生成焓与反应焓变的关系

利用盖斯定律,两种途径的恒压反应热相等,即得

$$\Delta_r H_m^{\ominus} = \sum_j v_j \Delta_f H_m^{\ominus}(\text{生成物}) - \sum_i v_i \Delta_f H_m^{\ominus}(\text{反应物}) \qquad (1-19)$$

式中 v_i 和 v_j 分别为热化学方程式中各反应物和生成物的计量系数。利用式 (1-19) 计算化学反应的热效应简化了步骤,只要确定各反应物和生成物的标准生成焓,就可计算出任意化学反应的焓变。

例 1-4　由物质的标准生成焓数据计算 298.15 K 时,下列反应的恒压反应热 $\Delta_r H_m^{\ominus}$:

$$Ag_2O(s) + 2HCl(g) \longrightarrow 2AgCl(s) + H_2O(l)$$

解: $\Delta_r H_m^{\ominus} = \sum_j v_j \Delta_f H_m^{\ominus}(生成物) - \sum_i v_i \Delta_f H_m^{\ominus}(反应物)$

$\qquad = [2\Delta_f H_m^{\ominus}(AgCl,\ s) + \Delta_f H_m^{\ominus}(H_2O,\ l)] -$

$\qquad\quad [\Delta_f H_m^{\ominus}(Ag_2O,\ s) + 2\Delta_f H_m^{\ominus}(HCl,\ g)]$

查附录 3,得 $\Delta_f H_m^{\ominus}(Ag_2O,\ s) = -31.1\ kJ \cdot mol^{-1}$, $\Delta_f H_m^{\ominus}(HCl,\ g) = -92.31\ kJ \cdot mol^{-1}$, $\Delta_f H_m^{\ominus}(AgCl,\ s) = -127.07\ kJ \cdot mol^{-1}$, $\Delta_f H_m^{\ominus}(H_2O,\ l) = -285.83\ kJ \cdot mol^{-1}$。

故　　$\Delta_r H_m^{\ominus} = [2 \times (-127.07) + (-285.83)] - [(-31.1) + 2 \times (-92.31)]$

$\qquad\qquad = -324.25\ (kJ \cdot mol^{-1})$

1.3.4　燃烧焓

燃烧焓又称燃烧热,许多无机化合物的标准摩尔生成焓可以直接通过实验进行测定,而对于大多数有机物来说,很难直接由各元素稳定的单质合成,生成焓的数据难以获得,但有机物都容易燃烧生成 CO_2 和水,燃烧时放出的热量容易测定,利用燃烧焓的数据计算化学反应的热效应就变得非常方便。

化学热力学规定,在标准状态下,将 1 mol 纯物质完全氧化时产生的恒压反应热称为该物质的标准摩尔燃烧焓,简称标准燃烧焓,用符号 $\Delta_c H_m^{\ominus}$ 表示,其中 c 是 combustion 的字头,即燃烧,单位为 $kJ \cdot mol^{-1}$。所谓完全氧化是指该化合物中的元素转化为最稳定的氧化物,如指定的 C、H、N、S 和 Cl 的完全氧化产物分别为 $CO_2(g)$、$H_2O(l)$、$N_2(g)$、$SO_2(g)$ 和 HCl(aq)。根据燃烧焓的定义,$O_2(g)$ 和完全氧化燃烧产物的 $\Delta_c H_m^{\ominus}$ 为零。表 1-1 列出了一些常见有机化合物的标准摩尔燃烧焓数值。

表 1-1　一些有机化合物的标准摩尔燃烧焓

物　质	$\Delta_c H_m^{\ominus}$ /kJ · mol^{-1}	物　质	$\Delta_c H_m^{\ominus}$ /kJ · mol^{-1}
$CH_4(g)$(甲烷)	-890.3	HCOOH(l)(甲酸)	-269.9
$C_2H_6(g)$(乙烷)	$-1\,559.9$	$CH_3COOH(l)$(乙酸)	-871.5
$C_3H_8(g)$(丙烷)	$-2\,220.0$	HCHO(g)(甲醛)	-563.6

（续表）

物 质	$\Delta_c H_m^{\ominus}/kJ \cdot mol^{-1}$	物 质	$\Delta_c H_m^{\ominus}/kJ \cdot mol^{-1}$
$C_8H_{18}(l)$（辛烷）	$-5\,470.7$	$CH_3CHO(g)$（乙醛）	$-1\,192.4$
$C_2H_2(g)$（乙炔）	$-1\,299.6$	$(C_2H_5)_2O(l)$（乙醚）	$-2\,730.9$
$C_2H_4(g)$（乙烯）	$-1\,411.0$	$(COOH)_2(s)$（草酸）	-246.0
$CH_3OH(l)$（甲醇）	-726.6	$C_6H_5OH(s)$（苯酚）	$-3\,062.7$
$C_2H_5OH(l)$（乙醇）	$-1\,366.7$	$C_{12}H_{22}O_{11}(s)$（蔗糖）	$-5\,648.4$
$(CH_3)_2CO(l)$（丙酮）	$-1\,802.9$	$CO(NH_2)_2(s)$（尿素）	-632.0
$C_6H_6(l)$（苯）	$-3\,276.7$	$C_7H_8(l)$（甲苯）	$-3\,908.7$

利用标准燃烧焓计算反应的热效应时,采用类似于利用标准生成焓计算反应热的方法,将反应物完全氧化为燃烧产物的反应过程设计为两个途径,一个是直接将反应物完全氧化,另一个是将反应物先转化为生成物,再将生成物完全氧化为燃烧产物,根据盖斯定律,得到由反应物和生成物的标准燃烧焓计算反应焓变的公式为

$$\Delta_r H_m^{\ominus} = \sum_i v_i \Delta_c H_m^{\ominus}(\text{反应物}) - \sum_j v_j \Delta_c H_m^{\ominus}(\text{生成物}) \qquad (1-20)$$

式中 v_i 和 v_j 分别为热化学方程式中各反应物和生成物的计量系数。

有机化合物的燃烧焓有着重要的意义,该数值往往是燃料品质好坏的一个重要标志,在营养学中,食物中脂肪、碳水化合物和蛋白质等作为提供能量的来源物质,其燃烧焓也非常重要。

另外,标准燃烧焓和标准生成焓数据可以相互补充和换算,如利用燃烧焓数据以及化学反应体系中其他物质的标准生成焓数据,将式(1-19)和式(1-20)联立,可计算出目标有机化合物的标准生成焓。

例 1-5 对于下列化学反应:

$$CH_3OH(l) + \frac{1}{2}O_2(g) \longrightarrow HCHO(g) + H_2O(l)$$

(1) 利用各物质的标准燃烧焓数据,计算该反应的焓变 $\Delta_r H_m^{\ominus}$;

(2) 若已知体系中 $CH_3OH(l)$ 和 $H_2O(l)$ 的标准生成焓数据: $\Delta_f H_m^{\ominus}(CH_3OH, l) = -238.7\ kJ \cdot mol^{-1}$, $\Delta_f H_m^{\ominus}(H_2O, l) = -285.83\ kJ \cdot mol^{-1}$, 试求出 $HCHO(g)$

的标准生成焓 $\Delta_f H_m^\ominus$。

解：（1）根据式（1-20），有

$$\Delta_r H_m^\ominus = \sum_i v_i \Delta_c H_m^\ominus (反应物) - \sum_j v_j \Delta_c H_m^\ominus (生成物)$$

$$= \Delta_c H_m^\ominus (CH_3OH, l) - \Delta_c H_m^\ominus (HCHO, g)$$

查表 1-1，得　　　$\Delta_c H_m^\ominus (CH_3OH, l) = -726.6 \text{ kJ} \cdot \text{mol}^{-1}$

$$\Delta_c H_m^\ominus (HCHO, g) = -563.6 \text{ kJ} \cdot \text{mol}^{-1}$$

故　　　$\Delta_r H_m^\ominus = 1 \times (-726.6) - 1 \times (-563.6) = -163.0 \text{ (kJ} \cdot \text{mol}^{-1})$

（2）若利用反应物和生成物标准生成焓数据计算反应焓变，根据式（1-20），并代入数据，得

$$\Delta_r H_m^\ominus = \sum_j v_j \Delta_f H_m^\ominus (生成物) - \sum_i v_i \Delta_f H_m^\ominus (反应物)$$

$$= [\Delta_f H_m^\ominus (HCHO, g) + \Delta_f H_m^\ominus (H_2O, l)] -$$

$$[\Delta_f H_m^\ominus (CH_3OH, l) + 0.5\Delta_f H_m^\ominus (O_2, g)]$$

$$= [\Delta_f H_m^\ominus (HCHO, g) + (-285.83)] - [(-238.7) + 0]$$

将（1）中的反应焓变计算结果代入上式，得到 HCHO(g) 的标准生成焓为

$$\Delta_f H_m^\ominus (HCHO, g) = \Delta_r H_m^\ominus - (-285.83) + (-238.7)$$

$$= (-163.0) - (-285.83) + (-238.7)$$

$$= -115.87 \text{ (kJ} \cdot \text{mol}^{-1})$$

1.4　化学反应的方向

1.4.1　自发过程与自发方向

自发过程是指在一定环境条件下，不需要外力（如电能、光等）帮助就能自动进行的过程。在自然界中，一切自动发生的过程都必然有确定的方向和限度，如水总是自发地由高水位处流向低水位处，至两处水位相同为止；热总是自发地由高温物体传向低温物体，直至两者温度相同为止。从表面上看，似乎各自发过程都有着不同的因素来决定过程的方向与限度，如决定水流方向的是地势的高低、

决定热传导方向及限度的因素是温度差等。显然,各种不同过程可能有不同的状态函数(如上述水位高低对应的势能和物体的温度)作为判据,这是事物的个性,那么其共性是什么呢?

另外,人类经验尚未发现任何自发过程可以自动恢复原状。例如,使用水泵将水由低水位处转移到高水位处,水泵工作需要耗能;使用制冷机将热由温度较低的冷藏箱传递到温度较高的空气中,同样需要消耗电能。因此,一切自发过程的逆过程都是非自发的,体系恢复到原来状态时在环境中引起了其他变化,自发过程不能成为热力学可逆过程。

不同的自发过程的结果在形式上各异,这就需要从变化过程的本质出发,找到决定自发过程变化方向及限度的共同因素。同时,对于化学反应来说,是否也能找到一个普遍适用的方法来预测在一定条件下反应进行的方向和限度呢? 这些问题的解决对科学研究和生产实践都有着非常重要的指导作用。

1.4.2 热力学第二定律

一切自发过程的不可逆性均可归结为能量(尤其是热与功)间转换的不可逆性,自发过程的方向性也都可用热与功转换过程的方向性来表达。在总结大量实践经验的基础上,人们提出了热力学第二定律,它有多种表述方法,如 L.开尔文(L. Kelvin)于 1852 年提出:"从单一热源取热,使其全部转变为功而不引起其他变化是不可能的。" R.克劳修斯(R. Clausius)于 1854 年提出:"不可能把热从低温物体转到高温物体而不引起其他变化。"

在运用热力学第二定律时需注意:

(1) 对于热力学第二定律中能量间相互转换的问题不应产生误解,如开尔文说法并不是认为在热力学过程中热不能转化为功,也不是热一定不能全部转化为功,强调的是不可能在热全部转化为功的同时不引起任何其他变化。例如理想气体恒温膨胀时,$\Delta U = 0$,$Q = -W \neq 0$,在数值上热就全部转化为功,但体系的体积变大、压力变小了。人们将从单一热源取热且全部转变为功而自身循环工作的热机称为第二类永动机,尽管它并不违背能量守恒与转换定律,但实践表明它是不可能制造出来的。

(2) 热力学第二定律是人类经验的总结,不是从其他普遍的定律推导证明而来。迄今为止尚未有实验事实与之相违背,证明了该定律的正确性,是基本的自然法则之一。

从理论上考虑,直接运用热力学第二定律判别自发过程的方向性是可行的,但这种推断过程过于抽象,用起来难度大,很不方便。在热力学第一定律中,通过热力学能 U 和焓 H 等热力学状态函数改变量的计算,便可知过程中的能量变化,那么在第二定律中,是否能找到类似的热力学状态函数,仅需计算该函数的变化值,便可以此作为判据来判断自发过程的方向和限度呢?

1.4.3　混乱度与熵

从分子运动的角度看,分子是能量的载体,能量越分散,分子运动越混乱。宏观上,前几节讨论的自发过程示例主要是从能量的角度考虑,自发过程中有使体系自身的能量(如势能和内能)趋于降低至一定值为止。还有一类自发过程,如在房间中有一瓶氨气,若瓶口是敞开的,氨气就会自发地扩散到整个房间中,与空气混合,不久整个房间将充满氨气;再如往一杯水中倒入一茶匙蔗糖,蔗糖分子就会自发地逐渐扩散到整杯水中。当然,这两个过程中氨气或蔗糖分子不能自发地逆向回到原来的状态。在上述两种情况下,体系易于从相对有序的运动变为更无序的运动,自发地向着混乱程度增加的方向进行,体系内部分子热运动混乱度的量度在热力学中用状态函数熵(S)来描述。

混乱度与处于一定宏观状态下的体系可能出现的微观状态数有关,若用 Ω 表示微观状态数,则有

$$S = k\ln\Omega \tag{1-21}$$

式中 k 为玻耳兹曼(Boltzmann)常数,数值为 1.38×10^{-23} J·K^{-1}。上式表明,体系的微观状态数 Ω 越大则 S 越大,即混乱度越大则熵值越大。

以一定质量的水为例,当其处于固态,即结冰时,H_2O 分子固定在晶格上,可以振动,而转动和移动都很弱,分子排列很有秩序,体系的微观状态数较少;当处于液态时,H_2O 分子不再固定在一定的位置上,而是在液体体积范围内自由地转动和移动,做无序运动;而到达气态时,H_2O 分子的运动大为增强,也更为杂乱,能在更大的空间内自由扩散,体系的微观状态数显著增多。显然,从固态、液态到气态,H_2O 分子运动混乱程度依次增加,熵值也依次增大,即

$$S_{冰} < S_{水} < S_{汽}$$

当温度升高时,同一相态物质的分子热运动增强,分子运动混乱程度增大,熵也随之增大。同理,当温度降低时,在相态保持不变的前提下,熵值减小。热

力学第三定律认为,当温度到达绝对零度(0 K)时,任何完整晶体中原子或分子只有一种排列形式,即只有一种微观状态,此时熵值为零。热力学第三定律描述的是一种理想状态,但理论上,从熵值为零的状态出发,使 1 mol 纯物质变化到标准压力和某温度 T,通过变化过程中的相关热力学数据可求出体系变化过程的熵变值,即为该物质在标准状态下的摩尔绝对熵,简称标准熵($S_m^{\ominus}$),单位为 $J \cdot mol^{-1} \cdot K^{-1}$。熵是一种具有加和性的状态函数,标准压力和 298.15 K 条件下各物质的标准熵列于附录 3 中。

需要注意的是,物质的标准熵 $S_m^{\ominus}$ 与标准生成焓 $\Delta_f H_m^{\ominus}$ 在本质上是不同的,后者是以指定的稳定单质 $\Delta_f H_m^{\ominus}$ 为零的相对数值,而标准熵 $S_m^{\ominus}$ 是以绝对零度完整晶体为零点的数值。

在宏观上,克劳修斯(Clausius)推导出熵的变化 ΔS 在数值上为恒温、可逆过程中体系吸收的热量 Q_r 与热传递时温度的比值(热温商),即

$$\Delta S = \frac{Q_r}{T} \tag{1-22}$$

式(1-22)将描述体系微观状态的变量 ΔS 和宏观物理量 Q_r 联系起来。同时,对于一个化学反应来说,按照熵的定义,化学反应的标准摩尔熵变 $\Delta_r S_m^{\ominus}$ 可以由下式求得:

$$\Delta_r S_m^{\ominus} = \sum_j v_j S_m^{\ominus}(生成物) - \sum_i v_i S_m^{\ominus}(反应物) \tag{1-23}$$

从熵的物理意义出发,可以定性地估计各种物理和化学变化过程的熵变,讨论如下:

(1) 与物质数量及物理状态的关系:物质的量 n 增加,熵增大;物质从固态变为液态、气态时,熵依次增大。

(2) 与压力 p、体积 V、温度 T 变化的关系:对于同一物质,温度升高,熵增大;固体或液态物质的熵随 p、V 变化可忽略;对于气体,若恒温下压力降低,则体积增大,分子在增大的空间内运动,微观状态数增多,熵也将增大。

(3) 化学反应过程:如果从固态或液态物质生成气态物质,则体系的混乱度整体变大,反应的熵变 $\Delta_r S_m^{\ominus} > 0$;如果是气体分子数增加的反应,熵增大;反之,则反应的熵变 $\Delta_r S_m^{\ominus} < 0$。

例 1-6 计算下列化学反应在 $p^{\ominus}$、298.15 K 条件下进行时的熵变 $\Delta_r S_m^{\ominus}$:

$$NH_4HCO_3(s) \longrightarrow NH_3(g) + CO_2(g) + H_2O(l)$$

解：上述反应由固体物质分解为气态或液态物质，随着反应的进行，粒子的微观状态数增多，熵值增大，反应熵变 $\Delta_r S_m^\ominus > 0$。利用式(1-23)进行计算，反应的熵变为

$$\Delta_r S_m^\ominus = \sum_j v_j S_m^\ominus(生成物) - \sum_i v_i S_m^\ominus(反应物)$$
$$= [S_m^\ominus(NH_3, g) + S_m^\ominus(CO_2, g) + S_m^\ominus(H_2O, l)] -$$
$$S_m^\ominus(NH_4HCO_3, s)$$

查附录 3，$S_m^\ominus(NH_4HCO_3, s) = 121 \ J \cdot mol^{-1} \cdot K^{-1}$，$S_m^\ominus(NH_3, g) = 192.3 \ J \cdot mol^{-1} \cdot K^{-1}$，$S_m^\ominus(CO_2, g) = 213.6 \ J \cdot mol^{-1} \cdot K^{-1}$，$S_m^\ominus(H_2O, l) = 69.94 \ J \cdot mol^{-1} \cdot K^{-1}$。

故
$$\Delta_r S_m^\ominus = (192.3 + 213.6 + 69.94) - 121$$
$$= 354.84 \ (J \cdot mol^{-1} \cdot K^{-1})$$

1.4.4　熵增原理

当体系发生一个确定的状态变化时，可以有多种实现变化的途径，这些途径可分为可逆、不可逆两大类，由于各过程的始、末状态相同，状态函数熵的变化相同。根据式(1-22)，过程的熵变在数值上等于恒温过程以可逆途径进行时的热温商，对于任意恒温进行的变化过程来说，以可逆途径进行时，其热温商最大，即

$$\Delta S = \frac{Q_r}{T} \geqslant \sum \frac{\delta Q}{T} \qquad (1-24)$$

式(1-24)称为克劳修斯不等式，式中 Q_r、Q 分别为可逆途径和任意途径的热。它描述了在封闭体系中进行的任意变化过程的熵变与热温商在数值上的关系，表明在封闭体系中不可能发生熵变小于热温商的过程，这与热力学第二定律的"第二类永动机不可能制成"说法等价，因此，式(1-24)为热力学第二定律的数学表达形式。

当封闭体系的状态发生变化时，克劳修斯不等式可作为变化过程是否可逆的判据：

$$\Delta S \begin{cases} > \sum \dfrac{\delta Q}{T} & 不可逆 \\[2mm] = \sum \dfrac{\delta Q}{T} & 可逆 \\[2mm] < \sum \dfrac{\delta Q}{T} & 不可能 \end{cases} \qquad (1-25)$$

利用式(1-25)判断变化过程的方向和限度比直接用第二定律本身要方便些,但计算过程较复杂,有时甚至无法计算。若将封闭体系改变为孤立体系进行考虑,则可得到更为通用、直接的结论。

对于孤立体系来说,环境不能以任何方式对体系施加影响,即 $\sum \dfrac{\delta Q}{T} = 0$。孤立体系中的不可逆过程一定是自发过程,而过程的方向是指在一定条件下自发过程进行的方向,可逆意味着平衡,即过程的限度。因此,将克劳修斯不等式应用于孤立体系,解决了孤立体系变化过程进行的方向和限度问题。由式(1-25)知,对于孤立体系:

$$\Delta S \begin{cases} > 0 & 自发 \\[2mm] = 0 & 平衡 \end{cases} \qquad (1-26)$$

式(1-26)表明,在孤立体系中,过程总是自发地朝着熵增加的方向进行,直到体系的熵值达到最大,即孤立体系的平衡状态是其熵值最大的状态;体系平衡时熵值不再改变。由于孤立体系中自发变化过程的限度是熵值最大,式(1-26)也称熵增原理。

在实际应用中需要注意,熵增原理只能用于判断孤立体系中过程的方向和限度,通常将封闭体系与环境合在一起作为一个孤立体系,来考查体系和环境总的熵变作为判据,以判断整个孤立体系中过程是否自发。例如,在标准压力下,0℃以下的液态水会自发地结成冰,为熵减过程,这与熵增原理是否矛盾? 这里液态水结冰不是孤立体系,结冰过程中放出的热量传给环境,使环境的熵增加,且环境的熵增加值比体系水结冰时熵降低值(绝对值)大,故将水结冰时体系和环境作为整体的孤立体系来说,其总的熵值是增加的,故该过程能够自发进行。但是在实际生产和科学研究中,研究对象能够以孤立体系或近似作为孤立体系来考虑的情况非常少,直接用熵增原理来判断过程进行的方向和限度有很大的局限性。

1.4.5　吉布斯自由能与化学反应的自发性判据

有些物质混合在一起就会自动发生化学反应,例如锌粒与稀盐酸作用生成氢气,$Ba(OH)_2 \cdot 8H_2O$ 和 NH_4SCN 两种固体反应放出氨气,而空气中的氮气和氧气在通常情况下是稳定存在的,不会发生生成 NO 或 NO_2 的反应;但当汽车行驶时,汽油在内燃机室燃烧产生高温,此时吸入空气中的氮气和氧气就会自发地反应生成氮氧化物,造成环境污染。那么在等温等压条件下,如何判断反应自发进行的方向? 或者在什么条件下反应能够自发进行呢?

上述在常温下能够生成氢气和氨气的两个自发反应中,由于有气体生成,都是熵增反应,但前者是放热反应、后者是吸热反应;再如水溶液中的 $K^+(aq)$ 和 $NO_3^-(aq)$,在一定的温度和压力条件下能自发结晶生成 KNO_3 晶体,这是熵减、放热过程。由此可以看出,一个化学反应的焓变和熵变都是与自发性相关的因素,放热和熵增是反应自发进行的有利条件,但单独考虑反应的焓变或熵变都无法对反应的自发性做出正确判断,只有将两者结合在一起综合考虑才能得到正确的结论。

若某化学反应在等温等压条件下进行,热力学第一定律表达式为

$$\Delta U = Q + W_{体} + W_{非}$$

即

$$Q = \Delta U - W_{体} - W_{非}$$

将其代入封闭体系下的克劳修斯不等式(1-25),得到自发进行的化学反应需满足的条件:

$$\Delta S \geqslant \frac{\Delta U - W_{体} - W_{非}}{T}$$

或

$$T\Delta S - \Delta U + W_{体} \geqslant -W_{非} \tag{1-27}$$

在等温等压条件下,$W_{体} = -p\Delta V$,$\Delta U + p\Delta V = \Delta H$,式(1-27)表示为

$$-[\Delta H - \Delta(TS)] \geqslant -W_{非}$$

或

$$-[(H_2 - T_2S_2) - (H_1 - T_1S_1)] \geqslant -W_{非} \tag{1-28}$$

因 H、T、S 均为体系的状态函数,$H-TS$ 的改变量仅取决于体系的始态和终态,$H-TS$ 具有状态函数的性质,将这个新的状态函数称为吉布斯(Gibbs)

自由能,以符号 G 表示,即

$$G = H - TS \qquad (1-29)$$

吉布斯自由能 G 表征体系的量度性质,单位为 kJ,式(1-28)可表示为

$$-\Delta G \geqslant -W_{\text{非}} \qquad (1-30)$$

式中,$-\Delta G$ 表示在等温等压条件下,封闭体系中的化学反应吉布斯自由能的减少,不等式表示不可逆,等式表示可逆。式(1-30)也可表述为在等温等压条件下,体系吉布斯自由能的减少,等于体系所能对环境做的最大有用功($-W_{\text{非}}$),即吉布斯自由能的减小可表征体系做非体积功的能力,即

$$-\Delta G = -W_{\text{非,r}} \qquad \text{或} \qquad \Delta G = W_{\text{非,r}}$$

若封闭体系中的化学反应在等温等压且不做非体积功的条件下进行时,式(1-30)简化为

$$\Delta G \leqslant 0 \qquad (1-31)$$

式(1-31)是封闭体系中的化学反应在等温等压且 $W_{\text{非}} = 0$ 条件下,进行方向和限度的判据,即

$\Delta G < 0$,反应以不可逆方式自发进行;

$\Delta G = 0$,反应以可逆方式进行(即平衡);

$\Delta G > 0$,不能自发进行。

式(1-31)也可以表述为在等温等压且不做非体积功的条件下,封闭体系中的化学反应总是自发地朝着吉布斯自由能减小的方向进行,直至到达该条件下反应物与生成物的 G 值相等的可逆(或平衡)状态。事实上,不仅化学反应如此,任何等温等压下不做非体积功的自发过程,吉布斯自由能都将减小,这称为吉布斯自由能减小原理,是热力学第二定律的另一种表述形式。

对于等温等压且不做非体积功条件下进行的化学反应,只需要确定反应吉布斯自由能变 ΔG,就能判断该反应进行的方向及方式。根据式(1-29),无法求出吉布斯自由能的绝对数值,要采取类似于由标准生成焓求反应焓变的方法来计算化学反应吉布斯自由能的改变量。

化学热力学规定,某反应温度下,由处于标准状态、指定的稳定单质生成标准状态下 1 mol 某纯物质的吉布斯自由能改变量称为此温度下该物质的标准摩

尔生成吉布斯自由能,简称标准生成吉布斯自由能,用符号 $\Delta_f G_m^\ominus$ 表示,其单位是 $kJ \cdot mol^{-1}$。处于标准状态下、指定的稳定单质在任意温度时 $\Delta_f G_m^\ominus$ 为零。

在 298.15 K 下,一些物质的 $\Delta_f G_m^\ominus$ 数据列于附录 3 中。类似于反应焓变的计算,利用反应物和生成物的 $\Delta_f G_m^\ominus$ 数据可以很方便地计算出反应的标准摩尔反应吉布斯自由能变 $\Delta_r G_m^\ominus$,即

$$\Delta_r G_m^\ominus = \sum_j v_j \Delta_f G_m^\ominus (\text{生成物}) - \sum_i v_i \Delta_f G_m^\ominus (\text{反应物}) \qquad (1-32)$$

需要注意的是,式(1-32)计算得到的 $\Delta_r G_m^\ominus$,表示化学反应体系在 298.15 K、$p^\ominus$ 条件下,由处于热力学标准状态的反应物和生成物,按热化学方程式进行 1 mol 化学反应(指反应进度)时,反应体系的吉布斯自由能改变量。

例 1-7　计算在 298.15 K、标准状态下,下列反应的 $\Delta_r G_m^\ominus$,并判断其自发性。

$$CH_4(g) + 2O_2(g) \longrightarrow CO_2(g) + 2H_2O(l)$$

解:查附录 3,得

$$\Delta_f G_m^\ominus (CH_4, g) = -50.75 \text{ kJ} \cdot mol^{-1}$$
$$\Delta_f G_m^\ominus (CO_2, g) = -394.36 \text{ kJ} \cdot mol^{-1}$$
$$\Delta_f G_m^\ominus (H_2O, l) = -237.18 \text{ kJ} \cdot mol^{-1}$$

而 $\Delta_f G_m^\ominus (O_2, g) = 0 \text{ kJ} \cdot mol^{-1}$,将各反应物、生成物的 $\Delta_f G_m^\ominus$ 数据代入式(1-32),得

$$\begin{aligned}
\Delta_r G_m^\ominus &= 2 \times \Delta_f G_m^\ominus (H_2O, l) + \Delta_f G_m^\ominus (CO_2, g) - \\
&\quad \Delta_f G_m^\ominus (CH_4, g) - 2 \times \Delta_f G_m^\ominus (O_2, g) \\
&= 2 \times (-237.18) + (-394.36) - (-50.75) \\
&= -817.97 \ (kJ \cdot mol^{-1})
\end{aligned}$$

$\Delta_r G_m^\ominus < 0$,表明在 298.15 K,若反应物和生成物均处于热力学标准状态,则甲烷氧化成 CO_2 的反应是自发进行的。因此,日常生活中天然气泄漏造成爆炸的可能性是非常高的。根据表 1-1,甲烷的燃烧焓为 $-890.3 \text{ kJ} \cdot mol^{-1}$,反

应瞬间放出大量的热,天然气泄漏爆炸造成的危害将是非常巨大的。

利用式(1-32)能很方便地求出任意给定反应在 298.15 K、标准状态下的 $\Delta_r G_m^\ominus$,判断该反应的自发性,那么在其他温度条件下进行的化学反应自发性如何判断呢?根据吉布斯自由能 G 的定义式 $G = H - TS$,可得到等温等压、不做非体积功条件下,化学反应的 $\Delta_r G_m^\ominus$、$\Delta_r H_m^\ominus$ 和 $\Delta_r S_m^\ominus$ 三者之间的关系式,即

$$\Delta_r G_m^\ominus = \Delta_r H_m^\ominus - T\Delta_r S_m^\ominus$$

在通常研究的温度范围内,化学反应的 $\Delta_r H_m^\ominus$ 和 $\Delta_r S_m^\ominus$ 受温度变化的影响很小,可将它们近似地看作常数,以 298.15 K 时的 $\Delta_r H_m^\ominus$ 及 $\Delta_r S_m^\ominus$ 代替,而 $\Delta_r G_m^\ominus$ 受温度变化的影响是不可忽略的,可由化学反应在 298.15 K 时的 $\Delta_r H_m^\ominus$ 和 $\Delta_r S_m^\ominus$ 数据计算任意温度 T 条件下的 $\Delta_r G_m^\ominus(T)$,即

$$\Delta_r G_m^\ominus(T) = \Delta_r H_m^\ominus(298.15 \text{ K}) - T\Delta_r S_m^\ominus(298.15 \text{ K}) \tag{1-33}$$

例 1-8 讨论在标准状态下,温度变化对下列反应自发进行方向的影响。

$$CaCO_3(s) \longrightarrow CaO(s) + CO_2(g)$$

解: 从附录 3 中查出如下数据(298.15 K):

	$CaCO_3(s)$	$CaO(s)$	$CO_2(g)$
$\Delta_f G_m^\ominus$	$-1\,128.8$ kJ·mol⁻¹	-604.04 kJ·mol⁻¹	-394.36 kJ·mol⁻¹
$\Delta_f H_m^\ominus$	$-1\,206.9$ kJ·mol⁻¹	-635.09 kJ·mol⁻¹	-393.51 kJ·mol⁻¹
$S_m^\ominus$	92.9 J·mol⁻¹·K⁻¹	39.75 J·mol⁻¹·K⁻¹	213.6 J·mol⁻¹·K⁻¹

298.15 K 时,$\Delta_r G_m^\ominus = \Delta_f G_m^\ominus(\text{CaO, s}) + \Delta_f G_m^\ominus(\text{CO}_2, \text{g}) - \Delta_f G_m^\ominus(\text{CaCO}_3, \text{s})$

$= (-604.04) + (-394.36) - (-1\,128.8)$

$= 130.4 \ (\text{kJ·mol}^{-1})$

因 $\Delta_r G_m^\ominus(298.15 \text{ K}) > 0$,$CaCO_3$ 在 298.15 K、标准状态下不能自发分解。那么其他温度条件下呢?首先需要求出反应在 298.15 K、标准状态时的 $\Delta_r H_m^\ominus$ 和 $\Delta_r S_m^\ominus$,根据式(1-19)和式(1-23)分别计算得到

$$\Delta_r H_m^\ominus(298.15 \text{ K}) = 178.3 \text{ kJ·mol}^{-1}, \ \Delta_r S_m^\ominus(298.15 \text{ K}) = 160.45 \text{ J·mol}^{-1}·\text{K}^{-1}$$

根据式(1-33),则

$$\Delta_r G_m^{\ominus}(T) = 178.3 - 160.45 \times 10^{-3} T$$

当温度低时,如 298.15 K,反应的 $\Delta_r G_m^{\ominus} > 0$,但当 T 升高时,$T \Delta_r S_m^{\ominus}$ 的影响超过 $\Delta_r H_m^{\ominus}$ 的影响,则 $\Delta_r G_m^{\ominus}$ 可变为负值。当 $\Delta_r G_m^{\ominus} < 0$ 时

$$T > \frac{\Delta_r H_m^{\ominus}}{\Delta_r S_m^{\ominus}} = \frac{178.3 \times 1\,000}{160.45} = 1\,111.2 \text{ (K)}$$

计算结果表明,当温度高于 1 111.2 K 时,反应的 $\Delta_r G_m^{\ominus} < 0$,$CaCO_3(s)$ 在标准状态下自发分解;当温度等于 1 111.2 K 时,$\Delta_r G_m^{\ominus} = 0$,反应处于可逆(或平衡)状态;当温度低于 1 111.2 K 时,$\Delta_r G_m^{\ominus} > 0$,$CaCO_3(s)$ 在标准状态下不能自发分解。

上述讨论表明,标准状态下,$CaCO_3(s)$ 分解反应的 $\Delta_r G_m^{\ominus}$ 受温度变化影响相当显著。根据式(1-33),$\Delta_r G_m^{\ominus}$ 综合了 $\Delta_r H_m^{\ominus}$、$\Delta_r S_m^{\ominus}$ 及温度 T 对化学反应进行方向的影响,将在标准状态下,焓增或焓减、熵增或熵减对于反应自发进行温度范围的影响汇总于表 1-2 中。

表 1-2　标准状态及等压条件下化学反应自发进行的温度范围

$\Delta_r H_m^{\ominus}$ (298.15 K)	$\Delta_r S_m^{\ominus}$ (298.15 K)	$\Delta_r G_m^{\ominus}$		正向反应自发性随 T 变化规律
		低温	高温	
−	+	−	−	任何温度下,均自发
+	−	+	+	任何温度下,均不自发
−	−	−	+	低温自发,高温不自发
+	+	+	−	低温不自发,高温自发

需要注意的是,表 1-2 中讨论的低温或高温范围都是相对于化学反应自发进行的转折温度来说的,转折温度是指在标准状态下,反应的焓变和熵变符号相同时,当 $\Delta_r G_m^{\ominus} = 0$、反应处于可逆(或平衡)状态时的温度条件,即

$$T_{转} = \frac{\Delta_r H_m^{\ominus}(298 \text{ K})}{\Delta_r S_m^{\ominus}(298 \text{ K}) \times 10^{-3}} \tag{1-34}$$

利用式(1-33)和表 1-2,可以很方便地判断标准状态下化学反应自发进行的温度范围,如氮气和氧气生成一氧化氮的反应:

$$N_2(g) + O_2(g) \longrightarrow 2NO(g)$$

查附录 3,计算得 $\Delta_r H_m^{\ominus}(298.15\ K) = 180.5\ kJ \cdot mol^{-1}$, $\Delta_r S_m^{\ominus}(298.15\ K) = 24.77\ J \cdot mol^{-1} \cdot K^{-1}$,属于焓增熵增反应,高温有利。利用式(1-34)计算得到

$$T_{转} = \frac{\Delta_r H_m^{\ominus}(298\ K)}{\Delta_r S_m^{\ominus}(298\ K) \times 10^{-3}} = \frac{180.5}{24.77 \times 10^{-3}} = 7\ 287\ (K)$$

即在标准状态下,温度高于 7 287 K 时,上述反应才能自发进行。因此在自然条件下,两种气体能够在空气中稳定存在。

当然,这里讨论的都是各反应物和生成物都处于热力学标准状态时化学反应自发进行方向的判断方法。那么,当反应物或生成物处于非标准状态时如何进行判断呢? 将在 1.5.3 节中讨论。

1.5 化学反应的限度——化学平衡

1.5.1 可逆反应与化学平衡

在一定条件下,一个化学反应既可按反应方程式从左向右进行,也有从右向左方向的变化,这就是化学反应的可逆性。如在恒温 1 473 K 下,将等体积的二氧化碳和氢气放入密闭容器中,则经过一段时间反应后,混合体系中生成的一氧化碳和水蒸气各占 30%,尚未反应的二氧化碳和氢气各占 20%。相反,若在容器中优先放置的是相同体积的一氧化碳和水蒸气,则反应完成后也会生成各占 20%的二氧化碳和氢气,反应可表示为

$$CO_2(g) + H_2(g) \xrightarrow{1\ 473\ K} CO(g) + H_2O(g)$$

又如,将物质的量分别为 1 mol 的 Ag^+ 与 Cl^- 混合,可以生成 AgCl 沉淀,但得到固体 AgCl 的量要少于 1 mol,因为生成的固体 AgCl 在水中可微量溶解并电离出 Ag^+ 和 Cl^-,即

$$Ag^+(aq) + Cl^-(aq) \rightleftharpoons AgCl(s)$$

上述反应称为可逆反应。人们将在宏观上反应物和生成物的量(指浓度或分压)不再随时间而改变、按一定比例共存的状态称为化学平衡状态。此时正、

逆反应速率相等,体系处于动态平衡。化学平衡是可逆反应体系的终点,体现出该反应在指定反应条件下可完成的最大限度。

　　几乎所有的化学反应都是可逆的,只是可逆程度因反应的性质、反应物和生成物状态等不同而有很大差别。根据 1.4.5 节的讨论结果,如欲使反应正向自发进行,生成物的吉布斯自由能必须小于反应物的吉布斯自由能,如果能够始终保持这种关系,反应将一直进行到底,反应物全部转变为生成物,体系的吉布斯自由能降至最低,这类反应可近似认为是单向反应。但实际上,大多数的反应都是可逆的,反应进行到一定的程度便达到平衡,这是由于在等温等压条件下,化学反应体系中反应物和生成物的吉布斯自由能随时间改变,反应物的 G 降低而生成物的 G 升高,直至两者相等到达平衡,此时整个反应的 ΔG 为零。相反,若反应体系中生成物的 G 高于反应物的 G,则反应逆向进行至两者相等,达到平衡状态。

　　同时,反应物与生成物相互混合的程度越低,反应进行的程度越大。例如在敞开体系中,碳酸钙高温分解成氧化钙和二氧化碳,锌粒与稀盐酸反应生成氢气,或溶液中生成沉淀等一系列反应可逆程度较小,反应进行得比较彻底。

　　那么,在相同反应温度下,一个化学反应无论是正向、还是逆向进行到达化学平衡,平衡时体系内各反应物和生成物的量之间有怎样的数量关系呢?如何来描述化学平衡状态呢?

1.5.2　平衡常数

　　可逆反应达到化学平衡时,宏观上体系中各物质的量不再随时间而改变,进一步的实验研究表明,无论初始反应体系中各物质的量如何组成,以及化学反应是从哪一个方向(正向或逆向)开始到达平衡,只要保持化学反应温度一直不变,到达平衡时,尽管反应物、生成物的浓度在不同体系中各不相同,但各生成物的浓度以反应方程式中计量系数为幂的乘积与各反应物的浓度以计量数为幂的乘积之比是一个常数,即对于在一定温度下进行的任意可逆反应:

$$a\mathrm{A} + b\mathrm{B} \Longrightarrow x\mathrm{X} + y\mathrm{Y}$$

到达平衡状态时,体系中各物质的浓度间有如下关系:

$$\frac{[\mathrm{X}]^x [\mathrm{Y}]^y}{[\mathrm{A}]^a [\mathrm{B}]^b} = K_c \tag{1-35}$$

式中 K_c 为化学反应的浓度经验平衡常数。若化学反应为气相反应,到达化学平衡时各物质的平衡分压间也存在类似的比例关系,即在某温度下到达平衡的气相反应:

$$a\mathrm{A(g)} + b\mathrm{B(g)} \Longrightarrow x\mathrm{X(g)} + y\mathrm{Y(g)}$$

则有

$$\frac{(p_\mathrm{X}^\mathrm{e})^x \, (p_\mathrm{Y}^\mathrm{e})^y}{(p_\mathrm{A}^\mathrm{e})^a \, (p_\mathrm{B}^\mathrm{e})^b} = K_p \tag{1-36}$$

式中 K_p 为化学反应的压力经验平衡常数。式(1-35)和式(1-36)表明,经验平衡常数 K_c 和 K_p 是有单位的数值,仅当反应物的计量系数之和与生成物的计量系数之和相等时,K_c 和 K_p 才是没有单位的量。同时,对于气相反应,当然也可以用 K_c 表示平衡时各反应物和生成物平衡浓度间的关系,两者所表示的是同一个平衡状态,其数值间存在固定的关系。若将气相反应中所有物质都视为理想气体,由理想气体状态方程推导出 $p = cRT$,则有

$$K_p = K_c(RT)^{(x+y-a-b)} \tag{1-37}$$

对于描述平衡状态的物理量,考虑到 K_c 和 K_p 是有单位的数值,在应用上存在不方便之处。比如溶液和气体共同参加的复相反应体系,如何表示平衡状态? 此时引入相对浓度和相对分压的概念,即将浓度除以标准浓度($c^\ominus = 1 \ \mathrm{mol \cdot dm^{-3}}$)、分压除以标准压力($p^\ominus = 100 \ \mathrm{kPa}$ 或 $101.3 \ \mathrm{kPa}$),得到的比值是标准浓度或标准压力的倍数,称为平衡时的相对浓度或相对分压,再将平衡时各物质的相对浓度或相对分压代入经验平衡常数的表达式,得到化学反应的标准平衡常数 $K^\ominus$。式(1-35)和式(1-36)描述的平衡状态以标准平衡常数表示则分别为

$$K^\ominus = \frac{\left(\dfrac{[\mathrm{X}]}{c^\ominus}\right)^x \left(\dfrac{[\mathrm{Y}]}{c^\ominus}\right)^y}{\left(\dfrac{[\mathrm{A}]}{c^\ominus}\right)^a \left(\dfrac{[\mathrm{B}]}{c^\ominus}\right)^b} \tag{1-38}$$

以及

$$K^\ominus = \frac{\left(\dfrac{p_\mathrm{X}^\mathrm{e}}{p^\ominus}\right)^x \left(\dfrac{p_\mathrm{Y}^\mathrm{e}}{p^\ominus}\right)^y}{\left(\dfrac{p_\mathrm{A}^\mathrm{e}}{p^\ominus}\right)^a \left(\dfrac{p_\mathrm{B}^\mathrm{e}}{p^\ominus}\right)^b} \tag{1-39}$$

对于复相可逆反应,体系存在的纯固体、纯液体或溶液中大量存在的水均可认为在反应进程中对化学平衡的影响保持不变,相对浓度视为常数 1,其他物质则以平衡时相对浓度或相对分压代入标准平衡常数表达式中,如反应 $CaCO_3(s) \rightleftharpoons CaO(s) + CO_2(g)$,其标准平衡常数 $K^\ominus$ 可表示为

$$K^\ominus = \frac{p^e_{CO_2}}{p^\ominus}$$

值得注意的是,尽管可逆反应的平衡状态可由经验平衡常数 K_c 或 K_p 以及标准平衡常数 $K^\ominus$ 来表征,平衡常数的大小仅随温度变化而改变,但当涉及热力学的相关计算时,需要考虑的是标准平衡常数 $K^\ominus$,且要求气相反应用平衡时各物质的相对分压来计算 $K^\ominus$。另外,由于标准平衡常数 $K^\ominus$ 的定义式中包含各生成物和反应物平衡时的相对浓度或相对分压以反应方程式中计量系数为幂的乘积项,因此,化学反应方程式的配平方式不同,其标准平衡常数 $K^\ominus$ 的大小亦不同。如,已知某温度条件下反应 $N_2O_4(g) \rightleftharpoons 2NO_2(g)$ 的标准平衡常数为 $K_1^\ominus$,则可得到下列反应的标准平衡常数:

$$\frac{1}{2}N_2O_4(g) \rightleftharpoons NO_2(g) \qquad K^\ominus = \sqrt{K_1^\ominus}$$

$$2NO_2(g) \rightleftharpoons N_2O_4(g) \qquad K^\ominus = \frac{1}{K_1^\ominus}$$

1.5.3　标准平衡常数与标准摩尔吉布斯自由能变的关系

平衡常数能够描述在一定温度 T 下可逆反应的平衡状态,根据式(1-31)对反应进行的方向和限度的讨论,封闭体系中,在等温等压且不做非体积功的条件下,化学反应总是自发地朝着吉布斯自由能减小的方向进行,直至反应物与生成物的 G 值相等到达平衡状态,此时 $\Delta G = 0$。因此 $\Delta G = 0$ 是化学反应到达平衡状态的另一个表征方法。

那么,某温度 T 下,当化学反应处于未达到平衡的任意时刻时,反应的 ΔG 如何确定? 反应进行的方向如何确定呢?

若给定一个化学反应:$aA(aq) + bB(aq) \rightleftharpoons xX(aq) + yY(aq)$,在反应温度 T 条件下,体系处于任意时刻的 $\Delta_r G_m$ 为

$$\Delta_r G_m = \Delta_r G_m^{\ominus} + RT \ln Q \qquad (1-40)$$

式(1-40)称为化学反应等温式,式中 $\Delta_r G_m^{\ominus}$ 为温度为 T 时,反应的标准吉布斯自由能变;Q 为该时刻反应体系的反应商,定义为

$$Q = \frac{\left(\dfrac{c_X}{c^{\ominus}}\right)^x \left(\dfrac{c_Y}{c^{\ominus}}\right)^y}{\left(\dfrac{c_A}{c^{\ominus}}\right)^a \left(\dfrac{c_B}{c^{\ominus}}\right)^b} \qquad (1-41)$$

反应商与标准平衡常数的区别在于,反应商是由任意时刻反应体系各物质的相对浓度或相对分压求得的,而平衡常数则是由到达平衡时体系各物质的相对浓度或相对分压确定的。当反应达到平衡时,两者相等,即 $Q = K^{\ominus}$,同时 $\Delta_r G_m = 0$,此时式(1-40)可化为

$$\Delta_r G_m^{\ominus} = -RT \ln K^{\ominus} \qquad (1-42)$$

式(1-42)给出了热力学函数 $\Delta_r G_m^{\ominus}$ 与 $K^{\ominus}$ 之间的关系,利用任意温度条件下化学反应的 $\Delta_r G_m^{\ominus}$ 数据可求出对应温度条件下反应的标准平衡常数 $K^{\ominus}$。这样,与式(1-33)联立,利用 298.15 K 条件下反应的 $\Delta_r H_m^{\ominus}$ 和 $\Delta_r S_m^{\ominus}$ 数据,即可计算出任意反应温度条件下化学反应的标准平衡常数 $K^{\ominus}$。

例 1-9 进一步讨论例 1-8 的反应体系:$CaCO_3(s) \longrightarrow CaO(s) + CO_2(g)$,若将反应体系置于 CO_2 分压为 0.020 kPa 的环境中,计算该反应自发进行所需要的温度条件,以及在转变温度条件下反应的标准平衡常数。

解: 当 CO_2 分压为 0.020 kPa 时,说明该反应体系处于非标准状态,若要自发进行则要求 $\Delta_r G_m < 0$,根据式(1-40),即

$$\Delta_r G_m = \Delta_r G_m^{\ominus} + RT \ln Q < 0$$

与式(1-33)联立,近似为

$$\Delta_r H_m^{\ominus}(298.15\ \text{K}) - T\Delta_r S_m^{\ominus}(298.15\ \text{K}) + RT \ln Q < 0$$

这里反应商 $Q = \dfrac{p_{CO_2}}{p^{\ominus}} = 2 \times 10^{-4}$,同时代入例 1-8 的计算结果,上式为

$$178.3 \times 10^3 - T \times 160.45 + 8.314 \times T \times \ln(2 \times 10^{-4}) < 0$$

求解出 $T > 771.0 \, \text{K}$。即在该条件下，当温度高于 771.0 K 时，$CaCO_3$ 能自发分解。

根据式(1-33)，此温度条件下反应的标准吉布斯自由能变为

$$\Delta_r G_m^\ominus (771.0 \, \text{K}) = \Delta_r H_m^\ominus (298.15 \, \text{K}) - 771.0 \Delta_r S_m^\ominus (298.15 \, \text{K})$$
$$= 178.3 - 771.0 \times 160.45 \times 10^{-3} = 54.59 \, (\text{kJ} \cdot \text{mol}^{-1})$$

再由式(1-42)，得此时化学反应的标准平衡常数为

$$K^\ominus = \text{e}^{\frac{\Delta_r G_m^\ominus (771.0)}{-RT}} = \text{e}^{\frac{54.59 \times 10^3}{-8.314 \times 771.0}} = 2.0 \times 10^{-4}$$

例 1-10 已知水在标准大气压 $p^\ominus$ 下的沸点(沸点是指当液体的蒸气压与大气压相同，液体沸腾时体系对应的温度)为 373.15 K，在 12 000 m 高处(大气压为 $0.6 p^\ominus$)的沸点为 357.72 K，假设体系焓变、熵变在讨论的温度范围内的变化很小，可忽略不计，试回答下列问题：

(1) 对于水的相变反应 $H_2O(l) \Longrightarrow H_2O(g)$，计算 $\Delta_r H_m^\ominus (298.15 \, \text{K})$ 和 $\Delta_r S_m^\ominus (298.15 \, \text{K})$；

(2) 若压力锅中的气压要求保持在 $2p^\ominus$ 左右，计算此时锅内水的沸点 T。

解：(1) 体系在沸腾时，发生物质的相变过程，可近似认为可逆过程即处于平衡状态，此时其饱和蒸气压与外界大气压相同，根据标准平衡常数的定义，即得

沸点为 373.15 K 时，$K_1^\ominus = \dfrac{p_{H_2O,饱}}{p^\ominus} = \dfrac{p^\ominus}{p^\ominus} = 1$

沸点为 357.72 K 时，$K_2^\ominus = \dfrac{p_{H_2O,饱}}{p^\ominus} = \dfrac{0.6 p^\ominus}{p^\ominus} = 0.6$

根据式(1-42)和式(1-33)，得

$$\Delta_r H_m^\ominus (298.15 \, \text{K}) - 373.15 \cdot \Delta_r S_m^\ominus (298.15 \, \text{K}) = -R \cdot 373.15 \cdot \ln K_1^\ominus$$
$$\Delta_r H_m^\ominus (298.15 \, \text{K}) - 357.72 \cdot \Delta_r S_m^\ominus (298.15 \, \text{K}) = -R \cdot 357.72 \cdot \ln K_2^\ominus$$

代入数据解联立方程，得

$$\Delta_r H_m^\ominus (298.15 \, \text{K}) = 36.74 \, \text{kJ} \cdot \text{mol}^{-1}$$
$$\Delta_r S_m^\ominus (298.15 \, \text{K}) = 98.46 \, \text{J} \cdot \text{mol}^{-1} \cdot \text{K}^{-1}$$

(2) 当压力锅中的大气压为 $2p^{\ominus}$ 时,沸点时的标准平衡常数为

$$K_3^{\ominus} = \frac{p_{H_2O,饱}}{p^{\ominus}} = \frac{2p^{\ominus}}{p^{\ominus}} = 2$$

根据式(1-42)和式(1-33),得

$$\Delta_r H_m^{\ominus}(298.15\ K) - T\Delta_r S_m^{\ominus}(298.15\ K) = -RT\ln K_3^{\ominus}$$

代入数据解联立方程,得

$$T = 396.34\ K$$

从计算结果看出,压力锅中的水沸点为 396.34 K,超过水的正常沸点(373.15 K),缩短了食物煮熟的时间。

下面对标准平衡常数与标准摩尔吉布斯自由能变之间相互关系,及其在判断化学反应进行方向、化学平衡的移动、化学反应的多重平衡等方面应用做进一步的讨论。

若将式(1-42)代入式(1-40)中得到

$$\Delta_r G_m = RT\ln\left(\frac{Q}{K^{\ominus}}\right) \tag{1-43}$$

式(1-43)表明,在某一时刻,若化学反应的反应商 $Q < K^{\ominus}$,即 $\Delta_r G_m < 0$,反应正向自发进行;反应商 Q 逐渐增大,趋于与 $K^{\ominus}$ 相等,达到平衡状态时 $\Delta_r G_m = 0$。若 $Q > K^{\ominus}$,$\Delta_r G_m > 0$,则反应逆向自发进行,至 $Q = K^{\ominus}$ 到达平衡。利用 Q 与 $K^{\ominus}$ 的关系,也可以判断反应进行的方向,即

当 $Q < K^{\ominus}$ 时 $\qquad \Delta_r G_m < 0$ $\qquad$ 正反应自发进行;

当 $Q = K^{\ominus}$ 时 $\qquad \Delta_r G_m = 0$ $\qquad$ 反应达到平衡,以可逆方式进行;

当 $Q > K^{\ominus}$ 时 $\qquad \Delta_r G_m > 0$ $\qquad$ 逆反应自发进行。

由于化学平衡是动态平衡,任何引起化学反应商 Q 的变化因素,如反应体系中各物质的浓度或分压变化,均可使原有的化学平衡破坏,平衡体系发生移动,直至达到新的平衡。如在恒温下增加反应物的浓度或减小生成物的浓度,此时反应商 $Q < K^{\ominus}$,$\Delta_r G_m < 0$,平衡将向正反应方向移动;反之,减小反应物浓度或增大生成物浓度,平衡将向逆反应方向移动。分压变化对平衡的影响与反应前后气体分子数目是否有变化有关。在恒温下,若反应前后气体分子数目不

变,则分压变化不改变反应商 Q,平衡不发生移动;反之,增大总压(以减小体积的形式),平衡向气体分子数目减少的方向移动;减小总压,平衡向气体分子数目增加的方向移动。

另外,在化学反应处于平衡状态时,改变温度条件,反应的标准平衡常数 $K^{\ominus}$ 随之发生变化,造成此时的反应商 $Q \neq K^{\ominus}$,破坏原有的平衡状态,化学平衡也会发生移动。利用式(1-42)可得在不同反应温度(如 T_1 和 T_2,且 $T_2 > T_1$)条件下的标准平衡常数(如 $K_1^{\ominus}$ 和 $K_2^{\ominus}$)与该反应的标准摩尔焓变(298.15 K)之间的关系:

$$\ln\left(\frac{K_2^{\ominus}}{K_1^{\ominus}}\right) = \frac{\Delta_r H_m^{\ominus}}{R} \cdot \frac{T_2 - T_1}{T_1 T_2} \tag{1-44}$$

对于吸热反应 $\Delta_r H_m^{\ominus} > 0$,温度升高,平衡常数随之增大,即 $K_2^{\ominus} > K_1^{\ominus}$,此时反应商 $Q = K_1^{\ominus} < K_2^{\ominus}$,化学平衡正向移动,即向吸热方向移动;反之,对于放热反应,升高温度时 $K_2^{\ominus} < K_1^{\ominus}$,化学平衡逆向移动。

里·查德里(Le Chatelier)针对各种外界条件变化对化学平衡的影响,概括出一条普遍规律:如果对平衡体系施加外力,平衡将沿着减少此外力影响的方向移动,即里·查德里原理。

在工业生产和生活实践中,充分利用化学平衡的移动,可以有效地提高产率。如反应 $CO(g) + H_2O(g) \rightleftharpoons H_2(g) + CO_2(g)$,当 CO 和 H_2O 的起始浓度均为 0.02 mol·dm^{-3} 时,CO 的平衡转化率为 75%。而将更为廉价的 H_2O 起始浓度增加到 1.00 mol·dm^{-3} 时,CO 的平衡转化率增大到 99.8%。即增大一种反应物的浓度,可使另一种反应物的转化率显著提高。

1.6 化学反应速率

1.6.1 化学反应速率及其表示方法

研究化学反应的基本原理时,除了研究反应过程中能量的变化、反应进行的限度,还需要考虑到达这一限度所需要的时间,即化学反应速率问题。如 298.15 K 时:

① $H_2(g) + \frac{1}{2}O_2(g) \rightleftharpoons H_2O(l)$ $\Delta_r G_{m,1}^{\ominus} = -237.18$ kJ·mol^{-1}

② $NO(g) + \dfrac{1}{2}O_2(g) \Longleftrightarrow NO_2(g)$ $\quad \Delta_r G_{m,2}^{\ominus} = -35.1 \ kJ \cdot mol^{-1}$

在标准状态、298.15 K 条件下,上述化学反应的 $\Delta_r G_m^{\ominus}$ 都小于零,能自发进行,且反应①的 $\Delta_r G_m^{\ominus}$ 绝对值更大,该温度条件下的标准平衡常数 $K_1^{\ominus}$ 将远大于反应②的 $K_2^{\ominus}$。那么,能否由此断言反应①的反应速率远大于反应②呢?事实上,因反应①的反应速率太小,将氢气和氧气放在同一容器中,长久也看不到生成水的迹象;而 NO 和 O_2 反应却极快,在短时间内就能达到平衡。那么,化学反应速率的大小如何确定,其影响因素又有哪些呢?

化学反应总是在一定的空间和时间内完成的,在反应进行过程中,反应物的量不断减少,而生成物的量不断增加。化学反应速率是指在一定反应条件下,反应物转变为生成物的速率,即以单位时间(s、min 或 h)内反应物浓度的减少或生成物浓度的增加来表示。

对于化学反应:$a\,A(aq) + b\,B(aq) \longrightarrow x\,X(aq) + y\,Y(aq)$,在 Δt 时间内,各物质的浓度变化分别为 Δc_A、Δc_B、Δc_X 和 Δc_Y,则以各物质浓度表示的 Δt 时间内反应的平均速率分别为 $\bar{v}(A) = -\dfrac{\Delta c_A}{\Delta t}$、$\bar{v}(B) = -\dfrac{\Delta c_B}{\Delta t}$、$\bar{v}(X) = \dfrac{\Delta c_X}{\Delta t}$ 和 $\bar{v}(Y) = \dfrac{\Delta c_Y}{\Delta t}$,由于在 Δt 时间内,各物质浓度的改变量之比与其反应方程式的各物质计量系数比相等,即可得

$$\frac{1}{a}\bar{v}(A) = \frac{1}{b}\bar{v}(B) = \frac{1}{x}\bar{v}(X) = \frac{1}{y}\bar{v}(Y) = \bar{v} \qquad (1-45)$$

原则上,对于任意指定的化学反应来说,在反应温度条件下,其平均速率 $\bar{v}$ 与选用哪一种反应物或生成物浓度的变化作为测量或计算的基准无关,化学反应平均反应速率的单位为 $mol \cdot dm^{-3} \cdot s^{-1}$(或 $mol \cdot dm^{-3} \cdot min^{-1}$ 或 $mol \cdot dm^{-3} \cdot h^{-1}$)。

若将时间间隔缩短,令 Δt 趋近于零时,则能反映出某一时刻的反应速率,称为此时刻的瞬时反应速率,通常用作图的方法求出。以 N_2O_5 的分解反应为例:

$$N_2O_5 \longrightarrow 2NO_2 + \frac{1}{2}O_2$$

以 1 min 的时间间隔测定反应体系中 N_2O_5 的浓度,得到 N_2O_5 浓度随反应时间

t 变化的关系,如图 1-4 所示。图中曲线的割线 AB 的斜率(指绝对值)表示在 A、B 两点间时间间隔内反应的平均速率 $\bar{v}$。若将 A、B 两点沿曲线向 C 靠近,随着时间间隔 Δt 越来越短,割线 AB 越来越接近过 C 点的切线,割线的斜率 $\left(\dfrac{\Delta c_{N_2O_5}}{\Delta t}\right)$ 越来越接近切线的斜

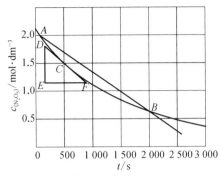

图 1-4 作图法确定瞬时反应速率

率;当 $\Delta t \rightarrow 0$ 时,割线的斜率则变为切线的斜率,C 点对应的瞬时速率 $v(N_2O_5)$ 可用极限的方法来表达出其定义式:

$$v(N_2O_5) = \lim_{\Delta \to 0}\left[-\frac{\Delta c_{N_2O_5}}{\Delta t}\right]$$

当然,根据反应体系中任意物质的浓度随反应时间 t 变化的关系图,通过作图法都可得到某一时刻的瞬时速率,仅需要将其除以化学反应计量方程式前对应的系数,即可得到该时刻反应的瞬时速率 v。对于一般的化学反应: $a\mathrm{A(aq)} + b\mathrm{B(aq)} \longrightarrow x\mathrm{X(aq)} + y\mathrm{Y(aq)}$,存在下列关系式:

$$\frac{1}{a}v(\mathrm{A}) = \frac{1}{b}v(\mathrm{B}) = \frac{1}{x}v(\mathrm{X}) = \frac{1}{y}v(\mathrm{Y}) = v \qquad (1-46)$$

同时,由于起始浓度是最容易得到的数据,在研究反应速率与浓度的关系等化学反应动力学问题时,经常用到初始反应速率 v_0。

测定化学反应速率时,通常采用反应体系中浓度变化易于测量的那种物质来进行研究,可直接从反应器中取样,用化学分析方法测定样品中各物质的浓度。但考虑到在取出的样品中反应仍可继续进行,常采用骤冷、冲稀、加阻化剂或分离催化剂等方法使反应立即停止后再进行分析。还有一类比较常用的方法是测定反应混合物中与浓度有关的某些物理量随时间的变化,如压力、体积、旋光度、电导率等,这样可间接得到不同时刻某物质的浓度,这类方法迅速、方便、易于跟踪反应,且可利用仪器设备自动记录。

1.6.2 反应速率理论和活化能

不同化学反应的速率是千差万别的,如火药的爆炸可在瞬间完成,乙烯单体

在反应釜中的聚合反应需要若干小时完成,室温下汽车轮胎的老化速率以年计算,自然界中煤和石油的形成需要数万年,甚至上亿年。为什么反应速率有快有慢呢? 1918 年,路易斯(Lewis)应用气体分子运动论成果,提出了化学反应速率的碰撞理论,对此进行了解释。

碰撞理论认为,反应物分子(或原子、离子)间的相互碰撞是反应进行的先决条件,反应物分子碰撞的频率越高,反应速率越大。当然,并非所有的碰撞都能引起反应,只有极少数具备足够高能量的分子间的碰撞,才能克服分子无限接近时价电子云之间强烈的静电排斥力,使分子中的原子重排,发生化学反应。

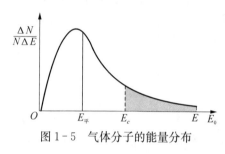

图 1-5 气体分子的能量分布

反应体系中气体分子的能量分布如图 1-5 所示,具备足够高能量的分子称为活化分子,E_c 为能够发生反应碰撞的活化分子所具有的最低能量,将活化分子所具有的平均能量与反应体系中分子的平均能量间的能量差称为活化能,以 E_a 表示,单位为 $kJ \cdot mol^{-1}$。按理论推算活化能与活化分子的最低能量 E_c 之间的关系为 $E_a = E_c + \frac{1}{2}RT$。 在通常研究的温度范围内,$E_c \gg \frac{1}{2}RT$,因此在数值上 $E_a \approx E_c$,如无特殊说明,后续章节所讨论体系的活化能都满足该近似关系。显然,活化能也可以理解为反应物分子在发生化学反应时所必须克服的一个"能垒"。在一定温度条件下,反应物分子的平均能量是一定的,反应的活化能越大,活化分子在全体分子中所占的比例(或摩尔分数)越小,有效碰撞数就越少,反应速度越慢;相反,反应的活化能越小,活化分子数越多,反应就越快。

不同反应的活化能不同,反应活化能的大小可通过设计实验测定。一般来说,反应的活化能为 $60 \sim 250 \ kJ \cdot mol^{-1}$,不同类型反应的活化能 E_a 相差很大,例如:

$$2SO_2(g) + O_2(g) \longrightarrow 2SO_3(g) \qquad E_a = 251 \ kJ \cdot mol^{-1}$$

$$N_2(g) + 3H_2(g) \xrightarrow{Fe} 2NH_3(g) \qquad E_a = 175.5 \ kJ \cdot mol^{-1}$$

$$HCl(aq) + NaOH(aq) \longrightarrow NaCl(aq) + H_2O(l) \qquad E_a \approx 20 \ kJ \cdot mol^{-1}$$

活化能低于 40 kJ·mol^{-1} 的反应几乎能在瞬间完成，如上述强酸强碱的中和反应；而活化能高于 400 kJ·mol^{-1} 的反应速率非常小，几乎觉察不到。一般认为，在通常研究的化学反应温度范围内，活化能随温度的改变很小，可忽略不计，因此可将化学反应体系的活化能看作是一个常数。

当然，分子具备一定的能量是发生有效碰撞的必要条件，但并不充分。只有当活化分子采取合适的取向进行碰撞时，反应才能发生。如下列反应：

$$HCl(g) + NH_3(g) \longrightarrow NH_4Cl(s)$$

反应物分子间的碰撞取向如图 1-6 所示，当 HCl 中 Cl 原子的孤对电子与 N 原子的孤对电子彼此接触［见图(a)］或两分子中的 H 原子接触［见图(b)］时都不能发生反应，只有 HCl 中的 H 原子与 NH$_3$ 中 N 原子的孤对电子相碰撞［见图(c)］才是合适的取向，能发生反应形成 NH$_4$Cl(s)。不难想象，对于复杂反应，碰撞取向的影响更大。如 NH$_3$ 中的 H 原子被大的取代基（如丙基）取代，此时 HCl 中 H 原子只能通过狭窄的"窗口"接近 N 原子的孤对电子［见图(d)］，空间位阻效应显著，发生有效碰撞的机会自然要小得多了。

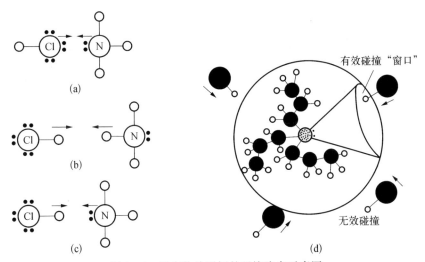

图 1-6　反应物分子间的碰撞取向示意图

碰撞理论充分考虑能量和碰撞取向两个因素对于化学反应速率的影响，提出了单位时间内反应平均速率 $\bar{v}$ 的表达式：

$$\bar{v} = ZfP = (Ze^{-\frac{E_a}{RT}})P \tag{1-47}$$

式中,Z 为单位时间、单位体积内 1 mol 反应物分子间所发生的总碰撞次数;f 为频率因子,即能量满足要求的碰撞占总碰撞次数的分数,该比例与活化能 E_a 及温度 T 间的关系符合麦克斯韦-波耳兹曼分布,即 $f = e^{-\frac{E_a}{RT}}$;P 为取向因子。式(1-47)表明,能量 E_a 越高或反应温度越低,反应速率越小。

碰撞理论简单直观,较为成功地解释了某些简单反应的实验事实。但是由于碰撞理论将反应物分子看作简单的刚性球,忽视了分子的内部结构和运动规律,因此对一些分子结构复杂的化学反应不能圆满地做出解释。

随着原子结构和分子结构理论的发展,1935 年,艾林(Eyring)等人在量子力学和统计力学的基础上,提出了化学反应速率的过渡状态理论(也称活化配合物理论)。该理论认为:当两个具有足够高能量的反应物分子相互接近时,反应物并不是只通过简单碰撞就能转化为生成物,而是要经历一个中间的过渡状态,即反应物分子先形成活化配合物。如在某温度条件下:

$$NO_2(g) + CO(g) \longrightarrow NO(g) + CO_2(g)$$

当具有较高能量的 CO 和 NO₂ 分子彼此以适当的取向相互靠近到一定程度时,电子云会相互穿透、重叠而形成一种活化配合物;在活化配合物中,原有的 N—O 键部分地断裂,新的 C—O 键部分地形成。这种活化配合物并不是一种可以稳定存在的化合物,只是短暂的、高能态的活化中间体,一经形成便很快分解,进一步分解变为生成物或反应物。因此,活化配合物是一种过渡状态,上述反应过程如图 1-7 所示。

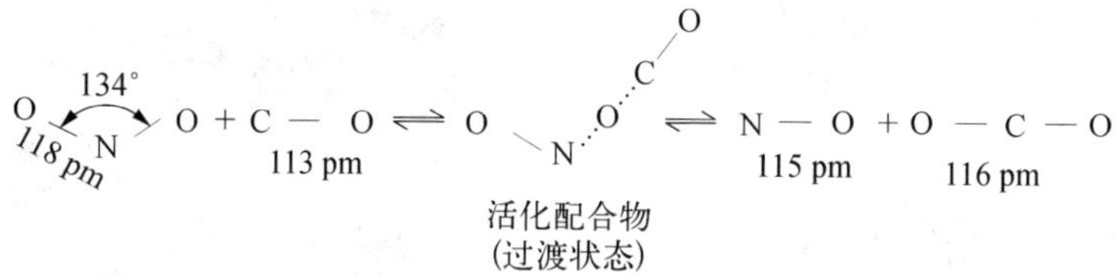

图 1-7 $NO_2(g)$ 与 $CO(g)$ 的反应过程

由以上分析可见,化学反应速率的大小取决于活化配合物的浓度、活化配合物分解为生成物的概率以及活化配合物的分解速率。

若在化学反应过程中考虑能量的变化,主要涉及反应物、活化配合物以及生成物的势能变化,可得到反应历程-势能图。上述 NO₂ 与 CO 反应过程中势能的变化如图 1-8 所示,图中 A、B、C 三点分别表示反应物 NO₂ 和 CO 分子的平

均势能、活化配合物的势能以及生成物
NO、CO_2 分子的平均势能。在 A 点能
量条件下反应物 NO_2 和 CO 分子并不发
生反应，必须越过能垒 B 点形成活化配
合物，才能到达 C 点并放出热量，生成
NO 和 CO_2 分子。将需要吸收能量、越
过的能垒称为体系发生正反应的活化能
E_a；同样地，逆反应进行时，NO 和 CO_2
分子也必须越过能垒 B 点，形成活化配
合物后再分解生成 NO_2 和 CO 分子，此
时越过的能垒称为逆反应的活化能 E'_a。
正、逆反应经过同一个活化配合物中间

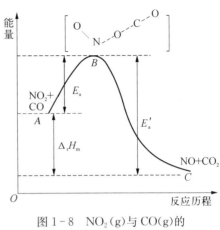

图 1-8　$NO_2(g)$ 与 $CO(g)$ 的
反应历程-势能图

体，这是微观可逆性原理。将反应物经过一种活化配合物转化为生成物一步完
成的简单反应称为基元反应。根据上述反应过程中能量的变化，可求出反应的
热效应：

$$① \ NO_2 + CO \longrightarrow O\!-\!N\cdots O\cdots C\!-\!O \qquad\qquad \Delta_r H_{m,1} = E_a$$

$$② \ O\!-\!N\cdots O\cdots C\!-\!O \longrightarrow NO + CO_2 \qquad\qquad \Delta_r H_{m,2} = -E'_a$$

反应①＋反应②得到总反应：

$$NO_2 + CO \longrightarrow NO + CO_2$$

此时
$$\Delta_r H_m = \Delta_r H_{m,1} + \Delta_r H_{m,2} = E_a - E'_a \qquad\qquad (1-48)$$

化学反应的摩尔反应焓变为正、逆反应的活化能之差。当 $E_a > E'_a$ 时，$\Delta_r H_m > 0$，
反应吸热；当 $E_a < E'_a$ 时，$\Delta_r H_m < 0$，反应放热。需要注意的是，利用式（1-48）求
解化学反应热效应的方法只适用于基元反应。

　　与碰撞理论相比，过渡状态理论综合了反应中物质的微观结构与反应速率，对
分子结构、反应过程等考虑全面，适用于研究反应速率较慢、机理简单的基元反应。

1.6.3　浓度对化学反应速率的影响与化学反应的级数

　　在一定温度下，很多化学反应的速率会随反应物浓度增大而加快，这可用碰
撞理论方便地进行解释：增加反应物浓度时，单位体积内活化分子数目增多，提
高反应物分子有效碰撞的频率，从而加快反应速率。如 1.6.2 节中研究的基元

反应 $NO_2(g) + CO(g) \longrightarrow NO(g) + CO_2(g)$，在 673 K 时，选择一系列不同起始浓度的反应物进行实验，测定反应初始速率 v_0，数据列于表 1-3 中。

表 1-3 $NO_2(g)$ 和 $CO(g)$ 的反应初始速率 v_0 (673 K)

实验标号	起 始 浓 度		$v_0 / mol \cdot dm^{-3} \cdot s^{-1}$
	$c_{NO_2} / mol \cdot dm^{-3}$	$c_{CO} / mol \cdot dm^{-3}$	
1	0.10	0.10	0.005
2	0.10	0.20	0.010
3	0.10	0.30	0.015
4	0.20	0.10	0.010
5	0.20	0.20	0.020
6	0.20	0.30	0.030
7	0.30	0.10	0.015
8	0.30	0.20	0.030
9	0.30	0.30	0.045

比较实验 1、2、3(或实验 4、5、6 或实验 7、8、9)，当 NO_2 的浓度相同时，CO 的浓度加倍，初始反应速率 v_0 加倍，即反应速率与 CO 的浓度成正比；再比较实验 1、4、7(或实验 2、5、8 或实验 3、6、9)，当 CO 的浓度相同时，NO_2 的浓度加倍，初始反应速率 v_0 加倍，即反应速率与 NO_2 的浓度成正比，因此，反应速率与两者浓度的乘积成正比，即

$$v = -\frac{dc_{NO_2}}{dt} = -\frac{dc_{CO}}{dt} = k c_{NO_2} c_{CO} \qquad (1-49)$$

式(1-49)称为化学反应速率方程，式中 dc、dt 表示极微小的浓度、时间变化，比例系数 k 称为反应速率常数，在数值上可看作是反应物浓度都为 1 mol·dm^{-3} 时的反应速率。k 是化学反应在一定温度下的特征常数，仅取决于反应的性质和温度，而与反应物的浓度无关。在相同的浓度条件下，可用速率常数的大小来比较化学反应速率的快慢。将上述任意一组实验数据代入式(1-49)，可求得该反应在 673 K 温度条件下的反应速率常数 k，如代入第一个实验的数据，即

$$k = \frac{v}{c_{NO_2} c_{CO}} = \frac{0.005}{0.10 \times 0.10} = 0.5 \ (dm^3 \cdot mol^{-1} \cdot s^{-1})$$

容易看出，由于反应速率是以 mol·dm^{-3}·s^{-1} 为单位的，当浓度项的幂指

数之和不同,反应速率常数 k 的单位也不同。将每一次实验数据代入求得的反应速率常数取平均值即为该温度条件下反应的平均反应速率常数。

因此,对于恒温条件下反应物经过一步就转化为生成物的基元反应来说,反应速率与反应物浓度以方程式计量系数为幂次的乘积成正比,即对于一般的基元反应:

$$a\mathrm{A} + b\mathrm{B} \longrightarrow x\mathrm{X}$$

反应的速率方程为

$$v = -\frac{1}{a}\frac{\mathrm{d}c_\mathrm{A}}{\mathrm{d}t} = -\frac{1}{b}\frac{\mathrm{d}c_\mathrm{B}}{\mathrm{d}t} = \frac{1}{x}\frac{\mathrm{d}c_\mathrm{X}}{\mathrm{d}t} = k\,(c_\mathrm{A})^a\,(c_\mathrm{B})^b \qquad (1-50)$$

上述对基元反应可直接写出其反应速率方程的规律称为质量作用定律。

实际上,多数化学反应历程比较复杂,反应物分子需要经过几步才能转化为生成物,这一类反应称为复杂反应(或总反应),其速率方程如何确定呢?

若根据反应机理,能够确定复杂反应是经历两个或多个基元步骤顺序完成的。例如,已知在某反应温度条件下,反应 $\mathrm{A_2} + \mathrm{B} \longrightarrow \mathrm{A_2B}$ 是分两个基元步骤顺序完成的:

第一步　　　　　　　$\mathrm{A_2} \longrightarrow 2\mathrm{A}$　　　　　　　慢反应
第二步　　　　　　　$2\mathrm{A} + \mathrm{B} \longrightarrow \mathrm{A_2B}$　　　　　快反应

则对于总反应来说,决定反应速率快慢的步骤一定是最慢的那个基元反应,上述反应中为第一个基元反应。根据质量作用定律,得到该复杂反应的速率方程为

$$v = kc_{\mathrm{A_2}}$$

反应速率与 $\mathrm{A_2}$ 的浓度成正比,与 B 的浓度无关。

而对于大多数反应机理不明确的复杂反应来说,其反应速率方程只能通过实验来确定。如 1 073 K 时,对下列反应

$$2\mathrm{H_2(g)} + 2\mathrm{NO(g)} \longrightarrow 2\mathrm{H_2O(g)} + \mathrm{N_2(g)}$$

选择一系列的反应物初始浓度进行实验,测定生成 $\mathrm{N_2}$ 的初始速率,实验数据列于表 1-4 中。

表 1-4 $H_2(g)$ 和 $NO(g)$ 反应的初始速率(1 073 K)

实验标号	起 始 浓 度		生成 $N_2(g)$ 的初始速率
	$c_{NO}/mol \cdot dm^{-3}$	$c_{H_2}/mol \cdot dm^{-3}$	$v_0/mol \cdot dm^{-3} \cdot s^{-1}$
1	6.00×10^{-3}	1.00×10^{-3}	3.19×10^{-3}
2	6.00×10^{-3}	2.00×10^{-3}	6.38×10^{-3}
3	6.00×10^{-3}	3.00×10^{-3}	9.57×10^{-3}
4	1.00×10^{-3}	6.00×10^{-3}	0.48×10^{-3}
5	2.00×10^{-3}	6.00×10^{-3}	1.92×10^{-3}
6	3.00×10^{-3}	6.00×10^{-3}	4.32×10^{-3}

实验 1、2、3,当 NO 浓度保持一定时,H_2 浓度增大至原来的 2 倍或 3 倍时,反应速率随之增大为原来的 2 倍或 3 倍,即反应速率与 H_2 的浓度成正比;对比实验 4、5、6,当 H_2 浓度保持一定时,NO 浓度增大为原来的 2 倍或 3 倍时,反应速率随之增大至原来的 4 倍或 9 倍,即反应速率与 NO 浓度的平方成正比。综上,得该反应的速率方程为

$$v = kc_{H_2} (c_{NO})^2$$

显然,速率方程中浓度项的幂次与化学反应方程式的计量系数不一定相同,复杂反应的速率方程是不能按反应物的计量系数直接写出的,需要根据实验结果或研究得到的反应机理推导出速率方程。

类似地,利用表 1-4 的数据,也可求出反应速率常数 k,将实验 1~6 的数据分别代入速率方程,计算得到每一次实验的速率常数,如代入第一次的实验数据:

$$k_1 = \frac{3.19 \times 10^{-3}}{(1.00 \times 10^{-3}) \times (6.00 \times 10^{-3})^2}$$
$$= 8.86 \times 10^4 (dm^6 \cdot mol^{-2} \cdot s^{-1})$$

将每一次实验的速率常数 $k_1 \sim k_6$ 取平均值,得到 1 073 K 条件下反应的速率常数。

在基元反应中,将发生反应所需要的微粒数(分子、原子、离子或自由基)称为反应分子数。一般来说,一步完成的基元反应主要有单分子、双分子或三分子反应,更多微粒能在同一时刻到达同一位置,并各自具备适当的取向以及足够的

能量而发生反应是相当困难的,因此,四分子或更多分子碰撞而发生的基元反应尚未发现。

在化学反应速率方程中,除了速率常数外,浓度项的幂指数之和称为反应级数。显然,在基元反应中,反应方程式的计量系数、反应分子数、速率方程中浓度项的幂指数都是一致的,即

基元反应的反应级数＝参与反应的分子数＝方程式中反应物计量系数之和

对于复杂反应则无法得到上述结论。因为复杂反应不是一步就完成的反应,不存在反应分子数,速率方程中浓度项的幂指数是由实验测定或反应机理推导得出的,与反应方程式的计量系数无直接关系,如上述 H_2 和 NO 的反应,根据实验测定的速率方程,该反应对 H_2 是一级的,对 NO 是二级的,整个反应是三级的,而反应方程式计量系数之和为 4。

有时,实验测得速率方程浓度项的幂指数与反应计量系数一致,反应级数与方程式中反应物计量数之和相等,此时并不能确定该反应一定是基元反应。例如反应

$$H_2(g) + I_2(g) \longrightarrow 2HI(g)$$

实验测得,当反应容器的容积缩小至原来的一半,即各反应物浓度增大至原来的 2 倍时,反应速率扩大 4 倍,反应速率方程为

$$v = k c_{H_2} c_{I_2}$$

反应级数为 2,各浓度项的幂指数刚好与反应方程式中反应物前的计量系数一致。但进一步的实验及理论都证明,该反应并不是一步完成的基元反应,而是由两个基元步骤完成:

①　$I_2 \rightleftharpoons I + I$　　　（快）

②　$H_2 + 2I \longrightarrow 2HI$　　　（慢）

其中反应②是慢反应,是总反应的速控步骤,根据质量作用定律,这一基元步骤的速率方程为

$$v = k_2 c_{H_2} (c_I)^2$$

式中 I 是反应中间体,需要以反应物的浓度来代替。由于反应②的反应速率慢,能使快速基元步骤的可逆反应①始终保持平衡状态,此时正、逆反应速率相等,即

$$v_+ = v_-$$

因正、逆反应都是基元反应,由质量作用定律得到

$$k_+ c_{I_2} = k_- (c_I)^2$$

故

$$(c_I)^2 = \frac{k_+}{k_-} c_{I_2}$$

将其代入速率方程中,得到

$$v = \left(k_2 \frac{k_+}{k_-} \right) c_{H_2} c_{I_2} = k c_{H_2} c_{I_2}$$

因此,尽管上述反应的速率方程中各浓度项的幂指数刚好与反应方程式中对应的计量系数一致,但该反应并不是基元反应。

此外,反应级数并不一定是正整数,也可以是分数或零,例如下列反应:

① $\qquad H_2(g) + Cl_2(g) \longrightarrow 2HCl(g)$

② $\qquad 2Na(s) + H_2O(l) \longrightarrow 2NaOH(aq) + H_2(g)$

反应①的速率方程为 $v = k c_{H_2} c_{Cl_2}^{\frac{1}{2}}$,是 $1\frac{1}{2}$ 级反应;反应②的速率方程为 $v = k$,是零级反应,其反应速率与反应物浓度无关。类似的零级反应还有 N_2O 在催化剂金粉表面热分解生成 N_2 和 O_2 的反应、酶催化反应、光敏反应等。

由于表达式比较简单,对于零级和一级基元反应,由速率方程式可方便地求解出反应物浓度随时间的变化关系,如表 1-5 所示。

表 1-5　零级和一级反应的反应物浓度与时间的关系式

反应级数	反应方程式示意	速率方程	反应物浓度与时间的关系式
零级	A → C	$v = -\dfrac{dc_A}{dt} = k$	$c_{A,t} = c_{A,0} - kt$
一级	B → D	$v = -\dfrac{dc_B}{dt} = kc_B$	$\ln(c_{B,t}) = \ln(c_{B,0}) - kt$

注:$c_{A,0}$、$c_{B,0}$ 分别为反应物 A、B 的初始浓度;$c_{A,t}$、$c_{B,t}$ 分别为反应物 A、B 在 t 时刻的浓度。

表 1-5 给出的反应物浓度与时间的关系式表明,对于零级反应,反应物浓度 c_A 对时间 t 作图,得到一条直线,斜率为 $-k$;而对于一级反应,将反应物浓度 c_B 的自然对数对时间 t 作图,得到一条直线,斜率为 $-k$,截距为 $\ln(c_{B,0})$。将反应物的浓度降低至初始浓度一半时所经历的时间称为半衰期 $t_{1/2}$,对一级反应来说,有

$$t_{1/2} = \frac{\ln 2}{k} = \frac{0.693}{k} \tag{1-51}$$

式(1-51)表明,一级反应的半衰期仅由速率常数决定,而与反应物的初始浓度无关。

例 1-11　化石、种子等古生物体中含有 C(^{12}C 和 ^{14}C),大气中 ^{14}C 与 ^{12}C 的比例长期保持恒定,为 $1:10^{12}$,活的生物体内也保持这个比例。但生物体死亡后,无法再与大气中的 C 进行交换,体内 ^{14}C 开始衰变,其衰变反应为一级反应,半衰期 $t_{1/2}$ 为 5 730 年。因此,^{14}C 常用作考古测定的同位素,若在某出土文物样品中测得 ^{14}C 与 ^{12}C 的比值仅为现代生物活体的 72%,求该样品制造时间距今有多少年?

解: 由于是一级反应,根据式(1-51),得到 ^{14}C 衰变反应的速率常数为

$$k = \frac{\ln 2}{t_{1/2}} = \frac{0.693}{5\ 730} = 1.21 \times 10^{-4}(\text{年}^{-1})$$

又因测得 ^{14}C 与 ^{12}C 的比值仅为现代生物活体的 72%,根据表 1-5 中一级反应的关系式,得

$$t = \frac{\ln\left(\dfrac{c_{B,t}}{c_{B,0}}\right)}{-k} = \frac{\ln\left(\dfrac{0.72}{1}\right)}{-1.21 \times 10^{-4}} = 2\ 717(\text{年})$$

即该出土文物样品制造时间距今已有 2 717 年。

在上述讨论浓度对化学反应速率的影响因素时,讨论的都是均相反应,所谓的相是指从宏观上来看体系中化学组成、物理性质、化学性质完全相同的部分,如通常情况下任何气体均能无限混合,体系内无论包含多少种气体都处于同一个相中,即气相;均匀的溶液也是一个相,即液相,对于固体来说,一般地,不论固体的质量大小和形状是怎样的,存在一种固体就自成一相,即固相。均相反应体

系的反应物与生成物都处于同一相中,物质的迁移、转化在该均匀体系中进行,所有反应物的分子都可能相互碰撞并发生化学反应,传递速率快,反应过程相对来说并不复杂。

相与相之间有明确的物理界面,超过此界面,一定有某宏观性质(如密度、组成等)发生突变。对于非均相反应(也称多相反应),即反应物、生成物不在同一相中。只有在相界面上,反应物粒子才有可能相互碰撞并发生化学反应,反应生成物如果不能离开相界面,则会阻碍反应物粒子的相互碰撞,导致反应难以持续进行,因此在多相反应中,相的接触面性质和扩散作用对反应速率也有很大的影响,现以气体、液体在固体表面发生的反应为例,讨论多相反应的主要步骤及相界面性质等对反应速率的影响因素,主要反应步骤通常如下:

(1) 反应物分子在固体表面上扩散。

(2) 反应物分子在固体表面上吸附。

(3) 反应物分子在固体表面上发生反应,生成生成物。

(4) 产物分子从固体表面上解吸。

(5) 通过扩散作用,生成物分子离开固体表面。

在五个主要的步骤中,速度最慢的为控速步骤,在实际生产和实践中通常采用震荡、搅拌、鼓风等措施提高反应物分子和生成物分子的扩散速度,同时,固体反应物经粉碎转化为小颗粒反应物或将液体反应物喷成雾状都能有效地增加两相间的接触面积,提高反应速率,关于非均相反应的详细讨论详见 1.6.5 节的多相催化。

1.6.4 温度对化学反应速率的影响

绝大多数化学反应的反应速率都随温度的升高而加快。一般来说,在反应物浓度一定的条件下,温度每升高 10 K,反应速率提高 2~3 倍。这主要由于温度升高,反应体系中分子的动能随之增大,而反应的活化能随温度变化不显著。因此,活化分子数增多,有效碰撞增多,同时分子间碰撞频率随温度升高而增加,反应速率提高。

1889 年,阿仑尼乌斯(Arrhenius)在总结大量实验事实的基础上,提出反应速率常数 k 与活化能 E_a、温度 T 间的定量关系:

$$k = A e^{-\frac{E_a}{RT}}$$

$$(1-52)$$

两边取自然对数或常用对数,得

$$\ln k = -\frac{E_a}{RT} + \ln A \quad \text{或} \quad \lg k = -\frac{E_a}{2.303RT} + \lg A \qquad (1-53)$$

式(1-52)和式(1-53)均称为阿仑尼乌斯方程,式中 k 为反应速率常数,A 称为指前因子。在一般温度范围内,E_a 和 A 随温度的变化不大,近似认为是常数。阿仑尼乌斯方程表明,速率常数 k 与反应温度 T 成指数关系,温度的微小变化将导致 k 值显著变化。

阿仑尼乌斯方程具有非常重要的实际应用意义。

(1) 根据式(1-53),设计实验测定反应的活化能。不同反应温度条件下,测定反应的速率常数 k,用 $\lg k$ 对 $\frac{1}{T}$ 作图得到一条直线,直线的斜率为 $-\frac{E_a}{2.303R}$,截距为 $\lg A$。

当然,若某反应在温度 T_1 时速率常数 k_1,在温度 T_2 时速率常数为 k_2,也可直接运用阿仑尼乌斯公式计算得到化学反应的活化能,若采用式(1-53)中常用对数形式,即

① $$\lg k_1 = -\frac{E_a}{2.303RT_1} + \lg A$$

② $$\lg k_2 = -\frac{E_a}{2.303RT_2} + \lg A$$

式②-式①,得

$$\lg \frac{k_2}{k_1} = \frac{E_a}{2.303R}\left(\frac{1}{T_1} - \frac{1}{T_2}\right) = \frac{E_a}{2.303R}\left[\frac{T_2 - T_1}{T_1 T_2}\right]$$

故有

$$E_a = \frac{2.303RT_1T_2}{(T_2 - T_1)}\lg \frac{k_2}{k_1} \qquad (1-54)$$

将求得的 E_a 数据代入式(1-52)中,可求得指前因子 A。需要注意的是,指前因子 A 的单位同反应速率常数一致,与速率方程中浓度项的幂指数之和即反应级数有关。

(2) 比较活化能不同的化学反应以及在不同反应温度条件下同一个化学反

应的速率常数随温度的变化幅度。假设各化学反应的指前因子 A 均近似相等，根据式(1-54)，计算出不同活化能及不同反应温度条件下使化学反应速率提高 1 倍(即 $k_2 = 2k_1$)需要提高的反应温度(即 $\Delta T = T_2 - T_1$)，计算数据列于表 1-6 中。

表 1-6　速率常数提高 1 倍所需提高的反应温度值

初始反应温度/K	$\Delta T/K$		
	$E_a = 40 \text{ kJ} \cdot \text{mol}^{-1}$	$E_a = 150 \text{ kJ} \cdot \text{mol}^{-1}$	$E_a = 300 \text{ kJ} \cdot \text{mol}^{-1}$
273	11.2	2.9	1.4
673	72.3	17.9	8.8
1 273	286.0	65.5	31.9
2 273	1 107.1	217.5	103.8

分析表 1-6 的计算结果，可得到以下结论：

① 纵向比较，对同一个反应来说，在低温区反应时，若使速率常数增大至原来的 2 倍时，需要提高的反应温度 ΔT 较小；而在高温区反应时，若提高相同的倍数，需要提高温度的幅度较大。

② 横向比较，在相同的反应温度条件下，使速率常数提高相同倍数，活化能较大的反应需要提高的温度 ΔT 较小，说明活化能越大，其速率常数随温度的变化越大。这样，当几个反应同时进行时，反应温度提高对活化能较大的反应有利，即只要 ΔT 稍有增大，其速率常数随之迅速增大；在工业生产上常利用这些特殊性来加速主反应、抑制副反应。

1.6.5　催化剂对化学反应速率的影响

催化剂是指能改变化学反应速率，但在反应前后其质量和化学组成均不改变的物质。能加快反应速率的催化剂称为正催化剂，如合成氨反应，在 773 K 时加入 Fe 催化剂后正反应的速率增加到原来的 1.57×10^{10} 倍。降低反应速率的催化剂则称为负催化剂，如防橡胶的老化、燃烧作用中的防爆震等。本书若没有明确指出时，讨论的都是正催化剂。

催化剂能改变反应速率是因其改变了反应的历程，降低了反应的活化能。催化剂加入前后化学反应历程的比较如图 1-9 所示。

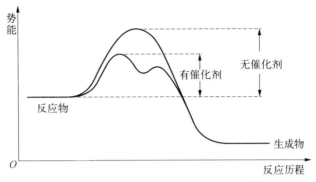

图 1-9 催化剂加入前后反应历程示意图

图 1-9 显示出,与原反应相比,加入催化剂后,原反应转变为活化能降低的 2 个分反应,且正、逆反应的活化能降低的数值相等,表明催化剂能同时加快正、逆反应的速率,缩短平衡到达的时间。同时,反应物和生成物的相对能量不发生改变,即始态和终态在催化剂加入前后保持一致,所不同的只是到达终态的具体途径,反应热也保持不变。事实上,催化剂并没有改变反应的热力学函数,只能加速热力学上可能进行的反应,即 $\Delta_r G_m < 0$ 的反应;对于 $\Delta_r G_m > 0$ 的反应,使用任何催化剂都是徒劳的,仅通过催化剂无法改变化学反应的可能性。

将有催化剂参加的反应称为催化反应。按反应体系的物相均一性来划分,催化反应可分为均相和多相两类,将催化剂与反应物同处一相中而不存在相界面的称为均相催化反应,如酸碱催化酯水解的液相反应;而多相催化反应则是催化剂自成一相,在催化剂和反应物间存在相界面,催化反应是在相界面上进行的,如石油的催化裂解反应。

1. 均相催化

在均相催化反应中,设原反应为 $A \rightarrow B$,加入催化剂 $\in$ 后反应历程变为

① $\qquad\qquad A + \in \Longleftrightarrow A\in$

② $\qquad\qquad A\in \longrightarrow B + \in$

反应物 A 先与催化剂 $\in$ 生成不稳定的中间生成物 $A\in$,随后 $A\in$ 分解成生成物 B,而催化剂 $\in$ 得以再生。由于反应①和②的活化能都小于原反应的活化能,极大地提高了反应速率。所以在催化剂的存在下,先生成中间生成物,再分解为生成物,通过一条捷径完成了反应过程。

例如,在 700 K 时乙醛的分解反应 $CH_3CHO \longrightarrow CH_4 + CO$,活化能为

$190.37 \text{ kJ} \cdot \text{mol}^{-1}$,加入 I_2 作为催化剂后反应机理为

① $CH_3CHO + I_2 \longrightarrow CH_3I + HI + CO$　（较快）　$E_a = 135.98 \text{ kJ} \cdot \text{mol}^{-1}$

② $CH_3I + HI \longrightarrow CH_4 + I_2$（快）

反应①较反应②慢,为速控步骤,其活化能与原反应相比,下降 $54.39 \text{ kJ} \cdot \text{mol}^{-1}$, 由阿仑尼乌斯公式可算出在加入催化剂后,反应速率提高约 10^4 倍。

在均相催化中,最普遍且重要的一类是酸碱催化反应。例如酯类的水解以 H^+ 离子作为催化剂：

$$CH_3COOCH_3 + H_2O \xrightarrow{H^+} CH_3COOH + CH_3OH$$

OH^- 离子可催化 H_2O_2 的分解：

$$2H_2O_2 \xrightarrow{OH^-} 2H_2O + O_2$$

在均相催化中有一类反应不需另加催化剂,生成物之一能起自动催化作用。由于以生成物作为催化剂,反应开始时会存在一个诱导期,因生成物少,反应速率不快,随着生成物的积累,反应速率迅速加快。例如利用氧化还原反应测定商品双氧水中的过氧化氢含量,可用 $KMnO_4$ 标准溶液直接滴定含有硫酸的 H_2O_2 水溶液,反应方程式为

$$5H_2O_2 + 2MnO_4^- + 6H^+ \Longrightarrow 2Mn^{2+} + 5O_2 + 8H_2O$$

最初觉察不到反应的发生,滴加的 $KMnO_4$ 溶液颜色褪去很慢,但经过一段时间,反应速率逐渐加快,$KMnO_4$ 颜色迅速褪去,这是由于反应生成的 Mn^{2+} 离子具有自动催化作用。

2. 多相催化

多相催化在化工生产和科学实验中大量应用,最常见的催化剂是固体,反应物为气体或液体。重要的化工生产如合成氨、接触法制硫酸、氨氧化法生产硝酸、原油裂解及基本有机合成工业等,几乎都是气相反应,应用固体物质作为催化剂。例如合成氨的反应

$$N_2(g) + 3H_2(g) \longrightarrow 2NH_3(g)$$

用铁作为催化剂,反应历程发生如下改变：

（1）气相中的氮、氢分子被吸附在铁催化剂的表面上,使氮、氢分子的化学

键减弱,从而键断裂离解为氮、氢原子。

$$N_2 + 2Fe \longrightarrow 2N\text{—}Fe$$

$$H_2 + 2Fe \longrightarrow 2H\text{—}Fe$$

(2)吸附在铁催化剂的表面上的物种间发生反应。

$$N\text{—}Fe + H\text{—}Fe \longrightarrow Fe_2NH$$

$$Fe_2NH + H\text{—}Fe \longrightarrow Fe_3NH_2$$

$$Fe_3NH_2 + H\text{—}Fe \longrightarrow Fe_4NH_3$$

(3)产物的解吸附和催化剂的再生。

$$Fe_4NH_3 \longrightarrow 4Fe + NH_3$$

由于各步反应的活化能都较低,反应速率大大加快。

例如将 N_2O 分解生成 N_2 和 O_2 反应,以金为催化剂时,反应过程主要包括以下三个过程:

① $N_2O(g) \xrightarrow{\text{吸附}} N_2O(Au)$ (快)

② $N_2O(Au) \xrightarrow{\text{分解}} N_2(g) + O(Au)$ (慢)

③ $O(Au) + O(Au) \xrightarrow{\text{结合}} O_2(g)$ (快)

在上述三个过程中,吸附在金上的 N_2O 分解过程为速控步骤,反应速率与 N_2O 的分压和吸附在 Au 上的分子数有关,当 N_2O 压力足够大时,该反应的反应速率为常数。

从上述示例的反应历程来看,多相催化与表面吸附有关,表面积越大,催化效率越高。吸附是多相催化过程中的必要步骤,分为物理吸附和化学吸附,前者在被吸附物与催化剂表面间的作用力为范德华力,后者在被吸附物与催化剂表面间的作用力达到化学键的数量级,反应物分子被活化,但吸附力太强的固态物质不能用作催化剂。

固体催化剂通常分为主催化剂、助催化剂和载体三个部分,主催化剂是指在整个固体催化剂表面上的小部分具有催化活性的中心,能加速反应的物质,如合成氨反应的 Fe 催化剂,没有活性组分 Fe,催化剂的活性就丧失了。助催化剂是指能提高主催化剂的活性、选择性及改善催化剂的耐热性、抗毒性、机械强度和寿命等性能的物质,助催化剂分为结构型和电子型两类,如在 Fe 催化剂中加入

少量 K_2O,因 Fe 中有空的 d 轨道,可接受电子,K_2O 能把电子传给 Fe,使催化剂表面电子云密度增大,增强催化剂中心的活性,此即为电子型的助催化剂;而在 Fe 催化剂中加入 1.03% Al_2O_3,可使 Fe 催化剂的表面积由 $0.55\ m^2 \cdot g^{-1}$ 增加到 $9.44\ m^2 \cdot g^{-1}$,同时因 Al_2O_3 能与活性铁形成固溶体,避免主催化剂 Fe 的烧结,延长催化剂的寿命,此即为结构性助催化剂。而载体是一些不活泼的多孔性物质,主要用于支持活性组分,催化剂分散在载体上,产生较大的表面积,且只需薄薄的一层,可节省催化剂的用量。同时选用导热性较好的载体还有助于反应过程中催化剂散热,避免催化剂表面熔结或结晶增大,也可增强催化剂的强度。载体本身并不具有催化活性,常用的载体有硅藻土、高岭土、硅胶和分子筛等。

若反应体系中含有少量的某些杂质,会严重降低甚至完全破坏催化剂的活性,称为催化剂中毒。例如在合成氨反应中,O_2、CO、CO_2、水汽、PH_3 以及 S 和它的化合物等杂质都可使 Fe 催化剂中毒。因此在工业生产中应用多相催化,保持原料的纯净是十分重要的,同时在工业生产中,催化剂除了要满足催化性能的基本要求外,还要求是环境友好的,反应剩余物能与自然界相容,满足社会的可持续发展要求。

3. 催化剂的选择性

催化剂具有特殊的选择性,不同反应需要用的催化剂不同,即使是属于同一类的反应,例如氧化反应,将 SO_2 氧化为 SO_3 时,用 Pt 或 V_2O_5 作为催化剂;乙烯的氧化则要用 Ag 作为催化剂:

$$C_2H_4 + \frac{1}{2}O_2 \xrightarrow{Ag} \underset{\displaystyle O}{CH_2\!-\!CH_2}$$

另外,催化剂的选择性还表现在,同样的反应物选用不同的催化剂可增大工业上所需要的某个反应的速率,同时对其他的反应加以抑制,形成不同的产物。例如乙醇在不同的催化剂作用下,产物各不相同:

$$C_2H_5OH \begin{cases} \xrightarrow[200\sim250℃]{Cu} CH_3\overset{\displaystyle O}{\overset{\|}{C}}H + H_2 \\[2mm] \xrightarrow[350\sim360℃]{Al_2O_3} C_2H_4 + H_2O \\[2mm] \xrightarrow[140℃]{H_2SO_4} C_2H_5\!-\!O\!-\!C_2H_5 + H_2O \\[2mm] \xrightarrow[400\sim450℃]{ZnO,\ Cr_2O_3} CH_2\!=\!CH\!-\!CH\!=\!CH_2 + H_2O + H_2 \end{cases}$$

充分利用催化剂的选择性,可以高效地合成目标产物。例如在工业上以煤炭气化后得到的含有 CO 和 H_2 等成分的混合气为原料,在较低的压力和温度条件下,加入适当的催化剂,CO 和 H_2 能反应生成多种直链烷烃和烯烃。根据所选择的催化剂和反应条件不同,最终产品可以是石蜡、烯烃类化合物或醇类,如:

$$CO(g) + H_2(g) \begin{cases} \dfrac{300 \times 10^5\ \text{Pa}}{\text{Cu 催化,537 K}} \longrightarrow CH_3OH \\[2mm] \dfrac{20 \times 10^5\ \text{Pa}}{\text{活化 Fe—Co, 473 K}} \longrightarrow \text{烷烃和烯烃的混合物} + H_2O(\text{合成油}) \\[2mm] \dfrac{\text{常压}}{\text{Ni 催化,523 K}} \longrightarrow CH_4 + H_2O \\[2mm] \dfrac{150 \times 10^5\ \text{Pa}}{\text{Ru 催化,423 K}} \longrightarrow \text{固体石蜡} \end{cases}$$

如今,随着煤炭的气化和液化技术的重大突破,以煤为原料生产出甲醇、一氧化碳、甲烷等分子中含一个碳原子的化合物,并以这些化合物为原料来合成各种化工产品,这一新的体系称为 C1 化学,随着过渡金属羰基配合物作为催化剂在均相催化反应中的应用,C1 化学将会得到迅速发展。

此外,还有一类具有高催化效率和选择性的酶催化反应,酶是胶体大小的蛋白质分子,其催化反应兼具均相和多相催化反应的特点,例如生物体内所有的反应都是由酶催化的。关于催化剂的选择性,广泛地存在于生物体中的酶催化反应,其专属催化选择性超过任何人造催化剂,如脲酶只将尿素迅速转化成氨和二氧化碳,而对其他反应没有任何活性;同时具有效率高的特点,通常比人造催化剂的效率高出 $10^9 \sim 10^{15}$ 倍,如 1 个过氧化氢分解酶分子,在 1 秒钟内可分解 10 万个过氧化氢分子;而且酶催化反应条件温和,一般在常温、常压下进行,但反应历程复杂,受 pH 值、温度、离子强度影响较大。

综上所述,催化剂在现代化学工业中占有极其重要的地位,选用合适的催化剂能极大地改变反应速率、提高反应实际应用的价值和意义。

1.7　今日话题:浅谈化学在碳中和、碳捕集中的应用

张卫　上海交通大学化学化工学院

化学热力学是研究体系在化学、物理过程中的能量效应,关注能量之间相互转化的一门科学。《大英百科全书》将能源定义为"能源是一个包括着所有燃料、

流水、阳光和风的术语,人类用适当的转换手段便可让它为自己提供所需的能量",能源是人类文明进步的基础和动力。

能源按照性质和来源分类,可分为一次能源和二次能源两大类,前者指自然界中现已存在,不必改变其基本形态的能源,而后者则指由一次能源经过加工而转变了形态的能源,现将各种能源汇总于表1-7中。

表 1-7 能源的分类

种 类	来 源	示 例
一次能源	常规能源	可再生能源,如水能、生物质能(草木、秸秆等)
		不可再生能源,如煤炭、石油、天然气、核裂变材料等
	新能源	可再生能源,如太阳能、风能、地热能、潮汐能等
		不可再生能源,如核聚变材料、油页岩、可燃冰等
二次能源	煤制品	洁净煤、焦炭、煤气等
	石油制品	汽油、煤油、柴油、液化石油气等
	其 他	电力、氢能、激光、沼气、蒸气等

化石能源属于一次能源,是由上古时期遗留下来的动植物遗骸在地层下经过上万年的演变,转化形成的碳氢化合物或其衍生物,是迄今为止人类利用得最为广泛的能源,天然资源主要有煤炭、石油和天然气。随着科学技术的发展及世界总人口的增长,现代生产和生活中对能源的需求量日益增加,而从世界范围看,在相当长的时期内,化石能源仍将是能源供应的主体。随着人类不断开采,化石能源枯竭将是不可避免的。同时,使用化石能源会产生大量的 CO_2 温室气体,对全球的生态环境产生不利影响。

从能源的应用上,一方面要推动化石能源清洁发展、提高能源的利用率;另一方面,更重要的是不断扩大水电、风电、光伏、地热、生物质能等清洁能源产业规模,推动能源低碳转型。能源领域的每一小步变革,都会对社会经济发展产生深刻影响,更关系着全人类生存和可持续发展。

在2020年9月召开的第七十五届联合国大会一般性辩论上,我国明确提出,要采取更加有力的政策和措施,二氧化碳排放力争于2030年前达到峰值,努力争取2060年前实现碳中和。所谓碳达峰是指某个地区或行业年度二氧化碳排放量达到历史最高值,然后经历平台期进入持续下降的过程。碳达峰是二氧化碳排放量由增转降的历史拐点,标志着碳排放与经济发展实现脱钩。而碳中和是指企业、团体或个人测算在一定时间内(一般指一年)直接或间接排放的二氧化碳总量,通过植树造林等形式吸收的二氧化碳,与自身生产、生活活动等产生的二氧化碳相互抵消,实现二氧化碳"净零排放"。

　　碳中和中最首要的操作就是碳捕集,将排入大气的二氧化碳捕集起来,实现零排放。最常用的捕集方法是大范围植树造林、保护植被,利用植物的光合作用吸收二氧化碳。据测算,通常情况下,1公顷的阔叶林在一天时间内就能吸收1吨的二氧化碳,是最绿色、最有效率的生物捕集方法;另外,在燃烧或其他工业过程中产生的二氧化碳集中排放处安装常规技术捕集设备,比如化工厂的排放废气中含有大量的二氧化碳,在排放烟气的烟囱上加装吸附装置,可高效地进行捕集。目前,国内外专家还在大力研究新兴技术,以便在大气中直接过滤捕集二氧化碳,实现碳捕集的全方位化。不过新兴技术目前实施起来费用很高,科学家们正在研究改进方法以降低捕集费用。捕集到的二氧化碳主要处理方法是将其加压到超临界态、然后运输至"注射站",通过高压管道将其输送到地下或海底永久封存。该技术尽管已取得飞速发展,但仍然存在一些亟待解决的难题,如捕获过程中需要消耗大量能量,成本高,且储存时存在安全隐患,若发生泄漏,埋存的 CO_2 将重新回到大气中,或对海洋和陆地的生态造成威胁。

　　除实施各种有效的碳捕集方法外,二氧化碳的含碳量是石油、煤炭和天然气三大能源含碳量的 10 倍,如何将二氧化碳进行资源化回收、转化和利用? 由于 CO_2 在热力学上极其稳定,发生反应需要消耗大量能量,如何实现在温和条件下的化学转化是一个极具挑战性的科学问题,资源化利用方法是否有可行性? 影响回收、转化效率的关键因素是什么? 转化的效率如何提高? 众多涉及碳捕集方法的开发与利用问题,都将需要化学反应原理来指导实践,下面将通过几个案例讨论其中的典型应用。

　　中国科技大学化学与材料科学学院陈乾旺研究组用二氧化碳作为原料,金属钠作为还原剂,在自行研制的高压反应釜中进行实验,在 440℃ 和 800 个大气压的条件下,经过 12 小时的化学反应,成功地将 CO_2 还原成了金刚石:

$$3CO_2 + 4Na = 2Na_2CO_3 + C(金刚石)$$

　　基于这一研究成果的《低温还原二氧化碳合成金刚石》论文,在国际化学界权威学术刊物《美国化学会志》($J.\ Am.\ Chem.\ Soc.$)发表。这一研究成果不仅

首次实现了从 CO_2 到金刚石的逆转变,是人工合成金刚石方面的重大突破,同时将 CO_2 作为碳原料,实现了变废为宝、点气成钻。

从性质上来说,CO_2 有无毒无害、化学性质稳定、廉价等优点,若能将捕获得到的 CO_2 作为各类化学品和小分子燃料的原料,直接转化成甲酸、甲醇、甲烷等小分子有机物或药物中间体等高附加值的化合物,则具有成为可再生资源的巨大潜力。

中国科学院丁奎岭院士作为有机化学家,长期关注 CO_2 资源化利用问题,基于多年来在催化、氢化方面的研究积累,通过发展新型金属有机催化剂,实现了在温和条件下将 CO_2 作为"碳资源",通过化学转化制备出甲醇、N,N—二甲基甲酰胺(DMF)等常用化工原料,为二氧化碳的资源化再利用提供了新的方法和思路。

中山大学化学学院张利、苏成勇团队研究了基于卟啉配体和金属节点的多孔配位框架材料在 CO_2 捕获与转化上的应用,包括 CO_2 的捕获、环加成反应、光催化反应和电催化反应等。尤其是可见光驱动的 CO_2 光催化反应生成甲酸、甲醇和甲烷等有机燃料,可以缓解能源危机,反应条件通常为常温常压,且可见光是可再生能源。传统上常用无机半导体材料和均相金属有机配合物的光催化剂,因 CO_2 的吸附能力较差、光生电子和空穴的重新结合速度过快导致催化效率不高、均相金属有机配合物很难从溶液中回收并循环利用等限制了其应用,而卟啉-金属配合物作为非均相催化剂,解决了上述常用光催化剂的不足,在 CO_2 捕获与转化中具有良好的发展前景。

中国科学院兰州化学物理研究所张玉景团队通过催化化学的方法以 CO_2 为羰源,成功地将其转化为甲酰胺,涉及的催化剂体系包括钌铑钯等贵金属、镍钼铜等非贵金属以及有机分子催化剂,采用的还原剂包括 H_2、硅烷和硼烷等。酰胺类化合物是具有高附加值的精细化学品,是重要的化工原料和溶剂,广泛应用于医药、农药、日用化学品及石油化工等众多领域,且需求量巨大,具有显著的经济效益。

武汉科技大学王黎团队构建了双室微生物电合成系统反应器,在阴极室中接入厌氧活性污泥,驯化富集具有电化学活性的微生物,在阴极利用微生物还原 CO_2,合成了乙酸、丁酸等具有附加值的有机物。

综上,碳达峰与碳中和紧密相连,达峰时间的早晚、峰值的高低将直接影响碳中和实现的时长、难度,科学家从各方面研究将二氧化碳资源化。我们也可以从身边的小事做起,在日常的衣食住行中践行低碳生活方式。

参考文献

[1] 陈之尧,刘捷威,崔浩,等.卟啉金属-有机框架在二氧化碳捕获与转化上的应用研究 [J].化学学报,2019,77:242-252.

[2] 张玉景,代兴超,王红利,等.二氧化碳和胺催化合成甲酰胺反应研究[J].物理化学学报, 2018,34(8):845-857.

[3] 张鹏程,王黎,陈小进,等.阴极大小对微生物电合成系统还原二氧化碳产有机物的影响 [J].环境工程学报,2018,12(12):3531-3539.

[4] Luo Z,Chen Q,Zhang Y,et al. Diamond formation by reduction of carbon dioxide at low temperatures[J]. Journal of the American Chemical Society, 2003, 125(31): 9302 - 9303.

[5] Zhang L,Han Z,Zhao X,et al. Highly efficient ruthenium-catalyzed N-Formylation of amines with H_2 and CO_2[J]. Angewandte Chemie International Edition,2015,54: 6186-6189.

第1章 习题

1.1 下面的说法是否正确? 说明理由。

(1) 体系从同样的始态到终态可以有不同的中间途径,热(Q)与功(W)各不相等,但 $Q+W$ 必定相等。

(2) 石墨态碳和 $H_2(g)$ 的标准摩尔燃烧焓等于同温度下 $CO_2(g)$ 和 $H_2O(g)$ 的标准摩尔生成焓。

(3) 在标准状态下,所有单质的标准摩尔生成焓为零。

(4) 盖斯定律适合于任何化学反应,用于计算反应的焓变。

(5) 葡萄糖($C_6H_{12}O_6$)燃烧反应[反应产物为水(H_2O,l)和 $CO_2(g)$]的 Q_p 与 Q_V 相等。

(6) 任何化学反应,化学计量方程式写法不同,在同样温度下的 $\Delta_r H_m^{\ominus}$ 不相等,但互成一定关系。

(7) 恒温下密闭容器中自发进行的反应,方向是使反应体系的吉布斯自由能降低。

(8) 在某温度(T)下反应的标准摩尔吉布斯函数变 $\Delta_r G^{\ominus}(T) > 0$,则该反应绝不可能在该温度下发生。

(9) $\Delta_r G > 0$ 的反应,可以不改变其温度与压力条件,通过选用催化剂来使反应发生。

(10) 冰在室温下自动融化成水,是熵增起了主要作用。

(11) $CaCO_3$ 在常温下不分解,是因为其分解反应为吸热反应;在高温($T >$ 1 114 K)下分解,是因为此时分解放热。

(12) 因为 $\Delta_r G_m^{\ominus} = -RT\ln K^{\ominus}$,所以温度升高,平衡常数减小。

(13) 温度升高使反应速率加快,主要是影响了速率常数 k,而催化剂使反应速率加快,主要是降低了活化能。

(14) 任何自发过程的熵变 ΔS 必大于零,且活化能越大的反应越容易进行。

(15) 反应速率常数的大小就是反应速率的大小,且从反应速率常数的单位可以判断该反应的级数。

(16) 催化剂可以提高化学反应速率,是因为催化剂可降低反应的 E_a 和 $\Delta_r G_m^{\ominus}$。

1.2 已知水(H_2O, l)在 100℃ 的饱和蒸气压 $p = 101.3$ kPa,在此温度、压力下水的摩尔蒸发热为 40.668 kJ·mol^{-1}。求在 100℃、101.3 kPa 下使 1 kg 水蒸气全部凝结成液体水时的 Q、W、ΔU 和 ΔH。假设此状态下的水蒸气适用理想气体状态方程式。

1.3 反应 $N_2(g) + 3H_2(g) \rightarrow 2NH_3(g)$ 在恒容量热器内进行,生成 2 mol NH_3 时放出热量 82.7 kJ,求反应的 ΔU 和 ΔH。

1.4 南方岩洞中的钟乳石是由于温度不同时 $CaCO_3$ 在水中溶解度的差异,通过下列反应生成的:

$$Ca^{2+}(aq) + 2HCO_3^-(aq) \longrightarrow CaCO_3(s)\downarrow + CO_2(g) + H_2O(l)$$

在 100 kPa 及 298.15 K 时,形成 1 mol $CaCO_3$,反应会以放出二氧化碳的形式对环境做 2.44 kJ 的体积功,同时从环境中吸收 40 kJ 的热量,则上述化学反应的 ΔH 和 ΔU 为多少?

1.5 已知下列反应的标准摩尔焓变:

(1) $C_2H_4(g) + 3O_2(g) = 2CO_2(g) + 2H_2O(g)$

$$\Delta_r H_m^{\ominus}(298.15\ K) = -1\ 322.95\ kJ·mol^{-1}$$

(2) $C_2H_6(g) + \dfrac{7}{2}O_2(g) = 2CO_2(g) + 3H_2O(g)$

$$\Delta_r H_m^{\ominus}(298.15\ K) = -1\ 427.85\ kJ·mol^{-1}$$

(3) $H_2(g) + \dfrac{1}{2}O_2(g) = H_2O(g)$ $\Delta_r H_m^{\ominus}(298.15\ K) = -241.82\ kJ·mol^{-1}$

试计算在 298.15 K 时反应 $C_2H_4(g) + H_2(g) = C_2H_6(g)$ 的标准摩尔焓变。

1.6 已知 298.15 K 下,甲酸甲酯($HCOOCH_3$,l)的标准摩尔燃烧焓 $\Delta_c H_m^\ominus$(298.15 K)为 -979.5 kJ·mol^{-1},查附录 3 中甲酸($HCOOH$,l)、甲醇(CH_3OH,l)、水(H_2O,l)及二氧化碳(CO_2,g)的标准摩尔生成焓 $\Delta_f H_m$(298.15 K)数据,求 298.15 K 时下列反应的标准摩尔反应焓变:

$$HCOOH(l) + CH_3OH(l) = HCOOCH_3(l) + H_2O(l)$$

1.7 已知 298.15 K 时 C(石墨)、H_2 和二甲醚 CH_3OCH_3 的标准摩尔燃烧焓分别为 -393.5 kJ·mol^{-1}、-285.8 kJ·mol^{-1} 及 $-1\,461$ kJ·mol^{-1},求二甲醚的标准摩尔生成焓 $\Delta_f H_m^\ominus$。

1.8 已知 C_2H_5OH(l)在 298.15 K 时的标准摩尔燃烧焓为 $-1\,366.7$ kJ·mol^{-1},试用 $CO_2(g)$ 和 $H_2O(l)$ 在 298.15 K 时的标准摩尔生成焓数据计算 C_2H_5OH(l)的标准摩尔生成焓 $\Delta_f H_m^\ominus$。

1.9 比较下列各种情况,那种物质的摩尔熵更大?

(1) 室温下纯铁与碳钢。

(2) 纯铁块在室温下与温度 1 000 K 时。

(3) 0℃下相同质量的水与冰。

(4) 同温度下 1 mol 的甲醇(CH_3OH)与 1 mol 乙醇(C_2H_5OH)。

(5) 同温度下,结晶完整的金属与有缺陷(空位、位错等)的同一金属。

1.10 不参照具体数据,请估计下列各组中哪一体系具有较高的熵值:

(1) 298.15 K,100 g 干冰和 100 g 二氧化碳气体。

(2) 298.15 K,2 mol 氧原子和 1 mol 氧气(提示:$2O(g) \longrightarrow O_2(g)$,$\Delta_r H_m^\ominus = -146$ kJ·mol^{-1})。

(3) 100℃下 1 mol 水蒸气和 300℃下 1 mol 水蒸气。

1.11 从盖斯定律及标准平衡常数 $K^\ominus$ 与标准吉布斯自由能变 $\Delta_r G_m^\ominus$ 的关系出发,讨论下面三个反应的特点以及标准平衡常数间的关系,并估计哪个反应的标准平衡常数随温度的变化不大? 为什么?

$$C(s) + \frac{1}{2}O_2(g) = CO(g); \quad K_1^\ominus$$

$$C(s) + O_2(g) = CO_2(g); \quad K_2^\ominus$$

$$CO(g) + \frac{1}{2}O_2(g) = CO_2(g); \quad K_3^\ominus$$

1.12 将固体 NH_4NO_3 溶于水中,溶液变冷,则该溶解过程中各热力学函数(指 ΔH、ΔS、ΔG)如何变化? 你认为 NH_4NO_3 易溶解在热水中还是冷水中? 从平衡移动原理和化学反应自发性两个角度予以讨论。

1.13 由二氧化锰制备金属锰可采取下列两种方法:

(1) $MnO_2(s) + 2H_2(g) \longrightarrow Mn(s) + 2H_2O(g)$

$$\Delta_r H_m^\ominus = 37.22 \text{ kJ} \cdot \text{mol}^{-1} \quad \Delta_r S_m^\ominus = 94.96 \text{ J} \cdot \text{mol}^{-1} \cdot \text{K}^{-1}$$

(2) $MnO_2(s) + 2C(s) \longrightarrow Mn(s) + 2CO(g)$

$$\Delta_r H_m^\ominus = 299.8 \text{ kJ} \cdot \text{mol}^{-1} \quad \Delta_r S_m^\ominus = 363.3 \text{ J} \cdot \text{mol}^{-1} \cdot \text{K}^{-1}$$

试通过计算说明在 298.15 K 及 $p^\ominus$ 下,上述两个反应自发进行的方向;并从两个反应的可操作性角度讨论两种方法的优缺点。

1.14 不查附录,分析下列反应在标准状态下自发进行的温度条件:

(1) $2N_2(g) + O_2(g) \longrightarrow 2N_2O(g) \qquad \Delta_r H_m^\ominus = +164 \text{ kJ} \cdot \text{mol}^{-1}$

(2) $Ag(s) + \dfrac{1}{2}Cl_2(g) \longrightarrow AgCl(s) \qquad \Delta_r H_m^\ominus = -127 \text{ kJ} \cdot \text{mol}^{-1}$

(3) $2HgO(s) \longrightarrow 2Hg(l) + O_2(g) \qquad \Delta_r H_m^\ominus = +91 \text{ kJ} \cdot \text{mol}^{-1}$

(4) $2H_2O_2(l) \longrightarrow 2H_2O(l) + O_2(g) \qquad \Delta_r H_m^\ominus = -98 \text{ kJ} \cdot \text{mol}^{-1}$

1.15 固体碘化银 AgI 具有 α 和 β 两种晶型,已知两种晶型的平衡转化温度为 146.5℃,由 α 型转化为 β 型时,转化热为 6 462 J · mol^{-1},试计算由 α 型转化为 β 型时的 ΔS。

1.16 反应 $H_2O(g) + C(s) \Longrightarrow CO(g) + H_2(g)$ 在 673.15 K 达到平衡,反应的标准摩尔焓变为 $\Delta_r H_m^\ominus(673.15 \text{ K}) = 133.5 \text{ kJ} \cdot \text{mol}^{-1}$。 试讨论改变下列反应条件对平衡有何影响?

(1) 增大总压(通过减小反应容器体积和通入惰性气体两种方式分别加以讨论)。

(2) 提高温度。

(3) 增大水蒸气分压。

1.17 已知由氮气和氢气合成 1 mol 氨的反应在 298.15 K、标准状态下,$\Delta_r H_m^\ominus = -46.11 \text{ kJ} \cdot \text{mol}^{-1}$,$\Delta_r G_m^\ominus = -16.5 \text{ kJ} \cdot \text{mol}^{-1}$,求 500 K 及 1 000 K 下的 $\Delta_r G_m^\ominus$,并从化学热力学及化学动力学两个角度讨论升温对反应的影响。

1.18　乙烷裂解时会发生以下两个反应：

$$C_2H_6(g) \Longrightarrow C_2H_4(g) + H_2(g)$$

$$C_2H_4(g) \Longrightarrow C_2H_2(g) + H_2(g)$$

若反应在 $1\,000\,K$、$p^{\ominus}$ 下进行，试分别计算两个反应的标准平衡常数 $K^{\ominus}$。已知 $1\,000\,K$ 时各物质的标准生成吉布斯自由能如下：

	$C_2H_6(g)$	$C_2H_4(g)$	$C_2H_2(g)$
$\Delta_f G_m^{\ominus}(kJ \cdot mol^{-1})$	114.223	118.198	169.912

1.19　设反应 $CuBr_2(s) \Longrightarrow CuBr(s) + \dfrac{1}{2}Br_2(g)$ 达到平衡。$T=450\,K$ 时，$Br_2(g)$ 的平衡分压 $p_1=0.68\,kPa$；$T=550\,K$ 时，$Br_2(g)$ 的平衡分压 $p_2=68\,kPa$，试回答下列问题：

（1）计算上述反应在 $298.15\,K$ 的标准热力学数据（$\Delta_r H_m^{\ominus}$，$\Delta_r S_m^{\ominus}$，$\Delta_r G_m^{\ominus}$）。

（2）$550\,K$ 时，向一个可调节体积大小的真空容器中引入 $0.2\,mol\,CuBr_2$ 固体，平衡时容器体积为多大时，$CuBr_2$ 可以完全分解？

1.20　查附录 3，$298.15\,K$ 时 $Br_2(g)$ 的标准摩尔生成焓 $\Delta_f H_m^{\ominus}$ 和标准摩尔生成吉布斯自由能 $\Delta_f G_m^{\ominus}$，试求：

（1）$Br_2(l)$ 的正常沸点。

（2）$298.15\,K$ 时反应 $Br_2(l) \Longrightarrow Br_2(g)$ 的标准平衡常数。

（3）$298.15\,K$ 时 $Br_2(g)$ 的饱和蒸气压。

1.21　已知反应 $CaCO_3(s) \Longrightarrow CaO(s) + CO_2(g)$ 在 $1\,123\,K$ 时，$K^{\ominus}=0.489$。试确定密闭容器中，下列情况下反应进行的方向，并写出判断的依据。

（1）只有 CaO 和 $CaCO_3$。

（2）只有 CaO 和 CO_2，且 $p(CO_2)=100\,kPa$。

（3）有 $CaCO_3$、CaO、CO_2，且 $p(CO_2)=100\,kPa$。

1.22　什么是基元反应？什么是复杂反应？为什么根据反应速率的碰撞理论，质量作用定律只适用于基元反应？举例说明。

1.23　已知四个基元反应在相同温度时的活化能数据如下：

反应	$E_a/\text{kJ} \cdot \text{mol}^{-1}$	$E_a'/\text{kJ} \cdot \text{mol}^{-1}$（逆反应）
1	30	55
2	75	15
3	26	40
4	30	40

假设各反应的频率因子 A 相等，试分析判断：

（1）哪个反应的正反应速率常数最大？

（2）哪个反应放热最多？正反应是吸热反应的有哪些？

（3）正反应和逆反应速率最接近的是哪个反应？

（4）提高温度，对提高哪个反应的产率最有效？为什么？

1.24 N_2O_5 分解为 NO_2 和 O_2，其反应速率方程式为 $v = kc_{N_2O_5}$，在 338 K 和 298 K 时速率常数分别为 4.87×10^{-3} $\text{dm}^3 \cdot \text{mol}^{-1} \cdot \text{s}^{-1}$ 和 3.46×10^{-5} $\text{dm}^3 \cdot \text{mol}^{-1} \cdot \text{s}^{-1}$，试计算该反应的活化能（注：假设忽略指前因子随温度的变化）。

1.25 295.15 K 时，反应 $2NO(g) + Cl_2(g) \longrightarrow 2NOCl(g)$，测得反应速率与反应物浓度间的关系如下：

$c(NO)/\text{mol} \cdot \text{dm}^{-3}$	$c(Cl_2)/\text{mol} \cdot \text{dm}^{-3}$	$v(Cl_2)/\text{mol} \cdot \text{dm}^{-3} \cdot \text{s}^{-1}$
0.100	0.100	8.0×10^{-3}
0.500	0.100	2.0×10^{-1}
0.100	0.500	4.0×10^{-2}

试回答下列问题：

（1）对不同反应物来说，反应级数各是多少？

（2）写出反应的速率方程。

（3）反应的速率常数为多少？

1.26 已知反应 $2NO(g) + 2H_2(g) \longrightarrow N_2(g) + 2H_2O(g)$，测定其速率方程，对 $NO(g)$ 来说是二级反应、对 $H_2(g)$ 是一级反应：

（1）写出生成 N_2 的反应速率方程式。

（2）如果浓度以 $\text{mol} \cdot \text{dm}^{-3}$ 表示，反应速率常数 k 的单位是什么？

（3）写出 NO 浓度减小的速率方程，这里的速率常数 $k_{(3)}$ 和（1）中的 $k_{(1)}$ 值是否相同？两者有怎样的关系？

1.27 已知反应 $2NO_2(g) \Longrightarrow 2NO(g) + O_2(g)$ 是基元反应,正反应的活化能为 $114\ kJ \cdot mol^{-1}$,反应的热效应 $\Delta H = +113\ kJ \cdot mol^{-1}$。

(1) 写出正反应速率方程式,并计算逆反应的活化能。

(2) 当温度由 600 K 升高至 700 K 时,正、逆反应速率各增加多少倍?

1.28 某药物在人体血液中的代谢过程为一级反应,已知半衰期为 50 小时,试通过计算回答下列问题:

(1) 服药 24 小时后,药物在血液中浓度降低至原来的百分之几?

(2) 服用该药物(1 片)12 小时后,测得血药浓度为 $3\ ng \cdot cm^{-3}$,若已知血药浓度须不低于 $2.54\ ng \cdot cm^{-3}$ 才能保持药效,问服药后隔多少时间必须再次服药?(注:ng 为纳克,即 10^{-9} 克)

1.29 什么是催化剂?固体催化剂通常分为哪几个部分?各起什么作用?

1.30 为什么铁丝在充满氧气的广口瓶里燃烧的产物是 Fe_3O_4 而不是 Fe_2O_3 或 FeO?而在自然界中常见的铁的氧化物是 Fe_2O_3 而不是 Fe_3O_4,试运用所学的化学知识分析解释这一现象。

1.31 很早就有人用热力学估算过,CuI_2 固体在 298.15 K 标准摩尔生成焓和标准摩尔吉布斯自由能变分别为 $-21.34\ kJ \cdot mol^{-1}$ 和 $-23.85\ kJ \cdot mol^{-1}$。可是,碘化铜固体却至今并没有制得过。试分析是什么原因?

1.32 常温(298.15 K)常压(100 kPa)下将 NO_2 和 N_2O_4 两种气体装入一注射器。问:达到平衡时,两种气体的分压是多少?推进注射器活塞,将混合气体的体积减小一半,问:达到平衡时,两种气体的分压又为多少?已知:298.15 K 下两种气体的标准摩尔生成吉布斯自由能分别为 $51.31\ kJ \cdot mol^{-1}$ 和 $97.89\ kJ \cdot mol^{-1}$。

1.33 已知乙醇在 298.15 K 和 100 kPa 下的蒸发热为 $42.55\ kJ \cdot mol^{-1}$,蒸发过程的熵为 $121.6\ J \cdot mol^{-1} \cdot K^{-1}$,试估算乙醇的正常沸点(乙醇的分压等于外压时的温度点)。但如果地处高原地带,当地的大气压力 60 kPa,试问当地的乙醇沸点有无变化?如果有,它的沸点为多少摄氏度?

1.34 半导体工业生产单质硅的过程有三个重要反应:

(1) 二氧化硅被还原为粗硅:$SiO_2(s) + 2C(s) \longrightarrow Si(s) + 2CO(g)$

(2) 硅被氯气氧化为四氯化硅:$Si(s) + 2Cl_2(g) \longrightarrow SiCl_4(g)$

(3) 四氯化硅被镁还原生成纯硅:$SiCl_4(g) + 2Mg(s) \longrightarrow 2MgCl_2(s) + Si(s)$

计算为生产 1 mol 纯硅,上述各个反应的反应热和总反应热。

第2章 原子和分子的结构

化学工作者总是希望通过对物质本质的认识来阐明元素相互之间的关系，把化学事实系统化，使化学成为可以理解的、容易记忆的科学内容。迄今为止人们已经发现了118种元素，这些元素的原子按照一定的组成和结构形成了数百万种性质不同的单质和化合物，它们性质上的差别是由于内部结构的不同引起的。在一般的化学反应中，原子核本身并不发生变化，只是发生了原子核外电子运动状态的变化，从而造成物质组成与性质的变化。因此，要认识各种物质的化学性质及其变化规律，我们首先必须了解物质内部的结构，特别是原子结构、核外电子的运动状态及其排布规律。

2.1 核外电子的运动状态

2.1.1 原子结构理论的初期发展

1. 人们对原子结构的认识

古希腊思想家德谟克利特首先提出了原子的概念，1803年初，英国科学家道尔顿提出了近代原子学说，认为一切化学元素都是由不能再分割的微粒——原子组成的，原子是保持元素化学性质的最小单元；两种或多种元素的原子结合成化合物的分子，分子是保持化合物化学性质的最小单位。到19世纪80年代，原子-分子理论已经确立，元素周期系也已经被发现，但是人们仍然普遍认为原子是不能再分割的最小微粒，直至19世纪末，物理学中的一系列新发现，使人们对原子的认识上升到一个新的水平。

人们首先发现了原子是可以分割的，其中含有电子，随后发现了元素的天然放射性。1879年，英国科学家 W.克鲁克斯(W. Crookes)总结了对阴极射线的研究；1897年，英国物理学家 J. J.汤姆森(J. J. Thomson)确认阴极射线是带有负电荷的微观粒子——电子,并测定了电子的电荷与质量之比(1.759×10^8 C·g^{-1}),且证明这种粒子存在于所有物质中。1909 年,美国物理学家罗伯特 A.密立根(Robert A. Millikan)测定了电子的电量为 1.602×10^{-19} C,从而计算出一个电子的质量等于 9.11×10^{-28} g,约为氢原子质量的 1/1 840。

电子既然是原子的一个组成部分,而整个原子是电中性的,那么原子中必然含有带正电荷的组成部分,且所带的正电荷总量与电子所带负电荷的总电量必然相等。放射型元素衰变时放出 α 射线,被证实带有正电荷,说明原子中含有带正电荷的微粒。

这两种微粒是如何组成原子的呢? 1911 年,英国物理学家欧内斯特·卢瑟福(Ernest Rutherford)根据 α 粒子散射实验结果提出了有核原子模型:原子的质量几乎全部集中在带有正电荷的微粒——原子核上,核的直径只有原子直径的万分之一,带负电的电子像地球围绕太阳运转一样围绕着原子核高速运转。

后来,人们证明了原子核所带的正电荷数与核外电子数都等于原子序数,并发现了不带电的中子的存在,从而逐渐确立了近代原子结构模型。

2. 氢原子光谱和玻尔(Bohr)理论

近代原子结构理论的建立是从研究氢原子光谱开始的。当高纯的低压氢气在高压下放电时,氢分子离解为氢原子并激发而发光,光通过狭缝再由三棱镜分光后得到不连续的线状谱线,即氢原子光谱(见图 2-1)。每种元素的原子都有自己特征的线状光谱,这可作为现代元素光谱分析的基础,即可根据谱线所对应的特征波长确定样品中含有哪些元素,根据谱线的相对强度来确定样品中各组成元素的相对含量。

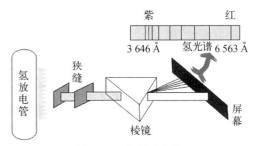

图 2-1　氢原子光谱

人们首先发现氢原子光谱在可见光区(波长 400~700 nm)有五条比较明显的谱线。1913 年,瑞典物理学家 J. R.里德堡(J.R. Rydberg)测定了这些谱线的频率,找出了能概括谱线之间普遍联系的里德堡公式:

$$\nu = R\left[\frac{1}{2^2} - \frac{1}{n^2}\right] \qquad (2-1)$$

式中,ν 为频率;R 为里德堡常数,值为 3.289×10^{15} s^{-1};n 是大于 2 的正整数,五

条谱线对应的 n 值分别为 3、4、5、6、7。后来人们在氢原子光谱的紫外线区和红外线区又分别发现了赖曼(Lyman)线系和帕邢(Paschen)线系。

当人们试图从理论上解释氢原子的线状光谱时,发现经典电磁理论及有核原子模型与实验结果产生了尖锐的矛盾。根据经典电磁理论,绕核高速旋转的电子将不断以电磁波的形式发射出能量。如果是这样,电子由于不断发射能量,自身能量会逐渐降低,其运动的轨道半径也将逐渐缩小,电子很快就会落在原子核上,即有核原子模型所表示的原子是一个不稳定的体系。同时,由于电子自身能量逐渐降低,电子绕核旋转的频率也要逐渐改变。根据经典电磁理论,辐射电磁波的频率将随着旋转频率的改变而逐渐变化,因而原子发射的光谱应是连续光谱。然而事实上原子是稳定存在的,而且原子光谱不是连续光谱而是线状光谱,这些都是经典理论所不能解释的。

1913 年,丹麦物理学家玻尔(Bohr)在德国物理学家普朗克(Planck)的量子论的基础上,提出了玻尔原子结构理论的三点假设,从而初步解释了氢原子产生线状光谱的原因和光谱的规律性。其三点假设如下:

(1)电子不是在任意轨道上绕核运动,而是在一些符合一定条件的轨道上运动。这些轨道的角动量 p 必须等于 $\dfrac{h}{2\pi}$ 的整数倍,也就是说,轨道是"量子化"的。

$$p = m\nu r = n\frac{h}{2\pi} \quad n = 1,\ 2,\ 3,\ \cdots \qquad (2-2)$$

式中,h 为普朗克常数。

(2)电子在离核越远的轨道上运动,其能量越大。所以,在正常情况下,原子中的各电子总是尽可能地处在离核最近的轨道上,这时原子的能量最低,即处于基态。当原子从外界获得能量(如灼烧、放电、辐射等)时,电子可以跃迁到离核较远的轨道上去,即电子被激发到较高能量的轨道上,这时原子和电子处于激发态。

(3)处于激发态的电子不稳定,可以跃迁到离核较近的轨道上,在跃迁的同时会以光的形式释放出能量。光的频率取决于跃迁前后两轨道之间的能量差:

$$h\nu = E_2 - E_1 \qquad (2-3)$$

即

$$\nu = \frac{E_2 - E_1}{h} \qquad (2-4)$$

式中,E_2 是电子跃迁前处于激发态时的能量;E_1 为电子跃迁后的能量;ν 为频率;h 为普朗克常数。

玻尔理论的成功之处如下。

(1) 计算了电子能量 E 和轨道半径。

在上述三个假设基础上,玻尔根据经典力学原理和量子化条件,计算了电子运动的轨道半径 r 和电子的能量 E。

$$r = 5.29 \times 10^{-11} n^2 \text{ m} = 52.9 n^2 \text{ pm} \tag{2-5}$$

$$E = -13.6 \frac{1}{n^2} \text{ eV} \tag{2-6}$$

将 n 值分别代入式(2-6),得

$$n=1, \quad r_1 = 52.9 \times 10^{-12} \text{ m}, \qquad E_1 = -13.6 \text{ eV}$$

$$n=2, \quad r_2 = 2^2 \times 52.9 \times 10^{-12} \text{ m}, \quad E_2 = -13.6 \times \frac{1}{2^2} \text{ eV}$$

$$n=3, \quad r_3 = 3^2 \times 52.9 \times 10^{-12} \text{ m}, \quad E_3 = -13.6 \times \frac{1}{3^2} \text{ eV}$$

由此可见,随着 n 增大,电子离核距离越来越远,电子的能量以量子化方式不断增加,因此 n 被称为量子数。当量子数 $n \to \infty$ 时,意味着电子完全脱离原子核电场吸引,$E=0$。

(2) 成功地解释了氢光谱产生的原因和规律性。

当电子由高能量的激发态回到基态或低能量激发态时,会以光子的形式释放能量,从而产生氢原子光谱。放出光子的频率大小取决于电子跃迁前后两个轨道之间的能量差:

$$\Delta E = E_2 - E_1 = 13.6 \times \left(\frac{1}{n_1^2} - \frac{1}{n_2^2} \right) = h\nu = h\frac{c}{\lambda} = hc\bar{\nu} \tag{2-7}$$

式中,$n_2 > n_1$;c 为光速;$\bar{\nu}$ 为波长的倒数,称为波数。

谱线的频率为

$$\nu = 3.289 \times 10^{15} \left(\frac{1}{n_1^2} - \frac{1}{n_2^2} \right) \text{ s}^{-1} \tag{2-8}$$

其中的常数项 3.289×10^{15} 即为里德堡常数。这从理论上解释了氢光谱线状光谱的规律性。

(3) 计算了氢原子的电离能。

氢原子的电离能(ionization energy)应等于电子从 $n=1$ 的基态轨道跃迁至 $n=\infty$ 处所需的能量:

$$I = \Delta E = E_\infty - E_1 = 0 - \left(-13.6 \frac{1}{n_1^2} \right) = 13.6 \text{ eV}$$

这表明,要使 1 mol 氢原子电离需要吸收 13.6 eV 的 6.02×10^{23} 倍能量,若用 kJ·mol⁻¹ 表示,该能量为 1 311.6 kJ·mol⁻¹,与氢原子电离能的实验值(1 312 kJ·mol⁻¹)非常接近。

玻尔理论的不足之处:

(1) 无法解释氢原子光谱的精细结构。在精密的分光镜下观察氢光谱,发现每一条谱线均分裂成几条波长相差甚微的谱线。在磁场内,各谱线还可以分裂为几条谱线,将这种谱线的分裂称为光谱的精细结构。玻尔理论对这种光谱的精细结构无法解释。

(2) 不能解释多电子原子、分子或固体的光谱,即使是只含有 2 个电子的 He 原子,其光谱的理论计算值与实验测量值也有很大的偏差。

(3) 电子在定态轨道中运转时不释放出电磁波的假设与电磁学理论相悖。

这说明玻尔理论有很大的局限性,其原因在于玻尔理论虽然提出了量子的概念,但只是在经典力学连续性概念的基础上人为地加入了一些量子化条件,因此不能真实、准确地反映微观世界粒子运动的普遍规律。人们在微观世界的量子性和微粒运动规律的统计性这两个特征的基础上建立了量子力学。

2.1.2 核外电子运动的特征

1. 微观粒子的波粒二象性

对于光的本质是什么,物理学上曾经有过长期的争议,从光与物质相互作用时发生的光电效应等现象来看,光表现出粒子性;而从光的传播过程中发生的衍射、干涉等现象来看,光又表现出明显的波动性,因而人们认识到光具有波粒二象性。根据普朗克(Planck)的量子论和 A.爱因斯坦(A. Einstein)的光子学说,光的能量与频率之间存在如下关系:

$$E = h\nu \qquad\qquad (2-9)$$

结合相对论中的质能方程 $E = mc^2$，可以推出光子的波长 λ 和动量 p 之间的关系为

$$p = mc = \frac{E}{c} = \frac{h\nu}{c} = \frac{h}{\lambda} \tag{2-10}$$

式(2-9)和式(2-10)中左边是表征粒子性的物理量能量 E 和动量 p，右边是表征波动性的物理量频率 ν 和波长 λ，这两种性质通过普朗克常数定量地联系起来，从而揭示了光的本质。

1924 年，法国物理学家 L.德布罗意(L. de Broglie)从光的波粒二象性得到启发，大胆地提出电子、原子等实物粒子除了具有粒子性外，也具有波动性的假说，指出实物粒子的波长 λ 与其质量 m 和运动速度 v 之间存在着如下关系：

$$\lambda = \frac{h}{P} = \frac{h}{mv} \tag{2-11}$$

式中，p 为实物粒子的动量；h 是普朗克常数。这个关系式称为德布罗意关系式，它把实物粒子的波动性和粒子性统一起来，人们把这种波叫作物质波，亦称为德布罗意波。

1927 年，C. J.戴维孙(C.J. Davisson)和 L. H.革末(L.H. Germer)的电子衍射实验证实了电子具有波动性。发现当电子射线穿过一薄晶片时，像单色光通过小圆孔一样发生衍射现象。如果实验时间较短，则在进行衍射实验的照相底片上出现若干似乎是不规则分布的感光点[见图 2-2(a)]，这表明电子呈粒子性。若实验时间较长，在底片上就形成了衍射环纹[见图 2-2(b)]，显示出电子的波动性。这说明就一个微粒(电子)的一次行为来说，不能确定它究竟要落在哪一点，但若重复进行许多次相同的实验，就能显示出电子在空间位置上出现衍射环纹的规律。衍射强度大的地方对应着电子出现的概率大，衍射强度小的地方对应着电子出现的概率小，因此电子的波动性是电子无数次行为的统计结果，人们又把电子波叫作概率波。根据电子衍射图计算得到的电子射线的波长与由德布罗意关系式预期的波长一致。同样地，用中子、原子或分子等粒子流做类似实验，都可以观察到衍射现象，这证实了德布罗意假说的正确性。

从光的波粒二象性到电子、原子等实物粒子的波粒二象性，说明微观世界中粒子的波粒二象性是它们的共性，同时又是微观粒子无数次行为的统计结果，所以，处理微观世界的问题时，要考虑微观粒子运动的统计规律。

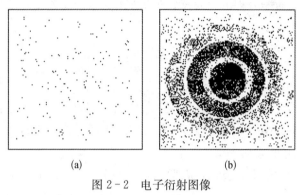

(a)　　　　　　(b)

图 2-2　电子衍射图像

(a) 实验时间不长　(b) 实验时间较长

2. 不确定性原理

1927 年,奥地利物理学家 W.海森堡(W. Heisenberg)提出了不确定性原理,其数学表达式为

$$\Delta x \cdot \Delta p \geqslant \frac{h}{2\pi} \tag{2-12}$$

或

$$\Delta x \geqslant \frac{h}{2\pi m \Delta v} \tag{2-13}$$

式中,Δx 为粒子的位置的不确定度;Δp 为粒子的动量的不确定度;Δv 为粒子速度的不确定度。上式表明,用位置和动量两个物理量来描述微观粒子的运动时,只能达到一定的近似程度,要同时准确测定一个微粒的动量和位置是不可能的。也就是说,当一个微粒的速度测得很准确(即 Δv 很小)时,这个微粒的位置就不能准确地测定(Δx 很大),反之亦然。

根据不确定性原理,原子中电子的运动范围为 10^{-10} m,即位置合理确定程度为 $\Delta x \approx 10^{-11}$ m,电子的质量为 9.11×10^{-31} kg,则

$$\Delta v \geqslant \frac{h}{2\pi m \Delta x} = \frac{6.63 \times 10^{-34}}{2 \times 3.14 \times 9.11 \times 10^{-31} \times 10^{-11}}$$

$$\Delta v \geqslant 1.159 \times 10^{7} \text{ m} \cdot \text{s}^{-1}$$

一般地说,原子中电子的速度为 10^{6} m·s^{-1},因此其速度的不确定度比电子自身速度还要大,显然是不能忽略的。反之,若要准确测定电子的运动速度,则其位

置的不确定度会达到无法忽略的程度。

测定宏观物体的动量和位置时,不确定性原理仍适用。例如质量为 0.01 kg 的子弹,其运动速度为 1 000 m·s⁻¹。若它的位置能准确测定,Δx 为 10^{-4} m,则速度不确定度为

$$\Delta v \geqslant \frac{h}{2\pi m \Delta x} = \frac{6.63 \times 10^{-34}}{2 \times 3.14 \times 0.01 \times 10^{-4}}$$

$$\Delta v \geqslant 1.056 \times 10^{-28}\ \text{m·s}^{-1}$$

与子弹本身的运动速度相比,这个速度不确定度完全可以忽略不计,所以宏观物体的速度和位置可以同时准确测定,遵循经典牛顿力学的规律。

2.1.3　薛定谔方程和波函数

1. 描述核外电子运动状态的基本方程——薛定谔方程

核外电子等微观粒子具有波粒二象性,其速度和位置不能同时准确测定,不能像宏观物体那样用经典的牛顿力学来描述其运动规律。那么,怎样才能描述核外电子的运动规律呢? 量子力学是在研究微观粒子波粒二象性的基础上发展起来的,它以统计的方法来描述和研究粒子的运动状态和规律,如描述原子核外一定区域内电子出现的概率、概率密度和运动状态,并建立其运动状态方程和相应的边界条件。利用这一方法和手段使许多以往用处理宏观物体的经典力学方法处理、解释不了的实验现象得到了解释,深化了人们对微观世界的认识。

1926 年,奥地利物理学家埃尔温·薛定谔(Erwin Schrödinger)根据德布罗意公式和不确定性原理,提出了描述核外电子运动状态的波动方程,称为薛定谔方程,它是量子力学的基本方程之一,表示形式如下:

$$\frac{\partial^2 \psi}{\partial x^2} + \frac{\partial^2 \psi}{\partial y^2} + \frac{\partial^2 \psi}{\partial z^2} + \frac{8\pi^2 m}{h^2}(E - V)\psi = 0 \qquad (2\text{-}14)$$

式中,x、y、z 为核外电子的空间直角坐标;E 为电子的总能量(动能与势能的总和);V 为电子在原子中的势能,它与被研究电子的具体处境有关;m 为电子的质量;h 是普朗克常数;ψ 是波函数,它是描述原子核外电子运动状态的数学函数式,与电子的空间坐标有关。

薛定谔方程的意义:对于一个质量为 m,在势能等于 V 的势场中运动的微粒来说,有一个与这个微粒运动状态相联系的波函数 ψ。薛定谔方程的每一个

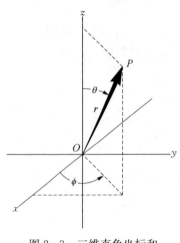

图 2-3 三维直角坐标和
球坐标的转换

合理的解 ψ 表示微粒运动的某一定态,与此相对应的常数 E 就是微粒在这一定态的能量。能量 E 与波函数 ψ 呈一一对应的关系。薛定谔方程的求解涉及较深的数学知识,这里仅做定性说明。

为了方便求解,常常把薛定谔方程由直角坐标系转化为球坐标。如在直角坐标系中的空间任一点可描述为 (x, y, z),在球坐标中则表示为 (r, θ, ϕ),如图 2-3 所示。

设原子核位于坐标原点 O 上,P 为核外电子的位置,r 为从 P 点到球坐标原点 O 的距离(即电子离核的距离),θ 为 z 轴与 OP 之间的夹角,ϕ 为 OP 在 xOy 平面上的投影与 x 轴之间的夹角。两种坐标的关系为

$$x = r\sin\theta\cos\phi, \quad y = r\sin\theta\sin\phi, \quad z = r\cos\theta, \quad r = \sqrt{x^2 + y^2 + z^2}$$

以球坐标为变量的薛定谔方程可表示为

$$\left[\frac{1}{r^2}\right]\frac{\partial}{\partial r}\left(r^2\frac{\partial\psi}{\partial r}\right) + \left[\frac{1}{r^2\sin\theta}\right]\frac{\partial}{\partial\theta}\left(\sin\theta\frac{\partial\psi}{\partial\theta}\right) +$$

$$\frac{1}{r^2\sin^2\theta}\frac{\partial^2\psi}{\partial\psi^2} + \frac{8\pi^2 m}{h^2}(E-V)\psi = 0 \qquad (2-15)$$

波函数可以通过变量分离成为两个函数的乘积:

$$\psi = R(r)Y(\theta, \phi)$$

式中,$R(r)$ 只随半径 r 变化,称为径向波函数;$Y(\theta, \phi)$ 只随角度 θ 和 ϕ 变化,称为角度波函数。再令 $Y(\theta, \phi) = \Theta(\theta)\Phi(\phi)$,表明 r 一定时,波函数 ψ 随 θ 与 ϕ 变化的关系。

在求解 $Y(\theta, \phi)$ 方程过程中,为了保证求解的合理性,需引入 m 和 l 两个参数,并必须满足 $m = 0, \pm 1, \pm 2, \cdots$,$l = 0, 1, 2, \cdots$,且 $l \geqslant |m|$ 这三个条件。在求解 $R(r)$ 方程的过程中,又要引入参数 n,n 为正整数,且 n 与 l 的关系是 $n-1 \geqslant l$。由解得的 $Y(\theta, \phi)$、$R(r)$ 即可求得波函数 $\psi(r, \theta, \phi)$。

2. 波函数 ψ 和概率密度

由薛定谔方程得到的解——波函数 ψ 是量子力学中描述核外电子在空间运动状态的数学函数式,一定的波函数表示电子一定的运动状态,人们常借用经典力学中描述物体运动的"轨道"的概念,把波函数 ψ 叫作原子轨道。但是,这里所说的原子轨道既不同于宏观物体的运动轨迹,也不同于玻尔所说的固定轨道,它只是描述原子中电子运动状态的一个函数,因此,也有学者认为将它称为原子轨函更合适。也就是说,波函数的空间图像就是原子轨道,原子轨道的数学表示就是波函数。每一种原子轨道即每一个波函数都有与之相对应的能量 E,对于氢原子或类氢离子(核外只有一个电子)来说,其能量为

$$E = -13.6\,\frac{Z^2}{n^2}\ \text{eV} \tag{2-16}$$

式中,Z 是核电荷数,单位是 eV。

2.1.4　四个量子数

通过前面的讨论我们知道,解薛定谔方程可求得随三个变量变化的波函数 ψ,求解时涉及 n、l、m 这三个量子数。将一套量子数做参数即可解出一种合理的波函数 $\psi_{n,l,m}(x,y,z)$。除此之外,还有一个描述电子自旋特征的量子数 m_s。这些量子数对所描述的电子的能量、原子轨道或电子云的形状和空间伸展方向,以及多电子原子核外电子的排布都是非常重要的。下面我们分别来讨论这四个量子数的定义和它们表征的意义。

1. 主量子数 n

主量子数 n 代表通常所说的电子层数,可描述原子中电子出现概率最大的区域离核的远近。它的取值为 1、2、3……等正整数。在光谱学上常用大写字母来代表电子层数,具体对应关系如表 2-1 所示。

表 2-1　主量子数与电子层数

n	1	2	3	4	5	6	7
电子层数	K	L	M	N	O	P	Q

n 越大,电子出现概率最大的区域离核越远。n 是决定原子轨道能量最主要的因素,在原子轨道形状相同的情况下,主量子数越大,原子轨道的能量越高。

2. 角量子数 l

角量子数 l 代表了原子轨道角动量的大小,或者说表示原子轨道的形状,因而通常把 n 相同而 l 不同的波函数称为电子亚层。它的取值受 n 取值的限制,只能取小于 n 的正整数(包括零在内)。当 l 为 0、1、2、3 时,按光谱学上的习惯相应地用符号 s、p、d、f 来表示电子的状态,亦可称作 s、p、d、f 亚层。如当 $n = 1$ 时,l 只能为 0;而当 $n = 2$ 时,l 可以为 0,也可以为 1,但不能为 2。

在多电子原子中,角量子数 l 和主量子数 n 一起决定原子轨道的总能量,由不同 n 和 l 组成的各亚层其能量是不同的,因此从能量角度上看,这些分层也常称为能级。当 n 相同时,l 越大,对应原子轨道的能量越高。

3. 磁量子数 m

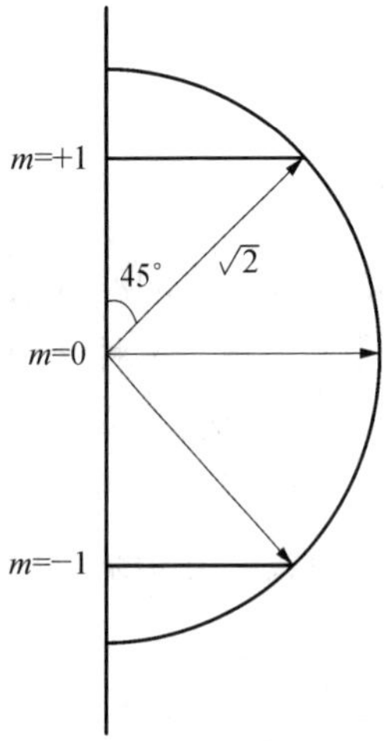

图 2-4 角动量 M 的空间取向

磁量子数 m 代表了原子轨道角动量在外加磁场方向分量的大小,也就是说表示原子轨道在空间不同的伸展方向。线状光谱在外加磁场的作用下发生能级分裂,这表明电子绕核运动的角动量 M 不仅大小是量子化的,而且在空间给定方向 z 轴上的分量 M_z 也是量子化的。磁量子数 m 的取值受 l 取值的限制,可以为 0,± 1,± 2,…,$\pm l$,有 $2l+1$ 个取值。例如 $l=1$ 时,m 可以有 0、+1、-1 三种取值,角动量 M 在 z 轴上的分量 M_z 也只有三种取值,故角动量 M 的方向只能有如图 2-4 中所示的三种取向。m 的取值不影响原子轨道的能量,因此,n 和 l 取值相同的原子轨道具有相同的能量。如 n 相同时,$l=1$ 的 p 轨道,因 m 不同,可能有三种不同的取向 p_x、p_y、p_z,但三者的能量是相同的,这些原子轨道称为等价轨道或简并轨道。但在外界磁场的作用下,由于三者的伸展方向不同,角动量在外磁场方向上的分量大小不同,它们会显示出微小的能量差别。这就是线状光谱在磁场中发生分裂的根本原因。

4. 自旋磁量子数 m_s

自旋磁量子数 m_s 代表了自旋角动量在外加磁场方向分量的大小,也就是说表示电子的自旋状态。若用分辨力较强的光谱仪观察氢原子的光谱,会发现每一条谱线又可分为两条或几条线,即氢光谱具有精细结构。为了解释这些事实,科学家提出了电子自旋的假设。他们认为电子除绕核做高速运动之外,还做自旋运动。根据量子力学原理计算出自旋角动量沿外磁场方向的分量 M_s 为

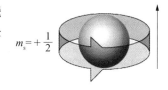

$$M_s = m_s \frac{h}{2\pi} \qquad (2-17)$$

式中,m_s 为自旋磁量子数,其可能的取值只有两个,即 $m_s = \pm\frac{1}{2}$(见图 2-5)。这表明电子的自旋有两种状态,即自旋角动量有两种不同的取向,一般用向上或向下的箭头"↑"和"↓"来表示。

图 2-5 自旋量子数 m_s 有两种取值

如上所述,原子中每个电子的运动状态可以用 n、l、m、m_s 四个量子数来描述。四个量子数确定之后,电子在核外空间的运动状态就确定了。

根据量子数相互之间的联系和制约关系可知,在每一个电子层中,由于原子轨道形状的不同,可有不同的亚层;又由于原子轨道在空间的伸展方向不同,在每一个亚层中可有几个不同的原子轨道;在每一个原子轨道中又可有处于不同运动状态的电子。现将电子层、亚层、原子轨道与量子数之间的关系总结在表 2-2 中。

表 2-2 电子层、电子亚层、原子轨道与同量子数之间的关系

	符号	K	L		M			N			
电子层	主量子数 n	1	2		3			4			
电子亚层	符号	s	s	p	s	p	d	s	p	d	f
	角量子数 l	0	0	1	0	1	2	0	1	2	3
原子轨道	磁量子数 m	0	0	$\begin{array}{c}-1\\0\\+1\end{array}$	0	$\begin{array}{c}-1\\0\\+1\end{array}$	$\begin{array}{c}-2\\-1\\0\\+1\\+2\end{array}$	0	$\begin{array}{c}-1\\0\\+1\end{array}$	$\begin{array}{c}-2\\-1\\0\\+1\\+2\end{array}$	$\begin{array}{c}-3\\-2\\-1\\0\\+1\\+2\\+3\end{array}$
	符号	1s	2s	2p	3s	3p	3d	4s	4p	4d	4f

（续表）

	K	L		M			N			
电子亚层轨道数	1	1	3	1	3	5	1	3	5	7
电子层轨道数（n^2）	1	4		9			16			
电子亚层电子数	2	2	6	2	6	10	2	6	10	14
电子层电子数（$2n^2$）	2	8		18			32			
符号*	$1s^2$	$2s^2$	$2p^6$	$3s^2$	$3p^6$	$3d^{10}$	$4s^2$	$4p^6$	$4d^{10}$	$4f^{14}$

* 各符号右上角的数字代表各原子轨道中最多可容纳的不同运动状态的电子数目。

2.1.5 波函数的空间图像

1. 概率密度的表示方法

前面提到，波函数本身很难找到与之相对应的可测物理量，但波函数的平方 $|\psi|^2$ 却有着明确的物理意义，它表示空间某处单位体积内电子出现的概率，即概率密度。概率密度可以有不同的表示方法，以氢原子核外 1s 电子为例，介绍几种概率密度分布的图形化表示方法。

（1）电子云：这种图形的画法是在以原子核为原点的空间坐标系内，用小黑点密度表示电子出现的概率密度，这种点的分布图像叫作电子云。氢原子的 1s 电子云图像如 2-6(a) 所示。图中离核越近，小黑点越密，表示电子在那些位置出现的概率密度大；离核越远，小黑点越稀，表示电子在那些位置出现的概率密度小。这些密密麻麻的小黑点像一团带负电的云，把原子核包围起来，如同天空中的云雾一样。所以，人们就形象化地称它为电子云。电子云是概率密度形象化的图示，也可以说是 $|\psi|^2$ 的空间图像。

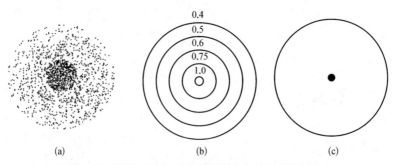

图 2-6 氢原子 1s 电子概率密度分布的几种表示方法

（a）1s 电子云 （b）1s 态等概率密度面图 （c）1s 态界面图

（2）等概率密度面图：将电子在原子核外出现的概率密度相对值大小相等的各点连接起来形成一个曲面叫作等概率密度面。氢原子 1s 电子云的等密度面为一系列同心的球面，如图 2 - 6（b）所示，它以离核最近处的电子云密度为 1.0，球面上标明的数值是概率密度相对值大小。

（3）界面图：界面图是选择一个等概率密度面，使电子在界面以内出现的总概率为 90%～95%。对于氢原子 1s 轨道来说，这个界面是个球面［见图 2 - 6（c）］。

处于不同运动状态的电子，它们的波函数 ψ 各不相同，其 $|\psi|^2$ 当然也不相同，电子云图也不一样。图 2 - 7 给出了各种状态的电子云的界面图。

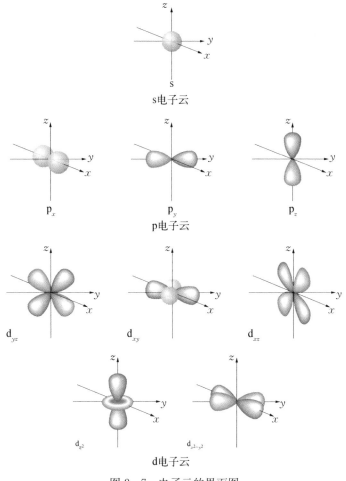

图 2 - 7　电子云的界面图

2. 波函数的空间图像

(1) 径向分布。

假设半径为 r 的球壳，其球面面积为 $4\pi r^2$，在厚度为 Δr 的球壳内发现电子的概率为 $4\pi r^2 \Delta r \mid R(r) \mid^2$，如果只考虑径向部分，将其除以 Δr，得到单位厚度球壳内电子出现的概率 $D(r) = 4\pi r^2 \mid R(r) \mid^2$，以 $D(r)$ 为纵坐标，r 为横坐标，可得各种状态的电子概率的径向分布图，图 2-8 给出了 s、p、d 轨道电子概率的径向分布图。由图可见，核外电子可以看作以核为中心按层向外分布。另外，还可看出，ns 比 np 多一个离核较近的峰，np 比 nd 多一个离核较近的峰，同理，nd 也将会比 nf 多一个离核较近的峰。这些离核较近的峰都伸到 $(n-1)$ 各峰的内部，而且伸入内部的程度各不相同，这种现象叫"钻穿"。钻穿引起多电子原子轨道的能级发生变化，将在下一节中加以介绍。

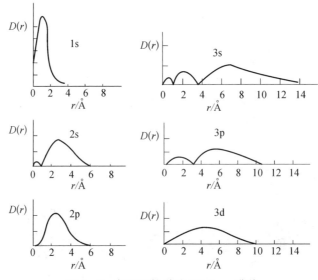

图 2-8 氢原子轨道的 $D(r) \sim r$ 曲线

(2) 角度分布。

将波函数 $\psi(r, \theta, \phi)$ 的角度部分 $Y(\theta, \phi)$ 随角度 θ 和 ϕ 的变化作图可得原子轨道的角度分布图，表示在同一球面的不同方向上 ψ 的相对大小，其剖面图如图 2-9 所示。原子轨道的角度分布图表示的是原子轨道的形状及其在空间的伸展方向，图中的"+""-"符号表示的是 $Y(\theta, \phi)$ 的取值是正值还是负值，即原子轨道角度分布图形的对称关系，符号相同则表示对称性相同，符号相反则表示对称性相反。

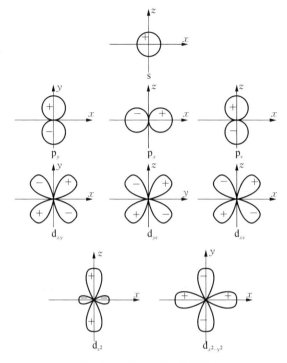

图 2-9　原子轨道的角度分布

与原子轨道的角度部分相对应,将 $|Y(\theta,\phi)|^2$ 随角度 (θ,ϕ) 的变化作图即可得到电子云的角度分布图,如图 2-10 所示。

比较图 2-9 和图 2-10 可以看出,原子轨道的角度分布与电子云的角度分布图形状类似,但是又有一定的区别:

(1) 原子轨道角度分布图"胖"一点,而电子角度分布图"瘦"一点。这是因为 $|Y|<1$,所以 $|Y|^2<|Y|$。

(2) 原子轨道角度分布图有正负号之分,而电子云角度分布图均为正值。

还应指出,波函数的径向分布部分只与主量子数 n 和角量子数 l 有关,而波函数的角度分布部分只与角量子数 l 和磁量子数 m 有关,它们都只反映了原子轨道和电子云的一部分属性,而不是原子轨道和电子云的实际形状。电子云的空间分布应综合考虑径向分布和角度分布部分,是 $|\psi|^2$ 的空间分布图形,如图 2-7 所示。

化学反应过程中发生变化的是原子的最外层电子或价电子,因而与核外电

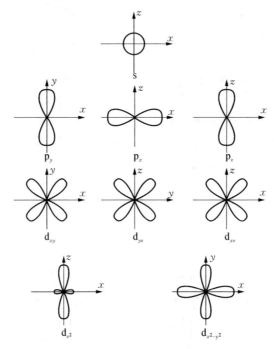

图 2-10　电子云的角度分布

子运动状态有关,波函数的性质,尤其是原子轨道角度分布的正负号,在讨论化学键的形成时是十分重要的,而原子轨道的形状在讨论分子的几何构型时非常有用。

2.2　原子的电子层结构与元素周期系

2.2.1　多电子原子的能级

1. 鲍林能级图

对于单电子体系的氢原子或类氢离子(如 He^+、Li^{2+})来说,各种状态的电子的能量只与主量子数 n 有关,而与角量子数 l 无关。因为一个电子不可能同时占有两个原子轨道。也就是说,原子轨道的能量随主量子数 n 的增大而增大,即 $E_{1s} < E_{2s} < E_{3s} < E_{4s}$;而主量子数相同的各原子轨道能量相同,即 $E_{4s} = E_{4p} = E_{4d} = E_{4f}$。

除氢原子和类氢离子之外,其他元素的原子中都有多个电子,原子轨道的能量同时受到主量子数和角量子数的影响,情况较为复杂。这是因为在多电子原子中,外层电子不仅仅受到原子核的引力而且还要受到其他内层电子的排斥作用,这种排斥的效果就相当于内层电子像一个屏幕一样阻挡了核电荷对这个外层电子的吸引,使有效核电荷数减小,原子核对外层电子的吸引力减弱,这种作用称为"屏蔽效应"。同时,对于外层电子,参照波函数的径向分布图可见,不同的外层电子钻到内层空间靠近原子核的本领不同,也即其"钻穿"作用不同。如图 2 - 8 所示,3s 的电子概率径向分布图有三个小峰,说明 3s 离核有三处是出现概率比较大的区域,其中有一个峰钻入原子核附近。3p 有两个峰,说明也有一定的钻穿作用,小于 3s,但比只有一个峰的 3d 要强。这说明在离核较近处,3s 也有一定的出现概率,这势必导致 3s 电子部分回避内层电子对它的屏蔽,使原子核对 3s 电子吸引力增强,使得 3s 原子轨道的能量有所降低。这种外层电子钻入原子核附近而使体系能量降低的现象叫作钻穿效应。正是因为 4s 轨道离核有四处是电子出现概率比较大的区域,比只有一个峰的 3d 钻穿效应要强,使得 3d 轨道的能量高于 4s(见图 2 - 11)。总之,由于多电子原子核外电子之间的相互作用,使之产生了能级交错现象。

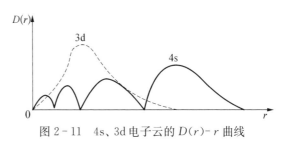

图 2 - 11　4s、3d 电子云的 $D(r) - r$ 曲线

1939 年,美国化学家鲍林根据光谱实验的结果,提出了多电子原子轨道的近似能级图,又称鲍林(Pauling)能级图,如图 2 - 12 所示。

(1) 近似能级图是按原子轨道能量高低而不是按电子层的顺序排列的。

(2) 在近似能级图中把能量相近的能级合并成一组,称为能级组,通常分为七个能级组,与元素周期表中的七个周期相对应。第一能级组为 1s,第二能级组为 2s2p,第三能级组为 3s3p,第四能级组为 4s3d4p,第五能级组为 5s4d5p,第六能级组为 6s4f5d6p,第七能级组为 7s5f6d7p。原子轨道的能量依能级组的顺序逐次增加,能级组之间能量相差较大而能级组之内能量相差很小。

(3) 在近似能级图中,每个小圆圈代表一个原子轨道。s 分层中有一个圆圈,表示此分层中只有一个轨道,p 分层中有三个圆圈,表示此分层中有三个原子轨道。由于三个轨道能量相同,所以三个 p 轨道是简并轨道。

IA ⅡA　　　ⅢB ～ Ⅷ 　　ⅢA ～ 零 ⅠB ⅡB　　　　　　　Ac、La系	周期 能级组	能级组中		起止元素
		轨道 数目	容纳 电子数	
7p○○○ 　　6d○○○○○　5f○○○○○○○ 7s○	Ⅶ	16 未填 充完	32	Fr ~ Uuo
6p○○○ 　　5d○○○○○　4f○○○○○○○ 6s○	Ⅵ	16	32	Cs ~ Rn
5p○○○ 　　4d○○○○○ 5s○	Ⅴ	9	18	Rb ~ Xe
4p○○○ 　　3d○○○○○ 4s○	Ⅳ	9	18	K ~ Kr
3p○○○ 3s○	Ⅲ	4	8	Na ~ Ar
2p○○○ 2s○	Ⅱ	4	8	Li ~ Ne
1s○	Ⅰ	1	2	H ~ He

（能量 ↑）

图 2 - 12　原子轨道的近似能级

（4）各原子轨道能量的相对高低是原子中电子排布的基本依据。多电子原子的核外电子是按能级顺序分层排布的。

（5）原子轨道的能量受到主量子数 n 和角量子数 l 的影响。角量子数 l 相同时，原子轨道的能量次序由主量子数 n 决定，n 越大原子轨道的能量越高。例如：

$$E_{2p} < E_{3p} < E_{4p} < E_{5p}$$

这是因为 n 越大，电子出现概率最高的区域离核越远，核对电子的吸引越弱。

主量子数 n 相同，角量子数 l 不同时，原子轨道的能量随 l 的增大而升高，即发生"能级分裂"现象。例如：

$$E_{4s} < E_{4p} < E_{4d} < E_{4f}$$

当主量子数 n 和角量子数 l 同时变动时，从图中看出，原子轨道的能量次序是比较复杂的。例如：

$$E_{4s} < E_{3d} < E_{4p}$$
$$E_{5s} < E_{4d} < E_{5p}$$

$$E_{6s} < E_{4f} < E_{5d} < E_{6p}$$

这种现象叫作"能级交错"。"能级交错"和上面提到的"能级分裂"现象都是由"屏蔽效应"和"钻穿效应"引起的。

2. 核外电子的排布

电子在原子核外的排布要遵循三个原则：

(1) 能量最低原理。

能量越低越稳定,这是自然界的一个普遍规律。原子中的电子也是如此,电子在原子中所处的状态总是要尽可能地使整个体系的能量最低,这样的体系最稳定。多电子原子在基态时,核外电子总是尽可能分布到能量最低的轨道,这称为能量最低原理。然后,在不违背泡利原理的前提下,按原子轨道近似能级图中能量由低到高的顺序填充各轨道。为了便于记忆,将鲍林原子轨道近似能级图中的轨道填充次序用图 2-13 的形式表示出来。

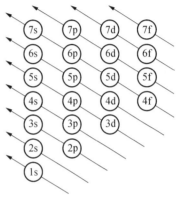

图 2-13 电子填入轨道次序

(2) 泡利不相容原理。

1925 年,W.泡利(W. Pauli)根据元素在周期表中的位置和光谱分析的结果提出,一个原子轨道最多只能容纳 2 个自旋状态相反的电子。用量子力学来描述就是,在同一个原子中没有四个量子数完全相同的电子,或者说在同一个原子中没有运动状态完全相同的电子。这被称为泡利不相容原理,简称泡利原理。例如氦原子的 1s 轨道中的两个电子,其中一个电子的四个量子数为 $n=1$, $l=0$, $m=0$, $m_s=+\dfrac{1}{2}$,而另一个电子的则为 $n=1$, $l=0$, $m=0$, $m_s=-\dfrac{1}{2}$,即两个电子的自旋方式必定不同,否则就违背泡利原理。因为每个电子层中原子轨道的数目是 n^2 个,因此每个电子层最多所能容纳的电子数为 $2n^2$ 个。

(3) 洪特规则。

1925 年,F.洪特(F. Hund)从大量光谱实验数据总结出来一个规则：电子在能量相同的原子轨道上排布时,总是尽可能地以自旋状态相同的形式分占不同的轨道,或者说在等价轨道中自旋相同的单电子越多,体系能量越低、越稳定。洪特规则也叫等价轨道原理。

洪特规则是一个经验规则,但后来量子力学计算证明,电子按洪特规则分布可使原子体系能量最低、体系最稳定。在电子排布中,还有因洪特规则引出的特例,即等价轨道全充满(p^6,d^{10},f^{14}),半充满(p^3,d^5,f^7)和全空(p^0,d^0,f^0)状态是比较稳定的。

根据能量最低原理、泡利不相容原理和洪特规则,就可以将电子按顺序填充到原子轨道中去,从而知道多电子原子中核外电子的实际排布情况,具体可用电子结构式来表示。下面举例加以说明。

碳原子核外有 6 个电子,根据能量最低原理和泡利原理,首先有 2 个电子分布到第一层的 1s 轨道中;又有 2 个电子分布到第二层的 2s 轨道中。按照洪特规则,余下的两个电子将以相同的自旋方式分布到两个方向不同但能量相同的 2p 轨道中。碳原子的电子结构式为 $1s^2 2s^2 2p^2$。

氖原子(原子序数 10)的电子结构表示为 $1s^2 2s^2 2p^6$。这种最外电子层为 8 电子的结构通常是一种比较稳定的结构,称为稀有气体结构。钠原子(原子序数 11)的电子结构式为 $1s^2 2s^2 2p^6 3s^1$;钾原子(原子序数 19)的电子结构式为 $1s^2 2s^2 2p^6 3s^2 3p^6 4s^1$。

从以上例子可以看出,在书写电子结构式时,要按照原子轨道 n、l 的顺序依次写出原子轨道,在右上角标明轨道中填充进的电子数。应该指出的是,尽管电子填充时 3d 轨道的能量比 4s 轨道能量高,先填充 3d 轨道再填充 4s 轨道;但在 3d 轨道填充电子之后,对 4s 轨道有较强的屏蔽作用而使 4s 轨道能量升高,因此,在发生化学反应时先失去 4s 电子。书写电子结构式时,把 3d 轨道写在 4s 轨道的前面。

为了避免电子结构式书写过长,通常把内层电子已达到稀有气体结构的部分写成"原子实",并以稀有气体的元素符号外加中括号来表示。例如,钙(原子序数 20)的电子结构式 $1s^2 2s^2 2p^6 3s^2 3p^6 4s^2$,可表示为 $[Ar]4s^2$。铬原子(原子序数 24)的电子结构式为 $1s^2 2s^2 2p^6 3s^2 3p^6 3d^5 4s^1$,可表示为 $[Ar]3d^5 4s^1$,而不是 $[Ar]3d^4 4s^2$,这是因为 3d 半充满和 4s 半充满结构是一种能量较低的稳定结构。

核外电子排布的三原则只是一般规律,随着原子序数增大、核外电子数目增多以及原子中电子之间相互作用的复杂化,核外电子排布的例外现象多起来。因此,对于某一具体元素的原子,其实际的电子排布情况要以光谱实验的结果为准。

2.2.2　核外电子排布与周期系的关系

随着核电荷数依次递增,各元素原子的最外层电子数目总是发生周期性的变化,例如,从 Li 到 Ne,电子构型从 $2s^1$ 变化到 $2s^2 2p^6$。这种周期性变化导致元素的性质也呈现周期性的变化。人们把这种周期性的变化用表格的形式反映出来,常用的长式元素周期表见附录。可以说,原子核外电子的周期性排布是元素周期律的基础,元素周期表是周期律的表现形式。随着人们对原子结构认识的不断深入,周期律的微观本质被不断地揭示出来。

1. 每周期的元素数目

元素周期表中的行称为"周期",共分为七个周期,从电子分布规律可以看出,各周期序数与前面提到的能级组相对应。第一周期是特短周期,有 2 种元素;第二、三周期是短周期,各有 8 种元素;第四、五周期是长周期,各有 18 种元素;第六周期是特长周期,有 32 种元素;第七周期也有 32 种元素。每一周期开始都出现一个新的电子层,因此元素原子的电子层数就等于该元素在周期表所处的周期数。也就是说,原子的最外电子层的主量子数与该元素所在的周期数相等。每周期元素的数目等于相应能级组内原子轨道所能容纳的最多电子数,如表 2-3 所示。

表 2-3　元素周期表中的周期与各周期元素的数目

周期	能级组	能级组内原子轨道	所能容纳的最多电子数	元素总数	周期类型
1	1	1s	2	2	特短周期
2	2	2s2p	8	8	短周期
3	3	3s3p	8	8	短周期
4	4	4s3d4p	18	18	长周期
5	5	5s4d5p	18	18	长周期
6	6	6s4f5d6p	32	32	特长周期
7	7	7s5f6d7p	32	32	未完成周期

2. 元素在周期表中的位置

元素周期表中的列称为"族",共有 7 个主族(ⅠA～ⅦA 族)、零族、7 个副族

（ⅠB～ⅦB族）和Ⅷ族（含3列）。元素在周期表中的族数，基本上取决于元素的最外层电子数或价电子数。各主族元素（ⅠA～ⅦA）、第ⅠB、第ⅡB副族元素的最外层电子数等于族序数；零族元素最外层电子数为2或8，是全充满结构；第Ⅲ至第ⅦB族元素的族序数等于最外层 s 电子数与次外层 d 电子数之和；第Ⅷ族元素的最外层 s 电子数与次外层 d 电子数之和为8、9或10。

由于同一族中各元素原子核外电子层数从上到下依次递增，价电子层离核的平均距离以及受到的屏蔽都不同程度增大，因此同族元素的化学性质具有递变性。同一副族的元素因 d 电子有较强的屏蔽作用，随着原子序数递增而净增加的有效核电荷数较小，故副族元素的化学性质递变性不如主族元素明显。镧系和锕系元素的最外层和次外层的电子排布近乎相同，只是 $n-2$ 层的 f 电子排布不同，使得镧系15种元素、锕系15种元素的化学性质极为相似，在周期表中占据同一位置，因此将镧系元素、锕系元素单独列出来，置于周期表下方各列出一行来表示。

综上所述，原子的电子层结构与其在元素周期表中的位置有密切的关系，可根据元素的原子序数写出其电子层结构，并由此判断该元素所在的周期和族；反之，已知某元素所在的周期和族，可以推出它的原子序数，从而写出该元素的电子层结构。

3. 元素在周期表中的分区

根据各族元素的外层电子构型，可把周期表分成五个区域（见图 2-14）。

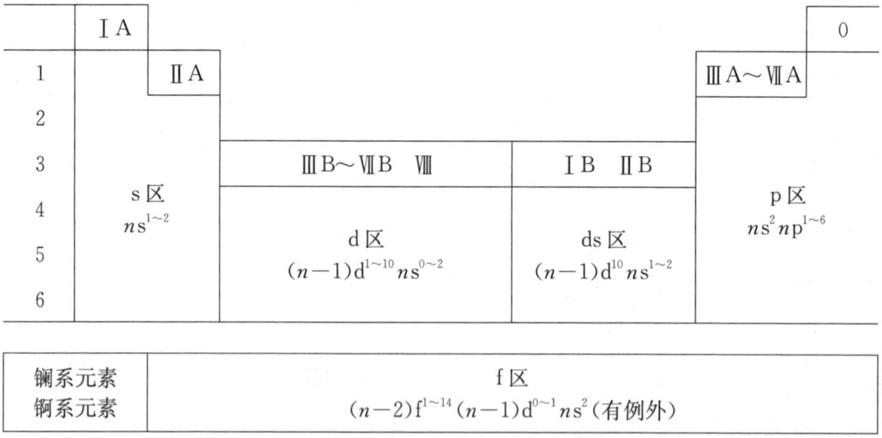

图 2-14　元素周期表的分区

s 区：外层电子构型为 ns^1 或 ns^2，最后一个电子填充在 s 轨道上，包括ⅠA族碱金属和ⅡA族碱土金属元素，但不包括氦(He)。除氢以外都是活泼的金属，容易失去 1 个或 2 个价电子形成 M^+ 或 M^{2+} 离子。

p 区：最后一个电子填充在 p 轨道上，外层电子构型为 $ns^2np^{1\sim6}$(氦例外，为 $2s^2$)，包括第ⅢA～ⅦA族和零族元素，大部分是非金属元素。

d 区：最后一个电子填充在 d 轨道上，外层电子构型一般为 $(n-1)d^{1\sim10}ns^{0\sim2}$，包括第ⅢB～ⅦB族和第Ⅷ族元素。它们都是过渡元素，都有多种氧化态。

ds 区：最后一个电子填充在 s 轨道上，并且达到 d^{10} 的饱和结构，外层电子构型为 $(n-1)d^{10}ns^{1\sim2}$；包括第ⅠB、ⅡB副族元素。通常也把它们算作过渡元素(广义上的 d 区也包括 ds 区)。

f 区：最后一个电子填充在 f 轨道上，外层电子构型一般为 $(n-2)f^{1\sim14}(n-1)d^{0\sim1}ns^2$，包括镧系和锕系元素。由于这些元素最外电子层和次外电子层几乎相同，只是外数第三电子层不同，所以，镧系、锕系各元素的化学性质极为相似。该区元素也属于过渡金属元素，但是一般把除 f 区元素外的 d 区元素与 ds 区元素合称为过渡元素，而把 f 区元素称为内过渡元素。

元素的性质主要是由原子的电子层结构和最外层电子数决定的，在一般的化学反应中发生变化的也只是原子的外层电子构型，因此，了解各族元素的外层电子构型以及元素的分区，对于理解物质结构与性质的关系以及化学变化的规律性极为重要。

2.2.3　元素性质的周期性

由于原子的电子层结构具有周期性，因此与电子层结构有关的元素的基本性质如原子半径、电离能、电子亲和能、电负性等，也呈现出明显的周期性变化。

1. 原子半径

原子半径是元素的一个重要参数，对元素及化合物的性质有较大的影响。由于核外电子具有波动性，电子云没有明确的边界，因此，讨论单个原子的半径是没有意义的，现在讨论的原子半径是人为规定的物理量。常用的原子半径有三种：共价半径、金属半径和范德华半径，其中以共价半径的应用最为普遍。

同种元素的两个原子以共价键(见 2.3.2 节)结合时，它们核间距离的一半叫作共价半径。核间距可以通过晶体衍射、光谱等实验方法测得。

把金属晶体看成是由球状的金属原子堆积而成的,假定相邻的两个原子彼此互相接触,它们核间距离的一半叫作金属半径。

当两个原子之间没有形成化学键而只靠分子间作用力(见2.3.4节)互相接近时,例如稀有气体在低温下形成单原子分子的分子晶体时,两个原子核间距离的一半,叫作范德华半径。

主族元素原子半径的递变规律十分明显。在同一周期中,从左到右随着核电荷数的增加,原子核对核外电子的吸引力增强,使原子半径有变小的趋势;同时由于新填充的电子增大了电子间的排斥作用,使原子半径有变大的趋势,其中核电荷的增加占主导地位,因此原子半径逐渐减小。但最后的稀有气体原子半径突然变大,这主要是因为稀有气体的原子半径指的是单原子分子的范德华半径。目前稀有气体的原子半径数据基本上是理论推算的。

对于副族的过渡元素或内过渡元素(镧系和锕系元素),原子半径的变化情况有所不同。对于过渡元素来说,新增电子填入次外层的d轨道上,次外层电子对最外层电子的屏蔽作用比最外电子层中的电子间的屏蔽作用大得多。所以在同一周期中,随核电荷增加,有效核电荷增加得比较缓慢。这就是同一周期过渡元素从左至右原子半径减小幅度不大的原因。由于d^{10}有较大的屏蔽作用,ds区元素的原子半径又略为增大。

同一主族中,自上而下各元素的原子半径依次增大。这是因为各族元素自上而下,核电荷数逐渐增加,原子的电子层数增多,即主量子数n增大,所以原子半径增大。副族元素自上而下原子半径变化不明显,特别是第五周期和第六周期的元素,它们的原子半径非常相近,这主要是镧系收缩(见2.2.4节)所造成的结果。主族元素的原子半径数值如图2-15所示。

2. 电离能和电子亲合能

使基态的气态原子或离子失去电子所需要的最低能量称为电离能。其中使基态的气态原子失去一个电子形成+1价气态正离子时所需要的最低能量叫作第一电离能,以I_1表示;从+1价离子失去一个电子形成+2价气态正离子时所需的最低能量叫第二电离能,以I_2表示,依此类推。电离能的单位为$kJ \cdot mol^{-1}$。显然,对于同一种元素$I_1 < I_2 < I_3 < \cdots$,这是因为正离子比原子更难失去电子,而且正离子价态越高,再失去电子就更加困难。例如,铝的第一、第二、第三电离能分别为577.6 $kJ \cdot mol^{-1}$、1 817 $kJ \cdot mol^{-1}$、2 745 $kJ \cdot mol^{-1}$。第一电离能反映了原子失去电子的难易程度。现以元素的第一电离能为例,说

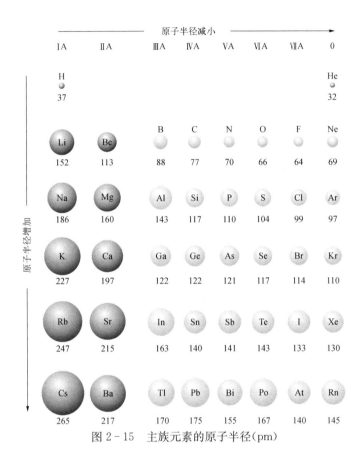

图 2 - 15 主族元素的原子半径(pm)

明元素电离能的变化规律。

　　元素的第一电离能随着原子序数的增加呈明显的周期性变化,如图 2 - 16 所示。在同一主族中自上而下,元素的第一电离能一般逐渐减小。这是因为随着原子序数的增加,原子半径增大,原子核对最外层电子的吸引能力减弱,价电子容易失去,故电离能依次减小。但对副族和第Ⅷ族元素来说,电离能变化规律不明显。在同一周期中从左至右,电离能总的趋势是逐渐增大的,其中主族金属元素的第一电离能较小,非金属元素的第一电离能较大,而稀有气体的第一电离能最大。这是因为主族金属元素的原子半径在同一周期中最大,原子核对最外层电子的吸引能力弱,而且最外层电子数少,很容易失去,达到稀有气体的稳定结构,因而电离能较小。稀有气体的核外电子都达到相对稳定的饱和结构,失去一个电子很困难,因此电离能特别高。

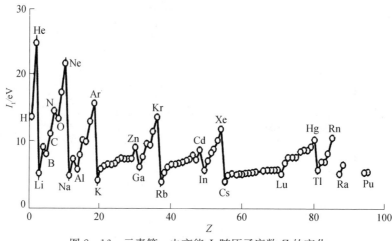

图 2 - 16 元素第一电离能 I_1 随原子序数 Z 的变化

某元素的一个基态的气态原子得到一个电子形成 -1 价气态负离子时所放出的能量叫该元素的第一电子亲和能,常用 E_1 表示,体系能量降低,习惯上表示为负值;依此类推,有元素的第二电子亲和能 E_2 以及第三电子亲和能 E_3,其数值可用来衡量原子获得电子的难易。确定电子亲和能的数值是较困难的,实际上只有少数元素能形成稳定的负离子,所以只有少数元素的电子亲和能数据是准确的。第一亲和能通常简称为电子亲和能。非金属元素一般有较大的电离能,难以失去电子,但它有明显的得电子倾向。电子亲和能绝对值越大,表示其得电子的倾向越大,即变成负离子的趋势越强。

主族元素的电子亲和能随原子序数的变化如图 2 - 17 所示,由于电子亲和能难以测得,故图中数据不全,有的是计算值。电子亲和能的单位一般采用 $kJ \cdot mol^{-1}$。一般元素的第一电子亲和能 E_1 为负值,表示得到一个电子形成负离子时放出能量;也有的元素的 E_1 为正值,表示得电子时要吸收能量,这说明该元素的原子变成负离子很困难。元素的第二电子亲和能一般均为正值,说明由负一价的离子变成负二价的离子也是要吸热的。碱土金属元素的电子亲和能都是正的,说明它们形成负离子的倾向很小,非金属性相当弱。电子亲和能是元素非金属活性的一种衡量标度。

一般说来,电子亲和能的绝对值随原子半径的减小而增大,因为半径小时,核电荷对电子的引力增大。因此,电子亲和能在同周期元素中从左向右呈增加趋势,而同族中从上到下呈减小的趋势。

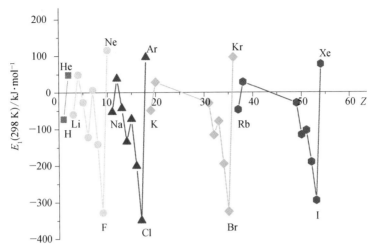

图 2-17 主族元素的电子亲合能随原子序数的变化（图中
稀有气体的数值来自理论计算）

3. 元素的电负性

元素的电子亲和能和电离能各自从一个侧面来描述原子得失电子的能力，但没有考虑到原子之间成键作用等情况。1932 年，鲍林首先提出了电负性的概念，来定量地描述分子中原子吸引电子的能力，通常用 χ 表示。鲍林指定氟的电负性为 4.0，并根据热化学数据比较各元素原子吸引电子的能力，依此求出其他元素的电负性。因此电负性是一个相对数值，元素的电负性数值愈大，表示原子在分子中吸引电子的能力愈强。

关于电负性的标度有 20 余种，这些数值都是根据物质的不同性质计算得到的。各种标度的数值虽不同，但在电负性系列中元素的相对位置大致相同。通常采用的是鲍林电负性标度。

元素的电负性具有明显的周期性变化规律，如图 2-18 所示。在同一周期中，从左到右电负性依次递增，元素的非金属性也逐渐增强；在同一主族中，从上到下电负性递减，元素的非金属性依次减弱。但是副族元素的电负性变化规律不明显。

4. 元素的金属性和非金属性

从元素电负性数据可以看出元素金属性和非金属性的递变规律。同周期元素从左至右，由于核电荷依次增多，原子半径逐渐减小，最外层电子数也依次增多，电负性依次增大，因此，元素的金属性依次减弱，非金属性逐渐增强。以第三

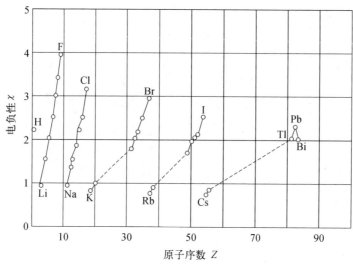

图 2-18 主族元素的电负性随原子序数的变化

周期为例,从活泼金属钠到活泼非金属氯,递变非常明显,而长周期元素的变化规律稍复杂一些。

同主族元素自上而下虽然核电荷增加了,但内层电子数也增多了,其屏蔽效应也随之增强,所以有效核电荷变化不大。但是,自上而下随着主量子数增大,电子层数增多,半径增大,使原子核对外层电子引力减弱,所以,自上而下电负性减小非金属性减弱,金属性增强。例如第 V A 族,从典型的非金属 N 递变为金属 Bi。

在元素周期表中,右上方氟的电负性最大,非金属性最强;左下方铯的电负性最小,金属性最强。一般来说,非金属元素(除硅外)的电负性在 2.0 以上,金属元素(除铂系元素和金外)的电负性在 2.0 以下。但应注意,元素的金属性和非金属性之间并没有严格的界限。

2.2.4 金属单质及其化合物性质递变规律选述

元素性质与原子的核外电子排布有密切的关系,由于原子的电子层结构即核外电子排布的周期性,有效核电荷数、原子半径、电离能、电子亲合能、电负性等与电子层结构有关的元素的基本性质也呈现明显的周期性变化。接下来以金属为例,按照元素周期表中不同区域金属元素原子的核外电子排布的特点讨论与元素性质相关的一些现象和递变规律。

纵观元素周期表,可以发现 s 区、d 区、ds 区、f 区都是金属元素,就是 p 区也只有从其左上到右下的以硼(B)、硅(Si)、砷(As)、碲(Te)为对角线的右上部分为非金属,左下部分均为金属。

金属元素共同的特点是原子的最外层都只有 1~2 个 s 电子,易呈现较低的氧化态,在化合物中充当阳离子的角色。但是,在研究了金属元素单质及其化合物的性质以后,就会发现,不同区域的金属元素在单质及其化合物中呈现的性质有很大的差异,就像不同金属离子形成的硅酸盐在水玻璃中可以形成五彩斑斓的水中花园一样,它们的性质各异。

1. 金属的通性

金属最具特色的性质是具有特殊的金属光泽、导热、导电、大多数有较高的熔点、硬度和良好的机械加工性能。除了铜是紫红色、金是金黄色之外,一般的金属都是有光泽的银白色或灰色的固体。不过不同金属在外观上或多或少有些差别可以进行辨认。例如铋带浅红色,而铅则带浅蓝色。各种金属的沸点、熔点、硬度、密度都随着元素原子序数的改变而呈现一定的规律性。

工程上,金属可按物理性质不同来划分,一般将密度小于 $5\,g\cdot cm^{-3}$ 的称为轻金属,包括元素周期表中的 s 区金属(放射性的镭除外)以及钪、铱、钛、铝等;密度大于 $5\,g\cdot cm^{-3}$ 的称为重金属,在元素周期表中位于 d 区和 ds 区,还有 p 区的下部。按金属熔点高低可分为高熔点金属和低熔点金属,低熔点金属既有主族的轻金属(如钠、钾等),也有低熔区金属(位于 ds 区的ⅡB族和相邻 p 区的ⅢA及ⅣA族部分金属,如镓、铟、铅、锡等),高熔点金属一般是过渡元素,以ⅥB族及相邻金属为最高。通常所说的耐高温金属是指熔点接近或高于铬熔点(1 857℃)的金属,如钨的熔点为 3 410℃、铂系金属锇为 2 900℃。

金属都有一定的导电能力,其中银、铜、金、铝是良好的导电材料,银、金因比较昂贵且资源有限,仅用于电子器件连接点处,铜、铝广泛用于输电线路和电器中。金属铝(电导率 $37.74\,MS\cdot m^{-1}$)的导电能力是铜(电导率 $59.59\,MS\cdot m^{-1}$)的 63%,但是铝的密度($2.7\,g\cdot cm^{-3}$)仅为铜的密度($8.92\,g\cdot cm^{-3}$)的 30% 左右,且自然界中铝的资源十分丰富,地壳中铝的丰度为 8.2%(质量分数),而铜仅为 6.8×10^{-7}%(质量分数),所以高压电缆主要采用铝。金属中杂质的存在使金属的电导率大为降低,所以用于制作电缆、导线的金属往往具有相当高的纯度,一般铝线的纯度在 99.5% 以上。

2. 元素周期表中各区金属的特点

1) s 区金属

s 区金属包括 ⅠA、ⅡA 族金属元素,即 ⅠA 的 Li、Na、K、Rb、Cs、Fr 和 ⅡA 的 Be、Mg、Ga、Sr、Ba、Ra。由于 ⅠA 族元素氧化物的水合物呈碱性,所以称为碱金属。而 ⅡA 金属的性质介于 ⅠA 族的碱性和 ⅢA 族的土性之间,所以称为碱土金属。这里不讨论放射性元素 Fr 与 Ra 的性质。

碱金属、碱土金属单质除铍外均具银白色光泽、硬度小,具有较好的导电性。而碱土金属的熔沸点比碱金属的高,硬度大,但导电性低于碱金属。

碱金属与碱土金属的化学性质非常活泼,表现出非常强的金属性,总结如下:

a. 易与活泼的非金属单质反应生成离子化合物(除 Li、Be 的某些化合物具有共价性外):

$$2M + O_2 \rightarrow 2MO$$

b. 能与水反应产生氢气和强碱:$2M + 2H_2O \rightarrow 2MOH + H_2$,或 $M + 2H_2O \rightarrow M(OH)_2 + H_2$

c. 很强的还原性:$SiO_2 + 2Mg \rightarrow Si + 2MgO$

$$3Li + AlCl_3 \xrightarrow{\triangle} 3LiCl + Al$$

(1) 性质递变与核外电子排布的关系。

碱金属与碱土金属原子的最外层只有 1～2 个 s 电子,在同一周期中半径最大,所以很容易失去电子成为 M^+、M^{2+},离子具有稳定的稀有气体原子结构,显示了很强的金属性。同族中由上至下随着原子半径增大,金属性依次增强。如与水反应的程度从 Li 到 Cs 急剧增强;锂的熔点较高,而且反应形成的氢氧化物溶解度较小,所以反应较慢;钠与水反应放热使钠熔为小球;钾与水反应能使产生的氢燃烧;铷和铯与水反应剧烈甚至发生爆炸。

(2) ⅠA 族与 ⅡA 族金属性质的比较。

因为同一周期碱土金属元素的原子半径比碱金属的小,原子核的电荷数高,所以其金属活泼性比同周期左边的碱金属弱,如碱土金属的单质在常温下缓慢形成氧化物,没有碱金属反应剧烈,与水反应的剧烈程度也没有碱金属那么强。这是因为碱土金属的原子半径相对较小,形成的氢氧化物溶解度也相对较小。

另外,碱土金属元素尤其是短周期中原子半径较小的金属单质,在氮气中燃烧还会形成具有共价性质的氮化物:

$$3Ca + N_2 \rightarrow Ca_3N_2$$

碱金属中的锂也因为半径小而有相似的性质。

总之,ⅠA 族与ⅡA 族元素同族从上到下金属性依次增强,而同一周期从左到右金属性减弱。

在讨论元素性质时,更多关注周期表中的元素各族的递变性质,但是,有些处于对角线上的元素,因它们的原子半径和离子势(离子电荷/离子半径)相近,使其单质以及对应的化合物的性质很相似,称为对角线规则。例如,处于对角线上的锂与镁,在性质上具有很多的相似性:

① 锂和镁在过量氧气中燃烧只生成普通的氧化物,而不同于其他碱金属生成过氧化物。

② 锂和镁的氢氧化物加热分解,得到的产物均为普通氧化物。

③ 锂和镁的碳酸盐均不稳定,加热生成氧化物和二氧化碳。

④ 锂和镁的很多盐类,如氟化物、碳酸盐和磷酸盐均难溶于水。

⑤ 锂和镁离子的水合能力均较强。

2) p 区金属

p 区金属的特点:居于 p 区对角线的左下方都是由非金属和准金属过渡而来,最外层具有 p 电子,性质也与 s 区金属有不同的地方。

p 区金属有十种: Al、Ga、In、Tl、Ge、Sn、Pb、Sb、Bi 和 Po,分属于第ⅢA、ⅣA、ⅤA 族。有着与 s 区金属相似的递变规律:即同族从上到下半径增大,金属性增强。但是因为其核外电子的排布为 $ns^2np^{1\sim4}$,s、p 电子都可参与成键,所以,明显区别于 s 区金属元素,常有多种氧化态,如表 2 - 4 所示。

表 2 - 4　p 区金属元素的基本性质

性　　　质	Al	Ga	In	Tl	Ge	Sn	Pb	Sb	Bi	Po
价电子层结构	$3s^23p^1$	$4s^24p^1$	$5s^25p^1$	$6s^26p^1$	$4s^24p^2$	$5s^25p^2$	$6s^26p^2$	$5s^25p^3$	$6s^26p^3$	$6s^26p^4$
主要氧化态	+3	+1, +3	(+1), +3	+1 (+3)	+4, +2	+4, +2	(+4), +2	+3, +5	+3 (+5)	+4
共价半径/pm	118	126	144	148	122	141	154	143	152	

性 质	Al	Ga	In	Tl	Ge	Sn	Pb	Sb	Bi	Po
$I_1/\text{kJ} \cdot \text{mol}^{-1}$	577.6	578.8	558.3	589.3	762	709	716	831.7	703	832.4
$I_2/\text{kJ} \cdot \text{mol}^{-1}$	1 817	1 979	1 821	1 971	1 537	1 412	1 450	1 595	1 610	
$I_3/\text{kJ} \cdot \text{mol}^{-1}$	2 745	2 963	2 705	2 878	3 302	2 943	3 081	2 440	2 466	
$I_4/\text{kJ} \cdot \text{mol}^{-1}$					4 410	3 930	4 083	4 260	4 370	
$I_5/\text{kJ} \cdot \text{mol}^{-1}$								5 400	5 400	
电负性	1.5	1.6	1.7	1.8	1.8	1.8	1.9	1.91	1.9	2.0

注：$I_1 \sim I_5$ 分别为元素的第一电离能至第五电离能。

　　总体而言，p 区金属元素的金属性没有 s 区元素的金属性强。由于它们很难失去最外层的所有电子形成离子化合物，最高氧化态的化合物多显示出一定的共价性，相应地，低价态化合物显示的碱性相对强一些。另外，大部分 p 区金属在化合物中显示的正电荷高，半径较小，其盐类在水中极易水解，水解产物溶解度也较小。

　　p 区金属的主要特点表现在以下几个方面。

　　（1）不同的氧化态。

　　由于 s、p 电子都可用于成键，所以 p 区金属，特别是第四、第五周期的金属，可以呈现不同的氧化态，各相隔 2，如 Pb^{2+}、$Pb(\text{IV})$ 氧化态，Bi^{3+} 和 $Bi(\text{V})$ 等。从上到下，金属在化合物中呈现的稳定氧化态由低到高再转低。第六周期金属元素以低氧化态的化合物稳定，如 Pb^{2+}、Bi^{3+}、Tl^+ 是稳定的氧化态，而高价态的 $NiBiO_3$、PbO_2 等有很强的氧化性，PbO_2 在酸性条件下可以将 Mn^{2+} 氧化为紫色的高锰酸根离子：

$$5PbO_2 + 4H^+ + 2Mn^{2+} \longrightarrow 2MnO_4^- + 5Pb^{2+} + 2H_2O$$

　　导致此现象的原因是惰性电子对效应，又称 6s 电子对效应，该效应是指随着元素原子序数的递增，过渡到第六周期元素 Tl、Pb、Bi 时，由于原子核中有充满的 4f 亚层，原子核中有集中增强的核电场，加强了 6s 电子的钻穿性，使 6s 能量显著降低，6s 电子较不易成键，即所谓"惰性电子"。因此，第六周期的 p 区金属 Tl、Pb、Bi 比族数低 2 的氧化态，即 +1、+2、+3 分别是其稳定的氧化态，一般条件下常以低氧化态出现。

（2）部分金属的低熔点性质。

因为紧邻低熔点的ⅡB族元素，而且 d 轨道上电子全满的电子实效应使 d 电子更加惰性不易参与成键，与ⅡB族金属相似，金属的原子化焓较低，使得部分金属的熔点较低，如 Ga（29.78℃）、In（157℃）。但是这一区域金属的沸点却不一定低，这是因为有些金属在熔融以后到沸腾之间有一种中间状态，如 Ga_2、Sb_4 以晶体状态存在，使之到达气态需要一定的能量，熔程长。可以利用它们的这种特殊性质制作长程温度计或热电偶。

（3）元素性质的递变规律。

虽然由于 p 电子的存在，p 区元素的金属性没有 s 区金属的强，但是它们的金属性以及最高氧化态的氧化物及其水合物的酸碱性和氧化还原性质的递变规律均很明显，显示了主族元素性质递变的规律性。

① 金属性：同一周期从左到右，金属性减弱，非金属性增强；同一主族从上到下，金属性增强、非金属性减弱。

② 氧化物及其水合物的酸碱性：同一周期从左到右氧化物及其水合物的酸性增强，碱性减弱；同一主族从上到下，氧化物及其水合物的酸性减弱，碱性增强。

③ 氧化物及含氧酸和含氧酸盐的氧化还原性：同一周期从左到右，氧化物及含氧酸和含氧酸盐的氧化性增强，还原性减弱；同一主族从上到下，总体而言，氧化物及含氧酸和含氧酸盐的氧化性减弱，还原性增强。

在考虑 p 区元素这些性质的递变规律时，第三与第四周期及第五到第六周期的递变过程中会有一个小的逆转，如溴酸及其盐的氧化性大于氯酸及其盐；砷酸的氧化性大于磷酸；氢氧化镓的酸性大于氢氧化铝，这称为 p 区元素的次周期性。这是由于核外电子填充的状态（第三周期的空 d 轨道、第四周期的满 d 电子以及第六周期的惰性电子对效应）所导致的。

3）d 区（ⅢB～ⅦB、Ⅷ）与 ds（ⅠB、ⅡB）区金属

整体而言，这两个区域的金属元素在性质上还是有一定的特征和差异的。

（1）ds 区金属。

ds 区金属元素原子的核外电子排布为 $(n-1)d^{10}ns^{1\sim2}$，$(n-1)$ 轨道上的 d 电子已经全部填满，所以，ds 区金属的性质明显区别于 s 区金属元素，也区别于 d 区金属元素。一般而言，该区域金属的化合物由于 d 电子填满的缘故，显示出与 s 区金属元素的化合物不同的性质，即由于离子极化（离子在外电场或其他离

子的影响下,原子核与电子云会发生相对位移而变形的现象,称为离子极化)导致化合物共价性强,相同类型盐的溶解度小,如 AgCl、AgBr、AgI 在水中的溶解度依次降低。另外,也是由于 d 轨道的缘故,它们形成配合物的倾向比 s 区金属要大很多。

但是,虽然 d 轨道上电子都填满了,ⅠB 族元素和ⅡB 族元素在性质上也有不同的地方,ⅠB 族元素的性质与 d 区更加接近而ⅡB 族元素的性质更加接近于 p 区的相邻金属。这也是元素周期律展现的魅力。

① ⅠB 族金属中的铜、银、金是众多金属元素中比较特殊的几个,它们有特殊的金属光泽,良好的导电性以及较高的熔点,一般情况下,除铜有+2 氧化态外,银和金呈现+1 氧化态。

② ⅡB 金属都属于低熔点金属,与 p 区相邻金属元素的这个性质相近。与ⅠB 相比,它们呈现规律性的+2 氧化态,且金属活泼性比ⅠB 族的金属元素强。究其原因,是ⅡB 族元素的原子核外 d 轨道已经都填满,形成了稳定的原子实,使 d 电子对金属键成键的贡献很小,s 电子容易失去,所以显示出较强的金属性。

(2) d 区(ⅢB~ⅦB、Ⅷ)金属。

d 区金属元素原子的核外电子排布为 $(n-1)d^{1\sim10}ns^{0\sim2}$。同一周期从左到右,由于 d 轨道上电子的逐渐填入,d 区金属元素的性质也发生规律性递变。整体而言,第四周期元素(第一过渡系列)与第五、第六周期元素(第二、第三过渡系列)性质及其递变规律有所不同。同周期元素的递变性质:

① 由于参与形成金属键的价电子不同(从左到右逐渐增加又逐渐减少),这些金属元素的原子化熔及熔点、沸点和硬度的递变规律也类似,即金属的熔点、沸点及其硬度从左到右逐渐增高(到ⅥB 族极大),然后再逐渐降低。

② 由于 d 电子也可以不同程度地参与成键,所以它们呈现的氧化态高低与 d 电子的填充方式和成单的 d 电子有关。从左到右,在化合物中表现的氧化态的多少呈现逐渐增高(到ⅦB 极高)然后又逐渐降低的趋势。

另外,同族元素的性质递变:

由于镧系收缩[它们的最后一个电子填充在$(n-2)$的次内层电子轨道上,对核电荷的屏蔽作用较强,致使 f 区元素的原子同一周期从左到右,随着原子序数(Z)增加而有效核电荷(Z^*)递增得很慢,原子半径也缩减得很慢,致使镧系中相邻元素的原子半径接近,元素的性质也很相近]的影响,在近镧系附近,同一副族元素从上到下,原子半径呈现先增加后相同,仅略增甚至略有减小的现象。

原子半径是体现元素性质的一个非常重要的参数,第四、第五周期元素的性质在镧系收缩的作用下表现出如下特点:

① 导致第五、第六周期的元素相对于第四周期元素的金属活泼性弱,稳定性好。

② 导致第五、第六周期的金属元素容易显示最高氧化态,而第四周期元素倾向于显示稳定的低价氧化态。

③ 纵向来说,元素很多性质的递变规律与主族元素的递变规律有区别,如电离能、电负性等。但是总体上来说,与主族元素的递变趋势一致,只是差异性小一点。

4) f 区金属

f 区元素包括镧系和锕系元素,都是金属元素。在元素周期表中,它们只占据了 57 号及 89 号两个位置。其中,镧系有 15 个元素(也有人认为镧不具有 f 电子而不是镧系元素);锕系也有 15 个元素,都是放射性元素。

f 区元素的核外电子排布的特点是 $(n-2)f^{1\sim14}(n-1)d^{1\sim2}ns^2$,它们的最后一个电子填充在 $(n-2)$ 的次内层 f 轨道上,发生"镧系收缩"。整个镧系 15 个元素半径收缩了大约十几皮米(pm),与主族元素相邻的两个元素原子半径差距相似。但是,相对于第六周期与镧系元素相近的第五、第六周期的同族元素而言,随着核电荷的增加,原子半径一下子少了一个镧系元素的收缩量(比副族元素多很多),其核质比 (Z^*/r) 凸显,使核对外层电子的引力增加,致使半径相近或相似,特别是离镧系元素位置较近的几组元素如 Zr 和 Hf,Nb 和 Ta,W 和 Mo 彼此的性质非常接近。

由于 f 区元素位于 ⅢB 副族,紧邻 ⅡA 主族,所以,f 区元素的性质与 ⅡA 族元素的性质更为接近,即显示土性以及离子性,是比较活泼的金属,形成配合物的倾向也明显弱于 d 区的金属元素。

镧系金属的性质递变规律,可以用核外电子填充来加以解释。而锕系元素由于处于第六周期,原子半径较大,最外层的轨道之间的能级间隔较小,致使它们相互之间的作用强,性质的差异比镧系元素要大且凌乱。

最后需要说明的是,镧系元素与 ⅢB 族的钪和钇组成稀土元素,有广阔的应用前景,但它们的性质相似,常伴生存在,彼此的分离也是无机化学领域的难题。

综上,我们以金属元素为例,讨论了元素周期表中不同的区域,因原子核外电子排布不同,引起各种金属的化学活泼性相差很大,表2-5列出了典型金属的主要化学性质。

表 2-5　典型金属的主要化学性质

活泼性	活泼金属	中等活泼金属	不活泼金属	
	K、Ca、Na	Mg、Al、Zn、Fe、Sn	Cu、Ag	Au
在溶液中还原性	从左到右,还原性依次减弱			
在空气中	易被氧化	常温时被氧化	加热时能被氧化	不能氧化
与水的反应	常温下置换出氢	加热时置换出氢	不能从水中置换出氢	
与酸的反应	反应激烈		不能置换稀酸中的氢	
	能置换出稀酸(HCl、H_2SO_4)中的氢		能与 HNO_3 及浓 H_2SO_4 反应	难与 HNO_3 及浓 H_2SO_4 反应,只能与王水反应
与碱反应	仅 Al、Zn 等两性金属与碱反应			
与盐反应	前面的金属可从盐中取代出后面的金属离子 $M_{前} + M_{后}^{n+} \rightarrow M_{前}^{n+} + M_{后}$			

2.3　化学键与分子结构

除了稀有气体直接由单原子组成以外,其他物质都是由分子组成的。分子是具有物质基本特征的最小单元,物质的分子是由原子或离子相互结合而形成的,原子或离子间之所以能够形成分子,是因为它们之间存在着作用力。通常把分子中的两个或多个原子(或离子)之间这种强烈的相互作用称为化学键。化学键主要有离子键、共价键和金属键三种类型,除化学键之外,还有一种比化学键弱的分子或晶体中的原子(或离子)之间的作用力,称之为分子间力。化学键的类型,作用力的强弱对分子的结构、物质的性质起决定性作用,化学键的形成、化学键的实质以及由此产生的分子结构及物质的性质与上述原子结构理论一样,也是物质结构理论重要的组成部分。

2.3.1　离子键

1. 离子键的形成

1916 年,德国化学家 W.柯塞尔(W. Kossel)根据稀有气体原子的电子层结构特别稳定的事实提出了离子键理论。根据这一理论,当电负性小的活泼金属与电负性大的活泼非金属原子相遇时,它们都有达到稀有气体原子稳定结构的倾向,因此电子容易从一个原子转移到另一个原子而形成正、负离子,这两种离子通过静电引力形成离子键。由离子键形成的化合物叫离子化合物。例如 NaCl 分子的形成过程如下:

$$
\left.
\begin{array}{l}
n\,\mathrm{Na}(3\mathrm{s}^1) \xrightarrow{-\,\mathrm{e}} n\,\mathrm{Na}^+\,(2\mathrm{s}^2\,2\mathrm{p}^6) \\[2mm]
n\,\mathrm{Cl}(3\mathrm{s}^2\,3\mathrm{p}^5) \xrightarrow{+\,\mathrm{e}} n\,\mathrm{Cl}^-\,(3\mathrm{s}^2\,3\mathrm{p}^6)
\end{array}
\right\}
\xrightarrow{\text{静电引力}} n\ \mathrm{Na}^+\,\mathrm{Cl}^-
$$

　　活泼金属原子与活泼非金属原子所形成的化合物如 NaCl、MgO 等,通常都是离子型化合物。它们的特点是在一般情况下主要以晶体的形式存在,具有较高的熔点和沸点,在熔融状态或溶于水后其水溶液均能导电。

　　离子键是由静电引力引起的,当两个成键的正、负离子接近的时候互相吸引,逐渐靠近,两个距离为 R 的电荷相反的正负离子势能 $V_{引}$ 为

$$
V_{引} = \frac{-q^+\,q^-}{4\pi\varepsilon_0 R} \tag{2-18}
$$

式中,q^+ 和 q^- 分别为正离子与负离子所带的电量,ε_0 是介电常数。从上式可以看出,正、负离子距离减小,将使体系的能量不断降低,也就是说正、负离子间有一种形成化学键的趋势。但是当正负离子继续接近到一定程度时,正负离子的电子云之间以及它们的原子核之间的排斥力将显示出来,排斥势能 $V_{斥}$ 的表达式为

$$
V_{斥} = A\mathrm{e}^{-\frac{R}{\rho}} \tag{2-19}
$$

式中,R 和 A 为常数。这种斥力将随着核间距的进一步缩小而迅速变大,并使整个体系的能量迅速增大。正负离子间的总势能为

$$
V = V_{引} + V_{斥} = \frac{-q^+\,q^-}{4\pi\varepsilon_0 R} + A\mathrm{e}^{-\frac{R}{\rho}} \tag{2-20}
$$

　　图 2-19 为 NaCl 形成过程中上述能量变化关系的示意图。当正负离子核间的距离达到某一个特定值 R_0 时,正负离子间的引力和斥力达到平衡,整个体系的总能量降至最低。这时体系处于一种相对稳定状态,正负离子间形成一种

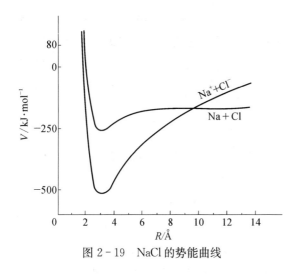

图 2-19　NaCl 的势能曲线

稳定牢固的结合,也就是说在正负离子间形成了化学键。图中能量变化曲线的最低点对应的核间距就是离子键的键长。该曲线是由量子力学的方法计算得来的,上面的一条几乎没有能量最低点的曲线经量子力学证明是不能成键的。

2. 离子键的特征

离子键没有方向性。由于离子的电荷分布可看作是球形对称的,它在各个方向上的静电效应是等同的,因此离子间的静电作用在各个方向上都一样。

离子键也没有饱和性。同一个离子可以与不同数目的异号电荷的离子相结合,只要离子空间许可,每一个离子就有可能吸引尽量多的异号电荷离子。但这里并不是说一种离子周围所配位的异号电荷离子的数目就可以是任意的。恰恰相反,在晶体中每种离子都有一定的配位数。它主要取决于相互作用的离子的相对大小,还取决于带不同电荷的离子间的吸引力应超过同号离子间的排斥力。

3. 离子键的离子性及与元素电负性的关系

要形成离子键,相互成键的原子之间电负性必须相差较大,而且元素之间电负性差值越大,形成的离子键的离子性成分也就越大。实际上,化学键的离子性不可能达到 100%,总是有一定的电子云重叠部分(即共价键的成分)存在。即便是最活泼的金属铯与最活泼的非金属氟所形成的化合物 CsF,其离子键的离子性也只有 92%。在周期表中,电负性最小的第 ⅠA 族元素和电负性最大的第 ⅦA 族元素之间最容易形成离子型化合物,形成的离子键的离子性程度也最大。

4. 离子的特征

离子型化合物的性质与离子键的强度有关,而离子键的强度又与正负离子的性质有关,因此,离子的性质很大程度上决定着离子化合物的性质。一般离子具有三个重要的特征:离子的电荷、离子的电子层构型和离子的半径。

(1) 离子的电荷。

离子的电荷是形成离子键时原子得失的电子数,原子得失电子数目的多少往往以能够形成稳定的稀有气体的电子层结构为标准,对于主族元素大都如此,而对于副族元素来说,情况就复杂一些,但也大多是失去最外层电子和个别的次外层电子而形成稳定的电子层构型。在离子化合物中,正离子电荷一般为 $+1$、$+2$,最高为 $+3$、$+4$,更高电荷的简单正离子是不存在的,带较高电荷(如 -3、-4)的负离子多数为含氧酸根或配离子。

(2) 离子的电子层构型。

原子究竟能形成何种电子层构型的离子,除取决于原子本身的性质和电子层构型本身的稳定性外,还与其他原子或分子有关。一般而言,简单的负离子(如 F^-、Cl^-、O^{2-} 等)其外层都具有稳定的 8 电子稀有气体的电子构型。对于正离子来说情况就要复杂一些,除了 8 电子构型外还有其他多种构型:

① 2 电子构型:最外层为 2 个电子的离子,如 Li^+、Be^{2+} 等。

② 8 电子构型:最外层有 8 个电子的离子,如 Na^+、Cl^-、O^{2-} 等。

③ 18 电子构型:最外层有 18 个电子的离子,如 Zn^{2+}、Hg^{2+}、Cu^+、Ag^+ 等。

④ (18+2)电子构型:次外层有 18 个电子,最外层有 2 个电子的离子,如 Pb^{2+}、Bi^{3+}、Sn^{2+} 等。

⑤ (9~17)电子构型:最外层电子为 9~17 个电子的不饱和结构的离子,如 Fe^{2+}、Cr^{3+}、Mn^{2+} 等。

离子的电子层构型与离子间的作用力,即与离子键的强度有密切的关系。一般来说,在离子的电荷和半径大致相同的条件下,不同构型的正离子对同种负离子结合力的大小有如下经验规律:

$$8 \text{ 电子层构型的离子} < (9 \sim 17) \text{ 电子层构型的离子}$$
$$< 18 \text{ 或} (18+2) \text{ 电子层构型的离子}$$

这些与离子的极化作用(离子在外电场或其他离子的影响下,原子核与电子云会发生相对位移而变形的现象,称为离子极化)有关,在此不做深入讨论。

(3) 离子半径。

与原子半径的概念一样,单独的离子半径是没有什么确定意义的。离子半径是指在离子晶体中正负离子的接触半径。把正负离子看作是相互接触的两个球,两个原子核之间的平均距离,即核间距就可看作是正负离子的半径之和,即 $d = r^+ + r^-$ (见图 2-20)。核间距的数据可由实验测得。原子失去电子成为正离子时,由于有效核电荷增加,外层电子受到的引力增大,所以正离子的半径比

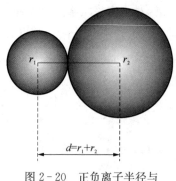

图 2-20 正负离子半径与核间距的关系

原来的原子半径小。原子形成负离子后,外层电子的相互斥力增大,所以负离子半径比原来的原子半径大。

离子半径大致有如下的变化规律:

① 在周期表各主族元素中,由于自上而下电子层数依次增多,所以具有相同电荷数的同族离子的半径依次增大。例如:

$$Li^+ < Na^+ < K^+ < Rb^+ < Cs^+$$
$$F^- < Cl^- < Br^- < I^-$$

② 在同一周期中主族元素随着族数递增,正离子的电荷数升高,离子半径依次减小。例如:

$$Na^+ > Mg^{2+} > Al^{3+}$$

③ 若同一种元素能形成几种不同电荷的正离子,则高价离子的半径小于低价离子的半径。如:

$$r_{Fe^{3+}}(60\ pm) < r_{Fe^{2+}}(75\ pm)$$

④ 总体而言,负离子的半径较大,为 130~250 pm,正离子的半径较小,为 10~170 pm。

⑤ 周期表中处于相邻族的左上方和右下方斜对角线上的正离子半径接近。例如:

$$Li^+(60\ pm) \approx Mg^{2+}(65\ pm)$$
$$Sc^{3+}(81\ pm) \approx Zr^{4+}(80\ pm)$$
$$Na^+(95\ pm) \approx Ca^{2+}(99\ pm)$$

由于离子半径是决定离子间引力大小的重要因素,因此离子半径的大小对离子化合物的性质有显著的影响。离子半径越小离子间的引力越大,要拆开它们所需的能量就越大,因此相应离子化合物的熔点和沸点也就越高。

2.3.2 共价键及分子构型

离子键理论不能解释同种原子组成的单质分子(如 H_2、O_2 等),或两个电负性相差较小的原子所形成的分子。为了阐明这一类型化学键的原理,1916 年,路易斯提出了原子间共用电子对的共价键理论。

根据共价键理论,成键原子间可以通过共享一对或几对电子,达到稳定的稀有气体原子结构,从而形成稳定的分子。例如两个氢原子各提供一个电子形成一对共用电子对,使两原子稳定地结合成氢分子。这种原子间靠共用电子对结合起来的化学键叫作共价键。由共价键形成的化合物叫共价化合物。例如,H_2、H_2O、HCl、N_2分子用电子式表示为

$$H:H \qquad H:\overset{\cdot\cdot}{\underset{\cdot\cdot}{O}}:H \qquad H:\overset{\cdot\cdot}{\underset{\cdot\cdot}{Cl}}: \qquad :N::N:$$

路易斯共价键理论初步揭示了共价键与离子键的区别,却不能解释为什么有些分子的中心原子最外层电子数少于 8 个,例如 $BeCl_2$ 分子中 Be 的最外层只有 4 个电子;或中心原子最外层电子数多于 8 个,例如 SF_6 分子中,S 的最外层电子数多达 12 个,这些分子却仍能稳定存在。而且这一理论仅从静止的电子对观念出发,对于存在着电荷排斥作用的两个电子为什么能形成共用电子对,并把两个原子结合在一起的本质无法予以说明。

1927 年,W.海特勒(W. Heitler)和 F.伦敦(F. London)应用量子力学求解氢分子的薛定谔方程,使得共价键的本质从理论上得到初步解释。共价键的现代理论是以量子力学为基础的,要描述原子形成分子的过程中核外电子运动状态的变化,需要求解薛定谔方程。但因分子体系的薛定谔方程很复杂,严格求解经常遇到困难,于是采取某些近似假定以简化计算。不同的近似处理方法代表了不同的物理模型,分别发展为不同的共价键理论。近代共价键理论主要有价键理论(VB 法)、杂化轨道理论、价层电子对互斥理论(VSEPR 法)和分子轨道理论(MO 法),每种共价键理论各有其成功和不足之处。

1. 价键理论的要点

用量子力学处理氢分子结构得到的结果表明:当两个氢原子相互靠近时,如果两个原子的核外电子自旋状态相反,此时两个 1s 轨道的电子云互相重叠,在两核之间形成了一个电子出现概率密度较大的区域,在两核间产生了吸引力,系统能量降低,从而形成了稳定的共价键,使氢原子结合成为氢分子,这叫作氢分子的"基态"[见图 2 - 21(a)]。如果两个原子的核外电子自旋状态相同,此时两核之间电子云密度更为稀疏,电子互相排斥,两个氢原子之间不能成键,这叫作氢分

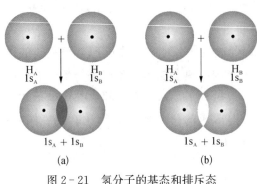

图 2-21 氢分子的基态和排斥态

(a) 基态 (b) 排斥态

子的"排斥态"[见图 2-21(b)]。

从能量的角度来看,将孤立的氢原子的能量作为零,氢分子的能量 E 随核间距离 d 的变化关系如图 2-22 所示。如果两个氢原子的核外电子自旋状态相反,当它们相互靠近时,两原子相互吸引,随着核间距离变小,体系的能量下降。当两个氢原子的核间距离达到 $d = 74$ pm 时(实验值)体系能量最低,这个最低能量 458 kJ·mol^{-1} 就是 H—H 键的键能。此时两个氢原子之间形成了稳定的共价键,结合成为氢分子,即为氢原子的基态。当两个氢原子进一步靠近,两核之间的斥力增大从而使体系的能量迅速升高。而当核外电子自旋状态相同的两个氢原子相互靠近时,将会产生排斥作用,使体系的能量高于两个单独存在的氢原子能量之和,而且两个氢原子越靠近,体系的能量越高,说明不能形成稳定的氢分子,为排斥态。

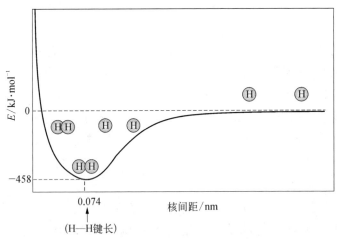

图 2-22 氢分子基态能量与核间距的关系曲线

价键理论就是把上述量子力学对氢分子的处理结果推广到其他分子体系,其基本要点如下:

(1) 原子中自旋状态相反的未成对电子相互接近时,可相互配对形成稳定的化学键。因此,价键理论又称为电子配对理论。一个原子含有几个未成对电子,就只能和几个自旋状态相反的未成对电子配对成键,这就是共价键的饱和性。例如 H—H、Cl—Cl、H—O—H、N≡N 等。

　　(2) 当两个原子中自旋状态相反的电子相互配对时,原子轨道相互重叠,且总是沿着重叠最多的方向进行,重叠越多,形成的共价键越牢固,这就是原子轨道的最大重叠原理。因为电子运动具有波动性,原子轨道重叠时必须考虑到原子轨道的"+""−"号,只有同号的两个原子轨道才能发生有效重叠。根据轨道的最大重叠原理,除了球形的 s 轨道之外,p、d、f 轨道在空间都有一定的伸展方向,因此在形成共价键时,除了 s 轨道与 s 轨道之间可以在任意方向上达到最大重叠外,p、d、f 轨道只能在一定的方向上达到最大有效重叠,因而决定了共价键的方向性,这是共价键区别于离子键的另一个重要特征。图 2 - 23 是 s - s、s - p、p_x - p_x、p_y - p_y 和 p_z - p_z 轨道的最大重叠示意图。

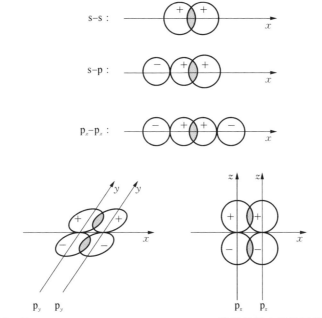

图 2 - 23　s - s、s - p、p_x - p_x、p_y - p_y、p_z - p_z 轨道的最大重叠示意图

　　根据原子轨道的重叠方式不同,可把共价键分为 σ 键和 π 键两种类型。σ 键的原子轨道是沿键轴方向以"头碰头"的形式重叠的,如图 2 - 23 中的 s - s、s - p、p_x - p_x 的重叠方式。例如 H_2 分子中的 s - s 重叠,HCl 分子中的 s - p 重

叠,Cl_2分子中的 p_x-p_x 重叠。π键的原子轨道是沿键轴方向以"肩并肩"的形式重叠的,如 CH_2═CH_2 中的 p_z-p_z。一般来说,π键的轨道重叠程度比 σ键的重叠程度要小,因而能量要高,不如 σ键稳定。这也说明为什么在很多有机化学反应中,π键的活性高。共价单键一般为 σ键,在共价双键和叁键中除了一个 σ键外,其余的为 π键。如在 N_2分子中,两个 N 原子的 p 轨道分别含有三个单电子,当其中的两个 p_x 轨道上的单电子沿 x 轴方向头碰头重叠形成 σ键时,p_y-p_y 和 p_z-p_z 轨道上的单电子只能以肩并肩的形式形成两个 π键(见图 2-24)。

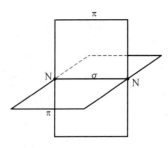

图 2-24　N_2分子的结构示意图

根据提供共用电子的原子不同,共价键又可分为两种:一种是普通的共价键,它是由参与成键的两个原子各自提供一个自旋状态相反的电子,通过轨道的重叠而形成的;另一种叫作配位键,形成配位键的共用电子对是由成键原子中的一个原子单方面提供的,这个提供电子对的原子称为电子对的给予体,而那个接受电子对的原子(离子)称为电子对的接受体,该原子必须提供空轨道来接受电子对。例如,在 CO 分子中,C 原子的 2p 轨道有两个单电子,分别可以与 O 原子的 2p 轨道中两个与其自旋状态相反的单电子相互配对,形成一个 σ键和一个 π键。此时 O 原子的 2p 轨道中还有一对成对电子,可与 C 原子的一个 2p 空轨道形成配位键。配位键通常可用"→"来表示,箭头由电子对的给予体指向电子对的接受体。因此 CO 的分子结构可以表示为 C≝O。

由配位键形成的配位化合物是一类非常重要的化合物,元素周期表中的过渡元素有很多都能形成配位化合物,并有着非常广泛的应用。

2. 分子的空间构型

(1) 杂化轨道理论。

价键理论虽然成功地解释了许多双原子分子中共价键的形成,但却不能解释多原子分子的空间构型。例如,$BeCl_2$是直线型分子,两个 Be—Cl 键完全相同,夹角为 $180°$。而根据价键理论,Be 的最外层电子为 $2s^2$,没有未成对电子。即使将 Be 原子的一个 2s 电子激发到 2p 轨道上去,形成两个成单电子,可与两个 Cl 原子的 3p 轨道上的单电子成键。但由于 Be 原子的 s 电子和 p 电子的能量是不相同的,原子轨道在空间的伸展方向也不相同,那么这两个 Be—Cl 键应该是不相同的,这显然与实验事实不符。这是价键理论所无法解释的。

1931 年,鲍林在价键理论的基础上提出了杂化轨道的概念,较好地解释了上述问题以及许多分子的空间构型。杂化轨道理论认为,Be 原子成键时的轨道与原来的 s、p 原子轨道不同,而是它们“混合”起来重新组合而成的两个新轨道。这种形成分子时由于原子之间存在互相影响,使若干不同类型能量相近的原子轨道混合起来,重新组合成一组新轨道的过程叫杂化,所形成的新轨道叫作杂化轨道。具有了杂化轨道的中心原子的单电子与其他原子自旋状态相反的单电子形成共价键。

根据原子轨道的种类和数目不同,可以组成不同类型的杂化轨道:

① sp 杂化。sp 杂化轨道是由一个 s 轨道和一个 p 轨道组合而成的。如 $BeCl_2$ 分子形成过程中,Be 原子的一个 2s 电子激发到一个 2p 轨道上,且两者自旋状态相同,该 s 轨道和这个 p 轨道进行 sp 杂化,组合成两个等价的 sp 杂化轨道,其特点是每个 sp 杂化轨道各含有 $\frac{1}{2}$ s 和 $\frac{1}{2}$ p 的成分,两个杂化轨道间的夹角为 $180°$,呈直线形,每个杂化轨道中的单电子再分别与两个 Cl 原子的 3p 轨道上的单电子形成两个等同的 Be—Cl 键,$BeCl_2$ 分子呈直线型,键角为 $180°$,如图 2 - 25 所示。

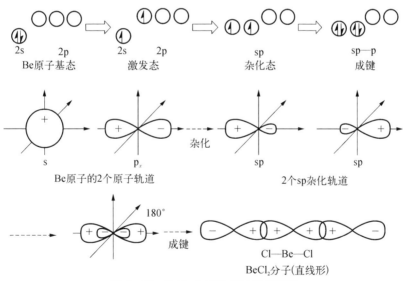

图 2 - 25　$BeCl_2$ 分子形成过程示意图

s 轨道和 p 轨道的杂化过程实际上是波函数 ψ 在空间的叠加。如图 2 - 26 所示,s 轨道的波函数 ψ 是球形对称的,均为正值;而 p 轨道波函数 ψ 的取值一半为正、一半为负,当两者杂化时,波函数相互叠加,结果使正值部分变大而负值部分变小。因此成键时,波函数为正值部分的可重叠区域变大,也就是说,杂化轨道成键能力增强。

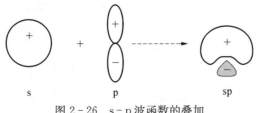

图 2 - 26　s - p 波函数的叠加

② sp^2 杂化。sp^2 杂化轨道是由一个 s 轨道和两个 p 轨道组合而成的。它的特点是每个 sp^2 杂化轨道都含有 $\frac{1}{3}$ s 和 $\frac{2}{3}$ p 的成分,sp^2 杂化轨道间的夹角为 120°,呈平面三角形。例如,BF_3 分子形成大致过程如图 2 - 27 所示,B 原子先进行 sp^2 杂化,杂化轨道中的单电子再分别与三个 F 原子的 2p 轨道上的单电子形成三个等同的 B—F 键,所以 BF_3 分子呈平面三角形,键角为 120°。

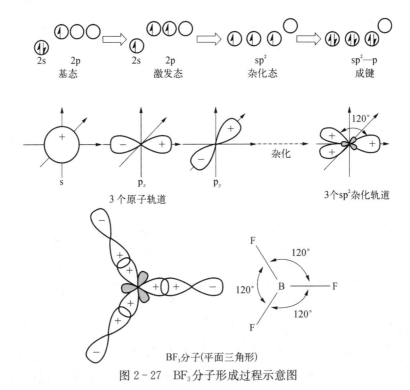

图 2 - 27　BF_3 分子形成过程示意图

③ sp³ 杂化。sp³ 杂化轨道是由一个 s 轨道和三个 p 轨道组合而成的,它的特点是每个 sp³ 杂化轨道含有 $\frac{1}{4}$ s 和 $\frac{3}{4}$ p 的成分。sp³ 杂化轨道间的夹角为 109°28′,空间构型为正四面体型。例如,CH_4 分子形成时,由于 C 原子的一个 2s 电子可被激发到 2p 空轨道上,一个 2s 轨道和三个 2p 轨道杂化形成四个能量相等的 sp³ 杂化轨道。四个 sp³ 杂化轨道分别与四个 H 原子的 1s 轨道重叠成键,形成 CH_4 分子,所以四个 C—H 键是等同的,CH_4 分子呈正四面体型,键角为 109°28′。CH_4 分子形成的大致过程如图 2-28 所示。

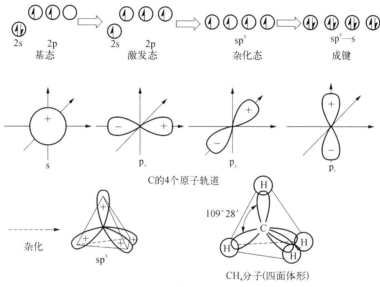

图 2-28　CH_4 分子的形成过程示意图

除 s-p 杂化以外,还有 d 轨道参与的杂化,例如,在 PCl_5 分子中,中心原子 P 的一个 3s 轨道、三个 3p 轨道和一个 3d 轨道组合成 sp³d 杂化轨道,为三角双锥的空间构型;在 SF_6 分子中,中心原子 S 的一个 3s 轨道、三个 3p 轨道和两个 3d 轨道组合成 sp³d² 杂化轨道,为正八面体的空间构型,如图 2-29 所示。

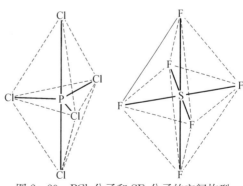

图 2-29　PCl_5 分子和 SF_6 分子的空间构型

④ 等性杂化与不等性杂化。前面所讲的 CH_4 分子中, C 原子采取 sp^3 杂化, 四个 sp^3 杂化轨道全部用来与氢的 1s 轨道成键, 每个杂化轨道是等同的, 都含有 $\frac{1}{4}$ s 和 $\frac{3}{4}$ p 的成分, 具有完全相同的特性。这种杂化称为等性杂化。

按照价键理论, 在 H_2O 分子中, O 原子的电子结构式为 $1s^2 2s^2 2p^4$, 氧原子中 2s 电子和两个 2p 电子已成对(称孤对电子)不参加成键, 另外两个 2p 单电子与两个 H 原子的 1s 电子配对可形成两个共价键, 其键角似乎应为 $90°$, 但实际测定 H_2O 分子的键角为 $104.5°$, 价键理论无法解释这个事实。杂化轨道理论认为, 在形成 H_2O 分子时, O 原子的一个 2s 轨道和三个 2p 轨道也采取 sp^3 杂化。在 4 个 sp^3 杂化轨道中, 有两个杂化轨道被两对孤对电子所占据, 剩下的两个杂化轨道为两个成单电子占据, 故只能与两个 H 原子的 1s 轨道形成两个共价单键。因此, H_2O 分子的空间构型为 V 型结构。但是, 根据 sp^3 杂化轨道的空间取向, 似乎 H_2O 分子中 H—O—H 键角的夹角应为 $109°28'$, 这与实验事实仍不相符。这是因为占据 sp^3 杂化轨道的两对孤对电子之间有较大的排斥作用, 以致使两个 O—H 键间的夹角不是 $109°28'$ 而是 $104.5°$。在 NH_3 分子形成过程中, N 原子的一个 2s 轨道和三个 2p 轨道也采取 sp^3 杂化。由于 N 原子的一对孤对电子占据了一个 sp^3 杂化轨道, 剩下的三个杂化轨道为单电子占据, 故只能与三个 H 原子的 1s 轨道形成三个共价键。因此 NH_3 分子的空间构型为三角锥形。由于孤对电子所占的体积较大, 对 N—H 键有一定的排斥作用, 因此 N—H 键之间的夹角为 $107°18'$(见图 2-30)。这种由于孤对电子的存在

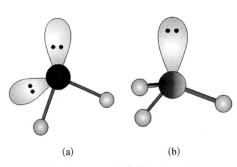

(a)   (b)

图 2-30　H_2O 分子(a)和 NH_3 分子(b)的空间构型

而造成的各个杂化轨道不等同的杂化称为不等性杂化。

综上所述, 杂化轨道理论的要点可总结如下:

① 形成分子时, 由于原子之间的相互作用, 若干不同类型、能量相近的原子轨道组合起来形成能量相等、成键能力相同的杂化轨道。

② 杂化轨道的数目与参与杂化的原子轨道的数目相同。

③ 杂化轨道可分为等性杂化和不等性杂化两种, 这对分子的构型有影响。

④ 杂化轨道成键时要满足原子轨道最大重叠原理。即原子轨道重叠越多,形成的共价键越稳定。一般杂化轨道的成键能力比各原子轨道的成键能力强。

⑤ 杂化轨道成键时,要满足化学键间最小排斥原理。键与键之间排斥作用的强弱决定键的方向,即决定杂化轨道的夹角。一般轨道总是尽可能远离。

表 2-6 总结了杂化轨道的类型与分子的空间构型。

表 2-6 杂化轨道的类型与分子的空间构型

杂 化 类 型	sp	sp^2	sp^3	dsp^2	sp^3d^2
参与杂化的原子轨道数	2	3	4	4	6
杂化轨道的数目	2	3	4	4	6
杂化轨道间的夹角/(°)	180	120	109.5	90,180	90,180
空间构型	直线	平面三角形	正四面体	平面正方形	八面体
杂化轨道的成键能力	成键能力依次增强 —————————→				
实例	$BeCl_2$ CO_2 $HgCl_2$ $Ag(NH_3)_2^+$	BF_3 BCl_3 $COCl_2$ NO_3^- CO_3^{2-}	CH_4 CCl_4 $CHCl_3$ SO_4^{2-} ClO_4^- PO_4^{3-}	$Ni(H_2O)_4^{2+}$ $Ni(NH_3)_4^{2+}$ $Cu(NH_3)_4^{2+}$ $CuCl_4^{2-}$	SF_6 SiF_6^{2-}

（2）价层电子对互斥理论。

杂化轨道理论可以解释共价化合物分子的空间构型,但难以预测中心原子所采取的杂化形式以及分子的空间构型。1940 年,首先由西奇威克(Sidgwick)提出了一种较实用的价层电子对互斥理论,后由 R.J.吉来斯必(R.J. Gillespie)发展起来,能够用于较准确地判断分子的空间构型。

价层电子对互斥理论认为,在 AM_m 型分子中,中心原子 A 核外的最外层电子或次外层电子(对主族元素仅指最外层电子)所处的能级称为价电子层或价层。中心原子 A 周围分布的原子或原子团的几何构型主要取决于中心原子价电子层中电子对(包括成键电子对和未成键的孤电子对,也包括单个的电子,在此称单电子对)的互相排斥作用。电子对之间的夹角越小排斥力越大,分子的构型总是倾向于互相排斥作用最小的那种稳定结构,这也是分子能量最低的状态。

在推测分子构型时,只考虑 σ 键,因为 σ 键决定分子的骨架。如果分子中有双键或叁键,则只算一对成键电子对,但它们的斥力大小的顺序为叁键>双键>单键。

如果分子中有孤对电子,由于孤对电子仅仅受中心原子的吸引,电子云相对于成键电子来说比较"肥大",因此对邻近的电子对斥力较大。各种电子对的斥力大小排列如下:

孤对电子、孤对电子>孤对电子、成键电子对>成键电子对、成键电子对>成键电子对、单电子对。

简单共价化合物 AM_m 分子的空间构型可以用价层电子对理论来判断,一般地来说有以下几个步骤:

① 确定中心原子 A 的价电子层中的电子对数(总价电子数的一半),包括孤对电子数和多出的单电子数(此单电子数算一对电子)。

在此分以下几种情况:

a) 在常规的共价键中,氧化数为 $+1$ 和 -1 的氢和卤素每个原子各提供一个共用电子,如 CH_4、CCl_4 等。

b) 在形成共价键时,作为配位体的氧族原子可认为不提供共用电子,如在 PO_4^{3-}、AsO_4^{3-} 中;而当氧族原子作为分子的中心原子时,则可认为它们提供所有的 6 个价电子,如 SO_2 中的 S 原子。

c) 卤族原子作为分子或离子的中心原子时提供 7 个价电子,如 ClF_3 中的 Cl 原子。

d) 若所讨论的是离子或带电荷的基团,则应加上或减去与电荷相应的电子数。例如,PO_4^{3-} 离子中的 P 原子的价层电子数应加上 3 个电子,而 NH_4^+ 离子中的 N 原子的价层电子数则应减去 1 个电子。

② 根据中心原子周围的价电子对数,从表 2-7 中找出理想的几何结构图形。

③ 将配位原子排布在中心原子周围,每一对电子连接 1 个配位原子,剩下的未结合的电子对即为孤对电子。

④ 根据孤对电子、成键电子对之间相互斥力的大小,确定排斥力最小的稳定结构,并估计这种结构与理想几何构型的偏离程度。

表 2-7　**AM**$_m$**型分子中 A 原子价层电子对的排列方式与分子的空间构型**

A 原子的电子对数	成键电子对数	孤对电子对数	中心原子 A 的价层电子对排布方式	分子的形状	例　子
2	2	0	直线形	 直线形	$HgCl_2$，$BeCl_2$
3	3	0	平面三角形	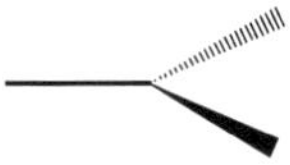 平面三角形	BF_3
	2	1	三角形	 V 形	$SnCl_2$，$PbCl_2$ SO_2，NO_2^-
4	4	0	四面体	 四面体	CH_4，NH_4^+
	3	1	四面体	 三角锥	NH_3，H_3O^+，PCl_3
	2	2	四面体	 V 形	H_2O，H_2S
5	5	0	三角双锥	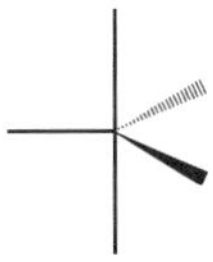 三角双锥	PCl_5
	4	1	三角双锥	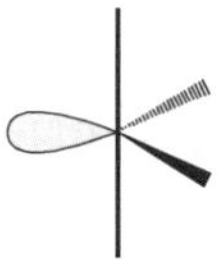 不规则四面体	SF_4

（续表）

A原子的电子对数	成键电子对数	孤对电子对数	中心原子A的价层电子对排布方式	分子的形状	例 子
5	3	2	三角双锥	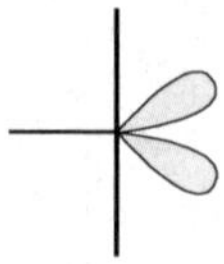 T形	ClF_3
	2	3	三角双锥	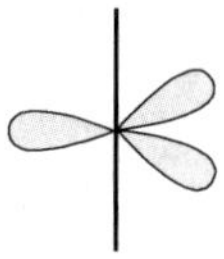 直线形	XeF_2，I_3^-
6	6	0	八面体	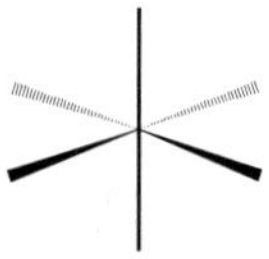 八面体	SF_6，SiF_6^{2-}
	5	1	八面体	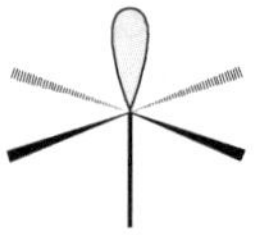 四角锥	IF_5
	4	2	八面体	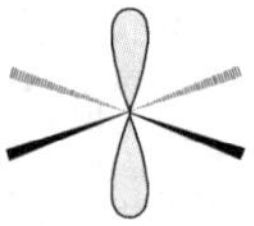 平面正方形	XeF_4

在 NH_4^+ 离子中，N 原子有 5 个价电子，4 个氢原子提供 4 个电子，离子的电荷数为 +1，说明失去一个外层电子，因此中心原子 N 原子的价层电子总数为 8，即有 4 对电子。由图 2-31 可知，N 原子价层电子对的排布为正四面体，故 NH_4^+ 离子的空间结构为正四面体。而在 SO_2 分子中，S 原子有 6 个价电子，根据上述规则，氧原子不提供电子，因此，中心硫原子价层电子总数为 6，相当于 3 对电子。其中 2 对为成键电子，1 对为孤对电子。由表 2-6 可知，硫原子价层电子

对的排布应为平面三角形,由于有 1 对孤对电子,所以 SO_2 分子为 V 形,$\angle OSO$ 为 $120°$。用同样的方法,可以较简便地判断出 CO_3^{2-} 为平面三角形,而 PO_4^{3-} 为正四面体。

应当注意的是,杂化轨道理论和价层电子对互斥理论都只能够解释或判断分子的 σ 骨架,在复杂的分子中还有其他化学键的成分(如 π 键),所以,用上述两种方法讨论分子的空间构型与实验事实有时会有一定的差异。

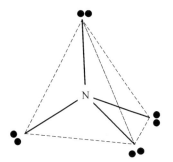

图 2-31　NH_4^+ 离子中电子对的排布

由此可见,价层电子对互斥理论和杂化轨道理论在判断和解释分子的几何构型方面可以得到大致相同的结果,而且价层电子对理论应用起来比较简单。但是它不能很好地说明键的形成原理和键的相对稳定性,在这方面还要依靠价键理论和分子轨道理论。

2.3.3　分子轨道理论

前面介绍了价键理论、杂化轨道理论和价层电子对互斥理论,这些理论比较直观,并能较好地说明共价键的形成和分子的空间构型,但它们也有局限性。例如,由于价键理论认为形成共价键的电子只在局限于两个相邻原子间的小区域内运动,缺乏对分子作为一个整体的全面考虑,因此它不能说明有些多原子分子,特别是有机化合物分子的结构,同时它对氢分子离子 H_2^+ 中的单电子键、氧分子中存在三电子键以及具有顺磁性等也无法解释。分子轨道理论(简称 MO 法),着重于分子的整体性,把分子作为一个整体来处理,比较全面地反映了分子内部电子的各种运动状态,它不仅能解释分子中存在的电子对键、单电子键、三电子键的形成,而且对多原子分子的结构也能给出比较好的说明。因此分子轨道理论在近些年来发展很快,在共价键理论中占有非常重要的地位。

1. 分子轨道理论的基本要点

(1) 在分子中电子不从属于某些特定的原子,而是在遍及整个分子的范围内运动,每个电子的运动状态可以用波函数 Ψ 来描述,这个 Ψ 称为分子轨道。$|\Psi|^2$ 为分子中的电子在空间各处出现的概率密度或电子云。

(2) 分子轨道是由不同原子的能量相近的原子轨道线性组合而成的,而且组成的分子轨道的数目与互相化合原子的原子轨道的数目相同。例如,如果两个原子组成一个双原子分子时,两个原子的 2 个 s 轨道可组合成 2 个分子轨道;两个原子的 6 个 p 轨道可组合成 6 个分子轨道等。

(3) 每一个分子轨道 Ψ_i 都有一相应的能量 E_i 和图象,分子的能量 E 等于分子中电子的能量的总和。而电子的能量即为被它们占据的分子轨道的能量。根据分子轨道的对称性不同,可分为 σ 键和 π 键等,根据分子轨道的能量大小,可以排列出分子轨道的近似能级图。

(4) 分子轨道中电子的排布也遵从原子轨道电子排布的相同原则。

泡利原理:每个分子轨道上最多只能容纳两个电子,而且自旋状态必须相反。

能量最低原理:在不违背泡利原理的原则下,分子中的电子将尽先占有能量最低的轨道。只有在能量较低的每个分子轨道已充满 2 个电子后,电子才开始占有能量较高的分子轨道。

洪特规则:如果分子中有两个或多个等价的分子轨道(能量相同的轨道),则电子尽先以自旋相同的方式单独分占这些等价轨道,直到这些等价轨道半充满后,电子才开始配对。

2. 原子轨道线性组合的类型

当两个原子轨道(ψ_a 和 ψ_b)组合成两个分子轨道(Ψ_1 和 Ψ_2)时,由于波函数 ψ_a 和 ψ_b 符号有正、负之分,因此波函数 ψ_a 和 ψ_b 有两种可能的组合方式:即两个波函数的符号相同或两个波函数的符号相反。

同号的波函数(均为正,或均为负)可以认为它们代表的波处在同一相位内,它们互相组合时,两个波峰叠加起来将得到振幅更大的波。异号的波函数可以认为它们代表的波处在不同的相位内,它们互相组合时由于干涉作用,有一部分互相抵消了。这两种组合可以下式表示:

$$\Psi_1 = c_1(\psi_a + \psi_b)$$
$$\Psi_2 = c_2(\psi_a - \psi_b)$$

式中 c_1、c_2 为常数。通常由两个符号相同的波函数的叠加(即原子轨道相加重叠)所形成的分子轨道(如 Ψ_1),由于在两核间概率密度增大,其能量较原子轨道的能量低,称为成键分子轨道;而由两个符号相反的波函数的叠加(或原子轨道相减重叠)所形成的分子轨道(如 Ψ_2),由于在两核间概率密度减小,其能量较原子轨道的能量高,称为反键分子轨道。由不同类型的原子轨道线性组合可得不

同种类的分子轨道,对于双原子分子,原子轨道的线性组合主要有下列几种类型:

(1) s-s 重叠。

两个氢原子的 1s 轨道相组合,可形成两个分子轨道,两个 1s 轨道相加重叠所得到的分子轨道的能量比氢原子的 1s 轨道能量低,称为成键分子轨道,通常以符号 σ_{1s} 表示。若两个 1s 轨道相减重叠,所得到的分子轨道的能量比氢原子的 1s 轨道的能量高,称反键分子轨道,以符号 σ_{1s}^* 表示。如图 2-32 所示。

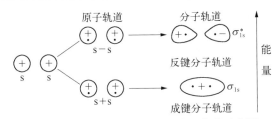

图 2-32　s-s 轨道重叠形成分子轨道示意图

(2) s-p 重叠。

当一个原子的 s 轨道和一个原子的 p 轨道沿两核的连线发生重叠时,如果两个相重叠的波瓣具有相同的符号,则增大了两核间的概率密度,因而产生了一个成键的分子轨道 σ_{sp};若两个相重叠的波瓣具有相反的符号,则减小了核间的概率密度,因而产生了一个反键的分子轨道 σ_{sp}^*(见图 2-33)。这种 s-p 重叠出现在卤化氢 HX 分子中。

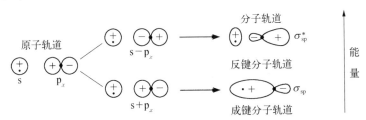

图 2-33　s-p 轨道重叠形成分子轨道示意图

(3) p-p 重叠。

两个原子的 p 轨道可以有两种组合方式:即"头碰头"和"肩并肩"两种重叠方式。例如当两个原子的 p_x 轨道沿 x 轴(即键轴)以"头碰头"的形式发生重叠时,产生了一个成键的分子轨道 σ_p 和一个反键的分子轨道 σ_p^*(见图 2-34),这种 p-p 重叠出现在单质卤素分子 X_2 中。

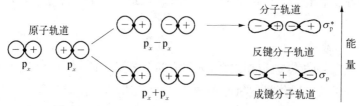

图 2-34 p-p轨道重叠形成的σ分子轨道示意图

当两个原子的 p 轨道(如 $p_y - p_y$ 或 $p_z - p_z$),垂直于键轴,以肩并肩的形式发生重叠,这样产生的分子轨道叫作 π 分子轨道——成键的分子轨道 π_p 和反键的分子轨道 π_p^*(见图 2-35)。这种 p-p 组合出现在 N_2 分子中。(有 2 个 π 键和 1 个 σ 键)。

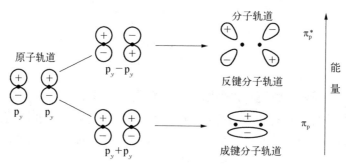

图 2-35 p-p轨道重叠形成 π 分子轨道

由此可见,若以 x 轴为键轴,$s-s$、$s-p_x$、p_x-p_x 等原子轨道互相重叠可以形成 σ 分子轨道。σ 分子轨道的主要特征是它对于键轴呈圆柱形对称。即沿键轴旋转时,轨道形状和符号不变。当 $p_y - p_y$、$p_z - p_z$ 等原子轨道重叠时则形成 π 分子轨道,其主要特征是它对通过一个键轴的平面具有反对称性,若把 π 分子轨道沿键轴旋转 180°,它的符号将会发生改变。在通过键轴的平面上电子出现的概率密度几乎为 0,该平面称为节面,π 分子轨道有一个通过键轴的节面。

3.原子轨道线性组合的原则

分子轨道是由原子轨道线性组合而得,但并不是任意两个原子轨道都能组合成分子轨道。在确定哪些原子轨道可以组合成分子轨道时,应遵循下列三条原则。

(1) 能量近似原则:如果两个原子轨道能量相差很大,则不能组合成有效的分子轨道,只有能量相近的原子轨道才能组合成有效的分子轨道,而且原子轨道的能量愈相近愈好,这就叫能量近似原则。对于同核双原子分子,它们对应的原子轨道能量相同,故可以进行有效组合,形成分子轨道。如氧分子中两个氧原子的轨道组合,必然是 1s 轨道与 1s 轨道,2p 轨道与 2p 轨道,而不可能是 1s 原子轨道和 2p 原子轨道的组合。对于异核双原子分子组成分子轨道,同样要满足这个原则。所以这个原则对于确定两种不同类型的原子轨道之间能否组成分子轨道是很重要的。

例如 H、Cl、O、Na 各原子的有关原子轨道的能量分别为

$$1s(H) = -1\ 318\ kJ \cdot mol^{-1}$$
$$3p(Cl) = -1\ 259\ kJ \cdot mol^{-1}$$
$$2p(O) = -1\ 322\ kJ \cdot mol^{-1}$$
$$3s(Na) = -502\ kJ \cdot mol^{-1}$$

由于 H 的 1s 与 Cl 的 3p 和 O 的 2p 轨道能量相近所以可组成分子轨道,而 Na 的 3s 轨道与 Cl 的 3p 和 O 的 2p 轨道的能量相差甚大,所以不能组成分子轨道,只会发生电子的转移而形成离子键。

(2) 最大重叠原则:原子轨道发生重叠时,在可能的范围内重叠程度愈大,成键轨道能量相对于组成的原子轨道的能量降低得愈显著,成键效应愈强,即形成的化学键愈牢固,这就叫最大重叠原则。例如,当两个原子轨道各沿 x 轴方向相互接近时,由于 p_y 和 p_z 轨道之间没有重叠区域,所以不能组成分子轨道;s 与 s 之间以及 p_x 与 p_x 之间有最大重叠区域,可以组成分子轨道;而 s 轨道和 p_x 轨道之间,如能量相近的话,也可相互组成分子轨道。

(3) 对称性原则:只有对称性相同的原子轨道才能组成分子轨道,这就叫作对称性原则。所谓对称性相同,实际上是指重叠部分的原子轨道的正、负号相同。由于原子轨道均有一定的对称性(如 s 轨道是球形对称的,p 轨道是对于中心呈反对称的),为了有效组成分子轨道,原子轨道的类型、重叠方向必须对称性合适,使成键轨道都是由原子轨道的同号区域互相重叠形成的。在有些情况下,从表面上看重叠区域虽然不小,但成键效能并不好,例如当两个原子各沿 x 轴方向接近时,s 轨道或 p_x 轨道分别与 p_z(或 p_y)轨道重叠时,就是如此。如图 2 - 36 所示。

这是由于两个原子轨道对键轴($a-b$ 连线)的对称性不同所致,s 轨道和 p_x 轨道以键轴为轴旋转 180° 时,形状和符号都不变化,故 s 轨道和 p_x 轨道对键轴

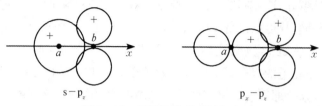

图 2-36 原子轨道的非键组合

是呈对称的。而 p_z 和 p_y 轨道以键轴为轴旋转 $180°$ 时,形状不变但符号相反,故 p_z 和 p_y 轨道对键轴是呈反对称的。由于对称性不同,所以在 $s-p_z$ 以及 p_x-p_z 原子轨道组合中,s 轨道、p_x 轨道的正区域与 p_z 轨道的正区域重叠所产生的稳定化作用,被等量的 s 轨道、p_x 轨道的正区域与 p_z 轨道的负区域重叠所产生的不稳定化作用抵消了。因而实际上体系的总能量没有发生任何变化,这种组合叫原子轨道的非键组合,所产生的分子轨道叫非键分子轨道。

由此可见,在原子轨道组成分子轨道的三原则中,对称性原则是首要的,它决定原子轨道能否组成分子轨道,而能量近似原则和最大重叠原则只是决定组合的效率问题。

4.同核双原子分子的分子轨道能级图

每个分子轨道都有相应的能量,分子轨道的能级顺序目前主要是从光谱实验数据来确定的。如果把分子中各分子轨道按能级高低排列起来,可得分子轨道能级图,如图 2-37 所示。对于第二周期元素形成的同核双原子分子的能级顺序有如下两种情况。

(1) 当组成原子的 2s 和 2p 轨道能量差较大时(如第二周期的氧和氟),不会发生 2s 和 2p 轨道之间的相互作用,形成分子轨道时分子轨道的能级顺序如图 2-37(a)所示($\pi_{2p} > \sigma_{2p}$)。其能级次序为

$$\sigma_{1s} < \sigma_{1s}^* < \sigma_{2s} < \sigma_{2s}^* < \sigma_{2p_x} < \pi_{2p_y} = \pi_{2p_z} < \pi_{2p_y}^* = \pi_{2p_z}^* < \sigma_{2p_x}^*$$

(2) 当原子的 2s 与 2p 能量差较小时(如第二周期中氮以前的各元素原子),两个相同原子互相靠近时,不但会发生 s-s 和 p-p 重叠,而且也会发生 s-p 重叠,以至改变了能级顺序,如图 2-37(b)所示($\pi_{2p} < \sigma_{2p}$)。其能级次序为

$$\sigma_{1s} < \sigma_{1s}^* < \sigma_{2s} < \sigma_{2s}^* < \pi_{2p_y} = \pi_{2p_z} < \sigma_{2p_x} < \pi_{2p_y}^* = \pi_{2p_z}^* < \sigma_{2p_x}^*$$

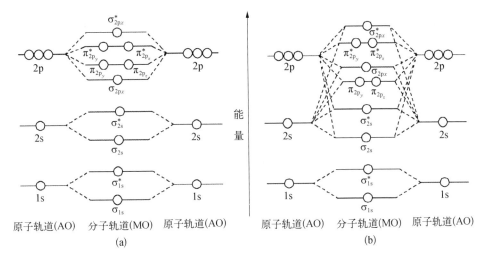

图 2-37　同核双原子分子的分子轨道能级图

(a) 2s 和 2p 能级相差较大　(b) 2s 和 2p 能级相差较小

对于同核双原子分子的分子轨道能级图应注意下列几点：

(1) 对于 O 和 F 等原子来说，由于 2s 和 2p 原子轨道能级相差较大（大于 15 eV），如表 2-8 所示，故可不必考虑 2s 和 2p 轨道间的相互作用，因此 O_2 和 F_2 的分子轨道能级是按图 2-37(a) 的能级顺序排列的。对于 N、C、B 等原子来说，由于 2s 和 2p 原子轨道能级相差较小（一般小于 10 eV），必须考虑 2s 和 2p 轨道之间的相互作用，以致造成 σ_{2p} 能级高于 π_{2p} 能级的颠倒现象，故 N_2、C_2、B_2 等的分子轨道能级是按图 2-37(b) 的能级顺序排列的。

(2) 如果两个原子轨道重叠，则形成的成键分子轨道的能量一定比原子轨道能量低某一数量，而其反键分子轨道的能量则较原子轨道能量高这一相应的数量。而这一对成键和反键分子轨道都填满电子时，则能量基本上互相抵消。

表 2-8　一些元素的 2p 轨道和 2s 轨道的能量差

$$\Delta E = E_{2p} - E_{2s}$$

元　素	Li	Be	B	C	N	O	F
ΔE /eV	1.85	2.73	4.60	5.3	5.8	14.9	20.4
$\Delta E/\text{kJ} \cdot \text{mol}^{-1}$	178	263	444	511	560	1 438	1 968

（3）分子轨道的能量受组成分子轨道的原子轨道的影响，而原子轨道的能量与原子的核电荷有关，由此可推知，由不同原子的原子轨道所形成的同类型的分子轨道的能量是不相同的，如图2-38所示。

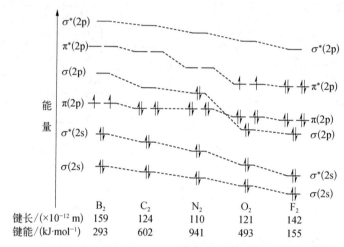

图2-38　第二周期元素的同核双原子分子的能量变化

从图2-38可以看出，随原子序数的增加，同核双原子分子同一类型的分子轨道能量有所降低。但C_2和N_2分子的σ_{2p}与π_{2p}能量出现颠倒情况，其原因前已说明。

（4）分子轨道能级图中每一条横线代表一个分子轨道。π_{2p_y}和π_{2p_z}两成键分子轨道的形状相同且能量相等，这种分子轨道称简并轨道，所以π_{2p}轨道是二重简并的。同样，$\pi^*_{2p_y}$和$\pi^*_{2p_z}$两个反键分子轨道也是形状相同和能量相等的，所以π^*_{2p}轨道也是二重简并的。

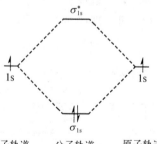

图2-39　氢分子的分子轨道能级图

下面举几个同核双原子分子的实例说明分子轨道法的应用。

（a）氢分子的结构。氢分子是由两个氢原子组成的。每个氢原子在1s分子轨道中有一个电子，两个氢原子的1s原子轨道互相重叠可组成反键和成键的分子轨道。两个电子将先填入能量最低的σ_{1s}成键分子轨道，如图2-39所示。H_2的分子轨道式为$(\sigma_{1s})^2$。

（b）氮分子的结构。氮分子由两个 N 原子组成，N 原子的电子结构式为 $1s^2 2s^2 2p^3$，每个 N 原子核外有 7 个电子，N_2 分子中共有 14 个电子，电子填入分子轨道时，也遵从能量最低原理、泡利原理和洪特规则。N_2 分子的分子轨道能级图如图 2-40 所示（内层的 σ_{1s} 和 σ_{1s}^* 未画出）。

氮分子的分子轨道式为 $(\sigma_{1s})^2$ $(\sigma_{1s}^*)^2$ $(\sigma_{2s})^2$ $(\sigma_{2s}^*)^2$ $(\pi_{2p_y})^2$ $(\pi_{2p_z})^2$ $(\sigma_{2p_x})^2$。

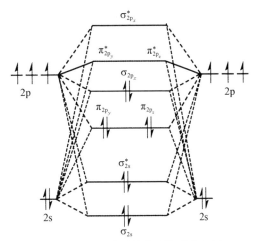

图 2-40　N_2 分子的分子轨道能级图

σ_{1s} 与 σ_{1s}^* 中各两个电子，由于它们是内层电子，所以在写分子轨道式时也可以不写出，或以 KK 代替。成键轨道 σ_{2s} 与反键轨道 σ_{2s}^*，各填满 2 个电子，由于能量降低和升高互相抵消，对成键没有贡献。实际对成键有贡献的只有 $(\pi_{2p_y})^2$ $(\pi_{2p_z})^2$ $(\sigma_{2p_x})^2$ 三对电子，即形成两个 π 键和一个 σ 键。由于氮分子中存在叁键 N≡N，所以 N_2 分子具有特殊的稳定性。

分子的稳定性还可以通过键级（bond order）的大小来进行判断。

$$键级(B.O.) = \frac{成键电子总数 - 反键电子总数}{2}$$

由此可见，键级越大，净成键电子数越多，成键作用越大，原子间的结合力越牢固即分子越稳定，键级为 0，则该分子不能稳定存在，键级的大小能半定量地描述分子的稳定性。如：

H_2 分子的分子轨道式为 $(\sigma_{1s})^2$，所以键级 $= \dfrac{2-0}{2} = 1$，说明 H_2 分子能稳定存在。

He_2 的分子轨道式为 $(\sigma_{1s})^2 (\sigma_{1s}^*)^2$，所以键级 $= \dfrac{2-2}{2} = 0$，这说明 He_2 分子不能存在。

He_2^+ 的分子轨道式为 $(\sigma_{1s})^2 (\sigma_{1s}^*)^1$，所以键级 $= \dfrac{2-1}{2} = 0.5$，这说明 He_2^+ 离

子能存在。

N$_2$分子的分子轨道式为$(\sigma_{1s})^2(\sigma_{1s}^*)^2(\sigma_{2s})^2(\sigma_{2s}^*)^2(\pi_{2p_y})^2(\pi_{2p_z})^2(\sigma_{2p_x})^2$,所以

键级$=\dfrac{10-4}{2}=3$(若不考虑内层电子,只考虑价电子,则键级$=\dfrac{8-2}{2}=3$),这说明 N$_2$分子比较稳定。

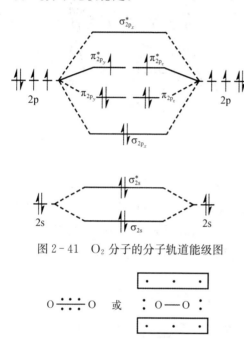

图 2-41　O$_2$分子的分子轨道能级图

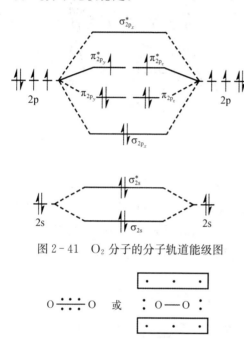

O┊┊┊O　或　　: O — O :

图 2-42　氧分子结构图

(c) 氧分子的结构。氧分子由两个氧原子组成,氧原子的电子结构式为 $1s^2 2s^2 2p^4$,每个氧原子核外有 8 个电子,在氧分子中共有 16 个电子,氧分子的分子轨道能级图如图 2-41 所示。

O$_2$分子的分子轨道式为$(\sigma_{1s})^2$ $(\sigma_{1s}^*)^2$ $(\sigma_{2s})^2$ $(\sigma_{2s}^*)^2$ $(\sigma_{2p_x})^2$ $(\pi_{2p_y})^2$ $(\pi_{2p_z})^2(\pi_{2p_y}^*)^1(\pi_{2p_z}^*)^1$

在 O$_2$ 的分子轨道中,成键的$(\sigma_{2s})^2$ 和反键的$(\sigma_{2s}^*)^2$ 对成键的贡献互相抵消,实际对成键有贡献的是$(\sigma_{2p_x})^2$ 构成 O$_2$分子中的一个 σ 键;$(\pi_{2p_y})^2(\pi_{2p_y}^*)^1$ 构成一个三电子 π 键;$(\pi_{2p_z})^2(\pi_{2p_z}^*)^1$ 构成另一个三电子 π 键,所以氧分子的结构式如图 2-42 所示。

O$_2$分子的分子轨道能级图所示的结果表明,O$_2$分子中存在两个成单电子,所以 O$_2$具有顺磁性[①],这已为实验所证明。O$_2$分子具有顺磁性是电子配对理论无法解释的,但是用分子轨道理论处理 O$_2$分子结构时,则是很自然地得出的结论。

氧分子中存在一个 σ 键和二个三电子 π 键,可以预期 O$_2$分子是比较稳定的,但由于 π^* 反键轨道中存在两个电子,三电子 π 键的键能仅约为单键的二分之一,根据键级计算公式,O$_2$分子的键级为 2,因此可以预测 O$_2$分子中的键没有 N$_2$分子中的键那样牢固。实验事实也证明,断裂 O$_2$分子中的化学键所需的能量

---

① 磁性。含有未成对电子的分子在磁场中呈顺磁性,而不含未成对电子的分子在磁场中呈反磁性。所以氧气分子由于有单电子故而有顺磁性,而氮气分子中所有电子都已成对,故而呈反磁性。

(即氧分子的离解能,497.9 kJ·mol⁻¹)要小于断裂 N_2 分子中的化学键所需的能量(氮分子的离解能,949.8 kJ·mol⁻¹)。

分子轨道理论比较全面地反映了分子中电子的运动状态。运用该理论可以说明共价键的形成,也可以解释分子或离子中单键和三电子键的形成和稳定性。但它仅仅是量子化学中的一种近似计算,而且对分子的几何构型的描述也不够直观。它和价键理论都基于量子化学,故而对某些问题的解释有相同的结论,但两者各有优缺点。因而分子轨道理论与价键理论应互为补充,相辅相成,共同解释共价分子的成因及空间构型。

2.3.4　分子的极性与分子间作用力

物质有气、液、固三态,对常温下的气体如氯气、氨气等降温加压,就可以使其液化,CO_2 还很容易转变成固体,这说明分子与分子之间存在着作用力。而且每种物质的熔点、沸点各不相同,说明各种分子间的作用力有大有小。

1. 分子的极性

在任何一个分子中都可以找到一个正电荷中心和一个负电荷中心,如果正电荷中心与负电荷中心不重合,这种分子称为极性分子。一般用分子的偶极矩 $\vec{\mu}$ 来衡量分子的极性大小,分子的偶极矩 $\vec{\mu}$ 定义为分子的偶极长 d 和偶极上一端电荷的点积,方向由正电荷中心指向负电荷中心。即

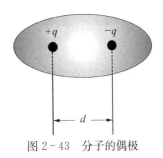

图 2-43　分子的偶极

$$\vec{\mu} = q \cdot d \tag{2-21}$$

偶极矩的单位为德拜(Debye,简写为 D)。若分子的正负电荷中心重合,则分子的偶极矩为零,该分子就是非极性的。对于极性分子来说,q 与 d 的数值不能分别求得,但是偶极矩的数值可以用磁天平测得。表 2-9 给出了一些物质的偶极矩大小。

表 2-9　一些物质的偶极矩

物质	偶极矩/D	分子几何构型	物质	偶极矩/D	分子几何构型
H_2	0	直线形	HF	1.92	直线形
CO	0.10	直线形	HCl	1.08	直线形

（续表）

物质	偶极矩/D	分子几何构型	物质	偶极矩/D	分子几何构型
HBr	0.82	直线形	SO_2	1.63	V 形
HI	0.38	直线形	NH_3	1.47	三角锥
CO_2	0	直线形	BCl_3	0	平面三角形
CS_2	0	直线形	CH_4	0	正四面体
H_2S	0.97	V 形	CCl_4	0	正四面体
H_2O	1.85	V 形	$CHCl_3$	1.01	四面体

* 录自 Weast R C. CRC handbook of Chemistry and Physics[M]. 58th ed. 1977—1978：63 - 66.

对于简单的双原子分子来说，如果两个原子是相同的，则分子是非极性的，分子的偶极矩为零，如 H_2、Cl_2 分子等；如果两个原子不相同，则分子就是极性的，如 HCl、CO 等。对于原子个数为 3 和大于 3 的多原子分子，分子的极性不仅与分子中两相邻原子间的化学键的极性有关，还与整个分子的空间构型有关。若分子的空间构型是对称的，其偶极矩的矢量和正好互相抵消，则分子为非极性的，如 CO_2、BCl_3 等分子。如果分子空间构型不对称，即分子的偶极矩的矢量和不能抵消，则分子就是极性的，如 NH_3、H_2O 等分子。

2. 分子间力的类型

分子间力也称为范德华力，与分子内的偶极有关。当两个非极性分子相互靠近时，由于电子的运动和原子核的振动会使分子中的电荷产生瞬间的相对位移，使正电荷中心和负电荷中心发生偏离，从而产生瞬间偶极，分子发生变形。分子越大越复杂，这种变形就越显著。这种瞬间偶极也会诱导相邻的分子产生瞬间偶极，两个分子可以靠这种瞬间偶极相互吸引在一起，且两个瞬间偶极的异极相对。这种由于"瞬间偶极"而产生的相互作用力称为色散力，如图 2 - 44(a)所示。之所以称为色散力是因为由量子力学得出的这种力的表达式与光的色散公式相似。这种瞬间偶极产生的时间虽然非常短，但是由于电子的运动和原子核的振动始终存在，瞬间偶极产生的色散力也一直在作用。在非极性分子与极性分子之间、极性分子与极性分子之间也存在着色散力。

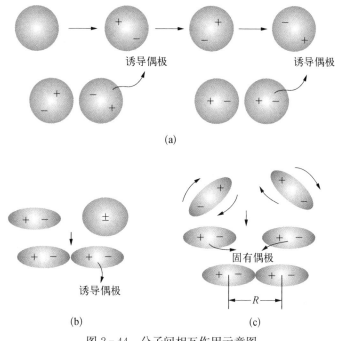

图 2 - 44 分子间相互作用示意图

(a) 色散力的产生 (b) 诱导力的产生 (c) 取向力的产生

当极性分子与非极性分子相互靠近时,非极性分子受到极性分子偶极(称为固有偶极或永久偶极)的作用,本来重合的正负电荷中心会发生偏离而产生诱导偶极。这种诱导偶极与永久偶极间的相互作用力称为诱导力,如图 2 - 44(b)所示。同时,诱导偶极又使极性分子的固有偶极加大,从而进一步加大了两分子之间的作用力。在极性分子之间,也会互相影响,使本来的固有偶极变大,使极性分子间的作用力增强。

当两个具有固有偶极的极性分子相互接近时,具有静电性质的偶极同性相斥、异性相吸,使分子发生转动,产生异极相邻的状态,这种由于固有偶极的取向而产生的分子间作用力称为取向力,如图 2 - 44(c)所示。

总之,取向力只存在于极性分子与极性分子之间,诱导力存在于极性分子与极性分子、极性分子与非极性分子之间,色散力存在于任意两个分子之间。一般来说,分子之间的色散力是一种最主要的作用力,只有 NH_3 分子和 H_2O 分子的取向力占的比重较大。表 2 - 10 列出了一些分子的分子间作用力。

表 2 - 10　一些分子的分子间作用力(单位 kJ · mol^{-1})

分子	取向力	诱导力	色散力	总分子间作用力
Ar	0.000	0.000	8.49	8.49
CO	0.003	0.08	8.74	8.75
HCl	3.305	1.004	16.82	21.13
NH$_3$	13.31	1.548	14.73	29.58
H$_2$O	36.36	1.925	8.996	47.28

3. 物质的性质与分子间作用力的关系

分子间力是永远存在于分子或原子间的一种作用力。与共价键不同,分子间力一般没有方向性和饱和性,且其作用范围较小,只有几皮米。它的大小比化学键的键能小 1~2 个数量级。化学键的性质和键能主要决定物质的化学性质,而分子间力主要对物质的物理性质如熔点、沸点、溶解度等有较大的影响。一般可以根据"相似相溶"的原则来判断物质的溶解性,例如强极性的离子化合物 NaCl 易溶于强极性的水中,而非极性的 I$_2$ 易溶于非极性的 CCl$_4$ 中。在同类型的化合物中,如 HCl、HBr、HI 中,分子间力随分子质量的增大而增大,物质的熔点、沸点相应升高。

2.3.5　氢键

NH$_3$、H$_2$O 和 HF 与同族元素的氢化物相比,熔点、沸点、汽化热等物理性质出现了反常,这是因为 H$_2$O 和 HF 分子之间除了存在一般分子间力,还存在另一种作用力——氢键。氢键是怎样形成的呢? 当 H 原子与 X 原子以共价键结合成 H—X 时,共用电子对强烈地偏向 X 原子一边,使 H 原子变成几乎没有电子云的"裸"质子,呈现出相当强的正电性,且半径极小(约 30 pm)、势能极高,极易和另一个分子中含有孤对电子,且电负性很大的 Y 原子的电子云相互吸引,甚至渗入其电子云,从而形成 X—H…Y 键,这种键称为氢键。

也就是说,形成氢键必须具备两个条件:一是分子中必须有 H 原子,且与电负性很大的元素 X(如 F、O、N 等)形成共价键;二是分子中有电负性很大、半径较小且带有孤对电子的原子。

同种分子间能形成氢键,如冰(H$_2$O)$_n$、(HF)$_n$、(HCOOH)$_n$、(CH$_3$COOH)$_2$、

对硝基苯酚中的氢键；不同种分子间也能形成氢键，如 H_2O 与 NH_3，H_2O 与 C_2H_5OH、苯甲酸和丙酮之间的氢键。除了这些分子间氢键，在芳香族有机化合物中，也能在苯环的相邻取代基间形成分子内氢键。如邻硝基苯酚，或在苯酚羟基的邻位上有—CHO、—COOH、—OH 等时，均可形成氢键，如图 2-45 所示。

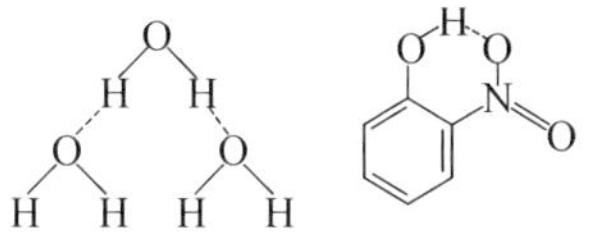

分子间氢键　　分子内氢键

图 2-45　分子间氢键和分子内氢键

　　氢键本质上也属于静电引力，但是又与共价键相似，具有方向性和饱和性。氢键的键能一般为 $15\sim35\ kJ\cdot mol^{-1}$，比分子间力稍大，但比化学键要弱得多。常见氢键的键能和键长如表 2-11 所示。

表 2-11　常见氢键的键能与键长

氢键	键能/$kJ\cdot mol^{-1}$	键长/pm	化合物
F—H…	28.05	255	$(HF)_n$　$n\leqslant5$
O—H…	18.84	276	冰$(H_2O)_n$
	25.96	266	$(CH_3OH)_n$
	29.31	267	$(HCOOH)_n$
N—H…	20.93	268	NH_4F
N—H…	5.44	358	$(NH_3)_n$
N≡C—H…	18.2	—	$(HCN)_n$

　　因为分子间形成氢键，固体熔化或液体气化时，不仅要破坏分子间力，还需要提供额外的能量去破坏分子间的氢键，所以 H_2O、HF 和 NH_3 的熔点和沸点与同族元素的氢化物相比反常地升高，如图 2-46 所示。

　　氢键的形成对物质的溶解度、黏度、硬度和酸碱性均有影响，在极性溶剂中如果溶质和溶剂分子间能形成氢键，就能增大溶解度。例如乙醇分子和水分子间能形成氢键，故水和乙醇能以任意比例混合，但水和二甲醚分子极性差别大且它们之间不能形成氢键，因此不能混溶。液体分子之间若形成氢键，则黏度增大，例如甘油。分子晶体中有氢键，则硬度增大，如冰的硬度比一般分子晶体大，就是因为冰中有氢键。

　　氢键的存在相当普遍，除了前面提到的水、醇等简单分子外，蛋白质分子之所以具有 α 螺旋结构（见图 2-47），多肽链围绕螺旋的轴心向右盘旋上升，就是因为同一条多肽链中的羰基和氨基形成了氢键的缘故。DNA 具有双螺

旋结构,也是因为碱基之间能够形成氢键,嘌呤 A 或 G 分别与嘧啶碱 T 或 C
配对(见图 2-48)。

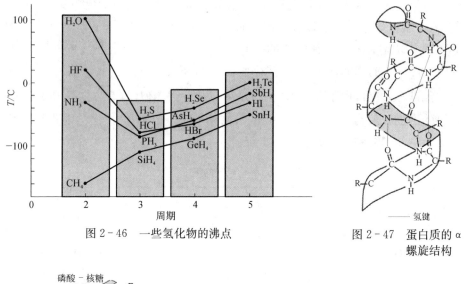

图 2-46 一些氢化物的沸点

图 2-47 蛋白质的 α
螺旋结构

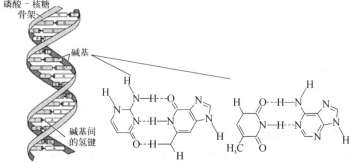

图 2-48 DNA 中的碱基配对

2.4 晶体的结构及性质

因为组成物质的粒子能量大小不同以及粒子排列的有序性不同,物质在不
同温度和压力下呈现出气态、液态和固态三种聚集状态。固态物质又可以分为
晶体和无定形体。晶体是由在空间排列得很有规律的微粒(原子、离子、分子等)
组成的,具有固定的外形,固定的熔点,表现出各向异性,而无定形体没有这种

性质。

晶体中微粒的排列按照一定的方式做周期性的重复,这种性质称为晶体结构的周期性,这是晶体的基本特征。若把晶体内部的微粒看成是几何学上的点,这些点按一定规则组成的几何图形称为晶格,晶体中的最小重复单位称为晶胞。各种晶体都有它自己的晶格,而且种类繁多。根据晶格内部微粒间的作用力不同,晶体可分为离子晶体、金属晶体、原子晶体和分子晶体四种基本类型,它们的性质各不相同,下面分别加以介绍。

2.4.1 离子晶体

离子晶体的晶格点上排列的是正负离子,其作用力是离子键。离子晶体可以看成是正负离子的紧密堆积,故在空间允许的条件下,正离子周围将排布尽可能多的负离子,负离子周围同样排布尽可能多的正离子,这样可使体系的能量降低。在晶体中与某一粒子最接近的粒子数称为配位数。以 NaCl 晶体为例,在每一个 Na^+ 离子的周围有 6 个 Cl^- 离子,每一个 Cl^- 离子的周围有 6 个 Na^+ 离子,即 NaCl 晶体中 Na^+ 离子和 Cl^- 离子的配位数都为 6(见图 2-49)。由此可见,在 NaCl 晶体中并没有简单的 NaCl 分子存在,化学式 NaCl 只代表氯化钠晶体中 Na^+ 离子数和 Cl^- 离子数的比例是 1∶1,但习惯上也把 NaCl 称为氯化钠的分子式。

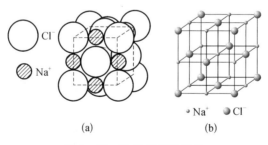

图 2-49 NaCl 的晶体结构

(a) 晶体中离子的排列 (b) 晶格

由于离子晶体中正负离子间的作用力较强,所以离子晶体一般都具有较高的熔点、沸点和硬度,如表 2-12 所示。离子的电荷数越大、半径越小,静电作用力就越强,熔沸点也就越高。

表 2-12　几种离子晶体的熔点和沸点

物　质	NaCl	KCl	CaO	MgO
熔点/K	1 074	1 041	2 845	3 073
沸点/K	1 686	1 690	3 123	3 873

　　离子晶体的硬度虽大,但比较脆,延展性较差。这是由于在离子晶体中正、负离子交替地规则排列,当晶体受到冲击力时,各层离子位置发生错动,使离子键遭到破坏,离子晶体就很容易破碎。

　　X 射线衍射分析表明,离子晶体中正负离子的半径比不同,它们在空间的排布情况是不同的,离子晶体的空间结构也不同。对于最简单的 AB 型离子晶体来说,主要有 CsCl 型、NaCl 型和 ZnS 型三种典型的晶体结构,如图 2-50 所示。

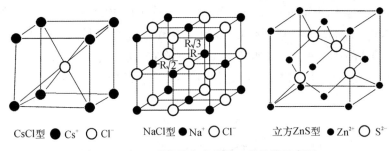

CsCl型　● Cs⁺　○ Cl⁻　　NaCl型 ● Na⁺ ○ Cl⁻　　立方ZnS型 ● Zn²⁺ ○ S²⁻

图 2-50　AB 型离子化合物的三种晶胞示意图

　　假设正离子的半径为 r^+,负离子的半径为 r^-,且一般情况下负离子的半径较正离子的半径要大。一般情况下稳定存在的晶体中正离子的半径与负离子的半径的比值是固定的。如图 2-51 所示,在 NaCl 型晶体中,正负离子相切时,满足

$$(2r^-)^2 = 2(r^- + r^+)^2$$

令 $r^- = 1$,则

$$4 = 2(1 + r^+)^2$$

解得
$$r^+ = 0.414$$

因此
$$r^+/r^- = 0.414$$

若 r^+/r^- 比值变小，则负离子之间相互接触，正离子周围不能排布下 6 个负离子，导致晶体结构变化，使配位数降低，由 NaCl(配位数为 6)型变为 ZnS 型(配位数为 4)；若 r^+/r^- 比值变大，则正离子半径较大，周围可以排布更多的负离子，正负离子之间相互紧密接触而负离子之间相互不能接触，导致晶体结构变化，当 $r^+/r^- > 0.732$ 时，使配位数变大，由 NaCl 型变为 CsCl 型(配位数为 8)。AB 型离子晶体的离子半径比、晶体构型与配位数如表 2-13 所示。

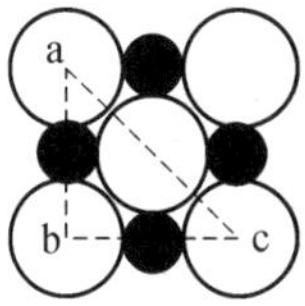

● 正离子　○ 负离子

图 2-51　NaCl 正负离子半径比与配位数的关系

表 2-13　AB 型离子晶体的离子半径比、晶体构型与配位数

半径比 r^+/r^-	晶体构型	配位数	实　　例
0.225~0.414	ZnS 型	4	ZnS、ZnO、BeO、BeS、CuCl、CuBr 等
0.414~0.732	NaCl 型	6	NaCl、KCl、NaBr、LiF、CaO、MgO 等
0.732~1	CsCl 型	8	CsCl、CsBr、NH$_4$Cl、TlCN

2.4.2　金属晶体

在金属晶体中的晶格点上排列的是金属原子(离子)，其相互作用力为金属键。在已发现的所有元素中，除了二十几种非金属元素外，大多数都是金属元素。金属在常温下绝大多数以晶体形式存在，其共同特征是具有金属光泽，具有导电导热性能和延展性。金属的这些性质都是由其内部的金属键决定的，为了解释金属键的本质，常用金属改性共价键理论和能带理论进行说明。

1. 金属键的改性共价键理论

金属原子核外一般只有 1~2 个 s 电子，只有少数的价电子能参与成键，因此，金属在形成晶体时倾向于组成极为紧密的结构，使每个原子拥有尽可能多的相邻原子，以更好地共享电子，这种结构称为密堆积结构。例如，常温下铝晶体可以看成是等径圆球堆积形成的，金属原子排列成面心立方结构(即晶胞是一个立方体，立方体的 8 个顶角和 6 个面的中心各有一个原子，见图 2-52)。除了铝的

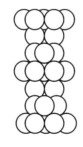

图 2-52
铝的面心立方晶胞

面心立方结构外,金属晶体还有六方密堆积和体心立方堆积,如图2-53所示。六方密堆积和面心立方密堆积晶格中金属离子的配位数为12,前者如Be、Mg和ⅢB、ⅣB、ⅦB族的金属,后者如Pb、Pt、ⅠB族金属。体心立方晶格中金属离子的配位数为8,如Na、K、Li和ⅤB、ⅥB族金属。

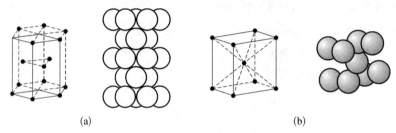

(a)   (b)

图2-53　金属晶体的密堆积结构

(a) 密集六方晶格　(b) 体心立方晶格

　　铝原子外的价电子可以自由地从一个铝原子跑向另一个铝原子,就好像价电子为许多铝原子或离子(指每个原子释放出自己的电子便成为离子)所共有。这些电子起到了让许多铝原子(或离子)"共享"的作用,也可以称为这些电子将许多铝原子黏合在一起,形成了所谓的金属键,又称为改性共价键。这些价电子又称为自由电子,金属键可以认为是由多个金属原子共有一些流动的自由电子所组成的(见图2-54)。对于金属键有一种形象化的说法——"金属离子沉浸在电子的海洋中"。

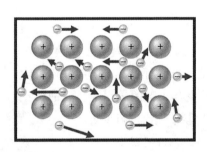

图2-54　金属的"电子海"
理论示意图

　　由于金属晶体中有自由移动的电子,金属原子又是紧密堆积结构,使金属获得了共同的性质。例如,金属中的自由电子可以反射各种波长的光,因而金属一般呈银白色光泽和对光线有良好的反射性。金属的导电性也与自由电子有关,在外加电场的作用下,自由电子能沿着外加电场定向流动而形成电流。在晶格内的原子或离子也不是静止的,而是在晶格结点上做一定幅度的振动,这种振动对电子流动起着阻碍作用,加上阳离子对电子的吸引,这样就构成了金属特有的电阻。温度上升时,由于金属中原子、离子的热振动加剧,振动频率增加,电子穿越晶格的运动受阻,金属的导电能力下降而电阻增大。

另外,由于金属中的自由电子是可以流动的,所以,当金属晶体在外力的作用下变形时,自由电子马上也会随之流动,又形成了新的金属键,所以金属晶体具有良好的延展性,可以加工成任意的形状。如金属钨可以拉成比头发丝还要细的钨丝,金可以碾成可透光的 0.000 1 mm 厚的金箔(相当于 746 个 Au 原子,Au 原子半径为 134 pm)。

2. 金属键的能带理论

为更好地阐明金属键的特性,化学家们在分子轨道理论的基础上,提出了能带理论。能带理论的基本论点如下。

(1) 为使金属原子的少数价电子(1,2 或 3 个)能够适应高配位数结构的需要,成键时价电子必须是"离域"的(即不再从属于任何一个特定的原子),所有的价电子应该属于整个金属晶格的原子所共有。

(2) 金属晶格中原子很密集,能组成许多分子轨道,而且相邻的分子轨道间的能量差很小。以金属锂为例,Li 原子起作用的价电子是 $2s^1$,锂原子在气态下形成双原子分子 Li_2。用分子轨道法处理时,该分子中可以有两个分子轨道,一个是低能量的成键分子轨道 σ_{2s},另一个是高能量的反键分子轨道 σ_{2s}^*,Li_2 的两个价电子都进入 σ_{2s},如图 2 - 55 所示。如果设想有一个假想分子 Li_n,那么将会有 n 个分子轨道,而且相邻两个分子轨道间的能量差将变得很小(因为当原子互相靠近时,由于原子间相互作用,能级发生分裂)。在这些分子轨道里,有一半 $\left(\dfrac{n}{2}\right)$ 分子轨道将为成对电子所充满,有一半 $\left(\dfrac{n}{2}\right)$ 分子轨道是空的。此外各相邻分子轨道能级之间的差值将很小,一个电子从低能级向邻近高能级跃迁时并不需要很多的能量。图 2 - 56 绘出了由许多等距离能级所组成的能带,这就是金属的能带模型。

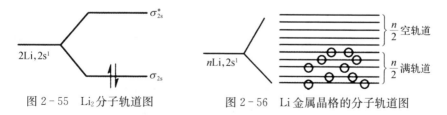

图 2 - 55　Li_2 分子轨道图　　　　　图 2 - 56　Li 金属晶格的分子轨道图

(3) 由上述分子轨道所形成的能带,也可以看成是紧密堆积的金属原子的电子能级发生的重叠,这种能带是属于整个金属晶体的。例如金属锂中锂原子的 1s 能级互相重叠形成了金属晶格中的 1s 能带,原子的 2s 能级互相重叠组成了金属晶格的 2s 能带,等等。每个能带可以包括许多相近的能级,因而每个能带会包括相当大的能量范围。

(4) 依分子轨道能级的不同,金属晶体中可以有不同的能带(例如金属锂中的 1s 能带和 2s 能带)。由充满电子的分子轨道能级所形成的低能量能带,叫做满带;由未充满电子的能级所形成的高能量能带,叫作导带。从满带顶到导带底之间的能量差通常很大,以致低能带中的电子向高能带跃迁几乎是不可能的,所以把满带顶和导带底之间的能量间隔叫作"禁带"。例如金属锂中,1s 能带是个满带,而 2s 能带是个导带,两者之间的能量差比较悬殊,它们之间的间隔是个禁带,是电子不能逾越的(电子不易从 1s 能带跃迁到 2s 能带),但 2s 能带中由于电子未充满,因此电子可以在接受外来能量的情况下,在带内相邻能级中自由运动,如图 2-57。

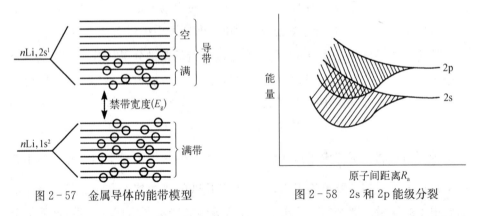

图 2-57 金属导体的能带模型　　　图 2-58 2s 和 2p 能级分裂

(5) 金属中相邻近的能带有时可以互相重叠。例如铍的电子层结构为 $1s^2 2s^2$,它的 2s 能带应该是满带,似乎铍应该是一个非导体。但是由于铍的 2s 能带和空的 2p 能带能量比较接近,同时当铍原子间互相靠近时,由于原子间的相互作用,使 2s 和 2p 轨道能级发生分裂,而且原子越靠近,能级分裂程度越大,如图 2-58 所示,以致 2s 和 2p 能带有部分互相重叠,它们之间没有禁带。同时由于 2p 能带是空的,所以 2s 能带中的电子很容易跃迁到空的 2p 能带中去,如图 2-59 所示,故铍依然是一种具有良好导电性的金属,并具有金属通性。从能带理论的观点,一般固体都具有能带结构。根据能带结构中禁带宽度和能带中电子充填的状况,可以决定固体材料是导体、半导体或绝缘体,如图 2-60 所示。

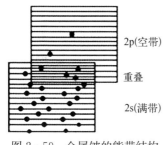

图 2 - 59　金属铍的能带结构

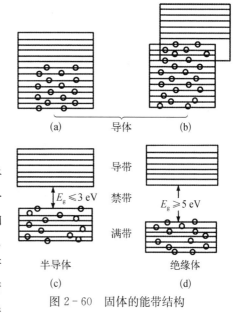

图 2 - 60　固体的能带结构

一般金属导体(如 Li、Na)的价电子能带是半满的,如图 2 - 60(a)所示;或价电子能带虽是全满,但有空的能带(如 Be、Mg),而且两个能带能量间隔很小,彼此能发生部分重叠,如图 2 - 60 (b)所示。当外电场存在时,图 2 - 60(a)的情况由于能带中未充满电子,很容易导电;而图 2 - 60(b)的情况,由于满带中的价电子可以部分进入空的能带,因而也能导电。

绝缘体(如金刚石)不导电,因为它的价电子都在满带,导带是空的,而且满带顶与导带底之间的能量间隔(即禁带宽度)大,$E_g \geqslant 5$ eV,如图 2 - 60(d)所示。所以在外电场作用下,满带中的电子不能越过禁带跃迁到导带,故不能导电。

半导体(如 Si、Ge 等)的能带结构如图 2 - 60(c)所示。满带被电子充满,导带是空的,但在这种能带结构中,禁带宽度很窄($E_g \leqslant 3$ eV)。在一般情况下,完整的(无杂质、无缺陷的)Si 和 Ge 晶体,一般是不导电的(尤其是在低温下),因为满带上的电子不能进入导带。但当光照或在外电场作用下,由于 E_g 很小,使满带上的电子很容易跃迁到导带上去,使原来空的导带充填部分电子,同时在满带上留下空位(通常称为空穴),因此使导带与原来的满带均未充满电子,故能导电。

能带理论能很好地说明金属的一些物理性质。向金属施以外加电场时,导带中的电子便会在能带内向较高能级跃迁,并沿着外加电场方向通过晶格产生运动,这就说明了金属的导电性;能带中的电子可以吸收光能,并也能将吸收的能量又发射出来,这就说明了金属的光泽和金属是辐射能的优良反射体;电子也可以传输热能,表现出金属有导热性;给金属晶体施加机械应力时,由于在金属中电子是"离域"(即不属于任何一个原子而属于金属整体)的,一个地方的金属键被破坏,在另一个地方又可以生成新的金属键,因此机械加工根本不会破坏金属结构,而仅能改变金属的外形。这也就是为什么金属有延展性、可塑性等机械加工性能的原因。

2.4.3 原子晶体

原子晶体中晶格点上排列的是原子,原子间的作用力是共价键,故也称为共价晶体。由于共价键有方向性和饱和性,所以其空间结构不是原子的紧密堆积,配位数也不高。典型的原子晶体如金刚石(见图2-61)中,每个碳原子采取 sp^3 杂化,与周围的4个碳原子形成4个 σ 键。碳原子间的相互作用力非常强,因此金刚石的硬度为10,是目前已知的材料中最硬的,其熔点为3 825 K,也比离子晶体(<3 000 K)要高。

属于原子晶体的物质并不多,C、Si、Ge 等单质是原子晶体,周期表中的第ⅣA、ⅤA、ⅥA 族元素间形成的化合物也常形成原子晶体,如 SiC、GaAs、SiO_2、BN 等。由于原子晶体中没有离子,因此其在固态和熔融态都不易导电,一般是电的绝缘体,也不溶于常见溶剂。但是某些原子晶体如 Si、Ge 等可作为优良的半导体材料。

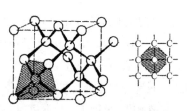

图 2-61 金刚石的晶体结构

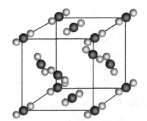

图 2-62 固态 CO_2 的晶体结构

2.4.4 分子晶体

分子晶体的晶格点上排列的是分子,其相互作用力是分子间力,也有的存在氢键。Cl_2、H_2、NH_3、CO_2、H_2O、CH_4 等物质在一定条件下呈固态时均为分子晶体,固态 CO_2 的晶体结构如图2-62所示。由于分子间力没有方向性和饱和性,分子组成晶体时可紧密堆积。但由于分子本身具有一定的空间构型,所以分子晶体一般不如离子晶体堆积得那么紧密。由于分子间力较化学键的键能要小,所以,分子晶体一般具有较低的熔点、沸点和较小的硬度,一般不导电。

以上 4 种晶体的结构和性质总结在表 2-14 中。

表 2-14　各类晶体的结构和特性

晶体类型	结构质点	质点间作用力	晶 体 特 征	实 例
原子晶体	原子	共价键	硬度大,熔点很高,导电性差,多数溶剂中不溶	金刚石、SiC、BN
离子晶体	正离子、负离子	离子键	硬而脆,熔沸点高,熔融态及其水溶液能导电,大多溶于极性溶剂中	$NaCl$、KCl、CaF_2、BaO
分子晶体	分子	分子间力、氢键	硬度小,熔点、沸点低	NH_3、CO_2、O_2
金属晶体	中性原子和正离子	金属键	硬度不一,有金属光泽,有良好的可塑性,不溶于多数溶剂,熔点、沸点高低不同,有良好的导电性	Na、Al、Ag、Au、W

2.4.5　混合晶体

除了这些典型的晶体外,还有混合型晶体。例如碳的另一种单质石墨即为混合型晶体结构。在石墨中,每个 C 原子采取 sp^2 杂化,与相邻的三个碳原子以三个 σ 键相连接,形成平面六边形片层结构,而另一个价电子没有参与杂化,同一平面上的所有含有该价电子的 p 轨道在一定的条件下形成一个覆盖整个平面的离域的大 π 键,电子可以在其中自由地移动,所以石墨可以导电。在石墨中 C—C 键长为 142 pm,比金刚石中的 C—C 键长 154 pm 要小,因此石墨中 C—C 之间的作用力大于金刚石中 C—C 之间的作用力。在石墨的片层与片层之间靠相对较弱的分子间力互相结合到一起,相邻两个片层间 C—C 原子间距为 335 pm,作用力相对较弱,平面之间彼此容易互相滑动。所以石墨质软并有滑腻感,可以用作固体润滑剂。

20 世纪 80 年代人们发现了碳的一系列新的单质,其中最重要的是由 60 个碳原子组成的独立分子 C_{60},在 C_{60} 分子中,每个顶点上的 C 原子和相邻的 C 原子都以近 sp^2 杂化轨道成键,在近似球状的笼内和笼外都绕有 π 电子云。这是一个单纯由 C 原子组成的稳定分子,具有大共轭键。C_{60} 的发现一方面代表分子结构中的一种崭新的概念,另一方面也将为有机化学打开一片新的天地。

人们发现,单层石墨通过不同的裁剪可以构成 C_{60}、单壁碳纳米管和石墨烯。C_{60} 的球体直径为 710 pm,小球体之间靠分子间力结合在一起。它们各自好像微小的滚珠,有可能用作超级润滑剂。另外,掺入了金属的 C_{60} 具有超导性,掺了碱金属的 C_{60} 在常温下是金属导体,降低温度也呈超导性,C_{60} 的研究有着巨大的发展空间。碳纳米管是继 C_{60} 之后发现的碳的又一同素异形体,其径向尺寸较小,管的外径一般在几纳米到几十纳米,管的内径更小,有的只有 1 nm 左右;而其长度一般在微米级。石墨烯(graphene)是一种由碳原子构成的单层片状结构的新材料,是一种由碳原子以 sp^2 杂化轨道组成六边形呈蜂巢晶格的平面薄膜,是只有一个碳原子厚度的二维材料(见图 2-63)。

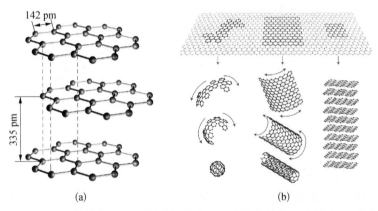

图 2-63 石墨的结构(a)和石墨片层构成 C_{60}、碳纳米管和石墨烯(b)的示意图

2.5 今日话题:以配位键为基础的导电 MOF 材料
——集有机无机材料优点于一身的新概念材料

窦锦虎 北京大学材料科学与工程学院

2015 年 2 月,在纪念全球化工巨头 BASF 成立 150 周年之际,哈佛大学著名教授 George M. Whitesides 在 *Angewandte Chemie International Edition* 以 *Reinventing Chemistry*(《重塑化学》)为题发表评论文章。文中的核心思想之一——"化学的使命必须由'分子'拓展到'任何与分子相关的事物'上"以及" 化学,也许不再是仅以'原子'和'分子'为研究对象的学科,而是还能用独特的手段来操

控分子与物质,并以此为基础进一步理解、操纵和调控那些(部分地)建筑于原子和分子之上的复杂系统。"对于材料化学而言,材料的性质与其结构息息相关,微小的结构差异即会显著地影响材料的宏观物理性质。因此,如何精确控制材料的多级结构及其聚集态行为是获得高质量、高性能材料的关键问题。

有机固体材料是通过弱分子间相互作用力结合在一起的,体系复杂且对化学结构、加工条件十分敏感。将键能更强且兼具方向性和饱和性的配位键引入导电材料体系时,便可以更可控地调节聚集态结构,从而获得一类新颖的电子材料——金属有机框架(metal-organic framework,MOF),也称多孔配位聚合物(porous coordination polymer,PCP)。MOF 是一类由金属离子或金属簇与刚性或者柔性的有机配体以配位键的方式连接而形成的一种新型晶态多孔材料,得益于金属离子和有机配体种类的多样性,通过调节金属离子节点和有机配体的组合方式,人们可以很容易地获得具有各种特征的 MOF 材料(见图 2 - 64 所示)。MOF 在气体储存、分离、催化以及水净化、能源储存等诸多领域已经表现出

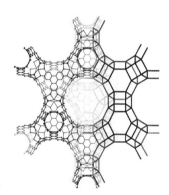

图 2 - 64　多孔材料 MOF 示意图

优异的应用前景。尽管目前已有超过两万种 MOF 材料被合成出来,但其中绝大多数为绝缘体。

就在 10 年前,MOF 材料还一直被广泛认为是理想的绝缘体,因为高比表面积/孔隙率与有效的电荷传输在概念上几乎被认为是相互对立的。然而,与无机陶瓷和硅半导体这一类凝聚态固体材料相反,MOF 是一类分子材料,MOF 材料的导电金属有机框架是介于无机和有机之间的杂化材料,也就是说,它们的能带结构是由它们的分子和离子成分及组合方式等因素决定的。人们利用数十年来在有机固体/分子导体研究中积累的丰富知识来设计 MOF 导体或半导体,近年来已经在 MOF 材料中实现了诸如电荷跳跃、π-π 堆积和共轭键合传输等影响固体材料导电性的因素。有效的分子设计赋予了 MOF 材料高电荷迁移率或电导率,有些 MOF 材料甚至表现出金属和超导特性。因兼具导电性和多孔性等特点,MOF 材料在电催化、电极材料、固体电解质以及超级电容器等领域中有着巨大的应用潜力。

层间以范德华力相结合的二维导电配位聚合物,因其结构类似于石墨烯,近

年来受到了研究者的关注。然而,二维导电 MOF 材料低导电率严重限制了其电子学应用,麻省理工学院 J. H. Dou 等利用减小有机配体的尺寸(六氨基苯)来增大二维配位聚合物的有效共轭面积及增强层间的相互作用这一设计策略,得到了第一例具有金属传输性质的二维配位聚合物材料,且兼具优良的多孔性和稳定性,其电导率高达 1 300 S/m,这一类材料弥补了二维金属性导电配位聚合物的空白,此外,研究发现该材料还具有独特的二氧化碳探测性能(见图 2 - 65)。

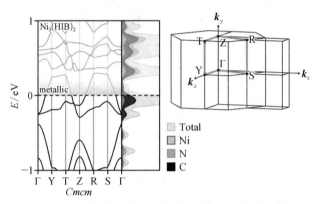

图 2 - 65　首例金属性二维配位聚合物,从经典的邻苯二胺金属配合物中获得灵感,材料的金属性得益于二维材料层内高度离域化的载流子

　　然而作为一类全新的电子学材料,需要获得二维导电 MOF 单晶下的排列结构,这个难题极大地限制了对这一类材料的深入研究和应用。他们设计合成了一类全新的缺电子有机配体分子,将其用于二维配位聚合物的合成中,通过分子设计,增强 π - π 相互作用的同时,增加层内配位键的可逆性,得到了首例二维配位聚合物的单晶,清晰揭示了二维配位聚合物材料在晶体下的排列。基于此晶体构筑出单晶器件并系统深入研究了二维配位聚合物的一系列电子学性质和磁性起源,并首次观察到了二维配位聚合物的 Moiré Pattern,为 MOF 材料的电子学研究以及后续的应用打下了坚实基础(如图 2 - 66 所示)。

　　超级电容器具有很高的功率密度和优越的循环性能,在智能电网、电动汽车等应用领域极具前景,其中,电极材料的研发具有极高的技术壁垒,电极材料的优化一直是超级电容器研究的重点。H. Banda 和 J. H. Dou 等成功设计合成了

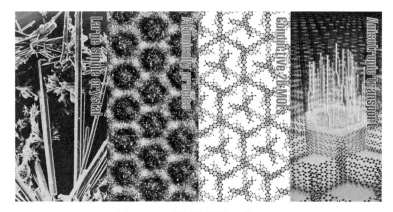

图 2 - 66　首例金属性二维 *MOF*

一类全新的高导电二维配位聚合物电极材料(见图 2 - 67),体积容量超过了传统的活性炭、碳纳米管、多孔石墨烯、金属氧化物/氢氧化物等,且兼具极高的空气稳定性。

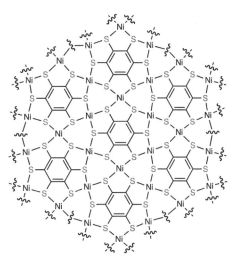

图 2 - 67　导电 *MOF* 材料用于超级电容器电极

2014 年由麻省理工学院的 Mircea Dincă 课题组首先报道的二维导电 MOF 的首批材料之一 $Ni_3(HITP)_2$ 仍然是导电性最强的多孔 MOF(与其他具有类似结构且没有永久孔隙的二维配位聚合物区分开)。但是,迄今仍然不知是什么原因导致其出色的性能,即便在其他的导电二维 MOF 中也尚不明确。大量的理论研究表明,这些多孔的二维导电 MOF 有望成为许多物理现象的承载者,从二维铁磁学到量子信息科学中的新兴应用,一应俱全。尽管在过去 5～7 年,研究者对这类二维 MOF 的兴趣激增,涌现出一系列丰富多彩的研究工作,但如何理解、操控、并精准合成具有特定电学和磁学功能的导电 MOF 材料,仍有很多问题值得深入探究。

参考文献

[1] Whitesides G M. Reinventing chemistry[M]. Angewandte Chemie International Edition,

2015, 54(11): 3196 - 3209.

[2] Skorupskii G, Dincă M. Electrical conductivity in a porous, cubic rare-earth catecholate [J]. Journal of the American Chemical Society, 2020, 142(15): 6920 - 6924.

[3] Wang H, Zhu Q.-L, Zou R, et al. Metal-organic frameworks for energy applications [J]. Chem, 2017, 2, 52 - 80.

[4] Li J R, Sculley J, Zhou H C. metal-organic frameworks for separations[J]. Chemical Review, 2012, 112(2): 869 - 932.

[5] Stassen I, Burtch N, Talin A, et al. An updated roadmap for the integration of metal – organic frameworks with electronic devices and chemical sensors[J]. Chemical Society Reviews, 2017, 46: 3185 - 3241.

[6] Xie L S, Skorupskii G, Dincă M. Electrically conductive metal-organic frameworks[J]. Chemical Review, 2020, 120: 8536 - 8580.

[7] Aubrey M L, Wiers B M, Andrews S C, et al. Electron delocalization and charge mobility as a function of reduction in a metal-organic framework[J]. Nature Materials, 2018, 17(7): 625 - 632.

[8] Pedersen K S, Perlepe P, Aubrey M L, et al. Formation of the layered conductive magnet $CrCl_2$ (Pyrazine)$_2$ through redox-active coordination chemistry [J]. Nature Chemistry, 2018, 10(10): 1056 - 1061.

[9] Sheberla D, Bachman J C, Elias J S, et al. Conductive MOF electrodes for stable supercapacitors with high areal capacitance[J]. Nature Materials, 2017, 16 (2): 220 - 224.

[10] Dou J H, Sun L, Ge Y, et al. Signature of metallic behavior in the metal-organic frameworks M_3 (Hexaiminobenzene)$_2$ (M = Ni, Cu)[J]. Journal of the American Chemical Society, 2017, 139(39): 13608 - 13611.

[11] Dou J H, Arguilla M Q, Luo Y, et al. Atomically precise single-crystal structures of electrically conducting 2D metal – organic frameworks[J]. Nature Materals, 2021, 20 (2): 222 - 228.

[12] Feng D, Lei T, Lukatskaya M R, et al. Robust and conductive two-dimensional metal-organic frameworks with exceptionally high volumetric and areal capacitance[J]. Nature Energy, 2018, 3: 30 - 36.

[13] Sun L, Campbell M G, Dincă M. Electrically conductive porous metal-organic frameworks[J]. Angewandte Chemie International Edition, 2016, 55(11): 3566 - 3579.

[14] Miner E M, Fukushima T, Sheberla D, et al. Electrochemical oxygen reduction catalysed by Ni_3 (Hexaiminotriphenylene)$_2$ [J]. Nature Communications, 2016, 7: 10942.

[15] Nam K W, Park S S, dos Reis R, et al. Conductive 2D metal-organic framework for high-performance cathodes in aqueous rechargeable zinc batteries [J]. Nature Communications, 2019, 10(1): 4948.

[16] Hmadeh M, Lu Z, Liu Z, et al. New porous crystals of extended metal-catecholates [J]. Chemistry of Materials, 2012, 24(18): 3511 – 3513.

[17] Talin A A, Centrone A, Ford A C, et al. Tunable electrical conductivity in metal-organic framework thin-film devices[J]. Science. 2014, 343(6166): 66 – 69.

[18] Wang Z, Su N, Liu F T. Prediction of 2D organic topological insulator[J]. Nano Letters, 2013, 13: 2842 – 2845.

[19] Le K N, Hendon C H. Pressure-induced metallicity and piezoreductive transition of metal-centres in conductive 2-dimensional metal-organic frameworks [J]. Physical Chemistry Chemical Physics, 2019, 21(46): 25773 – 25778.

[20] Hendon C H, Tiana D, Walsh A. Conductive metal-organic frameworks and networks: fact or fantasy? [J]. Physical Chemistry Chemical Physics, 2012, 14: 13120 – 13132.

[21] Gryn'ova G, Lin K-H, Corminboeuf C. Read between the molecules: computational insights into organic semiconductors[J]. Journal of the American Chemical Society, 2018, 140(48): 16370 – 16386.

[22] Dou J-H, Zheng Y Q, Yao Z F, et al. Fine-tuning of crystal packing and charge transport properties of BDOPV derivatives through fluorine substitution[J]. Journal of the American Chemical Society, 2015, 137(50): 15947 – 15956.

[23] Coropceanu V, Cornil J, da Silva Filho D A, et al. Charge transport in organic semiconductors. Chemical Review, 2007, 107(4): 926 – 952.

[24] Brédas J-L, Beljonne D, Coropceanu V, et al. Charge-transfer and energy-transfer processes in π-conjugated oligomers and polymers: a molecular picture[J]. Chemical Review, 2004, 104(11): 4971 – 5004.

[25] Huang X, Sheng P, Tu Z, et al. A two-dimensional π-d conjugated coordination polymer with extremely high electrical conductivity and ambipolar transport behaviour[J]. Nature Communications, 2015, 6: 7408.

[26] Skorupskii G, Trump B A, Kasel T W, et al. Efficient and tunable one-dimensional charge transport in layered lanthanide metal – organic frameworks [J]. Nature Chemistry, 2020, 12: 131 – 136.

[27] Huang X, Zhang S, Liu L, et al. Superconductivity in a copper(II)-based coordination polymer with perfect kagome structure[J]. Angewandte Chemie-International Edition, 2018, 57: 146 – 150.

[28] Banda H, Dou J-H, Chen T, et al. High-capacitance pseudocapacitors from Li+ ion

intercalation in nonporous, electrically conductive 2D coordination polymers[J]. Journal of the American Chemical Society, 2021, 143: 2285 - 2292.

[29] Banda H, Dou J-H, Chen T, et al. Dual-ion intercalation and high volumetric capacitance in a two-dimensional non-porous coordination polymer [J]. Angewante Chemie-International Edition, 2021, 60(52): 27119 - 27125.

[30] Sheberla D, Sun L, Blood-Forsythe M. A, et al. High electrical conductivity in Ni_3(2,3, 6,7,10,11-Hexaiminotriphenylene)$_2$, a semiconducting metal-organic graphene analogue [J]. Journal of the American Chemical Society, 2014, 136: 8859 - 8862.

第 2 章 习 题

2.1 3d、4f、5s、6p 轨道的主量子数、角量子数的值各是多少? 所包含的等价轨道数、所能容纳的最大电子数各是多少?

2.2 下列哪种原子轨道是不存在的? 为什么?

(1) $n=1, l=0, m=1$;　　　　(2) $n=3, l=2, m=-2$;

(3) $n=3, l=2, m=-3$;　　　 (4) $n=3, l=1, m=1$;

(5) $n=2, l=1, m=-1$;　　　 (6) $n=2, l=3, m=2$。

2.3 填充下列表格。

原子序数	元素符号	电子排布式	周期	族	区
17					
		$[Ar]4s^1$			
			4	ⅦB	
	Cu				
24					

2.4 指出下列各元素基态原子的电子结构式写法违背了什么原理? 并改正之。

(1) B　$1s^2 2s^1 2p^2$;　 (2) C　$1s^2 2s^2 2p_x^2$;　 (3) Al　$[Ne]3s^3$

2.5 下列说法是否正确? 不正确的应如何改正?

(1) s 电子绕核运动,其轨道为一圆周,而 p 电子是走∞形的;

(2) 主量子数 n 为 1 时,有自旋相反的两条轨道;

（3）主量子数 n 为 4 时，其轨道总数为 15，电子层电子最大容量为 32；

（4）主量子数 n 为 3 时，有 3s、3p 和 3d 三条轨道。

2.6　某元素原子 A 的最外层只有一个电子，其 A^{3+} 离子中的最高能级的 3 个电子的主量子数 n 为 3，角量子数 l 为 2，写出该元素符号，并确定其属于第几周期、哪一个族的元素。

2.7　说明下列各对元素中哪一种原子的第一电离能高，为什么？

（1）S 与 P　（2）Al 与 Mg　（3）Sr 与 Rb　（4）Cr 与 Zn　（5）Cs 与 Au
（6）Rn 与 At

2.8　解释下列现象：

（1）Na 原子的第一电离能 I_1 小于 Mg 的 I_1，但 Na 的第二电离能 I_2 却远远超过 Mg 的 I_2；

（2）Be 原子的 $I_1 \sim I_4$ 各级电离能分别为 899 kJ·mol^{-1}、1 757 kJ·mol^{-1}、14 840 kJ·mol^{-1}、21 000 kJ·mol^{-1}，解释各级电离能逐渐增大并有突跃的原因。

2.9　如何理解共价键具有方向性和饱和性？

2.10　简单说明 σ 键和 π 键的主要特征是什么？

2.11　用杂化轨道理论分析下列分子的空间构型，并判断偶极矩是否为零？

$$CO_2，HgCl_2，BF_3，CH_4，CHCl_3，PH_3，H_2O$$

2.12　实验证明 BF_3 分子是平面三角形，而 $[BF_4]^-$ 离子是正四面体的空间构型。试用杂化轨道理论进行解释。

2.13　SO_2 和 NO_2 两者都是极性的，而 CO_2 是非极性的，这一事实对于这些氧化物的结构有什么暗示？

2.14　试用价层电子对互斥理论推断下列各分子的空间构型，并用杂化轨道理论加以说明：

$$NF_3，NO_2，PCl_5，BCl_3，H_2S，ClF_3$$

2.15　试比较下列物质中键的极性的相对大小：

$$NaF，HF，HCl，HBr，HI，I_2$$

2.16　试写出 O_2^{2-}、O_2^-、O_2、O_2^+ 的分子轨道排布式，并计算其键级，分析其键长长短和磁性，指出它们的稳定性次序。

2.17 试用 MO 理论写出双原子分子或离子 OF、OF$^-$、OF$^+$ 的分子轨道排布式,求出它们的键级,并解释它们的键长、键能和磁性的变化规律(假设按 O_2 的分子轨道能级次序)。

2.18 试用双原子分子轨道的能级解释:N_2 的键能比 N_2^+ 的大,而 O_2 的键能比 O_2^+ 的小。

2.19 CO 的键长为 112.9 pm,CO$^+$ 的键长为 111.5 pm,试解释其原因。

2.20 试画出下列同核双原子分子的分子轨道电子排布式,并计算其键级,指出下列分子或离子中哪个最稳定? 哪个最不稳定? 且判断哪些具有顺磁性,哪些具有反磁性?

(1) Be_2^+;(2) C_2;(3) N_2^+;(4) Li_2^{2+};(5) F_2

2.21 根据分子轨道理论回答下列问题:

(1) N 原子的电离能与 N_2 分子的电离能哪一个大些,为什么?

(2) O 原子的电离能与 O_2 分子的电离能哪一个大些,为什么?

2.22 举例说明键的极性和分子的极性在什么情况下是一致的? 在什么情况下是不一致的?

2.23 石墨是一种混合晶体,利用石墨做电极或做润滑剂各与它的晶体中哪一部分结构有关? 金刚石为什么没有这种性能?

2.24 食盐、金刚石、干冰(CO_2)以及金属都是固态晶体,但它们的溶解性、熔点、沸点、硬度、导电性等物理性质为什么相差甚远?

2.25 下列哪些化合物中存在氢键? 是分子间氢键还是分子内氢键?

$$CH_3Cl, \ NH_3, \ C_2H_6, \ CH_3OH, \ \begin{array}{l} CH_2-OH \\ | \\ CH-OH \\ | \\ CH_2-OH \end{array} \ , \ \ \ \ \ \ \ \ ,$$

2.26 判断下列各组分子间存在着什么形式的分子间作用力?

(1) HF 分子间;(2) H_2S 分子间;(3) 苯与 CCl_4 之间;(4) Ar 分子间。

第3章 溶液的依数性及水溶液中的平衡

　　水分子是极性的,根据相似相容原理,极性物质易溶解在水中,另外,水分子中还有满足形成氢键的赤裸的氢核和电负性大的氧原子,所以可以与水形成氢键的有机物如蛋白质等也可以溶解其中,因此自然界中的水都是水溶液而没有纯水。

3.1　难挥发非电解质稀溶液的依数性

　　溶解在水中的溶质不同,形成的溶液往往具有不同的性质,如颜色、导电性、味道等。但是很稀的溶液却有某些共同的性质,这些性质受稀溶液浓度的影响,由溶质微粒的数量决定,与溶质的具体种类和性质没有关系,稀溶液的这些性质叫依数性,包括溶液的蒸气压下降、沸点上升、凝固点下降和渗透压。

　　注意,本节所指的稀溶液中溶质具备的条件是"难挥发的非电解质"。

3.1.1　物质的相图

　　液体表面那些能量较大的分子能够克服液体分子之间的相互作用力,从液体表面逸出成为气态,这一过程叫作蒸发;气态物质中的分子撞到液面后,也可能被液体中的分子吸引又回到液体状态,这一过程叫凝聚。在一定温度下,处于密闭容器中的液体的蒸发速度和凝聚速度相等时,气态与液态达到了平衡,此时气相分子所产生的压强称为此温度时该液体的饱和蒸气压(简称为蒸气压)。因为液体蒸发变为气体需要克服液体分子间的吸引力,因此蒸发是一吸热过程,所以随着温度升高,液体的蒸气压会上升(见图3-1)。液体的蒸气压还与液体分子的分子间作用力大小有关,液体中的分子间作用力越强,其蒸气压就越低;反之,液体中的分子间作用力越弱,其蒸气压就越高。

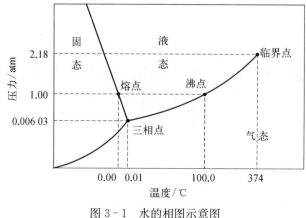

图 3-1 水的相图示意图

三相点：$T = 0.01℃$，$p = 0.006\,03$ atm

物质直接由固态变为气态的过程叫作升华；气态物质中的分子也会撞击固体的表面并停留下来，这种从气态直接凝固成为固态的过程叫作凝华。当固体表面的分子离开固体进入气相的速度和气相中的分子凝华又附着在固体表面的速度相等时，达到了一个动态平衡，这个平衡叫升华平衡。此时的蒸气压就是该固态物质的平衡升华蒸气压。物质的平衡升华蒸气压随着温度的升高而增大。

当物质的聚集状态发生变化时，在两相之间总存在平衡，如固态与液态之间，液态与气态之间，固态与气态之间都存在平衡，叫作相平衡。

通常习惯把一个物质的气相、液相、固相的变化都放在一张图上。前面叙述的蒸发冷凝曲线代表气液两相的共存状态，这条线把气相和液相分离开；熔化凝固曲线代表着固液两相的共存状态，这条线把固相和液相分离开；第三条线是升华凝华曲线，这条线把固相和气相分离开。图 3-1 为水的相图，三条两相平衡线把压力（p）和温度（T）平面分隔为气相、液相和固相三个单独的区域，其中每条线上各点对应的 p 和 T 都是它所分隔的两相可以共存的条件。三条线汇聚在三相点上，这一点对应的压力和温度条件下气相、液相和固相共存，对水来说，$0.006\,03$ atm 和 $0.01℃$ 时体系中冰、水、水蒸气三相共存。当 p 和 T 不在平衡线上时，系统就偏离平衡态，以固态、液态或气态中的某一种相态存在。

由水的相图还可以看到，气液平衡线在某一个温度和压力下突然终止了，这一点叫水的临界点。临界点所对应的温度叫该物质的临界温度，所对应的压力叫该物质的临界压力。高于它的临界温度以上，不论怎样增加压力气体都不能被液化。临界点右上方的区域对应的物质状态叫超临界流体。它既不是液体也不是气体,超临界流体像液体一样基本不具备可压缩性,它的分子紧密排列在一起,要想把它的体积减小一点需要非常大的压力;它也像气体,会充满所在的整个容器。一些常见化合物的超临界参数列于表 3 - 1。超临界二氧化碳是一种很好的溶剂,在工业和实验室中发挥着独特的作用。

表 3 - 1   一些常见化合物的超临界参数

物质	临界温度 $T/℃$	临界压力 p/atm
氨	132.5	112.5
二氧化碳	31	72.9
乙醇	243	63
乙烯	9.9	50.5
氦	−267.9	2.3
甲烷	−82.1	45.8
汞	1 492	1 490
水	374	218.3

图 3 - 2 是二氧化碳的相图。与水的相图有所不同的是二氧化碳的三相点的压力为 5.1 atm,因此在常压下(1 atm)二氧化碳不可能以液态形式存在,只要温度达到 −78℃,固态二氧化碳直接升华为气态二氧化碳。像绝大多数物质一样,二氧化碳由固态变为气态、由液态变为气态、由固态变为液态时体积都是增加的,所以温

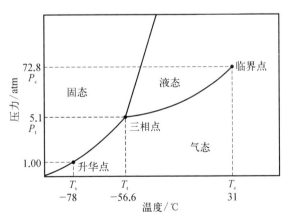

图 3 - 2   二氧化碳的相图(示意图)

度 T 升高对应的 p 是增加的,它的固气平衡线、液气平衡线及固液平衡线的斜率是正的。水的固液平衡线的斜率为负,是因为冰的密度比水小这个特殊原因。

3.1.2 难挥发非电解质稀溶液的蒸气压下降

如果溶液中的溶质是非挥发性的(即溶质没有可测得出的蒸气压),则该溶液的蒸气压就小于纯溶剂的蒸气压。从分子水平考虑,如果将一种难挥发的溶质溶于溶剂中形成溶液,溶质的质点占据了液体表面溶剂分子的位置,因而,溶剂蒸发的速度就降低了,溶剂分子凝聚的速度就相对大于其蒸发的速度,这使气相中的部分溶剂分子又回到溶液中。重新达到平衡时,气相中溶剂分子的数目就减少了,溶液的蒸气压低于纯溶剂的蒸气压,这就是稀溶液的蒸气压下降(见图3-3)。显然,稀溶液的浓度越大,占据溶剂分子位置的溶质的质点数就越多,溶剂蒸发量降低得就越多,溶液的蒸气压比纯溶剂的蒸气压降低的数值就越大。

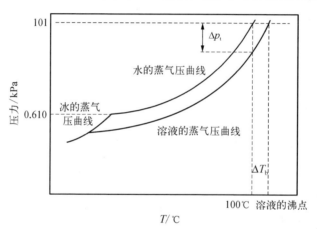

图3-3 水溶液的蒸气压下降及沸点上升(示意图)

拉乌尔(Raoult's)实验测得,当温度一定时,难挥发非电解质溶质的稀溶液的蒸气压下降值与溶质的摩尔分数成正比,而与溶质的本性无关,表示如下:

$$\Delta p = \frac{n_A}{n_A + n_B} p^0 = x_A p^0 \qquad (3-1)$$

即稀溶液蒸气压的下降值 Δp 直接与溶液中溶质的摩尔分数 x_A 成正比,式中 p^0 为该温度下溶剂的饱和蒸气压。

例3-1 已知100℃时水的蒸气压为101.3 kPa,溶解3.00 g尿素[$CO(NH_2)_2$]于100 g水中,计算该溶液的蒸气压。

解: $n_{尿素} = \dfrac{3.00 \text{ g}}{60.0 \text{ g/mol}} = 0.05 \text{ mol}, \quad n_{水} = \dfrac{100 \text{ g}}{18.0 \text{ g/mol}} = 5.55 \text{ mol}$

$$\Delta p = \frac{n_A}{n_A + n_B} p^0 = \frac{0.05 \text{ mol}}{0.05 \text{ mol} + 5.55 \text{ mol}} \times 101.3 \text{ kPa} = 0.904 \text{ kPa}$$

该稀溶液的蒸气压为

$$p = p^0 - 0.904 = 101.3 - 0.904 = 100.4 \text{ kPa}$$

3.1.3　难挥发非电解质稀溶液的沸点升高

液体的沸点是指液体饱和蒸气压与外界环境大气压相等时对应的温度。某温度时,难挥发性溶质的溶液比纯溶剂蒸气压下降,所以达到外界环境大气压所需要的温度比纯溶剂的会上升。如图 3-3 所示,溶液的气-液平衡曲线总位于纯溶剂的气-液平衡线的下方。这表明在任何温度下水溶液的蒸气压都小于纯溶剂的蒸气压,当溶液的温度达到 100℃时,溶液的蒸气压并没有达到外界环境的 1 atm,仍需要继续升温 ΔT_b,这就造成溶液的沸点比纯溶剂的高。稀溶液沸点升高值为稀溶液的沸点(T_b)减去纯溶剂的沸点(T_b^0),即

$$\Delta T_b = T_b - T_b^0$$

ΔT_b 值正比于溶液的浓度:

$$\Delta T_b \propto m$$

$$\Delta T_b = K_b m \tag{3-2}$$

式中,m 为溶液的质量摩尔浓度,即 1 000 g 溶剂中所含溶质的物质的量;K_b 为该溶剂的摩尔沸点升高常数,单位为℃·kg·mol^{-1}。表 3-2 列出了几种常见溶剂的正常凝固点,摩尔凝固点下降常数 K_f、沸点和摩尔沸点升高常数 K_b 的值。

表 3-2　几种常见溶剂的摩尔沸点升高常数 K_b 和摩尔凝固点下降常数 K_f

溶剂	正常凝固点/℃	K_f/℃·kg·mol^{-1}	正常沸点/℃	K_b/℃·kg·mol^{-1}
水	0	1.86	100	0.512
苯	5.5	5.12	80.1	2.53
乙醇	−117.3	1.99	78.4	1.22
醋酸	16.6	3.90	117.9	2.93
环己烷	6.6	20.0	80.7	2.79

例 3 - 2 1.0%(质量分数)的蔗糖水溶液的沸点是多少?

解: 已知水的沸点升高常数为 0.512℃·kg·mol^{-1},蔗糖的摩尔质量为 342.1 g/mol;

$$1\ 000\ g\ 该溶液中蔗糖的质量为 = 1\ 000\ g \times 1.0\% = 10\ g$$

$$1\ 000\ g\ 该溶液中水的质量为 = 1\ 000\ g - 10\ g = 990\ g = 0.990\ kg$$

$$该蔗糖溶液的质量摩尔浓度\ (m) = \frac{10\ g \div 342.1\ g \cdot mol^{-1}}{0.990\ kg} = 0.029\ 2\ mol \cdot kg^{-1}$$

$$该蔗糖溶液的沸点升高(\Delta T_b) = K_b m = 0.512℃ \cdot kg \cdot mol^{-1} \times 0.029\ 2\ mol \cdot kg^{-1}$$
$$= 0.015℃$$

$$1.0\%(质量分数)\ 的蔗糖水溶液的沸点 = 100 + 0.015 = 100.015(℃)$$

3.1.4 难挥发非电解质稀溶液的凝固点下降

稀溶液凝固点的下降为纯溶剂的凝固点(T_f^0)减去稀溶液的凝固点(T_f)

$$\Delta T_f = T_f^0 - T_f$$

同样,ΔT_f 值也正比于溶液的浓度

$$\Delta T_f \propto m$$

$$\Delta T_f = K_f m \tag{3-3}$$

式中,m 为溶液的质量摩尔浓度,即 1 000 g 溶剂中所含溶质的物质的量;K_f 为该溶剂的摩尔凝固点下降常数,单位为℃·kg·mol^{-1}。表 3-2 列出了几种常见溶剂的凝固点和它们的摩尔凝固点下降常数 K_f 的值。

凝固点的下降和沸点的升高在实验室都比较容易准确检测,因此常常可用凝固点下降或沸点升高法来计算新合成的化合物的相对分子质量,举例如下。

例 3 - 3 纯苯的凝固点为 5.50℃。把 900 mg 未知化合物溶于 27.3 g 苯中,测得该溶液的凝固点为 4.20℃,该未知化合物的相对分子质量约为多少?

解: $$\Delta T_f = K_f m$$

$$m = \frac{\Delta T_f}{K_f} = \frac{(5.50 - 4.20)}{5.12} = 0.254\ mol \cdot kg^{-1}$$

设未知化合物的相对分子质量为 M g·mol^{-1},

此溶液的质量摩尔浓度为 $= \dfrac{0.900 \text{ g} \div M \text{ g} \cdot \text{mol}^{-1}}{27.3 \text{ g} \div 1\,000 \text{ g} \cdot \text{kg}^{-1}} = 0.254 \text{ mol} \cdot \text{kg}^{-1}$

未知化合物的相对分子质量 $M = \dfrac{0.900 \text{ g}}{0.027\,3 \text{ kg} \times 0.254 \text{ mol} \cdot \text{kg}^{-1}} = 129.8 \text{ g} \cdot \text{mol}^{-1}$

乙二醇 $CH_2(OH)CH_2(OH)$ 具有很好的水溶性并且是非挥发性有机物,冬季常用作防冻剂置于汽车水箱中,夏天也可置于水箱中以防止水箱中的水爆沸。

对于溶液的蒸气压下降、沸点上升来说,溶质必须是难挥发性的,然而对凝固点下降就没有如此严格的限制,常常挥发性很强的物质也可引起凝固点下降。如甲醇挥发性相当强,沸点 65℃,也可用作汽车水箱中的防冻剂。

3.1.5　难挥发非电解质稀溶液的渗透压

如图 3 - 4 所示,U 型管中左边为纯溶剂(水),右边为水溶液,中间用半透膜分隔开。刚开始如左图所示,左右两边液面高度相同。

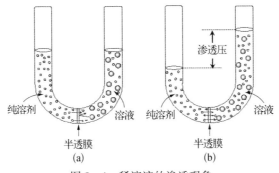

图 3 - 4　稀溶液的渗透现象

在 U 型管中的溶剂分子(水)可以双向透过半透膜,但溶质大分子却不能透过,最终的结果是左边的溶剂水分子透过半透膜进入右边的溶液中去,导致右边管中的液面上升,左边管中的液面下降,这就是渗透现象。

如果把一反向的压力施加到右测溶液的表面,就会减慢水从纯溶剂一方通过半透膜流向溶液一方的速度,当这一压力足够大时,就会使这种流动停止下来,这时的压力就叫渗透压 Π。溶剂的流动就是由渗透压驱动的,溶液的浓度越大渗透压越大。20% 的蔗糖水溶液的渗透压大约有 15 个大气压。渗透压的大小只由单位体积溶液中溶质的物质的量所决定,而与溶质的种类和性质无关,因此也是一种依数性。式(3-4)可用于计算难挥发性非电解质稀溶液的渗透压：

$$\Pi V = nRT$$

$$\Pi = \frac{n}{V}RT = cRT \tag{3-4}$$

式中，Π 为渗透压，单位 kPa；c 为溶质物质的浓度，单位 mol·dm^{-3}；V 为溶液的体积，单位 dm^3。

例3-4 计算 0.001 0 mol·dm^{-3} 蔗糖溶液的渗透压。

解：$\Pi = \dfrac{n}{V}RT = cRT$

$$= \frac{0.001\,0\ \text{mol} \times 8.314\ \text{kPa·dm}^3·\text{mol}^{-1}·\text{K}^{-1} \times 298\ \text{K}}{1\ \text{dm}^3}$$

$$= 2.478\ \text{kPa}$$

该渗透压会使溶液液面大约上升 25 cm。也可以用渗透压法测定未知化合物的相对分子质量。

例3-5 50.00 cm^3 水溶液中含有一种人体血清蛋白 1.08 g。已知该溶液在 298 K 时的渗透压为 5.85 mmHg，请计算该血清蛋白的相对分子质量。

解：$\Pi = 5.85\ \text{mmHg} \times \dfrac{1\ \text{atm}}{760\ \text{mmHg}} \times 101.3\ \text{kPa} = 0.780\ \text{kPa}$

设该血清蛋白的相对分子质量为 M，则有

$$\Pi = \frac{n}{V}RT = \frac{m/M}{V}RT, \quad M = \frac{mRT}{\Pi V}$$

$$M = \frac{mRT}{\Pi V} = \frac{1.08\ \text{g} \times 8.314\ \text{kPa·dm}^3·\text{mol}^{-1}·\text{K}^{-1} \times 298\ \text{K}}{0.780\ \text{kPa} \times 0.050\,0\ \text{dm}^3}$$

该血清蛋白的相对分子质量 $\qquad M = 6.86 \times 10^4\ \text{g/mol}$

生活中渗透压的应用随处可见。例如，如果把一个人体红细胞置于纯水中，它就会逐渐胀大，最终爆裂。这是因为细胞膜是一个半透膜，细胞膜内外的渗透压差会使外面的水分子大量进入细胞内，最终导致细胞的爆裂；如果把红细胞置于 0.9%（质量/体积）氧化钠水溶液中，细胞就能很好地存活；把细胞置于浓度大

于 0.9% 的盐水中,细胞内的水就透过细胞膜出来,细胞就会皱缩。医学上把 0.9% 的生理盐水或 5.0% 的葡萄糖溶液叫作等渗液。静脉注射或输液时要用 0.9% 的生理盐水或 5.0% 的葡萄糖溶液。

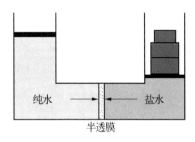

图 3 - 5　反渗透法淡化海水的示意图

　　渗透压的另一个应用是反渗透法淡化海水。如图 3 - 5 所示,在右边施加一定的压力,当这个压力小于海水的渗透压时,水分子仍然会通过半透膜从纯水一边进入海水一边;当这个压力大于海水的渗透压时,水分子就会通过半透膜从海水的一面进入纯水中,达到淡化海水的目的。图 3 - 6 是实际的海水淡化装置示意图,海水在高压下被压入半透膜制成的管道中,该管道浸入装有纯水的更粗的管道中,由于机械压力远远大于海水的渗透压,结果水分子透过半透膜的管子从海水中流到盛装纯水的粗管道中,最终海水成为浓缩的盐水流出来,许多这样的管子首尾相接,就可建成具有相当规模的海水净化厂。

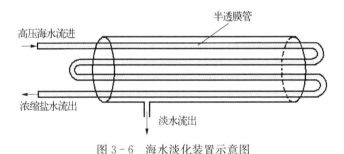

图 3 - 6　海水淡化装置示意图

　　淡化海水所需的压力可通过下式进行计算,海水的浓度约为每升海水含 1.1 mol 的溶解离子(包括 Na^+、Mg^{2+}、Cl^- 等),阻止水分子从纯水的一面净流向海水的一面的最小压力约为

$$\varPi = cRT \approx 1.1\ \text{mol} \cdot \text{dm}^{-3} \times 8.314\ \text{kPa} \cdot \text{dm}^3 \cdot \text{mol}^{-1} \cdot \text{K}^{-1} \times 280\ \text{K}$$
$$\approx 2\ 560.7\ \text{kPa}$$

实际生产中则需要更高的压力。这种海水淡化方法也存在一些待解决的难题,如半透膜管道易破裂且容易被阻塞,净化速度较慢。

　　以上依数性与溶液浓度的关系式都只严格适用于难挥发性非电解质溶质的稀溶液,不能用于难挥发性电解质溶液依数性的计算。如根据式(3 - 3),

0.010 0 mol·kg^{-1} 尿素水溶液的凝固点降低为 0.018 6℃；但如果溶质是氯化钠，则 0.010 0 mol·kg^{-1} NaCl 的水溶液的凝固点降低为 0.036 1℃。范德霍夫（Van't Hoff）为此定义了一个修正因子

$$i = \frac{实验测得 \Delta T_f}{计算推测 \Delta T'_f} \tag{3-5}$$

如 0.010 0 mol·kg^{-1} NaCl 水溶液的凝固点降低为 0.036 1℃，

即

$$i = \frac{实验测得 \Delta T_f}{计算推测 \Delta T'_f} = \frac{0.036\ 1}{1.86 \times 0.010\ 0} = 1.94 \approx 2$$

因氯化钠是强电解质，1 摩尔 NaCl 溶于水中生成约 2 摩尔的离子，凝固点下降值大约是同浓度非电解质溶液的 2 倍，即 $i = 2$；如果 MgCl$_2$ 溶于水中，则凝固点下降值大约是同浓度非电解质溶液的 3 倍，即 $i = 3$。对于弱电解质，如弱酸醋酸，在水中只有少量电离，因此其凝固点下降值应该比非电解质溶液的凝固点下降值略大一点，即 $i \geqslant 1$，但小于 2。因此对电解质溶液，以上公式都修正为

$$\Delta P = i[x_{溶质} P^0_{溶剂}] \tag{3-6}$$

$$\Delta T_f = iK_f m \tag{3-7}$$

$$\Delta T_b = iK_b m \tag{3-8}$$

$$\Pi = i \cdot [cRT] \tag{3-9}$$

对强电解质，修正因子 i 会随溶液浓度的变化而发生变化（见表 3-3）。当溶液浓度增大时，修正因子 i 会减小，这是由于溶液中离子间相互作用造成的。

表 3-3 修正因子 i 随稀溶液质量摩尔浓度的变化

溶 质	质量摩尔浓度				无限稀释
	1.0	0.10	0.010	0.001 0	
NaCl	1.81	1.87	1.94	1.97…	2
MgSO$_4$	1.09	1.21	1.53	1.82…	2
Pb(NO$_3$)$_2$	1.31	2.13	2.63	2.89…	3

3.2　水溶液中的酸碱平衡

3.2.1　酸碱理论及其发展

随着化学研究的不断深入,人们对酸碱的定义、酸碱反应的实质以及酸碱的应用的认识有一个循序渐进的过程。

1. 酸碱的阿仑尼乌斯电离理论

酸碱电离理论是由阿仑尼乌斯在 1887 年提出的。该理论认为,凡是在水溶液中能够电离产生 H^+ 的物质称为酸,能电离产生 OH^- 的物质称为碱,酸碱反应称为中和反应,酸碱反应的产物主要是水和盐类。

如:

$$酸:HAc \Longrightarrow H^+ + Ac^-$$

$$碱:NaOH \Longrightarrow Na^+ + OH^-$$

酸碱发生中和反应生成盐和水:

$$NaOH + HAc \Longrightarrow NaAc + H_2O$$

反应的实质:　　　　　$H^+ + OH^- \Longrightarrow H_2O$

2. 酸碱质子理论

1923 年,布朗斯台德(Brønsted)提出了酸碱质子理论。该理论认为,凡是能给出质子(H^+)的物质是酸,凡是能接受质子(H^+)的物质是碱,它们之间的关系可用下式来表示:

$$酸 \Longrightarrow 质子 + 碱$$

例如:　　　　　　$HA \Longrightarrow H^+ + A^-$

酸碱相互依存的关系称为共轭关系,上式中的 HA 是 A^- 的共轭酸;A^- 是 HA 的共轭碱;因质子得失而互相转变的每一对酸碱,称为共轭酸碱对,HA 与 A^- 就是共轭酸碱对(见图 3-7)。

在酸碱质子理论中,酸碱也可以认为是同一种物质在质子得失过程中的不同状态。它可以是中性分子、阳离子或阴离子,只是酸较其共轭碱多一个质子。

如：

$$\text{酸} \qquad\qquad \text{碱}$$

$$HClO_4 \Longrightarrow H^+ + ClO_4^-$$

$$HSO_4^- \Longrightarrow H^+ + SO_4^{2-}$$

$$H_2CO_3 \Longrightarrow H^+ + HCO_3^-$$

$$HCO_3^- \Longrightarrow H^+ + CO_3^{2-}$$

$$NH_4^+ \Longrightarrow H^+ + NH_3$$

$$^+H_3N{-}R{-}NH_3^+ \Longrightarrow H^+ + {^+}H_3N{-}R{-}NH_2$$

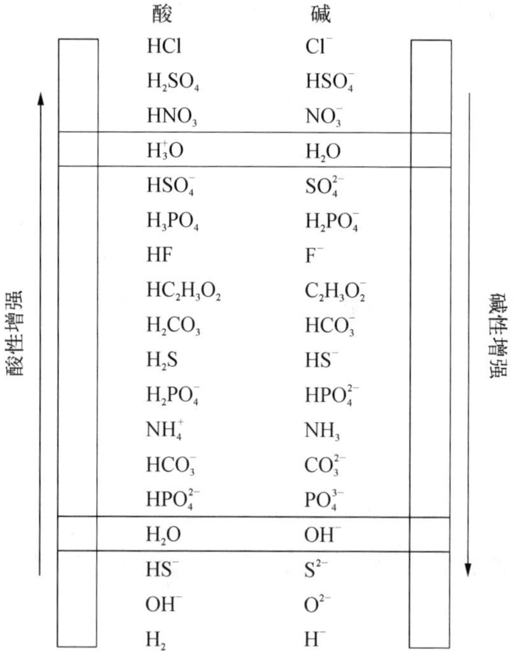

酸	碱
HCl	Cl$^-$
H$_2$SO$_4$	HSO$_4^-$
HNO$_3$	NO$_3^-$
H$_3$O$^+$	H$_2$O
HSO$_4^-$	SO$_4^{2-}$
H$_3$PO$_4$	H$_2$PO$_4^-$
HF	F$^-$
HC$_2$H$_3$O$_2$	C$_2$H$_3$O$_2^-$
H$_2$CO$_3$	HCO$_3^-$
H$_2$S	HS$^-$
H$_2$PO$_4^-$	HPO$_4^{2-}$
NH$_4^+$	NH$_3$
HCO$_3^-$	CO$_3^{2-}$
HPO$_4^{2-}$	PO$_4^{3-}$
H$_2$O	OH$^-$
HS$^-$	S^{2-}
OH$^-$	O^{2-}
H$_2$	H$^-$

（左侧竖箭头：酸性增强　右侧竖箭头：碱性增强）

图 3-7　共轭酸碱对的关系

上面各个共轭酸碱对的质子得失反应，称为酸碱半反应。由于质子的半径极小，电荷密度极高，它不可能在水溶液中独立存在（或者说只能瞬间存在），因此上述的各种酸碱半反应在溶液中也不能单独进行，而是当一种酸给出质子时，溶液中必定有一种碱来接受质子，酸碱反应的实质是质子的转移，例如 $HCl + NH_3 \longrightarrow NH_4^+ + Cl^-$ 反应的结果是反应物中的酸和碱之间传递质子，各自转化为它们的共轭碱和共轭酸。HAc 在水溶液中离解时，溶剂水就是接受质子的碱，它们的反应可以表示如下：

$$HAc \Longrightarrow H^+ + Ac^-$$

酸$_1$　　　　碱$_1$

$$H_2O + H^+ \Longrightarrow H_3O^+$$

碱$_2$　　　　酸$_2$

$$HAc + H_2O \Longrightarrow H_3O^+ + Ac^-$$

酸$_1$　　碱$_2$　　　酸$_2$　碱$_1$

其结果是质子从 HAc 转移到 H_2O，此处溶剂 H_2O 起到了碱的作用，使 HAc 离解得以实现。为了书写方便，通常将 H_3O^+ 写为 H^+，故上式可简写为

$$HAc \Longrightarrow H^+ + Ac^-$$

遇到碱，溶剂水也可以给出质子，作为酸出现，因此水是一种两性溶剂。

由于水分子的两性，一个水分子可以从另一个水分子夺取质子而形成 H_3O^+ 和 OH^-，即

$$H_2O + H_2O \Longrightarrow H_3O^+ + OH^-$$

水分子之间存在着质子的传递作用，称为水的质子自递作用。这个作用的平衡常数 K_w 称为水的质子自递常数，也称水的离子积，即

$$K_w = [H_3O^+][OH^-]$$

水合质子 H_3O^+ 也常常简写作 H^+，因此水的质子自递常数常简写作

$$K_w = [H^+][OH^-] \tag{3-10}$$

K_w 与温度有关，在 22℃时等于 10^{-14}，即 $K_w = 10^{-14}$，$pK_w = -\lg K_w = 14$。

在酸碱质子理论中，弱酸的解离平衡常数 K_a 与其共轭碱的解离平衡常数之间的关系为 $K_b = K_w / K_a$。同理，也可以利用 $K_a = K_w / K_b$，由已知碱的解离常数 K_b 求其共轭酸的解离常数 K_a。

3. 酸碱电子理论

1923 年，路易斯(Lewis)提出了一种适用范围更广的酸碱理论，称为电子对给体-受体理论，又称为酸碱电子理论。该理论认为，在反应过程中，能接受电子对的任何分子、原子团或离子称为酸(又称为 Lewis 酸)；能给出电子对的任何分子、原子团或离子称为碱(Lewis 碱)。根据该理论，路易斯酸是电子对的接受

体,具有亲电子性;路易斯碱是电子对的给予体,具有亲核性。酸碱反应的实质是电子对的给予和接受。

如 NH_3 和 H_2O 的反应:　　　$NH_3 + H_2O \longrightarrow NH_4^+ + OH^-$

其电子对给予和接受过程为

$$
\begin{array}{ccc}
H & H & H \\
| & | & | \\
H-N: \;\; + \;\; H-O & \rightleftharpoons & H-N\rightarrow H^+ + OH^- \\
| & & | \\
H & & H
\end{array}
$$

又如,$BaO(g)$ 和 $SO_3(g)$ 的反应:$BaO(g) + SO_3(g) \longrightarrow BaSO_4(s)$
这是一个无溶剂的反应,其电子对给予和接受过程为

$$
\begin{array}{ccc}
& O & O \\
& \| & \| \\
Ba^{2+}(:O:)^{2-} \;\; + \;\; & S\leftarrow O & \longrightarrow Ba^{2+}(\;O\rightarrow S\leftarrow O\;)^{2-} \\
& \| & \| \\
& O & O
\end{array}
$$

上述反应中 NH_3、BaO 都是电子对给予体,是 Lewis 碱;H_2O 和 SO_3 是电子对接受体,是 Lewis 酸。

在酸碱电子理论中,物质是酸或是碱应该在具体的反应中确定。在反应中接受电子对的是酸,给出电子对的是碱,而不能脱离环境去辨认物质的酸碱归属。

关于酸和碱的强弱,电离理论和质子理论都有定量的标志 K(电离常数或共轭酸碱常数),而酸碱电子理论缺乏一个标准。例如 NH_3 与 $AgCl$ 反应时,NH_3 能从 $AgCl$ 中取代 Cl^- 离子而与 Ag^+ 离子结合:

$$AgCl + 2NH_3 \longrightarrow [Ag(NH_3)_2]^+ + Cl^-$$

说明与酸 Ag^+ 反应时,NH_3 的碱性比 Cl^- 的碱性强。当 NH_3 和 $PbCl_2$ 反应时,NH_3 却不能取代 $PbCl_2$ 中的 Cl^-,即:

$$PbCl_2 + NH_3 \longrightarrow 不反应$$

说明此时 NH_3 的碱性要比 Cl^- 要弱。由此可以看出,酸碱强弱会由于反应对象或条件不同而改变,缺乏可比性。

尽管如此,路易斯的酸碱概念扩大了人们对酸碱的认识范围,将酸碱反应推广到无溶剂体系中,物相也从均相(气、液相)扩大到了多相,还把无机化学中的酸碱概念推广到有机化学中,并得到广泛应用。

1963 年,皮尔逊(Pearson)根据路易斯酸(或碱)接受电子对能力的强弱(或给予电子对的能力强弱)划分为软硬酸(或碱),路易斯酸分为三类(见表 3 - 4)。

表 3 - 4　软硬酸碱的分类

硬　酸	H^+, Li^+, Na^+, K^+, Be^{2+}, Mg^{2+}, Ca^{2+}, Sr^{2+}, Mn^{2+}, Fe^{3+}, Cr^{3+}, Co^{3+}, Al^{3+}, Ga^{3+}, Ln^{3+}, La^{3+}, Ti^{4+}, Zr^{4+}, Si^{4+}, As^{3+}, Sn^{4+}, BF_3, $AlCl_3$, SO_3, CO_2
软　酸	Cu^+, Ag^+, Au^+, Cd^{2+}, Hg^{2+}, Hg^+, Tl^+, Tl^{3+}, Pd^{2+}, Pt^{2+}, Pt^{4+}, M^0(金属原子)
交界酸	Fe^{2+}, Co^{2+}, Ni^{2+}, Cu^{2+}, Zn^{2+}, Pb^{2+}, Sn^{2+}, Sb^{3+}, Cr^{2+}, Bi^{3+}, SO_2, $B(CH_3)_3$
硬　碱	H_2O, OH^-, F^-, O^{2-}, CH_3COO^-, PO_4^-, SO_4^{2-}, CO_3^{2-}, ClO_4^-, NO_3^-, ROH, NH_3, N_2H_2, RNH_2, F_2
软　碱	RSH, RS^-, I^-, SCN^-, $S_2O_3^{2-}$, S^{2-}, CN^-, CO, C_2H_4, H^-, R_3P
交界碱	$C_6H_5NH_2$, C_2H_5N, N_3^-, Br^-, NO_2^-, SO_3^{2-}, N_2

第一类是硬酸,其接受电子对的原子一般具有体积小(变形性小)、正电荷高、电负性大、难极化的特点。主族元素阳离子多属于硬酸。硬酸易同电负性大的非金属元素结合成稳定的化合物。

第二类是软酸,其接受电子对的原子一般具有体积大(变形性大)、正电荷低、电负性小、易极化的特点。属于软酸的金属一般都是副族元素。软酸倾向于同半径大、变形性大的非金属元素配位。

第三类是交界酸,其接受电子对的原子的特性介于软酸和硬酸之间。

路易斯碱也分为三类:

第一类是硬碱。其给电子对的原子一般具有电负性大(难给出电子对)、体积小(变形性小)、不易被氧化的特点。

第二类是软碱。其给电子对的原子一般具有电负性小(易给出电子对)、体积大(易变形)、易氧化的特点。

第三类是交界碱,其给电子对的原子的特性介于软硬碱之间。

皮尔逊还总结出一个软硬酸碱(HSAB)规则:"软亲软,硬亲硬,软硬结合不稳定。"

根据这个原则,可对化合物的稳定性进行比较并预测反应进行的方向。例如:

$$HI \quad + \quad AgNO_3 \longrightarrow AgI \quad + \quad HNO_3$$

(硬软) (软硬) (软软) (硬硬)

再如,Ag^+ 是软酸,I^- 是软碱,Br^- 是交界酸,所以软软结合的 AgI 的稳定性大于 AgBr 的稳定性。

根据 Lewis 酸碱理论,基本上所有均相体系的反应如配位反应、酸碱反应、沉淀反应均可以认为是广义的酸碱反应。

从上面介绍的三种酸碱理论的发展可以看出,随着科学研究的深度和广度的扩展,人们对物质及其反应范围的定义也在变化。酸碱定义和酸碱反应范围的不断扩大,对于处理问题的可行性是有利的,但对于一些具体的体系(如水溶液体系),用酸碱电离理论或质子理论处理起来则更为直观和方便。

3.2.2 弱酸电离平衡及溶液 pH 值的计算

设 HA 为一元弱酸,它在水溶液中存在如下解离平衡 $HA \Longrightarrow H^+ + A^-$,电离度 α 定义为

$$\alpha = \frac{c_{HA} - [HA]}{c_{HA}} \times 100\% \qquad (3-11)$$

式中,c_{HA} 表示一元弱酸的总浓度,[HA]表示平衡浓度。

电解质的强弱是相对于某种溶剂而言的。如 HAc 在水溶液中为弱电解质,但在液氨为溶剂的溶液中则为强电解质,溶剂不同时电离度也不同。故不可把酸碱强弱的划分绝对化,通常所说的电解质的强弱是以水为溶剂而言的。

弱酸(或弱碱)的电离常数 K_a(或 K_b)可以用来衡量弱酸(或弱碱)的相对强弱,一般 $K \leqslant 10^{-4}$ 时认为是弱酸或弱碱;K 值在 $10^{-2} \sim 10^{-3}$ 范围内为中等强度的酸或碱。虽然 K_a 和 K_b 的数值随温度而改变,但常温和水溶液体系中变化幅度较小,一般可以忽略。

K_a(或 K_b)只代表酸(或碱)在水中产生 H^+ 离子(或 OH^-)的能力,它们在酸碱反应中所起的作用,取决于水溶液中 H^+ 离子(或 OH^-)的浓度,人们把水

溶液中氢离子的浓度定义为酸度,作为在酸碱反应中起作用大小的标志。

下面来讨论弱酸 K_a 与 α 的关系及 H^+ 离子的浓度。以 HA 为例,假设初始浓度为 c,则

$$HA \rightleftharpoons A^- + H^+$$

初始　　　　　c　　　0　　　10^{-7}

平衡时　　$c(1-\alpha)$　　$c\alpha$　　$c\alpha + 10^{-7}$

$K_a = (c\alpha)(c\alpha + 10^{-7})/c(1-\alpha)$,当同时满足 $c/K_a \geqslant 500$ 及 $cK_a \geqslant 20K_w$ 两个条件时,$1-\alpha \approx 1$,水解离产生的 H^+ 可以忽略,有

$$K_a = c\alpha^2$$

$$\alpha = \sqrt{\frac{K_a}{c}} \qquad\qquad (3-12)$$

$$[H^+] = \sqrt{cK_a} \qquad\qquad (3-13)$$

$$pH = -\lg[H^+] \qquad\qquad (3-14)$$

式(3-12)称为稀释定律。当温度一定时,稀释弱电解质时,浓度越小电离度 α 越大;反之,浓度越大电离度 α 就越小。

例 3-6　已知 HAc 的 $pK_a = 4.75$,求 $0.010\ \text{mol} \cdot \text{dm}^{-3}$ HAc 溶液的 pH 值。

解: $cK_a = 0.010 \times 10^{-4.75} \gg 20K_w$

$c/K_a = 0.010/10^{-4.75} \gg 500$

符合两个简化的条件,可采用最简式计算:

$$[H^+] = \sqrt{cK_a} = \sqrt{0.010 \times 10^{-4.75}} = 4.2 \times 10^{-4}\ \text{mol} \cdot \text{dm}^{-3}$$

$$pH = 3.38$$

多元酸在溶液中存在逐级离解:

$$H_n A \rightleftharpoons H_{n-1} A^- + H^+ \qquad K_{a_1} = \frac{[H_{n-1} A^-][H^+]}{[H_n A]}$$

$$H_{n-1} A^- \rightleftharpoons H_{n-2} A^{2-} + H^+ \qquad K_{a_2} = \frac{[H_{n-2} A^{2-}][H^+]}{[H_{n-1} A^-]}$$

… … … …

$$H_n A \rightleftharpoons A^{n-} + nH^+ \qquad K_a = K_{a_1} K_{a_2} \cdots = \frac{[A^{n-}][H^+]^n}{[H_n A]}$$

通常多元酸的多级离解常数 K_{a_1}、K_{a_2}、$\cdots$、K_{a_n} 存在显著差别,一般的无机酸(指强度中等或弱的无机酸如磷酸、碳酸等)中,第一级电离比其他各级电离大很多,因此第一级离解平衡是主要的,而且第一级离解出来的 H^+ 又将大大抑制以后各级的离解,多元酸产生的氢离子可近似看作是第一级电离的结果,即作为一元酸来处理。

对 $\dfrac{2K_{a_2}}{\sqrt{cK_{a_1}}} \ll 1$ 的多元酸,当 $cK_{a_1} \geqslant 20K_w$,$\dfrac{c}{K_{a_1}} \geqslant 500$ 时,有最简式 $[H^+] = \sqrt{cK_{a_1}}$。

例 3 - 7 已知室温下 H_2CO_3 的饱和水溶液浓度约为 $0.040\ \text{mol} \cdot \text{dm}^{-3}$,试求该溶液的 pH 值。

解: 查表得 $pK_{a_1} = 6.38$,$pK_{a_2} = 10.25$。 由于 $K_{a_1} \gg K_{a_2}$,可按一元酸计算。 又由于符合一元酸近似计算的条件:

$$cK_{a_1} = 0.040 \times 10^{-6.38} \gg 20K_w$$

$$c/K_{a_1} = 0.040/10^{-6.38} = 9.6 \times 10^4 \gg 500$$

$$[H^+] = \sqrt{0.040 \times 10^{-6.38}} = 1.3 \times 10^{-4}\ \text{mol} \cdot \text{dm}^{-3}$$

$$pH = 3.89$$

本节讨论了如何计算一元弱酸和多元弱酸溶液的 pH 值。弱碱也同样存在着电离平衡,处理问题的方法类似。当需要计算一元弱碱、多元弱碱溶液的 pOH 值时,只需将计算式及使用条件中的 $[H^+]$、K_a、pH 相应地换成 $[OH^-]$、K_b、pOH 即可。

配制酸或碱溶液可以用上面的方法计算,对一个未知的试样,可以用 pH 试纸粗测其 pH 值,也可以用酸碱滴定法或 pH 计测得比较精确的 pH 值。

3.2.3 缓冲溶液

控制溶液 pH 值基本保持不变常常是保证反应在水溶液中正常进行的一个重要条件。有些溶液体系能够抵抗少量外来酸、外来碱或少量水的稀释而保持 pH 值基本不变,具有这样性质的溶液叫缓冲溶液。

1. 缓冲溶液中的平衡特征

在弱酸与其共轭碱组成的溶液中存在如下平衡：

$$HA + H_2O \rightleftharpoons H_3O^+ + A^-$$

若溶液的浓度 c_{HA} 和 c_{A^-} 较大，可以不考虑水自身电离产生的氢离子的作用，得到计算缓冲溶液中 $[H^+]$ 的最简式：

$$[H^+] = K_a \frac{c_{HA}}{c_{A^-}}$$

$$pH = pK_a + \lg \frac{c_{A^-}}{c_{HA}} \tag{3-15}$$

从以上讨论可知：

(1) 缓冲溶液的 pH 值首先取决于缓冲对中弱酸的电离平衡常数 K_a，因此由不同的共轭酸碱对组成的缓冲溶液所能控制的 pH 值范围不同。表 3-5 列出了几种常用的缓冲溶液。

表 3-5　几种常见的缓冲溶液

缓冲溶液	酸	共轭碱	K_a	可控制的 pH 值范围
邻苯二甲酸氢钾- HCl	COOH〔苯环〕COOH	COOH〔苯环〕COO$^-$	$10^{-2.89}$	1.9～3.9
六次甲基四胺- HCl	$(CH_2)_6 N_4 H^+$	$(CH_2)_6 N_4$	$10^{-5.15}$	4.2～6.2
$NaH_2PO_4 - Na_2HPO_4$	$H_2PO_4^-$	HPO_4^{2-}	$10^{-7.20}$	6.2～8.2
$Na_2B_4O_7$-水溶液	H_3BO_3	$H_2BO_3^-$	$10^{-9.24}$	8.2～10.2
$NaHCO_3 - Na_2CO_3$	HCO_3^-	CO_3^-	$10^{-10.25}$	9.3～11.3

(2) 除了弱酸的 K_a 值外，弱碱和弱酸的浓度比 c_b/c_a（称为缓冲比）也会影响溶液 pH 值，共轭酸碱的浓度 c_b 与 c_a 比较接近时（一般控制在 10∶1～1∶10 之间），缓冲溶液的缓冲能力（或称缓冲容量）较大。当 $c_a = c_b$ 时，$pH = pK_a$。

(3) 当缓冲比 c_b/c_a 一定,c_b 与 c_a 都较大时,溶液的 pH 值才能保持不变。一般将组分的浓度控制在 $0.05\sim0.5$ mol·dm^{-3} 较为适宜,如果是生物样品还应注意渗透压。

2. 常用的配制酸碱缓冲溶液的方法

选择缓冲体系主要考虑以下两个重要方面:

(1) 根据所需控制 pH 值的要求,选择合适的缓冲对。选 $pK_a\approx$pH 的弱酸及其共轭碱做缓冲体系。

(2) 应适当提高各组分的浓度,一般应控制在 $0.05\sim0.5$ mol·dm^{-3},且保持两者的浓度相近,一般以 1:1 或相近的比例配制时溶液缓冲能力较强。

常用的配制酸碱缓冲溶液的方法:

(a) 采用相同浓度的弱酸(或弱碱)及其共轭碱(或共轭酸)溶液,按不同体积混合来配制所需缓冲溶液。

(b) 采用过量的弱酸加一定量的强碱,通过中和反应生成的共轭碱与剩余的弱酸组成缓冲溶液。

(c) 采用在一定量的弱酸(或弱碱)溶液中直接加入共轭碱。

(d) 有时要求在很宽的 pH 值范围内都有缓冲作用,具有这种性质的溶液称为全域缓冲溶液。这种缓冲溶液可由几种 pK_a 值不同的弱酸混合后加入不同量的强碱制备。例如,将 pK_a 值分别为 3、5、7、9、11 的几种弱酸混合在一起,可以配制 pH 值在 $1\sim12$ 范围内的全域缓冲溶液。用浓度均为 0.04 mol·dm^{-3} 的 H_3PO_4、H_3BO_3 和 HAc 混合,向其中加入不同体积的 0.2 mol·dm^{-3} NaOH 即可得所需的全域缓冲溶液。

3. 缓冲体系及作用举例

酸碱缓冲作用在自然界中普遍存在,土壤中由于硅酸、磷酸、腐殖酸等及其盐的缓冲作用,得以保持 pH 值在 $5\sim8$ 之间,适宜农作物生长。

人体血液 pH 值必须保持在 7.40 ± 0.5 范围内,pH 值改变超过 0.4 个单位,就会有生命危险,所以脆弱的生命必须靠着缓冲体系维持 pH 值稳定,血液中含有多种缓冲体系。

血浆中:H_2CO_3 - $NaHCO_3$,NaH_2PO_4 - Na_2HPO_4,HHb - NaHb(血浆蛋白及其钠盐),HA - NaA(有机酸及其钠盐)。

红细胞中:H_2CO_3 - $KHCO_3$,KH_2PO_4 - K_2HPO_4,HHb - KHb,HA - KA,$HHbO_2$ - $KHbO_2$(氧合血红蛋白及其钾盐)。

其中 $H_2CO_3 - HCO_3^-$ 缓冲对起主要作用。溶解状态的 CO_2 主要以 H_2CO_3 形式存在于血液中。

$$H_2CO_3 = HCO_3^- + H^+$$

$$pH = pK_{a_1} + \lg \frac{c(HCO_3^-)}{c(H_2CO_3)}$$

pH 值主要取决于 $\dfrac{c(HCO_3^-)}{c(H_2CO_3)}$ 的比值。正常时该比值是 20/1，虽然已超出一般缓冲溶液的缓冲范围（10∶1～1∶10），但是因为人体是一个开放体系，通过肺、肾等生理功能的调节，依然能使其浓度保持相对稳定。例如，当代谢过程产生比 H_2CO_3 更强的酸进入血液中时，HCO_3^- 与 H^+ 结合成 H_2CO_3，立即被带到肺，部分解成 $H_2O + CO_2$，呼出体外。反之，代谢过程产生碱性物进入血液时，H_2CO_3 立即与 OH^- 作用，生成 H_2O 和 HCO_3^-，经肾脏调节由尿排出。因此，血浆中 $HCO_3^- - CO_2(l)$ 缓冲体系总能保持稳定的浓度，具有较强的缓冲能力（见图 3-8）。

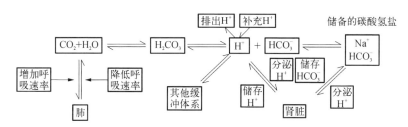

图 3-8　$HCO_3^- - H_2CO_3$ 缓冲体系与肺和肾的关系

3.3　多相离子的平衡

3.3.1　溶度积常数

将固体 $BaSO_4$ 放入水中，固体表面的 Ba^{2+} 及 SO_4^{2-} 受到水分子的作用，离开固体表面而进入溶液，这一过程就是溶解；相对地，溶液中 Ba^{2+} 及 SO_4^{2-} 受到固体表面正负离子的吸引，重新返回固体表面，这一过程就是沉淀。当沉淀和溶解速率相等就达到 $BaSO_4$ 的沉淀溶解平衡时，所得溶液就是 $BaSO_4$ 的饱和溶液。

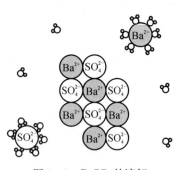

图 3-9 BaSO₄ 的溶解
过程示意图

它是固相 $BaSO_4$ 与液相中 Ba^{2+} 及 SO_4^{2-} 之间的平衡,称多相平衡,这与只有液相的酸碱平衡体系不同。难溶电解质 $BaSO_4$ 的溶解平衡可表示为(见图 3-9)

$$BaSO_4(s) \Longrightarrow Ba^{2+}(aq) + SO_4^{2-}(aq)$$

它的平衡常数 $K = [Ba^{2+}][SO_4^{2-}]$。在一定温度下,难溶电解质 $BaSO_4$ 的饱和溶液中各离子浓度的乘积是一常数,叫作溶度积常数,标记为 $K_{sp}(BaSO_4)$。对于一般的难溶物质 $A_mB_n(s)$ 来说,存在的平衡为

$$A_mB_n(s) \Longrightarrow mA^{n+}(aq) + nB^{m-}(aq)$$
$$K_{sp} = [A^{n+}]^m [B^{m-}]^n \qquad (3-16)$$

($[A^{n+}]$、$[B^{m-}]$ 表示平衡时的离子浓度)

如:$Mg(OH)_2$ 的 $K_{sp} = [Mg^{2+}][OH^-]^2$

　　$Ca_3(PO_4)_2$ 的 $K_{sp} = [Ca^{2+}]^3[PO_4^{3-}]^2$

3.3.2　溶度积和溶解度的关系

溶解度表示物质的溶解能力,溶度积反映了难溶电解质沉淀溶解平衡时离子浓度之间的关系,也间接表示了物质的溶解能力,下面我们讨论一下两者之间的关系(此后讨论的溶解度的单位为 $mol \cdot dm^{-3}$)。

例 3-8　15 mg CaF_2 溶于 1 dm^{-3} 水中达到饱和,求其 K_{sp}。(CaF_2 相对分子质量 78.1)

解:先把溶解度转变成浓度

$$s = \frac{m}{MV} = \frac{0.015}{78.1 \times 1} = 1.9 \times 10^{-4} (mol \cdot dm^{-3})$$
$$CaF_2(aq) \Longrightarrow Ca^{2+} + 2F^-$$
$$s \qquad\qquad s \quad\ 2s$$
$$K_{sp} = s(2s)^2 = 4s^3 = 2.7 \times 10^{-11}$$

3.3.3　溶度积规则

对于任意难溶强电解质的多相离子平衡体系

$$A_m B_n(s) \rightleftharpoons m A^{n+}(aq) + n B^{m-}(aq)$$

某一状态时,可以计算反应商 Q,即

$$Q = c_{A^{n+}}^m c_{B^{m-}}^n / c_{A_m B_n}(s) = c_{A^{n+}}^m c_{B^{m-}}^n \tag{3-17}$$

式中,c 表示某状态时离子的浓度。

根据前面章节中讨论的等温等压不做非体积功时有关化学反应方向的判断原理可推知:

$Q > K_{sp}$ 时,平衡向左移动,反应向逆方向自发进行,即生成沉淀;

$Q < K_{sp}$ 时,平衡向右移动,反应向正方向自发进行,即沉淀溶解;

$Q = K_{sp}$ 时,处于平衡状态,溶解和沉淀速度相等。

这就是溶度积规则,它是我们判断沉淀生成、溶解、转化的重要依据(见图 3-10)。

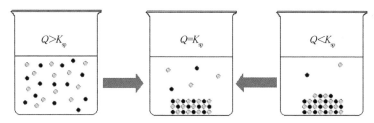

图 3-10 溶度积规则示意图

3.3.4 分步沉淀

如果溶液中同时含有几种离子,当加入一种沉淀剂时,哪一种离子先沉淀? 先沉淀的离子沉淀到什么程度,另一种离子才开始沉淀? 这种先后沉淀的现象,称为分步沉淀。

例 3-9 假设溶液中 $c_{I^-} = 0.01 \text{ mol} \cdot \text{dm}^{-3}$,$c_{Cl^-} = 0.01 \text{ mol} \cdot \text{dm}^{-3}$,滴加 $AgNO_3$ 溶液,先生成 AgI 沉淀还是 $AgCl$ 沉淀?($K_{sp, AgCl} = 1.8 \times 10^{-10}$,$K_{sp, AgI} = 8.5 \times 10^{-17}$)

解: 计算求得开始生成 AgI 和 $AgCl$ 沉淀时所需的 Ag^+ 的浓度分别为

$$c_{Ag^+} > \frac{K_{sp, AgI}}{c_{I^-}} = \frac{8.5 \times 10^{-17}}{0.01} = 8.5 \times 10^{-15} (\text{mol} \cdot \text{dm}^{-3})$$

$$c_{Ag^+} > \frac{K_{sp, AgCl}}{c_{Cl^-}} = \frac{1.8 \times 10^{-10}}{0.01} = 1.8 \times 10^{-8} (\text{mol} \cdot \text{dm}^{-3})$$

可见,沉淀 I^- 所需的 Ag^+ 浓度比沉淀 Cl^- 所需 Ag^+ 浓度小得多。所以 AgI 沉淀先析出。随着 AgI 的不断析出,溶液中的$[I^-]$不断降低,为了继续析出沉淀,必须继续滴加 Ag^+。当$[Ag^+]$增大至 1.8×10^{-8} mol·dm^{-3} 时,AgCl 才开始沉淀,这时 AgCl、AgI 同时析出。

因为这时溶液中的 I^- 与 Cl^- 及 Ag^+ 的沉淀平衡同时存在:

$$[Ag^+][I^-] = K_{sp,\ AgI} = 8.5 \times 10^{-17}$$
$$[Ag^+][Cl^-] = K_{sp,\ AgCl} = 1.8 \times 10^{-10}$$

两式相除,得

$$\frac{[Cl^-]}{[I^-]} = 2.12 \times 10^6$$

即,当$[Cl^-] > 2.12 \times 10^6 [I^-]$时,AgCl 开始沉淀,同样可以计算出此时溶液中的$[I^-]$浓度为

$$[I^-] = \frac{[Cl^-]}{2.12 \times 10^6} = 0.01/2.12 \times 10^6$$
$$= 4.7 \times 10^{-9} (\text{mol·dm}^{-3}) \ll 10^{-5}\ \text{mol·dm}^{-3}。$$

一般认为,某一离子浓度小于 10^{-5} mol·dm^{-3} 时表示该离子已沉淀完全。这就说明在 AgCl 开始沉淀时,$[I^-]$早就已经沉淀完全了,即用分步沉淀法可以将这两种离子完全分离。

分步沉淀常应用于离子的分离,特别是利用控制酸度法进行离子分离,例 3-10 说明了如何控制 pH 值来实现 Fe^{3+} 和 Mg^{2+} 的分离。

例 3-10 如果溶液中 Fe^{3+} 和 Mg^{2+} 的浓度都是 0.01 mol·dm^{-3},调节溶液 pH 值,使 Fe^{3+} 沉淀完全而使 Mg^{2+} 不沉淀的条件是什么?已知 $K_{sp,\ Fe(OH)_3} = 2.64 \times 10^{-39}$,$K_{sp,\ Mg(OH)_2} = 5.61 \times 10^{-12}$。

解: $Fe(OH)_3 \rightleftharpoons Fe^{3+} + 3OH^-$

$$K_{sp} = [Fe^{3+}][OH^-]^3$$

Fe^{3+} 沉淀完全时的$[OH^-]$可由下式求得

$$[OH^-] = \sqrt[3]{\frac{K_{sp}}{[Fe^{3+}]}} = \sqrt[3]{\frac{2.64 \times 10^{-39}}{1.0 \times 10^{-5}}} = 6.4 \times 10^{-12} (\text{mol·dm}^{-3})$$

即要求这时溶液的 pOH 为 11.2, pH＝2.8,

$$Mg(OH)_2 \rightleftharpoons Mg^{2+} + 2OH^-$$

用类似的方法求出生成 $Mg(OH)_2$ 沉淀时的 $[OH^-]$, 即

$$[OH^-] = \sqrt{\frac{K_{sp}}{c_{Mg^{2+}}}} = \sqrt{\frac{5.61 \times 10^{-12}}{0.01}} = 2.4 \times 10^{-5} (mol \cdot dm^{-3})$$

$$pOH = 4.6,\ pH = 9.4$$

当 pH＝9.4 时, Fe^{3+} 早已沉淀完全, 因此只要将 pH 值控制在 2.8～9.4 之间, 即可将 Fe^{3+} 和 Mg^{2+} 分离开。

3.3.5　沉淀的转化

向盛有白色 $PbSO_4$ 沉淀的溶液中加入 Na_2S, 搅拌后, 可见沉淀由白色转变成黑色, 说明生成了 PbS 沉淀。这种由一种沉淀转化为另一种沉淀的过程称为沉淀的转化。

$$PbSO_4(s) + S^{2-} \rightleftharpoons PbS(s) + SO_4^{2-}$$

已知 $PbSO_4$ 的 $K_{sp} = 1.82 \times 10^{-8}$, PbS 的 $K_{sp} = 9.04 \times 10^{-29}$, 转化程度可由 K_j 表示:

$$K_j = \frac{[SO_4^{2-}][Pb^{2+}]}{[S^{2-}][Pb^{2+}]} = \frac{K_{sp,PbSO_4}}{K_{sp,PbS}} = 2.0 \times 10^{20}$$

$PbSO_4$、PbS 是同类型的难溶电解质, 溶度积常数相差很大, 所以很容易发生转化, 若两种难溶电解质 K_{sp} 相差不大, 大幅度改变浓度时也可以实现难溶电解质向易溶电解质的转化。

例 3-11　现有 50 mg $BaSO_4$ 固体, 如每次用 1.0 cm^3 浓度为 1.5 mol · dm^{-3} 的 Na_2CO_3 溶液处理它, 问需几次才可使 $BaSO_4$ 完全转化为 $BaCO_3$?

解: 设每次转化的 SO_4^{2-} 浓度为 x, 根据转化反应得到

$$BaSO_4 + CO_3^{2-} \rightleftharpoons BaCO_3 + SO_4^{2-}$$

初始浓度	1.5	0
平衡时浓度	1.5−x	x

$$K = \frac{[SO_4^{2-}]}{[CO_3^{2-}]} = \frac{[SO_4^{2-}][Ba^{2+}]}{[CO_3^{2-}][Ba^{2+}]} = \frac{K_{sp,\,BaSO_4}}{K_{sp,\,BaCO_3}} = \frac{1.07 \times 10^{-10}}{2.6 \times 10^{-9}} = 0.041$$

$$K = \frac{[SO_4^{2-}]}{[CO_3^{2-}]} = \frac{x}{1.5 - x} = 0.041$$

解得 $x = 0.059$，即 $[SO_4^{2-}] = 0.059\ mol \cdot dm^{-3}$

一次转化的 $BaSO_4$ 量为 $233 \times 0.059 = 13.76\ mg$，转化次数：$\dfrac{50}{13.75} = 3.6$(次)，即为 4 次。

3.3.6　影响沉淀溶解度的因素

影响沉淀溶解度的因素很多，如同离子效应、盐效应、酸效应及配位效应等，下面分别讨论。

1. 同离子效应

若要使沉淀完全，溶解损失应尽可能小。对重量分析来说，沉淀溶解损失的量一般不超过称量的精确度(即0.2 mg)，但一般沉淀很少能达到这一要求。

例如，用 $BaCl_2$ 将 SO_4^{2-} 沉淀成 $BaSO_4$，$K_{sp,\,BaSO_4} = 1.07 \times 10^{-10}$，当加入 $BaCl_2$ 的量与 SO_4^{2-} 的量符合化学计量关系时，在 $200\ cm^3$ 溶液中溶解的 $BaSO_4$ 质量为

$$s_{BaSO_4} = \sqrt{1.07 \times 10^{-10}} \times 223 \times \frac{200}{1\,000} = 4.61 \times 10^{-4}\ g = 0.461\ (mg)$$

溶解所损失的量已超过重量分析的要求。

但是，若沉淀达到平衡后再加入过量的 $BaCl_2$，假设保持 $[Ba^{2+}] = 0.01\ mol \cdot dm^{-3}$，可计算出 $200\ cm^3$ 中溶解的 $BaSO_4$ 的质量：

$$s_{BaSO_4} = \frac{1.07 \times 10^{-10}}{0.01} \times 233 \times \frac{200}{1\,000} = 4.99 \times 10^{-7}\ g = 4.99 \times 10^{-4}\ (mg)$$

显然，这已经远小于允许的质量误差，说明加入过量 Ba^{2+} 可以降低 $BaSO_4$ 的溶解度。

因加入含有与沉淀溶解产生的某种离子相同离子的强电解质，而使难溶电解质溶解度降低的现象称为同离子效应。

在重量分析中,常加入过量的沉淀剂,利用同离子效应来降低沉淀的溶解度,以使沉淀完全。沉淀剂的过量程度,应根据沉淀剂的性质决定。若沉淀剂不易挥发,应过量少些,如过量 20%~50%;若沉淀剂易挥发除去,则可过量多些,甚至过量 100%。必须指出,沉淀剂绝不能加得太多,否则还可能产生其他影响,反而使沉淀的溶解度增大。

2. 酸效应

溶液的酸度对沉淀溶解度的影响称为酸效应。若沉淀是强酸盐,如 $BaSO_4$、$AgCl$ 等,其溶解度受酸度影响不大;若沉淀是弱酸盐,如 CaC_2O_4、$Ca_3(PO_4)_2$,或难溶酸盐,如硅酸、钨酸,或许多有机沉淀剂形成的沉淀,则酸效应就很显著。

以草酸钙为例,在草酸钙的饱和溶液有沉淀平衡:

$$Q = [Ca^{2+}][C_2O_4^{2-}] = K_{sp, CaC_2O_4}$$

草酸是二元弱酸,在水溶液中同时保持着酸碱平衡:

$$H_2C_2O_4 \underset{+H^+}{\overset{-H^+}{\rightleftharpoons}} HC_2O_4^- \underset{+H^+}{\overset{-H^+}{\rightleftharpoons}} C_2O_4^{2-}$$

当溶液酸性增大时,酸碱平衡向左移动,溶液中 $c_{C_2O_4^{2-}}$ 减小,此时溶液中 $Q < K_{sp}$,CaC_2O_4 沉淀平衡向溶解方向移动,即沉淀的溶解度增大。

3. 配位效应

若溶液中存在配位剂,它能与生成沉淀的离子形成配合物,则会使沉淀溶解度增大,甚至沉淀全部溶解,这种现象称为配位效应。例如用 Cl^- 沉淀 Ag^+ 时,沉淀平衡为

$$Q = [Ag^+][Cl^-] = K_{sp, AgCl}$$

若溶液中有氨水,则 NH_3 能与 Ag^+ 作用,形成 $[Ag(NH_3)_2]^+$ 配离子,使 Ag^+ 离子浓度减小:

$$AgCl(s) \rightleftharpoons \boxed{\begin{array}{c} Ag^+ \\ + \\ 2NH_3 \end{array}} \begin{array}{l} + Cl^- \\ \\ \rightleftharpoons [Ag(NH_3)_2]^+ \end{array}$$

此时 $Q < K_{sp,\,AgCl}$，沉淀平衡向溶解方向移动，即沉淀溶解度增大。

以上讨论了同离子效应、酸效应和配位效应对沉淀或溶解度的影响。在实际工作中应该根据具体情况来考虑哪种效应是主要的。在进行沉淀反应时，对无配位反应的强酸盐沉淀，主要考虑同离子效应；对弱酸盐或难溶盐，多数情况下应主要考虑酸效应；在有配位反应，尤其在能形成稳定的配合物，而沉淀的溶解度又不太小时，则应主要考虑配位效应。

除上述因素外，温度、其他溶剂的存在及沉淀本身颗粒的大小和结构，都对沉淀的溶解度有影响。

3.4 配位化合物与配位平衡

配位化合物，简称配合物，是一类由负电荷基团或电中性极性分子与金属原子或离子通过配位键结合形成的化合物。就数量来说，配合物超过一般的其他无机化合物，配合物在医药、化学分析、有机合成、生物化学中也起着非常重要的作用。如人体中有输氧作用的 Fe^{2+} 就以配合物的形式存在，各种酶几乎都是以金属配合物形态存在的，维生素 B_{12} 是含钴的配合物，叶绿素是含镁的配合物。叶绿素和血红素的化学结构如图 3-11 所示。

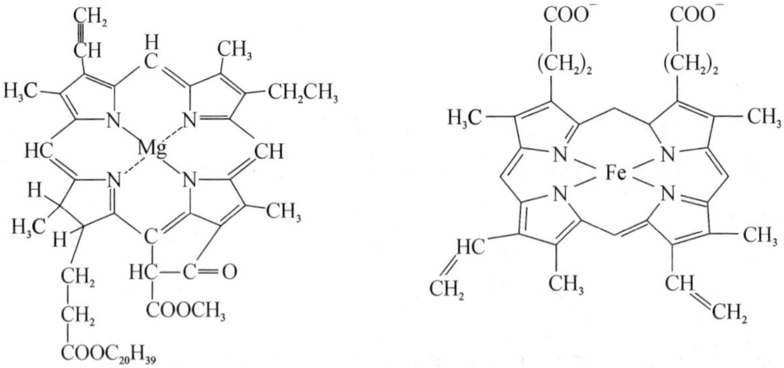

图 3-11 叶绿素（左）和血红素（右）的化学结构

一些由简单化合物的分子加合而成的"分子化合物"即配合物的过程如下：

$$AgCl + 2NH_3 \Longrightarrow [Ag(NH_3)_2]Cl$$

$$CuSO_4 + 4NH_3 \Longrightarrow [Cu(NH_3)_4]SO_4$$

$$HgI_2 + 2KI \Longrightarrow K_2[HgI_4]$$

$$Ni + 4CO \Longrightarrow Ni(CO)_4$$

在它们的形成过程中,既没有电子的得失和氧化数的变化,也没有形成共用电子对的共价键。所以,这些"分子化合物"的形成是不能用经典的化合价理论来说明的。我们来比较简单化合物和配合物的性质:

$CuSO_4$ 溶液三份 $\begin{cases} \text{实验①加入 NaOH} \longrightarrow Cu(OH)_2 \downarrow \text{蓝色} \\ \text{实验②加入 BaCl}_2 \longrightarrow BaSO_4 \downarrow \text{白色} \\ \text{实验③加入 NH}_3 \cdot H_2O \longrightarrow [Cu(NH_3)_4]SO_4 \text{深蓝色溶液} \begin{cases} \text{加入 BaCl}_2 \text{能产生 BaSO}_4 \text{沉淀} \\ \text{加入 NaOH 无沉淀生成} \end{cases} \end{cases}$

实验①和②表明,$CuSO_4$ 中有 Cu^{2+}、SO_4^{2-},实验③说明在 $[Cu(NH_3)_4]SO_4$ 中有 SO_4^{2-},加入 NaOH 没有蓝色沉淀,说明没有游离的 Cu^{2+}。这说明 $[Cu(NH_3)_4]^{2+}$ 这个复杂离子在水溶液中能稳定地存在。这个复杂离子称配离子,是一种稳定单元,它可以在一定条件下解离为更简单的离子。

由中心离子(或原子)和配位体(阴离子或分子)以配位键的形式结合而成的复杂离子(或分子)通常称为配位单元。凡是含有配位单元的化合物都称配合物。

根据上述定义,$[Co(NH_3)_6]^{3+}$、$[Co(NH_3)_5H_2O]^{3+}$、$[HgI_4]^{2-}$ 和 $[Ag(NH_3)_2]^+$ 等复杂离子,因其中都含有配位键,所以都是配位离子。由它们组成的化合物如 $[Co(NH_3)_6]Cl_3$、$[Co(NH_3)_5H_2O]Cl_3$、$K_2[HgI_4]$ 和 $[Ag(NH_3)_2]Cl$ 等都是配合物。

3.4.1　配合物结构和命名

以 $[Cu(NH_3)_4]SO_4$ 为例说明配合物的组成。

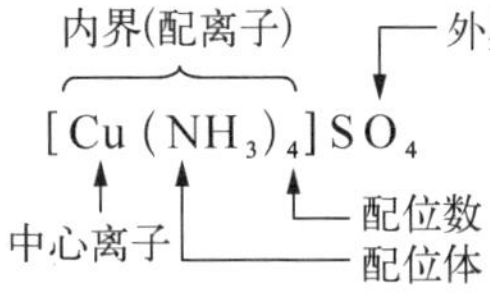

同理,在 $K_4[Fe(CN)_6]$ 中,4 个 K^+ 为外界,Fe^{2+} 和 CN^- 通过配位键结合共同构成内界。在配合分子 $[Co(NH_3)_3Cl_3]$ 中,Co^{3+}、NH_3 和 Cl^- 全都处于内界,是很难离解的中性分子,它没有外界。

1. 中心离子(或原子)

根据配位键的形成条件,中心离子或原子必须有空轨道,以接受孤对电子,所以中心离子一般是金属正离子或原子(极少数是负离子),且大多数是过渡金属。如$[Cu(NH_3)_4]SO_4$中Cu^{2+}提供空轨道成为中心离子。此外,少数高氧化态的非金属元素也能作为中心离子,如$[SiF_6]^{2-}$中的$Si(IV)$,$[PF_6]^-$中的$P(V)$等。

2. 配位体

在内界与中心离子结合的、含有孤对电子的中性分子或阴离子称为配位体。在形成配位键时,提供孤对电子的原子称为配位原子,如配位体NH_3中N是配位原子。配位体可以是阴离子,如X^-(卤素离子)、OH^-、SCN^-、CN^-、$RCOO^-$(羧酸根离子)、$C_2O_4^{2-}$、PO_4^{3-}等;也可以是中性分子,如H_2O、NH_3、CO、醇、胺、醚等。

H_2O、NH_3及X^-分别只含一个配位原子O、N、X,只含有一个配位原子的配位体称为单基(齿)配位体。含有两个或两个以上配位原子并同时与一个中心离子形成配位键的配位体称为多基(齿)配位体。如乙二胺($H_2N-CH_2-CH_2-NH_2$,简写作en)含有两个可参与配位的N原子,草酸根中的两个O原子也都可参与配位,它们都是多基配体,配位情况可示意如下(箭头为配位键的指向):

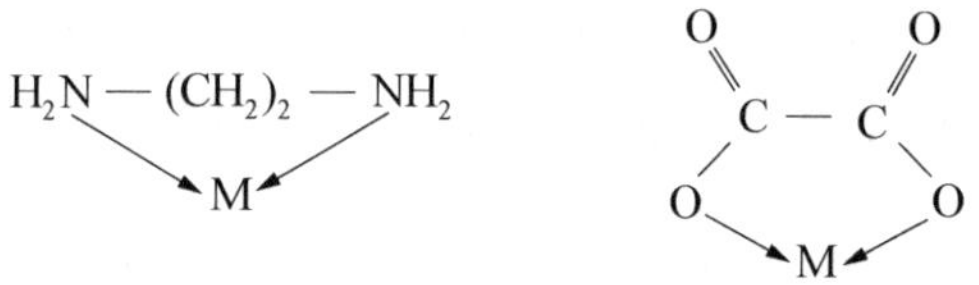

这类多基配位体能和中心离子(原子)M形成环状结构,像螃蟹的双螯钳住东西,因此,称这种多基配位体为螯合剂,生成的配合物叫螯合物。与螯合剂不同,有些配位体虽然也具有两个或多个配位原子,但在一定条件下,仅有一个配位原子与中心离子配位,这类配位体叫作两可配位体。例如,硝基($-NO_2^-$,以N配位)与亚硝酸根($-O-N=O^-$,以O配位),又如硫氰根(SCN^-,以S配位)与异硫氰根(NCS^-,以N配位)都是两可配位体。

3. 配位数

与中心离子直接以配位键结合的配位原子数目称为中心离子的配位数。对于单基配位体,中心离子的配位数就是配位体数目,如$[Cu(NH_3)_4]SO_4$中Cu^{2+}离子的配位数是4;$[Co(NH_3)_3Cl_3]$中Co^{3+}离子的配位数为$3+3=6$。多基配位体的配位数是配位体的数目与齿数相乘,即实际生成的配位键数,如

$[Pt(en)_2]^{2+}$ 中 Pt^{2+} 离子的配位数为 $2 \times 2 = 4$。

配合物的配位数一般为 2、4、6、8 等，其中最常见的是 4 和 6，配位数为 5 和 7 的不常见。

影响配位数的因素是极其复杂的，如温度就可以影响配位数。但一般来说，在一定的外界条件下，某一中心离子会有一个特征的配位数：

（1）中心离子的电荷越高吸引配位体的数目越多。

（2）中心离子的半径大，可容纳的配位体多，配位数也增大。

4. 配离子的电荷

配离子的电荷数等于中心离子和配位体总电荷的代数和。如在 $[Co(NH_3)_6]^{3+}$、$[Co(H_2O)_6]^{2+}$、$[Cu(NH_3)_4]^{2+}$ 和 $[Cu(en)_2]^{2+}$ 中，由于配位体都是中性分子，所以配离子的电荷等于中心离子的电荷，依次为 $+3$、$+2$、$+2$ 和 $+2$；而在 $[Co(NH_3)_5Cl]^{2+}$、$[Co(NH_3)_4Cl_2]^{+}$、$[Co(NH_3)_3Cl_3]$、$[Co(NH_3)_2Cl_4]^{-}$、$[Co(NH_3)Cl_5]^{2-}$ 和 $[CoCl_6]^{3-}$ 中，由于配位体中有带负电荷的 Cl^{-} 离子（中心离子为 Co^{3+}），所以在这些配合物中配离子的电荷依次由 $+2$ 递减到 -3。如果形成的是带有正电荷或负电荷的配离子，那么为了保持配合物的电中性，必然有电荷相等符号相反的外界离子与配离子结合。因此，由外界离子的电荷也可以得出配离子的电荷，例如，$K_3[Fe(CN)_6]$ 和 $K_4[Fe(CN)_6]$ 中的配离子电荷分别是 -3 和 -4。

5. 配合物的命名

配合物的命名与一般的无机化合物的命名类似，某化某、某酸某、某某酸，其不同点在于配合物的内界有特定的命名原则。

（1）外界的命名，即[ ]以外部分的命名。

① 若外界是简单的阴离子，则称"某化某"，如三溴化……，氯化……等。

② 若外界是酸根离子，则称"某酸某"，如硫酸……，碳酸……等。

③ 若是氢离子，则以酸字结尾，若是其盐，则称是某酸盐。

（2）配离子（内界）的命名（系统命名法）。

配位体数→配位体名称→合→中心离子（氧化数用罗马数字表示），不同配位体之间用小黑点"·"分开。如 $[Cu(NH_3)_4]SO_4$ 称硫酸四氨合铜（Ⅱ）。

如果有几个配位体，其先后顺序如下：

① 先负离子后中性分子，如氯化二氯·四氨合钴（Ⅲ）、三氯·一氨合铂（Ⅱ）酸。

② 若有几种阴离子,则先简单离子→复杂离子→有机酸根(由简单到复杂)。

③ 若有几种中性分子,则先 $NH_3 \longrightarrow H_2O \longrightarrow$ 有机中性分子。

掌握以上的命名原则,我们看到分子式能写出名称,又能根据名称写出对应的分子式。

有些常见的配合物还有一些俗名,如赤血盐(铁氰化钾)、黄血盐(亚铁氰化钾)、普鲁士蓝(亚铁氰化铁)。

3.4.2 配合物的类型

配合物主要可以分为简单配合物、螯合物、多核配合物、多酸性配合物等类型,本节只讨论前两种。

1. 简单配位化合物

由中心离子(或原子)与单基配位体配位形成的配合物,也称为维尔纳型配合物,例如 $[Ag(NH_3)_2]^+$ 和 $[Fe(CN)_6]^{3-}$。

2. 螯合物

由中心离子(或原子)和多基配位体配位形成的配合物。

例如两个乙二胺 $H_2N—CH_2—CH_2—NH_2$ 分子就能和 Cu^{2+} 形成如下的螯合物:

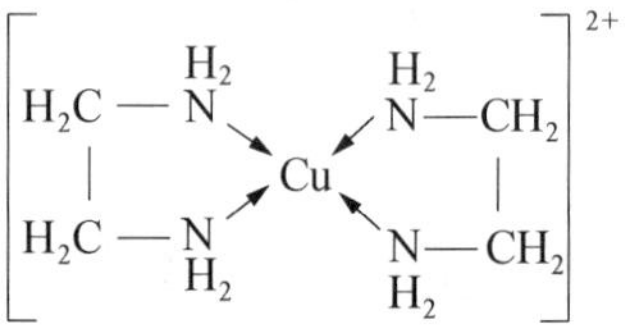

阳离子中心与阴离子配体可以生成中性分子,叫"内配盐",也可以叫中性螯合物。如氨基乙酸根离子 $NH_2—CH_2—COO^-$ 和 Cu^{2+} 就能生成如下的内配盐:

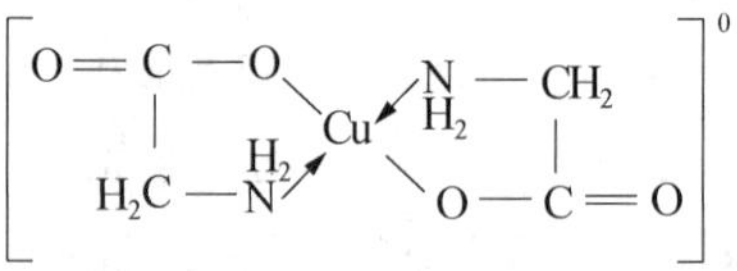

式中 Cu^{2+} 离子和 O 之间的两个没有箭头的短线代表既满足配位数又满足电价形成的键。

螯合物中配位体数目虽少,但由于形成环状结构,远较简单配合物稳定,而且形成的环越多越稳定。具有环状结构,特别是五原子或六原子环的螯合物相当稳定,有的在水溶液中溶解度相当小,有的还具有特殊的颜色,明显地表现出各个金属离子的个性,常应用于金属离子的分离和鉴定,如邻二氮菲与亚铁离子生成橙红色的螯合物,可以用于鉴定亚铁离子,称为亚铁试剂。

3.4.3　配合物的异构现象

两种或两种以上的化合物,若具有相同的化学式(原子种类和数目相同)但结构和性质不同,则它们互称为异构体。由于配离子和配合物结构复杂,所以异构现象相当普遍,一般可将异构现象分为结构异构和空间异构两大类。

1. 结构异构

配合物的结构异构又可分为四类:电离异构、水合异构、配位异构和键合异构(见表 3-6)。其中前三类是由于离子在内外界分配不同或配位体在配位阳、阴离子间分配不同所形成的结构异构,它的颜色及化学性质均不相同;最后一类是由于两可配位体中不同的原子与中心离子配位所形成的结构异构。

表 3-6　配合物的结构异构分类及特征

异构名称	例	实验现象
电离异构	$[CoSO_4(NH_3)_5]Br$(红色) $[CoBr(NH_3)_5]SO_4$(紫色)	加入 $AgNO_3 \longrightarrow AgBr \downarrow$ 加入 $BaCl_2 \longrightarrow BaSO_4 \downarrow$
水合异构	$[Cr(H_2O)_6]Cl_3$(紫色) $[CrCl(H_2O)_5]Cl_2 \cdot H_2O$(亮绿色) $[CrCl_2(H_2O)_4]Cl \cdot 2H_2O$(暗绿色)	内界所含水分子数随制备时温度和介质不同而异,溶液摩尔电导率随配合物内界水分子数减少而降低
配位异构	$[Co(en)_3][Cr(Ox)_3]$; $[Co(Ox)_3][Cr(en)_3]$	
键合异构	$[CoNO_2(NH_3)_5]Cl_2$ $[CoONO(NH_3)_5]Cl_2$	(1) 黄褐色,在酸中稳定; (2) 红褐色,在酸中不稳定

2. 空间异构

根据配合物化学键理论以及 X 射线衍射实验测定,配合物中的配位体总是按一定规律排列在中心离子的周围,而不是任意堆积。配位体相同、内外界相同但配位体在中心离子(原子)周围分布不同而形成的异构现象,称为空间(立体)异构。它又分为几何异构(顺-反异构)和旋光异构。

(1) 顺-反异构。

由于内界中两种或多种配位体的几何排列不同而引起的异构现象,叫作顺-

反异构,顺式指同种配位体处于相邻位置,反式指同种配位体处于对角位置。例如同一化学式的$[Pt(NH_3)_2Cl_2]$却有下列两种异构体:

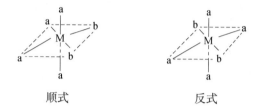

八面体 Ma_4b_2 也有如下的顺-反异构体:

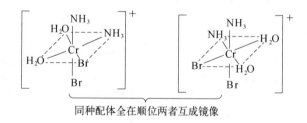

$[Pt(NH_3)_2Cl_2]$的顺-反异构体都是平面正方形,两者的物理性质和化学性质也不相同,利用这些性质的差别,可以从另一角度证明该配合物为平面正方形而不是正四面体结构,因为如果是正四面体结构,就不会有顺-反异构体。

(2) 旋光异构。

互为旋光异构体的两者互成镜影,也叫互为手性异构体。旋光异构体对普通的化学试剂和一般的物理检测都表现不出差异,但却有旋转偏振光的性能,且生物化学活性不一定相同,这类异构较复杂,在此不多做叙述。

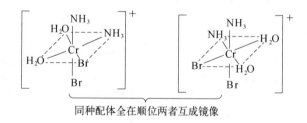

同种配体全在顺位两者互成镜像

显然,内界中配位体的种类越多,形成的立体异构体的数目也越多。曾有人利用是否生成异构体和异构体多少,来判断配合单元为何种几何结构。

3.4.4 配位平衡及其应用

1. 配位平衡的特征

$[Cu(NH_3)_4]SO_4$的内界和外界以离子键结合,在水溶液中几乎完全电离,但内界的$[Cu(NH_3)_4]^{2+}$,是否也能部分或者完全离解呢?$[Cu(NH_3)_4]SO_4$ 的水溶液中加入 NaOH 溶液没有生成 $Cu(OH)_2$ 蓝色沉淀,但如果将 NaOH 溶液改为 Na_2S 溶液,则可得到黑色的 Cu_2S 沉淀,说明在$[Cu(NH_3)_4]SO_4$ 的水溶液中还是有少量 Cu^{2+} 存在的,$[Cu(NH_3)_4]^{2+}$ 溶液中有以下平衡存在:

$$[Cu(NH_3)_4]^{2+} \rightleftharpoons Cu^{2+} + 4NH_3$$

根据化学反应的平衡原理可知配离子解离平衡的标准平衡常数 K_d 为

$$K_d = \frac{[Cu^{2+}][NH_3]^4}{[Cu(NH_3)_4^{2+}]} \tag{3-18}$$

式中,K_d 称为不稳定常数,其数值越大,表示配合物越不稳定,越易解离。K_d 的倒数称为配合物的稳定常数,用 K_f 表示。K_f 值越大,表示配离子越稳定,对$[Cu(NH_3)_4]^{2+}$,有

$$K_f = \frac{1}{K_d} = \frac{[Cu(NH_3)_4^{2+}]}{[Cu^{2+}][NH_3]^4} \tag{3-19}$$

配合物通常含有多个配位体,在溶液中逐级离解成一系列配位数不同的配离子,每一步都存在离解平衡。例如:

① $[Cu(NH_3)_4]^{2+} \rightleftharpoons [Cu(NH_3)_3]^{2+} + NH_3$　　$K_{d1} = \dfrac{[Cu(NH_3)_3^{2+}][NH_3]}{[Cu(NH_3)_4^{2+}]}$

② $[Cu(NH_3)_3]^{2+} \rightleftharpoons [Cu(NH_3)_2]^{2+} + NH_3$　　$K_{d2} = \dfrac{[Cu(NH_3)_2^{2+}][NH_3]}{[Cu(NH_3)_3^{2+}]}$

③ $[Cu(NH_3)_2]^{2+} \rightleftharpoons [Cu(NH_3)]^{2+} + NH_3$　　$K_{d3} = \dfrac{[Cu(NH_3)^{2+}][NH_3]}{[Cu(NH_3)_2^{2+}]}$

④ $[Cu(NH_3)]^{2+} \rightleftharpoons Cu^{2+} + NH_3$　　$K_{d4} = \dfrac{[Cu^{2+}][NH_3]}{[Cu(NH_3)^{2+}]}$

总的解离平衡 $[Cu(NH_3)_4]^{2+} \rightleftharpoons Cu^{2+} + 4NH_3$ 可以看作四步解离平衡方程相加的结果,所以总的解离平衡常数 $K_d = K_{d1} \cdot K_{d2} \cdot K_{d3} \cdot K_{d4}$。

例 3 - 12　在 40 cm^3 浓度为 0.10 $mol \cdot dm^{-3}$ 的 $AgNO_3$ 溶液中加入 10 cm^3 浓度为 15 $mol \cdot dm^{-3}$ 的氨水溶液,求在 25℃时此溶液中 Ag^+ 离子和氨的浓度。

解： 在混合溶液中，配位前的 Ag^+ 离子浓度和 NH_3 的浓度分别为 $0.08 \text{ mol} \cdot dm^{-3}$ 和 $3.0 \text{ mol} \cdot dm^{-3}$，根据化学反应计量关系：

混合后即发生配位反应：$Ag^+ \quad + \quad 2NH_3 \rightleftharpoons [Ag(NH_3)_2]^+$

开始时浓度 $/mol \cdot dm^{-3}$ $\quad 0.08 \quad\quad 3.0 \quad\quad\quad\quad 0$

平衡时浓度 $/mol \cdot dm^{-3}$ $\quad x \quad 3.0-2(0.08-x) \quad 0.08-x$

$$K_f[Ag(NH_3)_2^+]=1.1 \times 10^7=\frac{[Ag(NH_3)_2]^+}{[Ag^+]\cdot[NH_3]^2}=\frac{0.08-x}{x(3.0-2(0.08-x))^2}$$

由于 K_f 很大，可以合理简化

$$K_f=\frac{0.08-x}{x(3.0-2(0.08-x))^2}\approx\frac{0.08}{x(2.84)^2}=1.1\times10^7$$

$$x=[Ag^+]\approx\frac{0.080}{(2.84)^2\times1.1\times10^7}=9.02\times10^{-10}(\text{mol}\cdot dm^{-3})$$

$$[NH_3]=3.0-2\times0.08+2x\approx2.84(\text{mol}\cdot dm^{-3})$$

配合物解离平衡常数 K_d 一般比较小，在电镀工业中，常常利用配位平衡的这个特征来控制某组分浓度，达到镀件均匀、镀层精美的目的。例如，镀铜工业中为了保持稳定的较低的铜离子浓度，镀液如使用 $[Cu(CN)_2]^-$ 溶液，镀液中存在的平衡为 $[Cu(CN)_2]^- \rightleftharpoons Cu^+ + 2CN^-$，它的平衡常数 K_d 为 1.0×10^{-24}，可以达到保持镀液中铜离子浓度很小的目的。

硅半导体器件的生产中利用 HF 与 SiO_2 形成 $H_2[SiF_6]$ 来清洗硅片表面的 SiO_2 氧化膜，发生的反应为 $6HF+SiO_2=H_2[SiF_6]+2H_2O$，这个反应速度非常快，不易控制，工业生产中使用 HF 和 NH_4F 混合液代替 HF，此混合液中包含配位平衡：$NH_4[HF_2] \rightleftharpoons HF+NH_4F$，它的平衡常数 K_d 较小，达到了减小 HF 浓度，控制反应速度的目的。

2. 配位平衡的移动

结构为 $[ML_x]^{n-x}$ 的配离子解离时，存在以下平衡：$[ML_x]^{(n-x)} \rightleftharpoons M^{n+}+xL^-$。

由化学平衡移动的原理可以推断，凡是能够与中心离子 M^{n+} 或配体 L^- 发生作用的因素，都会引起配位平衡的移动。

配位平衡与酸碱平衡、沉淀平衡、氧化还原平衡共存时，体系中涉及的多种离子或分子以什么样的形式存在？会产生什么现象？下面我们讨论复杂体系中的平衡问题。

（1）配位平衡与酸碱平衡。

配合物的中心离子一般是阳离子，许多阳离子的氢氧化物是难溶盐，对于含有这类中心的配离子，如果增加体系的碱性，中心离子可能因为形成氢氧化物沉淀而减少，从而促进配离子解离。此外，配体多为弱酸的共轭碱，常见的如 F^-、CN^-、SCN^-、$C_2O_4^{2-}$、NH_3 等，如果溶液酸性增加，可能与这类配体形成弱酸，也会破坏配离子的平衡。

例如：$[FeF_6]^{3-}$ 解离平衡为 $[FeF_6]^{3-} \rightleftharpoons Fe^{3+} + 6F^-$，如果溶液为碱性，则可能与 Fe^{3+} 产生 $Fe(OH)_3$ 沉淀，如果溶液为酸性，则与 F^- 可能形成弱酸 HF，说明 pH 值的变化可能引起 $[FeF_6]^{3-}$ 配位平衡的移动，促进配离子解离。

例 3 - 13　如果在 $[Ag(NH_3)_2]^+$ 解离平衡体系中加入 HNO_3，会产生更多的 Ag^+ 吗？

解：$[Ag(NH_3)_2]^+$ 解离平衡体系中存在配离子平衡：① $[Ag(NH_3)_2]^+ \rightleftharpoons Ag^+ + 2NH_3$。如果加入硝酸，则可能发生酸碱反应：② $2NH_3 + 2H^+ \rightleftharpoons 2NH_4^+$。

两个平衡共同存在时的平衡③为①+②：$[Ag(NH_3)_2]^+ + 2H^+ \rightleftharpoons Ag^+ + 2NH_4^+$。

如果加入 HNO_3 后总反应③的 $Q < K_3$，则反应③自发向右进行，就会产生更多的 Ag^+，否则不会产生更多的 Ag^+。

根据化学反应原理，③的平衡常数

$$K_3 = K_1 \cdot K_2 = \frac{K_b^2}{K_f \cdot K_w^2} = 2.9 \times 10^{11}$$

上述计算看成复杂体系的平衡常数 K_3 很大，容易满足 $Q < K$ 的关系，产生更多的 Ag^+ 的可能性很大。

（2）多个配位平衡。

配离子之间也可能发生转化。例如治疗铅中毒药物的主要成分是 $[Ca(EDTA)]^{2-}$，EDTA 与 Pb^{2+} 形成的配离子 $[Pb(EDTA)]^{2-}$ 的 K_f 非常大，常温下中性时大约是 10^{18}，由于 $[Ca(EDTA)]^{2-}$ 的稳定性小于 $[Pb(EDTA)]^{2-}$，在人体内易发生 $[Ca(EDTA)]^{2-} + Pb^{2+} = [Pb(EDTA)]^{2-} + Ca^{2+}$ 的配合物转化反应，$[Pb(EDTA)]^{2-}$ 的形成不仅大大减少了游离 Pb^{2+} 的浓度及对人体的伤害，而且该配离子溶于体液，可经肾脏排出体外。

配离子之间能否发生转化,主要取决于两种配合物稳定性的大小,但最终还是要通过比较配离子转化反应的 K 及体系的 Q 来衡量。

例 3 - 14 如果在 $[Ag(NH_3)_2]^+$ 解离平衡体系中加入 NaCN,会产生 $[Ag(CN^-)_2]^-$ 吗?

解: $[Ag(NH_3)_2]^+$ 解离平衡体系中存在配离子平衡: ① $[Ag(NH_3)_2]^+ \rightleftharpoons Ag^+ + 2NH_3$。

加入 CN^- 后,可能发生如下反应: ② $Ag^+ + 2CN^- \rightleftharpoons [Ag(CN)_2]^-$。

两个平衡共同存在时的平衡③为①+②: $[Ag(NH_3)_2]^+ + 2CN^- \rightleftharpoons [Ag(CN)_2]^- + 2NH_3$。

根据化学反应原理,③的平衡常数

$$K_3 = K_1 \cdot K_2 = \frac{K_{Ag(CN)_2^-}}{K_{Ag(NH_3)_2^+}} = \frac{1.3 \times 10^{21}}{1.1 \times 10^7} = 1.18 \times 10^{14}$$

由于 K_3 很大,容易满足 $Q < K$ 的条件,所以配离子发生转化的可能性很大。

配合物结构的特殊性决定了多数过渡金属离子与合适配体形成的配离子都有颜色,可利用这些配离子的特征颜色来鉴定离子的存在。但是一种配体也可能和体系中多种离子形成不同颜色的配合物而干扰目标离子的检出,例如,鉴定 Co^{2+} 可以用 NH_4SCN 试剂,它可以与 Co^{2+} 形成蓝紫色的 $[Co(NCS)_4]^{2-}$,但是如果体系中同时存在 Fe^{3+},则同时可以形成血红色的 $[Fe(NCS)]^{2+}$,对蓝紫色形成干扰。通过加入 NH_4F,使 $[Fe(NCS)]^{2+}$ 转化为无色的 $[FeF_3]$,就可以掩蔽 Fe^{3+} 对鉴定 Co^{2+} 的干扰,分析化学中常称此时的 NH_4F 为掩蔽剂,使用掩蔽剂就是利用了配离子之间的转化关系。

(3) 配位平衡与沉淀平衡。

难溶盐解离平衡的 K_{sp} 比较小,配离子解离平衡的 K_d 也比较小,那么,难溶盐平衡中的离子能够与配体形成配合物吗? 或者配离子解离产生的少量离子能与沉淀剂结合形成沉淀吗?

例 3 - 15 如果在 $[Ag(NH_3)_2]^+$ 解离平衡体系中加入 NaBr,会产生 AgBr 沉淀吗?

解: $[Ag(NH_3)_2]^+$ 解离平衡体系存在配离子平衡 ① $[Ag(NH_3)_2]^+ \rightleftharpoons Ag^+ + 2NH_3$。

加入 Br^- 后,可能发生如下沉淀反应: ② $Ag^+ + Br^- \rightleftharpoons AgBr(s)$。

两个平衡共同存在时的平衡③为①＋②：$[Ag(NH_3)_2]^+ + Br^- \rightleftharpoons$ $AgBr(s) + 2NH_3$。

根据化学反应原理，③的平衡常数 $K_3 = K_1 \cdot K_2 = \dfrac{1}{K_f} \cdot \dfrac{1}{K_{sp}} = 1.69 \times 10^5$，容易产生 AgBr。

如果 AgCl 沉淀中加入氨水，由沉淀产生的 Ag^+ 可能与 NH_3 形成 $[Ag(NH_3)_2]^+$，是否可以发生沉淀转化为配离子的反应，需要通过研究转化反应的平衡特征及体系的状态决定。例如，AgCl 溶于氨水的总反应：

$$AgCl(s) + 2NH_3 \rightleftharpoons [Ag(NH_3)_2]^+ + Cl^-$$

$$K_1 = \frac{[Ag(NH_3)_2^+][Cl^-][Ag^+]}{[NH_3]^2[Ag^+]} = K_{sp,\,AgCl} \cdot K_{f,\,[Ag(NH_3)_2]^+} = 2.0 \times 10^{-3}$$

如果加入 NaCl 后反应体系③中的 $Q < K_3$，则配离子$[Ag(NH_3)_2]^+$可以部分转化为 AgCl 沉淀；如果 $Q > K$，则不能生成沉淀。

沉淀与配合物之间的转化规律，在生活和工业方面也得到了广泛应用。例如，可以通过加入 S^{2-} 将镀银电镀液中的$[Ag(CN)_2]^-$转化为 Ag_2S 沉淀，达到回收贵金属 Ag 的目的。

（4）配位平衡与氧化还原平衡。

由于配离子的解离常数 K_d 一般比较小，所以配位平衡的存在往往能够促进氧化还原反应的进行。

例如，为了从金矿中把金分离出来，需要用浓硝酸将金氧化为金离子，这个氧化反应为① $Au + 4H^+ + NO_3^- = Au^{2+} + NO + 2H_2O$，常温下它的平衡常数 $K_1 = 3 \times 10^{-29}$，很难自发进行。如果氧化时同时加入 Cl^-，则发生的反应为② $Au + HNO_3 + 4HCl = H[AuCl_4] + NO + 2H_2O$，它是氧化反应①与配位反应③ $4Cl^- + Au^{3+} = [AuCl_4]^-$ 共同存在的复杂体系，②的平衡常数 $K_2 = K_1 \cdot K_f = (3 \times 10^{-29}) \cdot (3 \times 10^{26}) = 9 \times 10^{-3}$，平衡常数增大，氧化反应趋势更大。含有比例为 $1 : 3$ 的浓硝酸和浓盐酸的溶液俗称"王水"，在金属氧化溶解的过程中表现出强大的性能。配离子的形成促进金属还原性增强的化学原理还会在氧化还原相关章节进行详细讨论。

复杂体系可能含有酸碱、沉淀、配位或氧化还原等多种平衡，根据化学反应原理中学习过的盖斯定律可知，$\ln K$ 与始态、终态有关，与途径无关，可以把几种平衡体系合并成一个总反应来处理,求出复杂体系的平衡常数 K。物质以什么样的形态存在,与总反应的 Q 与 K 的大小关系密切相关,抓住这个最根本关系,复杂体系中物质的变化就可以一目了然。

3.5　今日话题：超临界水的特殊性质和应用

韩莉　上海交通大学化学化工学院

由水的相图(见图3-1)可以看出,水通常情况下以气态、液态或固态的形式存在。当温度高于临界温度(374℃)及外压高于临界压力(22 MPa)时,水以超临界流体形式存在,称为超临界水。

在超临界状态下,水的密度低于常态水的密度(见图3-12),超临界水的密度随温度升高和压力降低而逐渐减小;黏度、介电常数会随密度的减小而减小;离子积、扩散系数则随着密度的增加而增大;与常态水相比,超临界水分子之间的氢键也明显减弱。

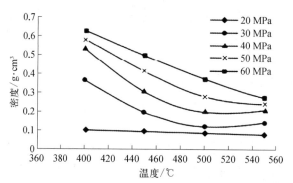

图3-12　超临界水的密度随温度和压力的变化

超临界水的黏度随着温度升高而降低,随着压力增加而升高,甚至与通常条件下的空气很接近,具有高流动性,溶质分子极易扩散。

介电常数的变化与水分子间氢键的变化有关,常态下(25℃,101.3 kPa)水的密度约为 $1\,g\cdot cm^{-3}$,介电常数为 $78\,F\cdot m^{-1}$;当水的密度为 $0.3\,g\cdot cm^{-3}$ 时,介电常数降低为 $4.1\,F\cdot m^{-1}$。超临界水介电常数变小,会引起溶解能力的变化。常态下,水是极性物质的良好溶剂,极性小的有机物及氧气等非极性气体在其中的溶解度非常低。超临界水则表现出几乎完全相反的性质,对大部分无机物溶解度很小,却能溶解大部分有机物和气体,使它成为非常独特的反应介质(见表3-7)。

表 3-7　常温水与超临界水溶解能力的对比

溶　质	普通水	超临界水
无机物	大部分易溶	不溶或微溶
有机物	大部分微溶或不溶	易溶
气　体	大部分微溶或不溶	易溶

含有机物的废水通常通过使有机物与氧气发生氧化反应进行无害化处理,由于氧气在水中的溶解度小,所以有机废水中有机物与氧气发生氧化的速度较慢。

根据表 3-7,氧气易溶解在超临界水中,这样,在超临界水中有机物与氧气的氧化反应速率得以大大提高。超临界水中有机物的氧化反应温度一般在 500℃左右,能够在较短的时间内发生充分的氧化反应,氧化过程还会放出大量的热量,一旦发生,就不需要再外加能量,大大节省了能源。Modell 等对有机废水的超临界水氧化的研究结果表明,温度高于 550℃时,有机氯化物在 1 分钟内分解率大于 99.99%,有机碳的分解率超过 99.97%。王涛等在超临界条件下以尿素水溶液模拟人代谢物尿液,550℃以上,2 分钟可将 95% 的尿素氧化去除。

在超临界水中,C、H 元素被氧化为 CO_2 和 H_2O,N 元素被氧化为 N_2 或硝酸盐,Cl、S、P 及金属元素转化为 HCl、H_2SO_4、H_3PO_4 及盐析出。可以用以下几个简单的化学反应式来表示:

$$有机化合物 + O_2 \rightarrow CO_2 + H_2O$$
$$有机物中杂原子 + O_2 \rightarrow 酸、盐、氧化物$$
$$酸 + NaOH \rightarrow 无机盐$$

超临界水氧化法在处理有机物废水中可以发挥广泛作用,不仅可以氧化酚类物质、农药甲胺磷和氧乐果,还可以处理含硫废水、含油废水、活性污泥等。

在能源领域,超临界水中的煤气化技术是近年来发展起来的一种新的氢气生产技术。利用超临界水的特殊性质,将超临界水作为煤气化高速转化的反应介质,将煤中的 H 快速转化为氢气,同时部分水会分解产生氢气,实现煤的高效清洁转化。主要反应为

$$蒸气重整: C + H_2O \rightarrow CO + H_2$$
$$水氢转化: CO + H_2O \rightarrow CO_2 + H_2$$
$$甲烷化: CO + 3H_2 \rightarrow CH_4 + H_2O$$

稠油在我国油藏中占有很大比例,常规开采效果不理想。廖传华等开发了一种用于海上平台稠油热采的超临界流体制备系统,实现了油田采出水的无害化处理和资源化利用。

超临界水作为介质,可以改变相行为,有效控制相分离过程,用于高效合成金属氧化物纳米材料。Viswanathan 等以超临界水为反应介质,通过氧化 $Zn(CH_3COO)_2$ 制备 ZnO 纳米颗粒,整个过程不到 1 分钟。Sue 等利用微型连续式反应设备,利用 $ZnSO_4$ 溶液和 KOH 溶液得到 9 nm 的 ZnO。

目前对超临界水的许多独特性质和作用机理的研究还处于探索阶段,相信通过努力,此项技术能够得到更为广泛的应用。

参考文献

[1] 郑豪,鱼涛,屈撑囤,等.超临界水的基本特征及应用进展[J].化工技术与开发,2020,49(2/3):62.

[2] 关清卿,宁平,谷俊杰.亚、超临界水技术与原理 2:亚、超临界水特征、体系作用[M].北京:冶金工业出版社,2012.

[3] 李淑芬.超临界流体技术及应用[M].北京:化学工业出版社,2014.

[4] 陈巍威,张清义,耿啸天.废水处理中的超临界水氧化技术[J].低碳世界,2019,9(4):5 - 6.

[5] 张光伟,董振海.超临界水氧化处理工业废水的技术问题及解决思路[J].现代化工,2019,39(1):18 - 22.

[6] Hauptmann E G, Gairns S A, Modell M. Strategies for treating mixtures of bleach plant effluents and waste water treatment sludges by supercritical water oxidation. Annual Meeting Technical Section. Canadian Pulp and Paper Association, Preprints, 1994, partB:7.

[7] 王涛,杨明,向波涛.超临界水氧化法去除废水中有机氮的工艺和动力学研究[J].化工学报,1997,48(5):639.

[8] Li R K, Thorton T D, Savage P E. Kinetics of carbon dioxide formation from the oxidation of phenols in supercritical water[J]. Environmental Science & Technology, 1992, 26(12):2388.

[9] 林春锦,袁细宁,杨道.超临界水氧化法降解甲胺磷的研究[J].环境科学学报,2000,20(6):714.

[10] 林春锦,方建平,袁细宁.超临界水氧化法降解氧乐果的研究[J].中国环境科学,2000,20(4):305.

[11] 向波涛,王涛,刘军,等.超临界水氧化法处理含硫废水研究[J].化工环保,1999,19(2):75.

[12] 赵朝成,赵东风.超临界水氧化技术处理含油污水研究[J].干旱环境检测.2001,15

(1)：25 - 28.

[13] 王亮,王树众,张钦明,等.超临界水氧化技术处理含油废水的实验研究[J].环境污染与防治.2005,27(7)：546 - 549.

[14] 徐东海,王树众,张峰,等.超临界水氧化技术中盐沉积问题的研究进展[J].化工进展.2014,33(4)：1015 - 1021.

[15] 郭烈锦,赵亮,吕友军,等.煤炭超临界水气化制氢发电多联产技术[J].过程工程热物理学报.2017(3)：4 - 5.

[16] Balat M. Potential importance of hydrogen as a future solution to environmental and transportation problems[J]. International Journal of Hydrogen Energy, 2008，33(15)：4013 - 4029.

[17] Viswanathan R，Gupta R B. Formation of zine oxide nanoparticles in supercritical water [J]. Journal of Supercritical Fluids，2003，27：187 - 193.

[18] Sue K，Kimura K，Arai K. Hydrothermal synthesis of ZnO nanocrystals using mieroreaetor[J]. Materials Letters，2004，58：3229 - 3231.

[19] 廖传华,廖玮,朱跃钊,等.一种用于稠油热采的超临界流体的制备系统和方法：中国，CN201810097831.3[P].2018 - 01 - 31.

[20] 张鹤楠,韩萍芳,徐宁. 超临界水氧化技术研究进展[J].环境工程，2015,32(S1)：9 - 11.

第3章 习题

3.1 一种化合物在冷水中的溶解度比在热水中的大,可能吗? 试用热力学理论解释这一现象。

3.2 把 1.00 g 的苯(C_6H_6)加入 80.00 g 环己烷(C_6H_{12})中,测得环己烷的凝固点从 $6.5℃$ 下降到 $3.3℃$。计算环己烷的凝固点下降常数为多少? 要用凝固点降低法测定某一未知化合物的相对分子质量,请问苯和环己烷哪一个是更好的溶剂?

3.3 已知水在 98.5 kPa 时的沸点为 $99.60℃$,请问在 1 kg 水中需加入多少蔗糖,才可把它的沸点升高到 $100.00℃$?

3.4 已知血红蛋白的相对分子质量为 $6.86×10^4$,请问每 100 cm^3 溶液中需加入多少克血红蛋白才能在 $25℃$ 时产生 $0.966\,3$ kPa 的渗透压?

3.5 323 K 时 200 g 乙醇中含有 23 g 非挥发性溶质,该溶液蒸气压等于 $2.76×10^4$ Pa。已知 323 K 乙醇的蒸气压为 $2.93×10^4$ Pa,求溶质的相对分子质量。

3.6 把 20.00 cm^3 0.20 mol·dm^{-3} HCl 溶液和 20.00 cm^3 0.20 mol·dm^{-3}

NH$_3$·H$_2$O 溶液混合,求该混合溶液的 pH 值。

3.7 正常情况下,人体动脉血液中 $c(HCO_3^-) = 24$ mmol·dm^{-3}, $c(CO_2) = 1.2$ mmol·dm^{-3},此时人体血液的 pH 值为多少? 在某些情况下,如糖尿病患者体内能快速产生酸性物质,假设因此有 10 mmol·dm^{-3} 的 H$^+$ 流入血液,而因此产生的过多的 CO$_2$ 通过呼吸排出,仍维持 $c(CO_2) = 1.2$ mmol·dm^{-3} 的话,血液的 pH 值又为多少?

3.8 将 1.0 dm^3 0.20 mol·dm^{-3} 的 HAc 溶液稀释到多大体积时才能使 HAc 的解离度比原溶液增大 1 倍?

3.9 取 0.10 mol·dm^{-3} 某一元弱酸溶液 0.050 dm^3 与 0.025 dm^3 浓度为 0.10 mol·dm^{-3} 的 KOH 溶液混合,将混合液稀释至 0.10 dm^3 后,测得 pH = 5.25,求此一元弱酸的 K_a。

3.10 计算下列各种溶液的 pH 值:

(1) 0.001 0 mol·dm^{-3} HNO$_3$ (2) 0.025 0 mol·dm^{-3} HCl

(3) 0.01 mol·dm^{-3} HAc   (4) 2.50×10^{-3} mol·dm^{-3} NaOH

(5) 0.01 mol·dm^{-3} NH$_3$ (6) 0.01 mol·dm^{-3} H$_2$S

3.11 正常的雨水 pH 值为 5.6,而酸雨的 pH 值一般为 3.0,计算后者氢离子浓度是前者的多少倍?

3.12 测得浓度为 0.05 mol·dm^{-3} 的丙酸溶液的 pH 值为 3.09,计算丙酸的 K_a 值。

3.13 将 10.00 cm^3 浓度为 0.200 mol·dm^{-3} 的 HAc 与等体积的 0.600 mol·dm^{-3} 的 NaAc 混合,求:

(1) 溶液的 pH 值是多少?

(2) 向此溶液中加入 5.00 cm^3 浓度为 0.400 mol·dm^{-3} 的 HCl,溶液的 pH 值为多少?

3.14 欲制备 pH 值为 5.00 的缓冲液,在 300 cm^3 浓度为 0.500 mol·dm^{-3} 的 HAc 溶液中须加入多少克固体 NaAc·3H$_2$O(假定加入 NaAc 后,溶液体积不变)?

3.15 用 2.0×10^{-3} mol·dm^{-3} 的 MnCl$_2$ 溶液和 0.10 mol·dm^{-3} 的 NH$_3$·H$_2$O 溶液各 100 cm^3 相互混合,是否有 Mn(OH)$_2$ 沉淀生成? 问在氨水中应加入多少克 NH$_4$Cl 才不至于生成 Mn(OH)$_2$ 沉淀?

3.16 25℃时,溶液中 Fe^{3+}、Fe^{2+} 的浓度都是 0.053 mol·dm^{-3},如果要使

Fe(OH)$_3$ 沉淀完全(浓度小于 10^{-5} mol·dm^{-3})而 Fe^{2+} 离子不生成 Fe(OH)$_2$ 沉淀,试问溶液的 pH 值应控制为多少?

3.17　查阅附录 5 中 PbI$_2$ 的溶度积,求:

(1) PbI$_2$ 在纯水中的溶解度。

(2) 饱和溶液中 Pb^{2+} 和 I$^-$ 浓度。

(3) 在 0.01 mol·dm^{-3} KI 溶液中 Pb^{2+} 浓度。

3.18　查阅附录 5 中 Mg(OH)$_2$ 的溶度积,计算:

(1) Mg(OH)$_2$ 在水中的溶解度。

(2) 在饱和溶液中的[OH$^-$]和[Mg^{2+}]。

(3) 在饱和溶液中加入 MgCl$_2$ 溶液,其浓度恰好为 0.01 mol·dm^{-3} 时 Mg(OH)$_2$ 的溶解度。

(4) 在饱和溶液中加入 NaOH 溶液,其浓度为 0.01 mol·dm^{-3}时的[Mg^{2+}]。

3.19　在含 0.10 mol·dm^{-3}的 KI 和 0.10 mol·dm^{-3} Na$_2$SO$_4$ 的溶液中加入 Pb(NO$_3$)$_2$,问:

(1) 首先沉淀的是 PbI$_2$ 还是 PbSO$_4$?

(2) 当后沉淀的那个化合物开始沉淀时,先沉淀化合物的阴离子浓度是多少?

3.20　把 50 cm^3 含 0.95 g MgCl$_2$ 的溶液与 1.8 mol·dm^{-3} 的等体积氨水混合,问:

(1) 是否有 Mg(OH)$_2$ 沉淀生成?

(2) 加入多少克固体 NH$_4$Cl 可防止 Mg(OH)$_2$ 沉淀生成?

3.21　将 0.02 mol·dm^{-3}CuSO$_4$ 溶液和浓度为 1.08 mol·dm^{-3}的氨水等体积混合,计算溶液中 Cu^{2+} 的浓度。

3.22　现有 100 cm^3 Ca^{2+} 和 Ba^{2+} 的混合溶液,两种离子的浓度都为 0.010 mol·dm^{-3},试回答:

(1) 用 Na$_2$SO$_4$ 做沉淀剂能否将 Ca^{2+} 和 Ba^{2+} 分离?

(2) 加入多少克 Na$_2$SO$_4$ 才能达到 BaSO$_4$ 完全沉淀的要求?(忽略加入 Na$_2$SO$_4$ 引起的体积变化)

3.23　生产易溶锰盐时,Mn^{2+} 浓度为 0.70 mol·dm^{-3},在溶液中需要加入硫化物以除去溶液中共存的 Cu^{2+}、Zn^{2+}、Fe^{2+} 等杂质离子。试计算说明,当 MnS 开始沉淀时,溶液中这些杂质离子的浓度分别为多少?

3.24 将 $0.10\ mol \cdot dm^{-3}\ AgNO_3$ 与同浓度 KCl 溶液等体积混合,加入浓氨水(忽略加入浓氨水前后的溶液体积变化)使 AgCl 恰好溶解。试问:

(1) 混合溶液中游离氨的浓度是多少?

(2) 混合溶液中加入固体 KBr,并使 KBr 浓度为 $0.20\ mol \cdot dm^{-3}$,有无 AgBr 沉淀产生?

(3) 欲防止 AgBr 沉淀析出,氨水的浓度至少为多少?

3.25 命名下列配合物(Py 为吡啶):

(1) $[Pt(NH_3)_2(NO_2)Cl]$ (2) $NH_4[Co(NH_3)_2(NO_2)_4]$

(3) $[Pt(Py)(NH_3)ClBr]$ (4) $[Cr(en)_2(SCN)_2]SCN$

(5) $[Pt(NH_3)_2(OH)_2Cl_2]$ (6) $[Co(NH_3)_3(OH)_3]$

3.26 写出下列各配合物或配离子的化学式:

(1) 四异硫氰根·二氨合钴(Ⅲ)酸铵

(2) 氯化-硝基·一氨·一羟胺·吡啶合铂(Ⅱ)

(3) 硫酸-亚硝酸根·五氨合钴(Ⅲ)

(4) 二硫代硫酸根合银(Ⅰ)离子

(5) 六氰合铁(Ⅱ)酸铁

3.27 请写出下列各配合物的中心离子、配位体、中心离子氧化数、配位离子的电荷数、配位数及配合物的名称:

(1) $Li[AlH_4]$ (2) $[Cr(H_2O)(en)(C_2O_4)(OH)]$

(3) $[Co(NH_3)_4(NO_2)Cl]Cl$ (4) $(NH_4)_3[SbCl_6]$

(5) $[Ir(NH_3)_5(ONO)]Cl$ (6) $[Cr(H_2O)_4Br_2]Br \cdot H_2O$

3.28 有化学式为 $Co(NH_3)_4BrCO_3$ 的配合物,试画出其可能的全部异构体。

3.29 在 $0.10\ mol \cdot dm^{-3}$ 的 $K[Ag(CN)_2]$ 溶液中,加入固体 KCN,使 CN^- 的浓度为 $0.10\ mol \cdot dm^{-3}$

(1) 加入 KI 固体,使 I^- 的浓度达到 $0.10\ mol \cdot dm^{-3}$,判断是否能产生 AgI 沉淀?

(2) 加入 Na_2S 固体,使 S^{2-} 的浓度达到 $0.10\ mol \cdot dm^{-3}$,判断是否能产生 Ag_2S 沉淀?

第 4 章　氧化还原反应

氧化还原反应(有电子的传递或氧化数变化的反应)极为普遍,与工业生产和人们的生活紧密相关,是一类重要的常见的化学反应。本章主要介绍氧化还原反应的本质、特点和一般规律,着重讨论电极电势及其应用,电化学中的基本热力学原理,并简要介绍化学电源、电解以及金属的腐蚀与防护的基本原理。

4.1　氧化还原反应和氧化数

起初,人们把与氧化合的反应叫作氧化反应,而把从氧化物中去除氧的反应叫做还原反应。以后这个定义逐渐扩大,与氯、溴等非金属的化合也称为氧化反应。19 世纪中叶,人们在化学中引入了原子价(或化合价)的概念,来表现在化合物中各元素的原子与其他原子结合的能力。20 世纪初,由于建立了化合价的电子理论,人们就把失电子的过程叫作氧化,得电子的过程叫做还原。例如

$$Zn + Cu^{2+} \rule[0.5ex]{2em}{0.4pt} Zn^{2+} + Cu$$

反应中电子由 Zn 转移给 Cu^{2+}, Zn 失去电子被氧化,Cu^{2+} 得到电子被还原。氧化反应和还原反应不能独立存在,一定同时发生,构成一个完整的氧化还原反应。

但是,在生成共价化合物的氧化还原反应中,得失电子的关系并不那么明显,例如

$$C + O_2 \rule[0.5ex]{2em}{0.4pt} CO_2$$

在 CO_2 分子中,由于 O 的电负性较大,成键电子对偏向于 O。人们引入了"氧化数"的概念,来描述元素的氧化或还原状态,并用以反映氧化还原反应中电子的转移关系。

元素的氧化数又称氧化值,是化合物中某元素所带的形式电荷的数值,它可

以是正数、负数,也可以是零或分数。一般认为,由于化合物中组成元素的电负性不同,原子之间成键时电子对向电负性大的一方偏移,因此化合物中电负性大的元素具有负的氧化数,而电负性小的元素具有正的氧化数。例如在 KCl 中,氯元素的电负性比 K 元素大,Cl 的氧化数为 -1,K 的氧化数为 $+1$;又如在 BF_3 分子中,将三对成键的电子都归属于电负性大一些的 F 原子,则 F 的氧化数为 -1,B 的氧化数为 $+3$。确定元素的氧化数需遵循如下规则:

(1) 单质的氧化数为零。

(2) 多原子分子中所有元素的氧化数的代数和为零。

(3) 单原子离子的氧化数等于它所带的电荷数,多原子离子中所有元素氧化数的代数和等于该离子所带的电荷数。

(4) 在共价化合物中,可按照元素电负性的大小,把共用电子对归属于电负性较大的原子,然后再根据各原子上的形式电荷数来确定它们的氧化数,如 HCl 中 H 的氧化数为 $+1$,Cl 的氧化数为 -1。

(5) 电负性最大的 F 元素在化合物中的氧化数总是 -1;H 元素在化合物中的氧化数一般为 $+1$,但在金属氢化物,如 NaH、CaH_2 分子中,H 的氧化数为 -1;O 元素在化合物中的氧化数一般为 -2,但在过氧化物,如 H_2O_2 中为 -1;在超氧化物,如 KO_2 中为 $-1/2$,在 OF_2 分子中为 $+2$。

需要注意的是,各元素可能存在的氧化数与其核外电子排布及其在周期表中的位置密切相关。

根据上述规则,可以确定复杂分子中任一元素的氧化数。如 Na_2SO_4 中,S 的氧化数 x 可由下式求出:

$$(+1) \times 2 + x + (-2) \times 4 = 0, \quad x = +6$$

而在 Na_2SO_3 中,S 的氧化数 y 为

$$(+1) \times 2 + y + (-2) \times 3 = 0, \quad y = +4$$

根据氧化数的概念,在一个化学反应中,氧化数升高的过程称为氧化,氧化数降低的过程称为还原。这种反应前后元素氧化数发生改变的一类反应称为氧化还原反应,如

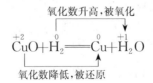

反应中得到电子、氧化数降低的物质为 CuO,称为氧化剂;反应中失去电子、氧化数升高的物质为 H_2,称为还原剂。

在有些反应中,氧化数的升高和降低发生在同一个化合物中,这种氧化还原反应称为自身氧化还原反应,例如:

$$2KClO_3 \Longrightarrow 2KCl + 3O_2\uparrow$$

其中,当氧化数升高和降低的为同一种元素时,称为歧化反应,例如:

$$2\overset{+1}{Cl}Cl \Longrightarrow \overset{0}{Cu} + \overset{+2}{Cu}Cl_2$$

$$\overset{0}{Cl_2} + H_2O \Longrightarrow H\overset{+1}{Cl}O + H\overset{-1}{Cl}$$

在第一个反应中,CuCl 既是氧化剂又是还原剂;第二个反应中,氯气既是氧化剂又是还原剂。

在氧化还原反应中,氧化剂(氧化态)在反应过程中氧化数降低,其产物具有较低的氧化数,转化为它的还原态;还原剂(还原态)在反应过程中氧化数升高,其产物具有较高的氧化数,转化为它的氧化态。一对氧化态和还原态物质构成的共轭体系称为氧化还原电对,简称电对,可用"氧化态/还原态"表示,如 $Cu^{2+}/$ Cu 电对、Zn^{2+}/Zn 电对。

4.2 原电池及其表示方法

4.2.1 原电池

将化学能直接转变成电能的装置称为原电池,它利用自发的氧化还原反应做电功。

图 4-1 所示的铜锌原电池称为丹聂尔(Daniell)电池,将锌片与铜片分别浸入硫酸锌水溶液和硫酸铜水溶液中,两溶液用一倒置的 U 形管连接起来(U 形管内装有 KCl 饱和溶液和琼脂做成的凝胶,称为盐桥),再将铜片与锌片用导线连接,并串联入一个灵敏电流表,就可以看到电流表的指针发生偏转,说明金属导线上有电流流过,发生了电子的定向转移。此时,Zn 失去电子成为 Zn^{2+} 进入溶液,Zn 片逐渐溶解,Zn 和 $ZnSO_4$ 溶液形

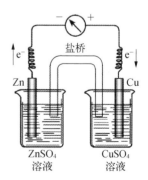

图 4-1 铜锌原电池
结构示意

成锌半电池,也称锌电极,电子流出,为负极;电子经金属导线流向 Cu 片,$CuSO_4$
溶液中 Cu^{2+} 从 Cu 片上得到电子成为金属 Cu 沉积在 Cu 片上,Cu 和 $CuSO_4$ 溶
液形成铜半电池,也称为铜电极,电子流入,为正极。

氧化半反应和还原半反应分别在两个电极上进行,其中负极流出电子,发生
失电子反应 $Zn \rightleftharpoons Zn^{2+} + 2e$;正极接受电子,发生得电子反应 $Cu^{2+} + 2e \rightleftharpoons$
Cu;总反应是

$$Zn + Cu^{2+} \rightleftharpoons Zn^{2+} + Cu$$

如果我们直接把 Zn 片放入 $CuSO_4$ 溶液中,就会看到 Zn 片慢慢溶解,而蓝
色 $CuSO_4$ 溶液的颜色逐渐变浅,同时,Cu 不断地在 Zn 片上析出。此过程中,由
于 Zn 与 $CuSO_4$ 溶液直接接触,电子从 Zn 原子直接转移到 Cu^{2+} 离子上,此时电
子的流动是杂乱的,因而得不到有序的电子流。但随着反应的进行,能观察到溶
液的温度升高,说明化学能转变成为热能,反应只放出热而没有做功
($\Delta_r H^\ominus = -217.6$ kJ $\cdot$ mol^{-1}),标准状态下,该反应为自发的氧化还原反应
($\Delta_r G^\ominus = -212.55$ kJ $\cdot$ mol$^{-1} < 0$)。

4.2.2 离子-电子法配平电极反应和氧化还原反应

原电池中,负极和正极上分别发生氧化半反应和还原半反应,可以分别写出
其反应式并用离子电子法加以配平,从而配平整个氧化还原反应。在写电极反
应时应注意,反应式两边的原子个数和电荷数均应相等,当电极反应分别在酸性
介质中或碱性介质中进行时,书写电极反应时应分别考虑加入 H^+ 或 OH^- 并同
时加入 H_2O 以使电极反应式原子个数相等。

例 4-1 写出酸性介质中 MnO_4^-/Mn^{2+} 电对对应的电极反应式。

解: 第一步,首先将反应物的氧化还原产物以离子形式写出,将氧化态物质
写在左边,还原态物质写在右边:

$$MnO_4^- \longrightarrow Mn^{2+}$$

第二步,由于反应是在酸性介质中进行的,反应物中有氧原子,因此应在半
反应式的左边加入 H^+,同时在右边加入相应数量的水分子,以使反应式两边的
原子数相等,则有

$$MnO_4^- + 8H^+ \longrightarrow Mn^{2+} + 4H_2O$$

第三步,在反应式左边加入 5 个电子使半反应两侧的原子数和电荷数都相等,完成配平,则有

$$MnO_4^- + 8H^+ + 5e \longrightarrow Mn^{2+} + 4H_2O$$

例 4-2 写出碱性介质中 SO_4^{2-}/S^{2-} 电对对应的电极反应式。

解: 第一步,首先将反应物的氧化还原产物以离子形式写出

$$SO_4^{2-} \longrightarrow S^{2-}$$

第二步,由于反应是在碱性介质中进行的,反应物中有氧原子,因此应在半反应式的左边加入足量的 H_2O 分子,同时在右边加入相应数量的 OH^-,以使反应式两侧的原子数相等,则有

$$SO_4^{2-} + 4H_2O \longrightarrow S^{2-} + 8OH^-$$

第三步,在反应式左边加入 8 个电子使半反应两侧的原子数和电荷数都相等,完成配平,则有

$$SO_4^{2-} + 4H_2O + 8e \longrightarrow S^{2-} + 8OH^-$$

由以上例子可以看出,离子-电子法的优点是不需要知道元素具体的氧化数。配平整个氧化还原反应时,先配平氧化半反应和还原半反应,再根据得失电子总数相等的原则将半反应乘以一定的计量系数,两式加和后得到配平的总反应。

例 4-3 配平酸性介质中的反应 $Cr_2O_7^{2-} + C_2O_4^{2-} \longrightarrow Cr^{3+} + 6CO_2$。

解: 第一步,写出和配平氧化半反应和还原半反应:

氧化半反应 $C_2O_4^{2-} \longrightarrow 2CO_2 + 2e$ ①

还原半反应 $Cr_2O_7^{2-} + 14H^+ + 6e \longrightarrow 2Cr^{3+} + 7H_2O$ ②

第二步,根据氧化剂获得的电子数和还原剂失去的电子数相等的原则,将式①×3+式②×1,使得两边的电子消去,将两个半反应式加和为一个配平的离子反应式:

式①×3 $C_2O_4^{2-} \longrightarrow 2CO_2 + 2e$

式②×1 $Cr_2O_7^{2-} + 14H^+ + 6e \longrightarrow 2Cr^{3+} + 7H_2O$

$$Cr_2O_7^{2-} + 14H^+ + 3C_2O_4^{2-} \Longrightarrow 2Cr^{3+} + 7H_2O + 6CO_2$$

例 4-4 配平碱性介质的反应 $ClO^- + Cr(OH)_4^- \longrightarrow Cl^- + CrO_4^{2-}$。

解： 第一步，写出和配平氧化半反应和还原半反应：

氧化半反应 $Cr(OH)_4^- + 4OH^- \longrightarrow CrO_4^{2-} + 4H_2O + 3e$ ①

还原半反应 $ClO^- + H_2O + 2e \longrightarrow Cl^- + 2OH^-$ ②

第二步，根据氧化剂获得的电子数和还原剂失去的电子数相等的原则，将式①×2+式②×3，使得两边的电子消去，将两个半反应式加和为一个配平的离子反应式：

式①×2 $Cr(OH)_4^- + 4OH^- \longrightarrow CrO_4^{2-} + 4H_2O + 3e$

式②×3 $ClO^- + H_2O + 2e \longrightarrow Cl^- + 2OH^-$

$$2Cr(OH)_4^- + 2OH^- + 3ClO^- = 2CrO_4^{2-} + 3Cl^- + 5H_2O$$

例 4-5 配平酸性介质的反应 $MnO_4^- + C_3H_7OH \longrightarrow Mn^{2+} + C_2H_5COOH$。

解： 第一步，写出和配平氧化半反应和还原半反应：

氧化半反应 $C_3H_7OH + H_2O \longrightarrow C_2H_5COOH + 4H^+ + 4e$ ①

还原半反应 $MnO_4^- + 8H^+ + 5e \longrightarrow Mn^{2+} + 4H_2O$ ②

第二步，根据氧化剂获得的电子数和还原剂失去的电子数相等的原则，将式①×5+式②×4，使得两边的电子消去，将两个半反应式加和为一个配平的离子反应式：

式①×5 $C_3H_7OH + H_2O \longrightarrow C_2H_5COOH + 4H^+ + 4e$

式②×4 $MnO_4^- + 8H^+ + 5e \longrightarrow Mn^{2+} + 4H_2O$

$$4MnO_4^- + 5C_3H_7OH + 12H^+ = 5C_2H_5COOH + 4Mn^{2+} + 11H_2O$$

4.2.3 原电池的表示方法

原电池都是由电极组成的，电极的种类很多，结构各异，按照组成材料的性质不同，通常可将电极分为以下四类：

(1) 金属-金属离子电极。

将金属置于含有同种金属离子的溶液中所构成的电极，例如 Cu^{2+}/Cu、$Zn^{2+}/$

Zn 电对所组成的电极。金属既是电极物质参与电极反应,又可起到导电作用。

（2）气体-离子电极。

由气体及含有其相应离子的溶液组成,例如 H^+/H_2 电对所组成的氢电极和 Cl_2/Cl^- 电对组成的氯电极。由于气体不导电,需要一个固体惰性导电体,该导电固体与所接触的气体和溶液都不发生反应,常用金属铂或石墨。

（3）金属-金属难溶盐或氧化物-阴离子电极。

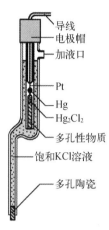

图 4 - 2　饱和甘汞电极结构

将金属表面涂以该金属的难溶盐（或氧化物）,然后将它浸在与该盐具有相同阴离子的溶液中。例如,将表面涂有 AgCl 的银丝插在 HCl 溶液中构成 Ag - AgCl 电极;在金属 Hg 的表面覆盖一层氯化亚汞（Hg_2Cl_2）,然后注入饱和氯化钾溶液构成的饱和甘汞电极。由于这类电极在一定温度范围内的电极电势比较稳定,所以常在实验室中用作参比电极,如饱和甘汞电极结构（见图 4 - 2）,其电极反应为

$$Hg_2Cl_2(s) + 2e \longrightarrow 2Hg(l) + 2Cl^-（饱和 KCl 水溶液的浓度）$$

（4）其他电极。

将金属 Pt 或石墨等惰性电极插入含有同一种金属的不同价离子的溶液中所组成的电极,如由 Fe^{3+}/Fe^{2+} 电对组成的电极。

为书写简便起见,可以用电池符号表示原电池。以锌铜原电池为例,可简写为

$$(-)Zn \mid ZnSO_4(c_1) \parallel CuSO_4(c_2) \mid Cu(+)$$

习惯上把负极写在左边,正极写在右边,并以"|"表示不同物相之间的界面,以"‖"表示盐桥,注明溶液中离子的浓度 c_1、c_2,当有气体参加反应时需注明其分压。若将锌铜原电池中的 Zn 和 ZnSO$_4$ 换成 Ag 和 AgNO$_3$,则构成铜银原电池。由于铜比银要活泼,在此电池中铜为负极,银为正极,电流由银电极流向铜电极。其电池符号为

$$(-)Cu \mid CuSO_4(c_1) \parallel AgNO_3(c_2) \mid Ag(+)$$

再如,标准状态下由氢电极和 Fe^{3+}/Fe^{2+} 电极所组成的电池,其电池符号可表示为

$$(-)Pt \mid H_2(p^\ominus) \mid H^+(1\ mol \cdot dm^{-3}) \parallel Fe^{3+}(1\ mol \cdot dm^{-3}),$$
$$Fe^{2+}(1\ mol \cdot dm^{-3}) \mid Pt(+)$$

这里 Fe^{3+} 与 Fe^{2+} 处于同一溶液中,故用逗号分开。

4.3 电 极 电 势

4.3.1 标准电极电势

原电池可作为电源在回路中产生电流,说明两个电极之间存在电势差,电流由原电池的正极流向负极,说明正极的电势高,负极的电势低。那么单个电极的电势是怎样产生的呢? 把金属片 M 插入含有 M^{n+} 离子的水溶液中时,晶格中的金属原子受到极性水分子的作用,有离开金属成为水合离子而进入溶液的倾向,金属越活泼、溶液越稀,这种倾向就越大;同时,M^{n+} 也有从金属表面获得电子而沉积在金属表面的倾向,金属越不活泼,溶液越浓,这种倾向越大,这两种倾向最后达到动态平衡

$$M \xrightarrow[\text{沉积}]{\text{溶解}} M^{n+} + ne$$

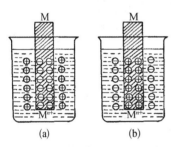

图 4-3 电极电势形成示意图
(a) Zn/ZnSO₄ 界面
(b) Cu/CuSO₄ 界面

如前一倾向大于后一倾向,则金属带负电,金属附近的溶液带正电;相反,如后一倾向大于前一倾向,则金属带正电,金属附近的溶液带负电,如图 4-3 所示。由于异性电荷相互吸引,金属与金属离子溶液之间会形成双电层,从而产生电势差,这种电势差称为金属的电极电势(φ)。不同的金属活泼性不同,其电极电势也不同,所以电极电势可以用来衡量金属失去电子能力的大小,电极电势还与金属离子的浓度和温度有关。

原电池的电动势等于正极的电极电势减去负极的电极电势

$$E = \varphi_{正} - \varphi_{负}$$

单个电极电势的绝对值无法直接测得,从实际应用的角度出发,人们需要选定一种电极作为标准参考零点。按照 IUPAC(International Union of Pure and Applied Chemistry)的惯例,将标准氢电极规定为理想基准电极:将覆盖有铂黑的铂片浸入氢离子浓度(严格地说应为活度)为 $1 \text{ mol} \cdot \text{kg}^{-1}$(近似为 $1 \text{ mol} \cdot \text{dm}^{-3}$)的溶液中,并不断以压强为 $100 \text{ kPa}(p^{\ominus})$ 的干燥氢气冲击到铂电极表面使其达到吸附饱和(见图 4-4)。其电极反应为

$$H_2(p^\ominus) \longrightarrow 2H^+(1\ mol \cdot dm^{-3}) + 2e$$

规定在任意温度下，标准氢电极的电极电势 $\varphi^\ominus_{H^+/H_2} = 0\ V$。其他电极的电极电势都是相对于标准氢电极而得到的相对值。当电极反应中各物质都处于标准状态时，即有关离子或分子的浓度为 $1\ mol \cdot dm^{-3}$，气体分压为 $100\ kPa$，液体和固体都是纯净物时，电极相对于标准氢电极的电极电势称为该电极的标准电极电势，用 $\varphi^\ominus$ 来表示，单位是伏特（V）。

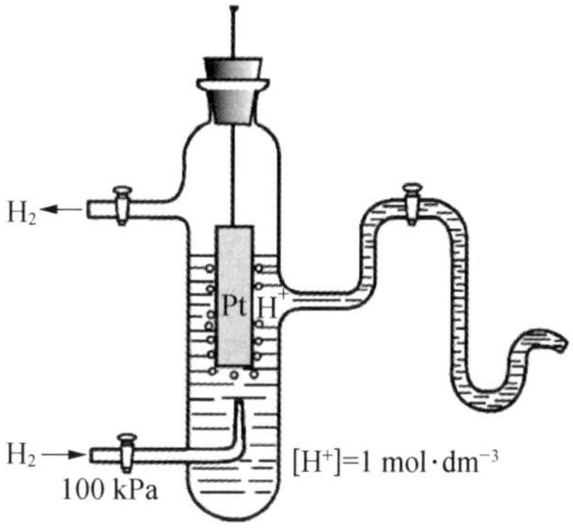

图 4-4　标准氢电极示意

例如，标准锌电极与标准氢电极组成原电池

$$(-)\,Zn \mid ZnSO_4(1\ mol \cdot dm^{-3}) \parallel H^+(1\ mol \cdot dm^{-3}) \mid H_2(p^\ominus) \mid Pt\,(+)$$

测得原电池的电动势为 $0.762\ 8\ V$，即

$$E^\ominus = \varphi^\ominus_{H^+/H_2} - \varphi^\ominus_{Zn^{2+}/Zn} = 0.762\ 8\ V$$

所以，$\varphi^\ominus_{Zn^{2+}/Zn} = -0.762\ 8\ V$。

再如，标准铜电极与标准氢电极组成原电池

$$(-)\,Pt \mid H_2(p^\ominus) \mid H^+(1\ mol \cdot dm^{-3}) \parallel CuSO_4(1\ mol \cdot dm^{-3}) \mid Cu\,(+)$$

测定原电池的电动势为 $0.340\ 2\ V$，即

$$E^\ominus = \varphi^\ominus_{Cu^{2+}/Cu} - \varphi^\ominus_{H^+/H_2} = 0.340\ 2\ V$$

则 $\varphi^\ominus_{Cu^{2+}/Cu} = 0.340\ 2\ V$。

化学工作者已经测定和得到了很多电对的标准电极电势值，附录 6 列出了一些常用的氧化还原电对在 $298.15\ K$ 时的标准电极电势，其对应的电极反应为

$$氧化态 + n e \longrightarrow 还原态$$

电极电势的高低表明了电对物质得失电子的难易，即在一定条件下电对物质的氧化还原性特性：电极电势的代数值越高，代表电对中氧化态物质的氧化能力越强；电极电势的代数值越低，代表电对中还原态物质的还原能力越强。如在附录 6 中可以查到，$\varphi^\ominus_{Li^+/Li} = -3.045\ V$，Li 是很强的还原剂；$\varphi^\ominus_{F_2/F^-} = 2.87\ V$，

F_2是很强的氧化剂;相应地,Li^+是很弱的氧化剂,F^-是很弱的还原剂。使用标准电极电势表时还需注意:

(1) 标准电极电势($\varphi^\ominus$)与电极反应的计量系数无关,不论电极上实际发生的是氧化半反应还是还原半反应,$\varphi^\ominus$值的符号不变。

如 $2Cl^- + 2e = Cl_2$ $\varphi^\ominus = 1.36\ V$

而 $Cl^- + e = \frac{1}{2}Cl_2$ $\varphi^\ominus = 1.36\ V$

(2) 在很多书籍中标准电极电势表都分为酸表与碱表,凡是电极反应的介质中出现 H^+ 皆查酸表,出现 OH^- 则皆查碱表,如在电极反应中既无 H^+ 又无 OH^- 出现时,可以从反应物和生成物的存在状态来考虑。例如,$Fe^{3+} + e \rightleftharpoons Fe^{2+}$ 仅能在酸性溶液中存在,故在酸表中查此电对的电势。

(3) 表中的标准电极电势 $\varphi^\ominus$ 仅适用于水溶液体系。

标准氢电极是气体电极,非常灵敏,但是制作和使用都很不方便,因此,在实际测定中,往往采用饱和甘汞电极作为参比电极。

4.3.2 原电池的热力学原理及影响电动势的因素

1. 原电池的热力学原理

在等温等压条件下,原电池利用氧化还原反应产生的电流对外做功,即把化学能转变为电能。此时,原电池所做的最大电功($|W|$),即非体积功,等于电池反应吉布斯自由能的降低值。从另一个角度看,原电池所做的最大电功 $|W_{max}|$ 等于正负极之间的电动势 E 与所通过的电量 q 的乘积,即

$$-\Delta G = |W_{max}| = Eq \qquad (4-1)$$

$$\Delta G = -Eq$$

1 mol 电子的电荷量是 1 法拉第(即 96 485 C),当电池反应中有 n mol 电子流过外电路,则转移电量 nF,因此

$$\Delta G = -nFE \qquad (4-2)$$

在标准状态下

$$\Delta G^\ominus = -nFE^\ominus$$

式中,ΔG 的单位是 $J \cdot mol^{-1}$,E 的单位是伏特(V)。

由此我们可以将氧化还原反应的 ΔG 与原电池的电动势 E 联系起来。

例 4-6　已知铜锌原电池的标准电动势为 1.103 V,计算该原电池对应反应的 $\Delta G^{\ominus}$。

解：
$$Zn + Cu^{2+} \Longrightarrow Zn^{2+} + Cu$$

根据
$$\Delta G^{\ominus} = -nFE^{\ominus}$$

因为还原 1 mol Cu^{2+} 需转移 2 mol 电子,所以 $n = 2$

故 $\Delta G^{\ominus} = -2 \times 96\,485 \times 1.103\,(J \cdot mol^{-1}) = -212.8\,(kJ \cdot mol^{-1})$

由于原电池的电动势比较容易测量,所以常用测定原电池电动势的方法来确定反应的吉布斯自由能变 ΔG。

例 4-7　由下列反应的热力学数据,计算电对 Na^+/Na 的标准电极电势。

$$Na(s) + H^+(aq) \Longrightarrow Na^+(aq) + \frac{1}{2}H_2(g)$$

解：

	$Na(s)$	$H^+(aq)$	$Na^+(aq)$	H_2
$\Delta_f G_m^{\ominus}\,(kJ \cdot mol^{-1})$	0	0	-261.9	0

反应的 $\Delta G^{\ominus} = -261.9\,kJ \cdot mol^{-1} < 0$,反应在 298.15 K、标准状态下可以正向自发进行。

因为
$$\Delta G^{\ominus} = -nFE^{\ominus}$$

所以

$$E^{\ominus} = \frac{-\Delta G^{\ominus}}{nF} = \frac{-(-261.9) \times 1\,000}{1 \times 96\,485} = 2.71\,(V)$$

$$E^{\ominus} = \varphi_{H^+/H_2O}^{\ominus} - \varphi_{Na^+/Na}^{\ominus} = 0 - \varphi_{Na^+/Na}^{\ominus}$$

$$\varphi_{Na^+/Na}^{\ominus} = 0 - 2.71 = -2.71\,(V)$$

对于活泼金属或活泼非金属组成的电对,如 Na^+/Na、K^+/K、F_2/F^- 等,通常难以用组成原电池的方法测定其标准电极电势,可通过热力学方法计算求得。

2. 标准电动势与氧化还原反应的平衡常数

由第 1 章中的化学反应等温式,我们知道 $\Delta G^{\ominus}$ 与标准平衡常数 $K^{\ominus}$ 的关系为

$$\Delta G^{\ominus} = -RT\ln K^{\ominus}$$

在原电池中

$$\Delta G^{\ominus} = -nFE^{\ominus}$$

因此

$$RT\ln K^{\ominus} = nFE^{\ominus} \qquad (4-3)$$

$$\ln K^{\ominus} = \frac{nFE^{\ominus}}{RT}$$

标准电动势 $E^{\ominus} = \varphi_{正}^{\ominus} - \varphi_{负}^{\ominus}$。常温下，$T = 298.15\ \text{K}$，代入 R 和 F 常数，$\ln \rightarrow \lg$，

$$\lg K^{\ominus} = \frac{nE^{\ominus}}{0.059\ 2} \qquad (4-4)$$

由此可见，标准状态下，一个氧化还原反应的标准平衡常数的对数与其组成原电池的电动势成正比。

例 4-8 计算锌铜原电池在 $298.15\ \text{K}$ 的标准平衡常数 $K^{\ominus}$。

$$\text{Zn} + \text{Cu}^{2+}(1\ \text{mol} \cdot \text{dm}^{-3}) = \text{Zn}^{2+}(1\ \text{mol} \cdot \text{dm}^{-3}) + \text{Cu}$$

解： 查表得 $\varphi_{\text{Zn}^{2+}/\text{Zn}}^{\ominus} = -0.762\ 8\ \text{V}$，$\varphi_{\text{Cu}^{2+}/\text{Cu}}^{\ominus} = 0.340\ 2\ \text{V}$。

$$E^{\ominus} = \varphi_{正}^{\ominus} - \varphi_{负}^{\ominus} = \varphi_{\text{Cu}^{2+}/\text{Cu}}^{\ominus} - \varphi_{\text{Zn}^{2+}/\text{Zn}}^{\ominus} = 0.340\ 2\ \text{V} - (-0.762\ 8)\text{V} = 1.103\ \text{V}$$

$$K^{\ominus} = \text{e}^{\frac{nFE^{\ominus}}{RT}} = 1.96 \times 10^{37}$$

3. 能斯特方程

对于任意化学反应

$$a\text{A} + b\text{B} \longrightarrow y\text{Y} + z\text{Z}$$

在任意状态下，根据化学反应等温式，反应的 ΔG 与 $\Delta G^{\ominus}$ 之间的关系为

$$\Delta G = \Delta G^{\ominus} + RT\ln Q$$

$$= \Delta G^{\ominus} + RT\ln \frac{[\text{Y}]^{y}\ [\text{Z}]^{z}}{[\text{A}]^{a}\ [\text{B}]^{b}}$$

式中，Q 为反应商。由于

$$\Delta G^{\ominus} = -nFE^{\ominus}$$
$$RT\ln K^{\ominus} = nFE^{\ominus}$$

两式代入，得

$$-nFE = -nFE^{\ominus} + RT\ln\frac{[Y]^y[Z]^z}{[A]^a[B]^b} \qquad (4-5)$$

即

$$E = E^{\ominus} - \frac{RT}{nF}\ln\frac{[Y]^y[Z]^z}{[A]^a[B]^b}$$

$$E = E^{\ominus} - \frac{2.303RT}{nF}\lg\frac{[Y]^y[Z]^z}{[A]^a[B]^b} \qquad (4-6)$$

该方程称为能斯特(Nernst)方程，它给出了电池的电动势与溶液浓度、气体分压和温度之间的定量关系。

298.15 K 时，将温度和 R 值代入可得

$$E = E^{\ominus} - \frac{0.059\,2}{n}\lg\frac{[Y]^y[Z]^z}{[A]^a[B]^b} \qquad (4-7)$$

对于半反应

$$a\,\text{氧化态} + ne \Longrightarrow b\,\text{还原态}$$

能斯特方程的表示形式为

$$\varphi = \varphi^{\ominus} + \frac{0.059\,2}{n}\lg\frac{[\text{氧化态}]^a}{[\text{还原态}]^b} \qquad (4-8)$$

能斯特方程中的各浓度项或分压项均应用相对浓度($c/c^{\ominus}$)或相对分压($p/p^{\ominus}$)，使用该方程时还须注意：

(1) 方程中[氧化态]、[还原态]应包含反应式氧化态或还原态一侧的所有物质并以各物质前的系数为指数。

(2) 若反应中某一物质是固体或纯液体，则其相对浓度作为常数不列入方程式中。

4. 影响电极电势的因素——能斯特方程的应用

根据能斯特方程，反应式中所有物质的浓度或分压的变化都会影响电极电

势,因此,如电极反应中生成沉淀或生成配离子也都会影响电极电势,从而影响整个氧化还原反应对应的原电池的电动势。

例 4 - 9 计算 298.15 K 时,锌离子浓度为 0.001 $mol \cdot dm^{-3}$ 的溶液中 Zn^{2+}/Zn 电对的电极电势。

解:
$$Zn^{2+} + 2e \Longrightarrow Zn$$

还原态物质为固体,$n = 2$。查表得 $\varphi^{\ominus}_{Zn^{2+}/Zn} = -0.7628$ V,代入能斯特方程得

$$\varphi_{Zn^{2+}/Zn} = \varphi^{\ominus}_{Zn^{2+}/Zn} + \frac{0.0592}{2} \lg c_{Zn^{2+}}$$

$$= -0.7628 + \frac{0.0592}{2} \lg 0.001$$

$$= -0.85 \,(\text{V})$$

例 4 - 10 计算 298.15 K 时,Br^- 离子浓度为 0.001 $mol \cdot dm^{-3}$ 的溶液中 Br_2/Br^- 电对的电极电势。

解:
$$Br_2(l) + 2e \Longrightarrow 2Br^-$$

氧化态物质为液态 Br_2 单质,$n = 2$。查表得 $\varphi^{\ominus}_{Br_2/Br^-} = +1.087$ V 代入能斯特方程得

$$\varphi_{Br_2/Br^-} = \varphi^{\ominus}_{Br_2/Br^-} + \frac{0.0592}{2} \lg \frac{1}{c^2_{Br^-}}$$

$$= +1.087 + \frac{0.0592}{2} \lg \frac{1}{0.001^2}$$

$$= 1.265 \,(\text{V})$$

例 4 - 11 计算 298.15 K、$[H^+] = 0.1$ $mol \cdot dm^{-3}$ 时,$Cr_2O_7^{2-}/Cr^{3+}$ 电对的电极电势(其他物质均处于标准状态)。

解:
$$Cr_2O_7^{2-} + 14H^+ + 6e \Longrightarrow 2Cr^{3+} + 7H_2O$$

$n = 6$,查表得 $\varphi^{\ominus}_{Cr_2O_7^{2-}/Cr^{3+}} = 1.33$ V,代入能斯特方程得

$$\varphi_{Cr_2O_7^{2-}/Cr^{3+}} = \varphi_{Cr_2O_7^{2-}/Cr^{3+}}^{\ominus} + \frac{0.059\,2}{6}\lg\frac{c_{Cr_2O_7^{2-}}\,c_{H^+}^{14}}{c_{Cr^{3+}}^2}$$

$$= +1.33 + \frac{0.059\,2}{6}\lg\frac{0.1^{14}}{1}$$

$$= +1.19\,(V)$$

从以上例子中可以总结得出关于氧化还原反应的一些重要规律：

（1）决定电极电势的主要因素是电对物质的本性。

（2）相关离子浓度或气体分压的改变对电极电势也有很大影响。

（3）对于金属和金属离子电极，如 Zn^{2+}/Zn 电对，当氧化态物质 Zn^{2+} 离子浓度降低时，电极电势降低，金属的还原性增强。

（4）对于非金属和非金属离子电极，如 Br_2/Br^- 电对，当还原态物质 Br^- 离子浓度降低时，电极电势略有升高，非金属的氧化性增强。

（5）介质的酸碱性对某些电极电势有影响，如 $Cr_2O_7^{2-}/Cr^{3+}$ 电对，H^+ 离子浓度降低，$Cr_2O_7^{2-}/Cr^{3+}$ 电极电势代数值降低，从而使 $Cr_2O_7^{2-}$ 离子氧化性减弱。一般来说，具有氧化性的含氧酸盐在酸性介质中表现出较强的氧化性。

例 4-12　已知电极反应

$$Ag^+ + e = Ag,\quad \varphi_{Ag^+/Ag}^{\ominus} = 0.799\,V$$

若溶液中加入 NaCl，产生 AgCl 沉淀，且 $[Cl^-] = 1\,mol\cdot dm^{-3}$。计算此时的 $\varphi_{Ag^+/Ag}$。已知 $K_{sp}(AgCl) = 1.8\times10^{-10}$。

解：此时存在沉淀溶解平衡

$$AgCl(s) = Ag^+ + Cl^-\qquad K_{sp} = [Ag^+][Cl^-] = 1.8\times10^{-10}$$

溶液中 Ag^+ 浓度 $[Ag^+] = K_{sp}/[Cl^-]$

根据能斯特方程，

$$\varphi_{Ag^+/Ag} = \varphi_{Ag^+/Ag}^{\ominus} + \frac{0.059}{1}\lg\frac{[Ag^+]}{1}$$

$$= \varphi_{Ag^+/Ag}^{\ominus} + \frac{0.059}{1}\lg\frac{K_{sp}(AgCl)}{[Cl^-]}$$

$$= 0.799 + \frac{0.059\,2}{1}\lg\frac{1.8\times10^{-10}}{1} = 0.222\,(V)$$

例 4-13 在 298.15 K 时, 已知 $\varphi^{\ominus}_{Fe^{2+}/Fe} = -0.44$ V, $K_f([Fe(CN)_6]^{4-}) = 1.0 \times 10^{35}$, 计算 $\varphi^{\ominus}_{[Fe(CN)_6]^{4-}/Fe}$。

解: 此时存在配位平衡

$$Fe^{2+} + 6CN^- = [Fe(CN)_6]^{4-}$$

$$K_f([Fe(CN)_6]^{4-}) = [Fe(CN)_6]^{4-} / [Fe^{2+}][CN^-]^6 = 1.0 \times 10^{35}$$

其中, $[Fe(CN)_6]^{4-} = [CN^-] = 1$ mol·dm^{-3}, 游离 Fe^{2+} 浓度 $[Fe^{2+}] = 1/K_f([Fe(CN)_6]^{4-})$。

$$\begin{aligned}
\varphi^{\ominus}_{[Fe(CN)_6]^{4-}/Fe} &= \varphi^{\ominus}_{Fe^{2+}/Fe} + \frac{0.059\,2}{2}\lg\frac{1}{K_{f([Fe(CN)_6]^{4-})}} \\
&= -0.44 + \frac{0.059\,2}{2}\lg\frac{1}{1.0 \times 10^{35}} \\
&= -1.48(V)
\end{aligned}$$

4.3.3 电极电势的应用

1. 判断原电池的正、负极, 计算原电池的电动势

当组成原电池的两极中有关离子的浓度为标准态时, 可直接从标准电极电势表中查出 $\varphi^{\ominus}$; 若有关离子浓度不处于标准态, 则要根据能斯特方程式计算电极电势 φ 和电池的电动势 E。

例 4-14 计算 298.15 K 时, 下列原电池的电动势 E。

$$Zn \mid Zn^{2+}(0.001 \text{ mol·dm}^{-3}) \parallel Zn^{2+}(1.0 \text{ mol·dm}^{-3}) \mid Zn$$

解: 由例 4-9 可知, 当 $[Zn^{2+}] = 0.001$ mol·dm^{-3} 时, $\varphi_{Zn^{2+}/Zn} = -0.85$ V 当 $[Zn^{2+}] = 1.0$ mol·dm^{-3} 时, $\varphi^{\ominus}_{Zn^{2+}/Zn} = -0.762\,8$ V。电极电势代数值较小的电极为负极, 即左边为负极。电极电势代数值较大的电极为正极, 即右边为正极, 原电池电动势

$$E = \varphi_{正} - \varphi_{负} = -0.76 - (-0.85) = 0.087\,2(V)$$

上述电池虽然两电极的电极反应相同, 但是由于相应的离子浓度不同, 两极的电极电势产生差异, 从而导致两电极间产生电流。由不同浓度的两个相同电极反应的电极组成的原电池称为浓差电池。

2. 判断氧化剂和还原剂的相对强弱以选择合适的氧化剂和还原剂

在工业生产和科学研究中经常要用到各种氧化剂和还原剂,可以通过理论计算电极电势来进行初步设计,再通过实验来进行比较和微调。但是,这些理论上的研究仅限于热力学范畴,不涉及反应速率。如前所述,电极电势的高低表明电对物质得失电子的难易,电极电势代数值较小的还原态物质可以还原电极电势代数值较大的氧化态物质,电极电势代数值较大的氧化态物质可以氧化电极电势代数值较小的还原态物质。根据这一原则,我们可以方便地选择适当的氧化剂或还原剂。

例如,标准状态下,实验室中有 Sn^{2+} 和 Fe^{2+} 的混合溶液,如选用 I_2 或 Br_2 作为氧化剂,发生的氧化还原反应有什么区别呢?

查附录 6 可知,

$$\varphi^{\ominus}_{Sn^{4+}/Sn^{2+}} = 0.15\ V, \quad \varphi^{\ominus}_{Fe^{3+}/Fe^{2+}} = 0.771\ V$$

$$\varphi^{\ominus}_{Br_2/Br^-} = 1.087\ V, \quad \varphi^{\ominus}_{I_2/I^-} = 0.535\ 5\ V$$

若用 I_2 为氧化剂,因为 $\varphi^{\ominus}_{Fe^{3+}/Fe^{2+}} > \varphi^{\ominus}_{I_2/I^-} > \varphi^{\ominus}_{Sn^{4+}/Sn^{2+}}$,则只有 Sn^{2+} 被氧化为 Sn^{4+},而 Fe^{2+} 不被氧化,即只能发生一种反应

$$I_2 + Sn^{2+} =\!=\!= 2I^- + Sn^{4+}$$

若用 Br_2 为氧化剂,因为 $\varphi^{\ominus}_{Br_2/Br^-} > \varphi^{\ominus}_{Fe^{3+}/Fe^{2+}} > \varphi^{\ominus}_{Sn^{4+}/Sn^{2+}}$,$Sn^{2+}$ 和 Fe^{2+} 都会被氧化,即同时可以发生两种反应

$$Br_2 + Sn^{2+} =\!=\!= 2Br^- + Sn^{4+}$$

$$Br_2 + 2Fe^{2+} =\!=\!= 2Br^- + 2Fe^{3+}$$

3. 判断氧化还原反应自发进行的方向

从热力学的角度分析,在等温等压、不做非体积功的条件下,ΔG 是反应自发性的判据。当 $\Delta G = -nFE < 0$,即 $E > 0$ 时,氧化还原反应正向自发进行;如果 $\Delta G = -nFE > 0$,即 $E < 0$ 时,氧化还原反应不能正向自发进行。

例 4 - 15　在 298.15 K、标准状态下,判断反应 $Pb^{2+} + Sn = Pb + Sn^{2+}$ 是否能自发进行? 若 Pb^{2+} 浓度降低至 $0.1\ mol \cdot dm^{-3}$,反应是否还自发进行?

解: 查表得 $\varphi^{\ominus}_{Pb^{2+}/Pb} = -0.126\ 3\ V$,$\varphi^{\ominus}_{Sn^{2+}/Sn} = -0.136\ 4\ V$

(1) 在该反应中,正向反应 Sn 失电子是还原剂,Sn^{2+}/Sn 为负极,Pb^{2+} 离子得电子是氧化剂,Pb^{2+}/Pb 为正极,其对应的电极电势之差为

$$E^{\ominus} = \varphi^{\ominus}_{Pb^{2+}/Pb} - \varphi^{\ominus}_{Sn^{2+}/Sn} = -0.126\ 3 - (-0.136\ 4) = 0.01\ V > 0$$

故反应自发向右进行。

（2）根据能斯特方程式计算 Pb^{2+} 浓度降低为 $0.1\ mol \cdot dm^{-3}$ 时的 $\varphi_{Pb^{2+}/Pb}$，即

$$\varphi_{Pb^{2+}/Pb} = \varphi^{\ominus}_{Pb^{2+}/Pb} + \frac{0.059\ 2}{2}\lg c_{Pb^{2+}}$$

$$= -0.126\ 3 + \frac{0.059\ 2}{2}\lg 0.1$$

$$= -0.156(V)$$

$$E = \varphi_{Pb^{2+}/Pb} - \varphi^{\ominus}_{Sn^{2+}/Sn} = -0.156 - (-0.136\ 4) = -0.02(V) < 0$$

故反应在 Pb^{2+} 浓度降低为 $0.1\ mol \cdot dm^{-3}$ 时不能正向自发，而是逆向自发进行。

4. 计算氧化还原反应的标准平衡常数 $K^{\ominus}$

利用 K 与标准电动势 $E^{\ominus}$ 的关系式，根据式（4-4）可以求氧化还原反应的标准平衡常数 K，在 298.15 K 时

$$\lg K = \frac{nE^{\ominus}}{0.059\ 2}$$

例 4-16 计算反应

$$Cu + Cu^{2+} = 2Cu^{+}$$

在 298 K 时的标准平衡常数 $K^{\ominus}$，并说明 Cu^{+} 在水溶液中是否稳定？

解： 查阅附录 6，$\varphi^{\ominus}_{Cu^{2+}/Cu^{+}} = 0.158\ V$，$\varphi^{\ominus}_{Cu^{+}/Cu} = 0.522\ V$。

正极电对为 Cu^{2+}/Cu^{+}，半反应为 $Cu^{2+} + e = Cu^{+}$。

负极电对为 Cu^{+}/Cu，半反应为 $Cu = Cu^{+} + e$。

$$E^{\ominus} = \varphi^{\ominus}_{正} - \varphi^{\ominus}_{负} = 0.158 - 0.522 = -0.364(V) < 0$$

故反应逆向自发进行，Cu^{+} 不稳定，发生歧化反应。

反应的电子转移数 $n = 1$，因此，

$$\lg K = \frac{nE^{\ominus}}{0.059\,2} = -6.15$$

$$K = 7.08 \times 10^{-7}$$

5. 利用原电池测定溶度积常数

设计用含有难溶电解质参与电极反应的氧化还原电对与其他电极构造原电池,通过测定原电池的电动势,得到难溶电解质的溶度积常数。

例 4 - 17 已知 $\varphi^{\ominus}_{PbSO_4/Pb} = -0.356$ V,$\varphi^{\ominus}_{Pb^{2+}/Pb} = -0.126\,3$ V,计算 $K^{\ominus}_{sp}(PbSO_4)$。

解:将上述两个标准电对构造成原电池,原电池中电极电势高的为正极,低的为负极,则

正极半反应:$Pb^{2+} + 2e === Pb$

负极半反应:$Pb + SO_4^{2-} === PbSO_4 + 2e$

总的电池反应:$Pb^{2+} + SO_4^{2-} === PbSO_4$

对于以上反应,$K === 1/K_{sp,\ PbSO_4}$,

$$\lg K^{\ominus} = \lg[1/K_{sp,\ PbSO_4}] = 2 \times (-0.126\,3 + 0.356)/0.059\,2 = 7.76$$

$$K_{sp,\ PbSO_4} = 1.74 \times 10^{-8}$$

6. 利用原电池计算弱电解质的解离平衡常数

设计用含有弱电解质参与电极反应的氧化还原电对与其他电极构造原电池,通过测定原电池的电动势,得到弱电解质的解离平衡常数。

例 4 - 18 已知 $\varphi^{\ominus}_{HCN/H_2} = -0.545$ V,$\varphi^{\ominus}_{H^+/H_2} = 0$ V,计算 $K_{a,\ HCN}$。

解:将上述两个标准电对构造成原电池,原电池中电极电势高的为正极,低的为负极,则

正极半反应:$H^+ + e === 1/2\ H_2(g)$

负极半反应:$1/2\ H_2(g) + CN^-(aq) === HCN(aq) + e$

总的电池反应:$H^+(aq) + CN^-(aq) \rightleftharpoons HCN(aq)$

对于以上反应,$K^{\ominus} = 1/K_{a,\ HCN}$

因此,

$$\lg K^{\ominus} = \lg(1/K_a) = (0 + 0.545)/0.059\,2 = 9.21$$

$$K_a = 6.17 \times 10^{-10}$$

4.4 电化学的应用

4.4.1 化学电池

化学电池可以分为三类：一次放电后即失效的电池称为一次电池；通过放电、充电可循环使用的电池称为二次电池或蓄电池；近年来，燃料电池作为新型能源已成为化学电池中极为重要的研究领域。

1. 一次电池

（1）锌锰干电池。酸性锌锰干电池的内部结构如图 4-5 所示。它以锌筒外壳作为负极；石墨棒为正极的导电材料，石墨棒的周围裹上一层 MnO_2 和炭粉的混合物；两极之间的电解液是由 NH_4Cl、$ZnCl_2$、淀粉和一定量水加热调制成的糊浆，糊浆趁热灌入锌筒，冷却后成半透明的胶冻不再流动。锌筒上口加沥青密封，防止电解液渗出。锌锰干电池放电时的电极反应为

负极反应　　$Zn \longrightarrow Zn^{2+} + 2e$

正极反应　　$2MnO_2 + 2NH_4^+ + 2e \longrightarrow Mn_2O_3 + 2NH_3 + H_2O$

　　　　　　NH_3 继续与 Zn^{2+} 反应：$Zn^{2+} + 2NH_3 + 2Cl^- \longrightarrow Zn(NH_3)_2Cl_2(s)$

总反应　　　$2MnO_2 + 2NH_4Cl + Zn \longrightarrow Zn(NH_3)_2Cl_2 + H_2O + Mn_2O_3$

　　　　　　$E = 1.5\ V$

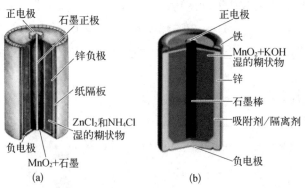

图 4-5　酸性锌锰干电池（a）和碱性锌锰干电池（b）的构造

在使用过程中，锌极逐渐消耗以致穿漏，正极 MnO_2 的活性也逐渐衰减，最后干电池不再供电而失效。酸性锌锰干电池制作简单、价格便宜，但是存放时间

短,放电后电压不稳定,不能充电。

碱性锌锰干电池则是采用 KOH 溶液作为电解液,电池反应为

负极反应　$Zn + 2OH^- \longrightarrow Zn(OH)_2 + 2e$

正极反应　$2MnO_2 + H_2O + 2e \longrightarrow Mn_2O_3 + 2OH^-$

总反应　　$Zn + 2MnO_2 + H_2O \longrightarrow Zn(OH)_2 + Mn_2O_3$　$E = 1.5\ V$

与尺寸相同的酸性锌锰干电池相比,碱性锌锰干电池具有更高的容量,并具有大电流放电的能力。因为在总的电池反应中不产生可溶性物质,因此放电电压稳定。

(2) 银锌电池。负极为 Zn,正极为 Ag_2O 和石墨混合而成的膏状物,电解质是浓 KOH 溶液,具有质量轻、体积小的特点,常制成纽扣式电池,用于电子手表和计算器。放电时的电极反应为

负极反应　$Zn + 2OH^- \longrightarrow Zn(OH)_2 + 2e$

正极反应　$Ag_2O + H_2O + 2e \longrightarrow 2Ag + 2OH^-$

总反应　　$Zn + Ag_2O + H_2O \longrightarrow Zn(OH)_2 + 2Ag$

(3) 锌汞电池。以氧化汞为正极活性物质,汞齐化的锌粉为负极活性物质,KOH 溶液为电解质,锌汞电池具有很高的电荷体积密度和稳定的电压,主要用于助听器、医疗仪器及一些军事装备中。

负极反应　$Zn + 2OH^- \longrightarrow Zn(OH)_2 + 2e$

正极反应　$HgO + H_2O + 2e \longrightarrow Hg + 2OH^-$

总反应　　$Zn + HgO + H_2O \longrightarrow Zn(OH)_2 + Hg$　$E = 1.34\ V$

(4) 锂电池。商品化的一次性锂电池以锂金属或锂合金为负极材料,由于金属锂与水的反应剧烈,使用非水电解质溶液,正极可采用多种材料,如 Li - MnO_2、Li - $SOCl_2$、Li - FeS_2、Li - I_2、Li - Ag_2CrO_4 电池等。

负极反应　$Li \longrightarrow Li^+ + e$

锂碘电池最早得以应用于植入人体的心脏起搏器中,放电电压平缓,使得起搏器能够长期运作而不用重新充电,对心脏病患者延续生命起到了非常重要的作用。锂电池一般有高于 3.0 V 的标准电压,适合用作集成电路电源。锂二氧化锰电池广泛用于计算机、计算器、数码相机、手表中。

2. 二次电池

(1) 铅蓄电池。

制作电极时把细铅粉泥填充在铅锑合金的栅格板上,然后放在稀硫酸中进行电解处理,阳极被氧化成 PbO_2,阴极则被还原为海绵状的金属铅。经过干燥之后,前者为正极,后者为负极,正负极交替排列,两极之间的电解液是浓度大约为 30% 的硫酸溶液。放电时,电极反应为

负极反应　　$Pb + SO_4^{2-} \longrightarrow PbSO_4 + 2e$

正极反应　　$PbO_2 + SO_4^{2-} + 4H^+ + 2e \longrightarrow PbSO_4 + 2H_2O$

总反应　　　$Pb + PbO_2 + 2H_2SO_4 \longrightarrow 2PbSO_4 + 2H_2O$

放电之后,正负极板上都沉积上一层 $PbSO_4$,所以铅蓄电池在使用到一定程度之后,就必须充电。充电时将一个电压略高于蓄电池电压的直流电源与蓄电池相接,将蓄电池负极上的 $PbSO_4$ 还原成 Pb;而将蓄电池正极上的 $PbSO_4$ 氧化成 PbO_2。于是蓄电池电极又恢复到原来状态,以供重复使用。铅蓄电池的充电过程恰好是放电过程的逆反应(见图 4-6),即

$$Pb + PbO_2 + 2H_2SO_4 \underset{\text{充电}}{\overset{\text{放电}}{\rightleftharpoons}} 2PbSO_4 + 2H_2O$$

铅蓄电池具有工作电压稳定、价格便宜等优点,主要缺点是太笨重,电极物质有毒性。它常用作汽车的启动电源,此外,在矿山坑道车或潜艇不能用内燃机时,也都用蓄电池作为牵引动力。

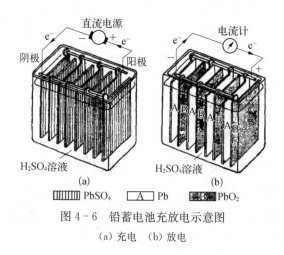

图 4-6　铅蓄电池充放电示意图

(a) 充电　(b) 放电

（2）镍氢电池。

20 世纪 70 年代中期，美国首先成功研制了镍氢电池，并于 1978 年成功地将其应用于导航卫星上。镍氢电池正极活性物质为氢氧化镍等含镍化合物，负极活性物质为能够储存氢的金属，称为储氢合金（用 M 表示），如 $LaNi_5$，电解液主要为 KOH 水溶液。放电时的反应为

负极反应　$MH_{ab} + OH^- \longrightarrow M + H_2O + e$　（H_{ab} 为吸附氢）

正极反应　$NiO(OH) + H_2O + e \longrightarrow Ni(OH)_2 + OH^-$

总反应　$MH_{ab} + NiO(OH) \longrightarrow Ni(OH)_2 + M$

（3）锂离子电池。

电池负极材料是嵌有锂离子的层状石墨，正极材料已商品化的有 $Li_{1-x}CoO_2 (0 < x < 0.8)$、$Li_{1-x}NiO_2 (0 < x < 0.8)$ 和 $LiMnO_2$；电解液一般由锂盐溶解于有机溶剂或高分子胶体中构成，常用的锂盐有 $LiClO_4$、$LiPF_6$、$LiAsF_6$ 等，有机溶剂多采用碳酸丙烯酯（PC）、碳酸亚乙酯（EC）、乙二醇二甲醚（DME）、碳酸二甲酯（DMC）等，主要依靠锂离子在正极和负极之间移动来工作。在充放电过程中，Li^+ 离子在两个电极之间往返嵌入和脱嵌：充电时，Li^+ 从正极脱嵌，经过电解质嵌入负极，负极处于富锂状态。以 $Li_{1-x}CoO_2$ 为例，放电时，发生如下反应：

负极反应　$LiC_6 \longrightarrow x Li^+ + 6C + x e$

正极反应　$x Li^+ + Li_{1-x}CoO_2 + x e \longrightarrow LiCoO_2$

总反应　$LiC_6 + Li_{1-x}CoO_2 \longrightarrow LiCoO_2 + 6C$

锂离子电池广泛应用于手机、笔记本电脑、数字照相机等个人数码产品，有些聚合物锂离子电池还用于矿场及电动车，因具有高效、安全的性能可能取代铅蓄电池和镍镉电池。

3. 燃料电池

燃料电池（fuel cell）通过燃料和氧化剂的电化学反应产生电能并副产热能，主要都以氢为燃料，也可采用甲醇等燃料，以氧为氧化剂。由若干个燃料电池单元串联起来构成的装置叫作燃料电池堆，可作为小型供电设施使用，其能量转化率可达 80% 以上。最早人们将氢氧碱型燃料电池（AFC）成功地应用于宇宙飞船供能（见图 4-7），其电池符号为

$$(-)Pt \mid H_2(g) \mid KOH \mid O_2(g) \mid Pt(+)$$

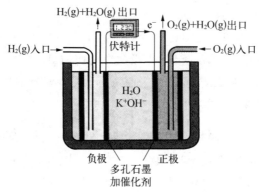

图 4-7 氢氧碱型燃料电池

发生的电极反应如下：

负极反应 $H_2 + 2OH^- \longrightarrow 2H_2O + 2e^-$

正极反应 $1/2O_2 + H_2O + 2e^- \longrightarrow 2OH^-$

总反应 $H_2 + 1/2O_2 == H_2O$ (1)

负极材料通常采用超电势比较小的金属，如 Pt、Pd 等，以及析氢阴极超电势中等的金属，如 Fe、Ni、Cu、W 和 Au 等，正极常用 Ag、C、Ni 及稀土复合氧化物作为电极材料。

根据该电池反应的标准自由能的改变量可以计算出标准电动势（见 4.3.2 节）：

$$E^{\ominus} = -\Delta G / nF = 237\,200/(2 \times 96\,485) = 1.229(V)$$

根据使用的电解质不同，燃料电池经历了磷酸盐燃料电池（PAFC）、熔融碳酸盐燃料电池（MCFC）、高温固体氧化物电解质燃料电池（SOFC）和质子交换膜燃料电池（PEMFC）的发展历程，生物燃料电池也正在探索中。

4.4.2 电解及其应用

1. 电解池

原电池的电动势等于两个电极的电势差，如果从外部施加方向相反且大于该原电池电动势的电压，就可能发生原电池反应的逆反应。这种利用直流电通过电解质溶液（或熔融液）而引起氧化还原反应，将电能转变为化学能的过程叫作电解，其装置称为电解池。在电解池中，与直流电源的负极相连的极叫作阴极，电解液（或熔融液）中的正离子移向阴极，在阴极上得到电子发生还原反应；

与直流电源的正极相连的极叫作阳极,电解液(或熔融液)中的负离子移向阳极,在阳极上给出电子发生氧化反应;电解液(或熔融液)内离子导电。

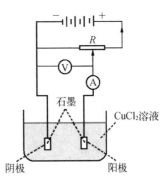

图 4 - 8 为电解装置示意图。用石墨作为电极电解 $CuCl_2$ 溶液时,Cu^{2+} 移向阴极,在阴极上得到电子,被还原为 Cu;Cl^- 离子移向阳极,在阳极上失去电子,被氧化为 Cl_2。因此,阴极上产生 Cu,阳极上产生 Cl_2。

V—电压计;A—电流计;R—可变电阻。

图 4 - 8　电解装置示意图

电极反应为

阴极反应　　　　$Cu^{2+} + 2e \rightleftharpoons Cu$

阳极反应　　　　$2Cl^- \rightleftharpoons Cl_2 + 2e$

总反应　　　　　$CuCl_2 \rightleftharpoons Cu + Cl_2$

2. 分解电压

理论上,在电解池的两电极上施加方向相反且大于该原电池电动势的外电压,两电极上就应有电解产物析出,这个电压值称为理论分解电压。实际上,施加理论分解电压时电解通常并不进行。按图 4 - 8 的装置进行电解,通过可变电阻(R)调节外加电压(V),从电流计(A)可以读出一定外加电压下的电流数值。当电解池接通电源后,逐渐增大外加电压,同时记录电流的大小,然后绘制出电流密度-电压曲线,如图 4 - 9 所示:当外加电压很小时,几乎没有电流通过电解池;此后增大外加电压,电流密度略有增加;当外加电压大于某一数值以后,电流密度值急剧增大;此后继续增大外加电压,电流密度随之直线上升。即必须提高外加电压至超过某一阈值(D)时才能观察到明显的电解现象,这个能使电解开始并顺利进行所必需的最小外加电压称为分解电压。分解电压的大小,主要取决于被电解物质的本性,也与其浓度、温度等因素有关。对电解池施加分解电压时,两极上的电势分别称为阳极析出电位和阴极析出电位。

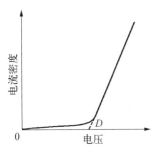

图 4 - 9　电解池的电压与电流密度的关系

$$E = \varphi_{阳极析出} - \varphi_{阴极析出} \qquad (4 - 9)$$

例如,工业上用隔膜法电解食盐水时,以涂钌的钛电极作为阳极,用涂有石棉浆的铁丝网作为阴极。两个电极加上一定的外加电压后,在阳极上得到 Cl_2,在阴极上得到 H_2 和 NaOH 溶液。因此两个电极上分别对应的电解反应为

阴极:$2H_2O + 2e \longrightarrow H_2 + 2OH^-$ $\varphi^{\ominus}_{H_2O/H_2} = -0.828$ V

阳极:$2Cl^- \longrightarrow Cl_2 + 2e$ $\varphi^{\ominus}_{Cl_2/Cl^-} = +1.36$ V

工业上常用的各物质浓度:$pH \approx 14$,$[Cl^-] = 3.2$ mol·dm^{-3}, $p_{H_2} = p_{Cl_2} = 100$ kPa,因此

$$
\begin{aligned}
\varphi_{Cl_2/Cl^-} &= \varphi^{\ominus}_{Cl_2/Cl^-} + \frac{0.059\,2}{n} \lg \frac{p_{Cl_2}}{[Cl^-]^2} \\
&= 1.36 + \frac{0.059\,2}{2} \lg \frac{100/100}{3.2^2} \\
&= 1.33(\text{V})
\end{aligned}
$$

因此,理论分解电压的数值应为

$$
E = \varphi_{Cl_2/Cl^-} - \varphi^{\ominus}_{H_2O/H_2} = 1.33 \text{ V} - (-0.828 \text{ V}) = 2.16 \text{ V}
$$

理论上,外加电压只要略大于 2.16 V,电解反应就能够进行。但是实际上,电解饱和食盐水所需要的外加电压约为 3.5 V。

实际分解电压通常总是大于理论分解电压,除了由于电解池内的溶液、外接导线、接触点等的电阻产生的影响外,主要是由于电极的极化作用引起的,这种极化作用主要包括浓差极化和电化学极化。

浓差极化是指在电解过程中,由于离子在电极上放电,使得电极附近的离子浓度比溶液中其他区域的离子浓度低,结果形成了浓差电池,其电动势与外加电压相对抗,因而使实际需要的外加电压增大。可以通过搅拌和升高温度的方法减小浓差极化。

电解产物在电极上析出的过程中,由于离子放电、气泡形成等步骤迟缓,使得阴极上放电的离子减少,导致阴极上电子过剩,阴极电势的代数值变小;同时,在阳极上放电的离子也相应减少,阳极上电子不足,所以阳极电势的代数值变大。由于这些原因所引起的极化作用称为电化学极化,电化学极化是无法消除的。在许多电化学反应中,电极上有电流通过时所表现的电极电势与可逆电极电势之间偏差的大小(绝对值),称为超电势。阳极超电势与阴极超电势加起来总称为超电压。由于超电压的存在,所以实际外加电压大于理论分解电压。

电解产物不同,超电势的数值也不同。例如,除 Fe、Co、Ni 外的金属一般超电势很小,气体的超电势较大,而氢、氧则更大。对同一物质来说,超电势还受很多因素的影响。例如,当电解产物在不同电极材料上析出时,超电势的数值也不同。此外,电流密度愈大,超电势愈大,温度升高会使超电势的数值降低。

3. 电解产物的一般规律

电解时如采用熔融液,在阴极上得电子的是阳离子而在阳极上失电子的是阴离子。电解时如采用电解质水溶液,则情况较为复杂,电解质溶液中除了有电解质的正、负离子以外,还有水电离产生的 H^+ 和 OH^- 离子,因此在阴极上可能放电的正离子通常是金属离子和 H^+,在阳极上可能放电的是负离子、酸根离子和 OH^-。究竟哪一种离子先放电由它们的析出电位决定,因此需要综合考虑它们的标准电极电势、离子浓度以及电解产物在所采用的电极上的超电势等因素。此外,如电解时采用锌、镍、铜等金属作为阳极,则金属电极也可能参加电极反应;如果电解产物为气体,特别是氢、氧时,要考虑超电势的影响,这就增加了电解的复杂性。尽管如此,在阳极上进行的是氧化反应,首先反应的必定是容易给出电子的物质,在阴极上进行的是还原反应,首先反应的必定是容易得电子的物质;即优先在阳极放电的是电极电势代数值较小的还原态物质,而优先在阴极放电的则是电极电势代数值较大的氧化态物质。采用电解质水溶液电解时,阴、阳极产物的一般规律可总结如下。

(1) 阳极产物。

采用除 Pt、Au 外的可溶性金属阳极时,金属优先失电子,即

$$M \longrightarrow M^{n+} + ne$$

采用石墨等惰性电极材料,如电解质溶液中含 S^{2-}、I^-、Br^-、Cl^- 等简单离子,则它们优先失电子,阳极产物为单质 S 或卤素,如

$$2Cl^- \longrightarrow Cl_2 + 2e$$

采用石墨等惰性电极材料,电解含氧酸盐水溶液时,复杂离子一般不被氧化而是 OH^- 失电子,阳极产物通常是 O_2,即

$$4OH^- \longrightarrow 2H_2O + O_2 \uparrow + 2e$$

此时,复杂离子起到增加溶液导电能力的作用。

(2) 阴极产物。

电解电极电势代数值大于标准氢电极的不活泼金属盐溶液时,金属离子首

先得电子,阴极产物为金属

$$M^{n+} + ne \longrightarrow M$$

电解电极电势代数值小于 Al(包括 Al)的活泼金属盐溶液时,在水溶液中金属离子不放电,而是 H^+ 得电子生成 H_2,即

$$2H^+ + 2e \longrightarrow H_2$$

电解不太活泼的金属(如 Zn、Fe、Sn、Pb、Ni、Cd)盐溶液时,阴极产物受到电极电势、超电势、离子浓度等因素的综合影响。由于电解液中金属离子的浓度通常远远大于 H^+ 浓度且析出氢的超电势通常比析出金属的超电势大得多,往往是金属离子优先放电而得到金属单质。

例如:

(1)用石墨作为电极电解 Na_2SO_4 溶液时,只能得到氢气和氧气。Na^+ 与 SO_4^{2-} 均不放电。

阳极反应 $4OH^- \longrightarrow 2H_2O + O_2\uparrow + 2e$

阴极反应 $4H^+ + 4e \longrightarrow 2H_2\uparrow$

总反应式 $2H_2O \Longrightarrow 2H_2\uparrow + O_2\uparrow$

(2)用金属镍做电极电解 $NiSO_4$ 溶液时,在阴极和阳极发生的都是 Ni 的氧化和还原反应。

阳极反应 $Ni \longrightarrow Ni^{2+} + 2e$

阴极反应 $Ni^{2+} + 2e \longrightarrow Ni$

总反应式 $Ni(阳) + Ni^{2+} \Longrightarrow Ni^{2+} + Ni(阴)$

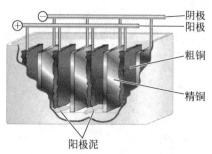

阴极
阳极
粗铜
精铜
阳极泥

图 4-10 电解法精炼铜装置示意图

工业上人们利用电解的原理来精炼铜、镍等金属,进行电镀、电抛光等金属表面加工。例如,用电解法精炼铜时(见图 4-10),用 $CuSO_4$ 做电解液,粗铜板(含有 Zn、Fe、Ni、Ag、Au 等杂质)作为阳极,薄的纯铜片作为阴极。随着电解的进行,阳极粗铜中的铜以及较活泼的金属杂质(如 Zn、Fe、Ni 等)都溶解,其离子进入溶液。粗铜中

的不活泼金属杂质(如 Ag、Au 等)则不溶解,沉积在电解池底部,叫作阳极泥。由于 Zn、Fe、Ni 等金属较活泼,它们在溶液中的离子浓度又小,所以在阴极上只有 Cu^{2+} 放电,纯铜(含铜量>99.9%)析出,铁、锌、镍等离子仍留在电解液中。阳极泥则可进一步提取金、银等贵金属。

4. 电冶金

利用电解的原理从矿石中将金属单质还原出来的过程称为电冶金,特别是对于 Na、Mg、Al 等活泼金属来说,电冶金是一种非常重要的方法。这些活泼金属相应的标准电极电势的代数值无论在酸性还是碱性条件下都比水的电极电势小,其金属单质在水中不能稳定存在,会将 H_2O 或 H^+ 还原为 H_2 而本身被氧化为相应的金属离子,因此它们的电化学还原过程要在融盐介质中进行。下面以铝的冶炼过程为例进行说明。

铝在地壳中的含量仅次于氧和硅,但是相对于金、银、铜等金属来说,人们对铝认识和利用的历史并不长。1825 年,H.C. Oersted 通过用钾汞齐还原 $AlCl_3$ 得到了单质铝,反应如下:

$$AlCl_3(s) + 3K(Hg)_x(l) \rule[0.5ex]{1em}{0.4pt} 3KCl_3 + Al(Hg)_{3x}(l)$$

然后再将汞用蒸馏法去除。由于制备过程复杂而且困难,因此铝在当时非常罕见和昂贵。直到 1886 年,美国 21 岁的青年学生霍尔(Charles Hull)在实验中发现熔融的冰晶石(六氟合铝酸钠,Na_3AlF_6)能够溶解氧化铝,作为电解介质,结果在阴极得到了铝。几乎同时,法国 21 岁的青年大学生埃罗(Paul Héroult)也成功地用电解法制得了铝。他们的工作奠定了今天电解铝的方法。从此以后,人们开始大规模地用电解法工业生产铝,铝才变成了廉价商品。铝的电解法制备如图 4-11 所示,阳极采用石墨,阴极采用有石墨衬底的钢。

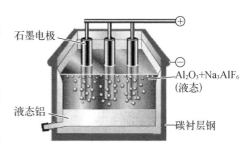

石墨电极　　$Al_2O_3+Na_3AlF_6$(液态)　液态铝　碳衬层钢

图 4-11　铝的电解法制备示意图

无水 Al_2O_3 本身的熔点约为 2 050℃,不可能直接它来电解制备铝,但是 Na_3AlF_6 的熔点只有 1 012℃,而且 Al_2O_3 可溶解于 Na_3AlF_6,使它的熔点进一步降低,电解过程可在 950℃左右进行。电解的总反应为

$$2Al_2O_3 \xrightarrow[\text{电解}]{Na_3AlF_6} 4Al + 3O_2$$

阳极的石墨会与生成的氧气反应而消耗,因此要定期补充。由于生成的熔融态铝的密度高于 Al_2O_3 和 Na_3AlF_6,可在电解槽的底部得到纯净的产物铝,然后可以将纯铝加工成铝板、铝罐、铝箔等各种铝制品。

4.4.3 金属的腐蚀与防护

1. 金属腐蚀的分类

金属材料具有优良的导电性、导热性、强度、韧性、可塑性、耐磨性和可铸造性,至今依然是最重要的结构材料,广泛应用于生产、生活和科技工作的各个方面。金属制品在生产和使用的过程中会受到各种损坏,如机械磨损、生物性破坏、腐蚀等。金属表面与周围介质发生化学或电化学作用而引起破坏,叫作金属的腐蚀。金属的腐蚀现象十分普遍,在大气、海水、土壤等环境中都会发生,工业生产中的机械设备、建筑物因腐蚀而报废,日常生活中的金属制品生锈,都给国民经济造成巨大的损失,也给人们的生活造成不便。根据机理不同,可以将金属腐蚀分为化学腐蚀和电化学腐蚀两类。

(1) 化学腐蚀。

化学腐蚀是指金属与腐蚀性气体或非电解质直接发生化学作用而引起破坏的现象,这在金属的加工、铸造、热处理过程中是经常遇到的。例如,高温下轧钢时铁被氧化而形成疏松的"铁皮":

$$2Fe + O_2 =\!\!=\!\!= 2FeO$$
$$4FeO + O_2 =\!\!=\!\!= 2Fe_2O_3$$
$$FeO + Fe_2O_3 =\!\!=\!\!= Fe_3O_4$$

铁的氧化物结构疏松,没有保护金属的能力,也不具有金属原有的高强度和高韧性等性能。

金属在非电解质(如苯、无水乙醇、石油等)溶液中也会发生化学腐蚀,例如,在石油中含有各种有机硫化物,它们对金属输油管和容器会产生化学腐蚀。

(2) 电化学腐蚀。

电化学腐蚀是由于金属与电解质溶液接触而发生原电池反应引起的,这种原电池又称为腐蚀电池。通常情况下,电化学腐蚀比化学腐蚀更为普遍,危害性也更大,因此其防护也更为迫切。

腐蚀电池中发生还原反应的电极称为阴极(正极),一般只起传递电子的作用,发生氧化反应的电极称为阳极(负极),发生腐蚀而被溶解。例如,钢铁制品暴露在酸性环境中,钢铁表面会吸附一层水膜,CO_2、SO_2 等溶解在水膜中后形成电解质溶液,电离出 H^+、HCO_3^-、HSO_3^-。因此铁与杂质(主要是碳)就等于浸泡在含有这些离子的溶液中,组成了很多微型的原电池。原电池中的铁为阳极,杂质为阴极。由于铁与杂质紧密接触,电子可直接传递,因此使电化学腐蚀不断进行,如图 4-12 所示。

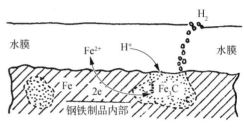

图 4-12 钢铁的电化学腐蚀示意图

阴极(C):$2H^+ + 2e \longrightarrow H_2$

阳极(Fe):$Fe \longrightarrow Fe^{2+} + 2e \qquad Fe^{2+} + 2H_2O \longrightarrow Fe(OH)_2 + 2H^+$

电池总反应为 $\quad Fe + 2H_2O \rule[0.5ex]{1.5em}{0.4pt} Fe(OH)_2 + 2H_2 \uparrow$

生成的 $Fe(OH)_2$ 附着在钢铁的表面上,被空气中的氧气迅速氧化成 $Fe(OH)_3$,$Fe(OH)_3$ 继而脱水生成 $Fe_2O_3 \cdot nH_2O$,成为常见的红褐色铁锈。由于在腐蚀过程中产生氢气,故又称为析氢腐蚀。此反应必须在吸附水膜酸性较强的条件下进行。

在多数情况下,金属表面吸附的水膜酸性不是那么强,而是中性或弱酸性,此时溶解在水膜中的 O_2 比 H^+ 有更强的得电子能力,因此在阴极发生的是 O_2 得电子生成 OH^- 的反应:

阴极(C):$O_2 + 2H_2O + 4e \longrightarrow 4OH^-$

阳极(Fe):$Fe \longrightarrow Fe^{2+} + 2e \qquad Fe^{2+} + 2OH^- \longrightarrow Fe(OH)_2$

电池总反应为 $\quad 2Fe + O_2 + 2H_2O \rule[0.5ex]{1.5em}{0.4pt} 2Fe(OH)_2$

生成的 $Fe(OH)_2$ 被空气中的氧气迅速氧化形成铁锈。这类腐蚀反应过程中 O_2 得到电子,又称为吸氧腐蚀。钢铁制品在大气中的腐蚀主要是吸氧腐蚀。

2. 金属腐蚀的防护

根据金属腐蚀的基本原理,可以采取有效措施进行腐蚀的防护,主要可以从金属和介质两方面考虑,常用的有如下一些方法。

(1) 形成合金。

合金既能改变金属活泼性,又能改善金属的使用性能。可根据不同的用途在金属中添加可有效形成合金的元素,提高其耐蚀性,从而防止或减缓金属的腐蚀。例如,在钢中加入镍、铬等制成不锈钢可以增强防腐蚀能力。

(2) 隔离金属与介质。

在金属表面覆盖各种保护层,把被保护金属与腐蚀性介质隔开,是防止金属腐蚀的有效方法。工业上普遍使用的保护层有非金属保护层和金属保护层两大类。

将油漆、塑料、搪瓷和矿物性油脂等非金属保护层涂覆在金属表面上形成保护层,达到防腐蚀的目的。例如,船身、车厢、水桶等常涂油漆,汽车外壳常喷漆,枪炮、机器常涂矿物性油脂等;用塑料(如聚乙烯、聚氯乙烯、聚氨酯等)喷涂金属表面,可以起到比喷漆更好的效果;或在金属表面进行钝化处理,使金属表面形成一层薄而紧密的氧化膜,保护金属不受腐蚀。

将耐腐蚀性较强的金属(如锌、锡、镍、铬等)或合金覆盖在被保护的金属上,可形成保护镀层,常采用电镀的方法。在实际应用中,常根据不同情况选择不同的金属镀层。黑色金属制品在一般大气条件下用镀锌层,如铁上镀锌的白铁片,是属于阳极镀层;食用罐头因接触有机酸,选用铁上镀锡层,即为马口铁,它不仅防腐能力强,而且腐蚀产物对人体无害,是属于阴极镀层。

缓蚀剂法是指在腐蚀介质中加入少量能降低腐蚀速度的物质从而大大降低金属腐蚀速度的方法,也是一种隔离金属与介质的方法。根据缓蚀剂的化学组成可分为有机缓蚀剂和无机缓蚀剂。无机缓蚀剂的作用主要是在金属表面形成致密氧化膜或难溶物质。有机缓蚀剂有苯胺、乌洛托品等,通常在酸性介质下使用,主要是其被吸附在阴极表面,由于增大了氢的超电势而妨碍氢离子放电过程的进行,从而导致金属溶解速度减慢,金属腐蚀受到阻碍。

(3) 电化学保护法。

在金属的电化学腐蚀中较活泼的金属阳极易被腐蚀,因此可采用外加阳极的办法将元器件金属作为阴极保护起来,称为阴极保护法,可分为牺牲阳极保护法和外加电流法。

牺牲阳极保护法是采用电极电势比被保护金属更低的金属或合金做阳极,固定在被保护金属上,形成腐蚀电池,被保护金属作为阴极而得到保护。牺牲阳极常用的材料有铝、锌及其合金。此法常用于保护海轮外壳,或用于海水中的各种金属设备、构件和巨型设备(如贮油罐)以及石油管路腐蚀的防护,如图 4 - 13 所示。

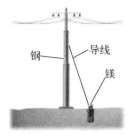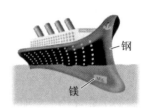

图 4 - 13　镁作为牺牲阳极保护钢示意图

外加电流法是将被保护金属作为阴极,另一附加电极作为阳极,在外加直流电的作用下使阴极得到保护。此法主要用于防止土壤、海水及河水中金属设备的腐蚀。

金属的腐蚀虽然有很大危害,但也可以利用腐蚀原理为生产服务,发展为腐蚀加工技术。例如,在电子工业上,利用腐蚀加工技术印刷电路。其制作方法及原理是用照相复印的方法将线路印在铜箔上,然后将图形以外不受感光胶保护的铜用三氯化铁溶液腐蚀,就可以得到线条清晰的印刷电路板。此外,还有电化学刻蚀、等离子体刻蚀等技术,比用三氯化铁腐蚀铜的湿化学刻蚀方法分辨率更高。

4.5　今日话题:浅谈锂离子二次电池的过去、现在和未来

孟德超　上海交通大学化学化工学院

随着传统化石燃料的日益枯竭和世界经济的高速发展,人类社会的能源需求日益增长,规模化利用可再生能源替代传统化石能源,对于缓解由温室气体排放引发的气候问题和应对能源危机具有重要意义,能源的高效储存和转化是该领域的关键科学和技术问题。以锂离子二次电池为代表的可充电电池具有放电电压高、能量密度高、质量轻、体积小、自放电小、寿命长、无记忆效应、安全性高等众多优点,已在能源储存和转化方面发挥了重要作用,被广泛应用于电子消费、能源交通、国防军事、智能生活、基站储能等领域。

针对锂离子电池的研发工作始于 20 世纪 70 年代,自摇椅式可充放锂电池概念由 Armand 等在 1972 年提出,Stanley Whittingham 等以二硫化钛和 Li - Al 合金分别作为正极和负极组装了早期的锂离子电池。1980 年,John Goodenough 发

现了钴酸锂可以实现电化学脱嵌锂离子并作为锂离子电池的正极材料。在此基础之上，1991年，索尼公司以钴酸锂为正极、碳基材料为负极，开发了首批商用锂离子电池。2019年，诺贝尔化学奖授予三位在锂离子电池领域做出巨大贡献的科学家 Stanley Whittingham、John Goodenough 和 Akira Yoshino。半个多世纪以来，人们在锂离子电池的基础科学与应用方面取得了大量研究成果，有力推动了能源技术革命，第一个锂离子电池示意图如图4-14所示。在基础科学研究层面上，研究者对锂离子二次电池关键材料，包括正极材料、负极材料、隔膜、电解液等的开发设计、合成制备、结构分析、电化学性质等进行了系统深入的研究，并在材料体系、电化学反应机理、热力学、动力学、结构演变、界面反应、安全性、力学性能等方面不断取得深入而广泛的认识，最终推动锂离子电池技术发展和成功商业化。这四类关键材料的进展，直接关系到锂离子电池的寿命、安全性、能量密度等应用性能，具有重要意义。在正极材料方面，开发了钴酸锂（$LiCoO_2$）、磷酸铁锂（$LiFePO_4$）、镍钴锰三元正极（$LiNi_x Co_y Mn_z O_2$）、镍钴铝三元正极（$LiNi_{0.80} Co_{0.15} Al_{0.05} O_2$）、镍锰酸锂（$LiNi_{0.5} Mn_{1.5} O_4$）、锰酸锂（$LiMn_2 O_4$）、镍酸锂（$LiNiO_2$）、富锂锰基正极材料（$Li_2 MnO_3/LiMnO_2$）等；在负极材料方面，开发了石墨负极、锂金属负极、Si 基负极等；在隔膜方面，开发了以聚乙烯（polyethylene，PE）、聚丙烯（polypropylene，PP）为主的聚烯烃（polyolefin）类隔膜，并在隔膜表面做无机陶瓷涂覆，最终达到隔绝电子、快速通过离子、优异的理化性能（力学性能、热稳定性、化学稳定性、浸润性）等；电解液一般由高纯度的碳

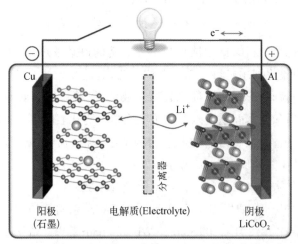

图4-14 第一个锂离子（$LiCoO_2/Li^+$电解质/石墨）电池示意图

酸酯类有机溶剂、电解质锂盐、必要的添加剂等原料组成,核心在于多种功能添加剂的设计研究(成膜添加剂、导电添加剂、阻燃添加剂、过充保护添加剂、改善低温性能添加剂、多功能添加剂等),达到拓宽电池应用场景、提高循环寿命、增加安全性等实际应用要求。

在应用研究层面上,研究者和企业通过电池体系的设计开发与规模化制造,已经开发出可以面向不同应用场景的锂离子电池器件系统,使锂离子电池在社会生产和人们生活中得到广泛应用。在能源交通领域,汽车电动化比例逐年升高,国际上多个国家和组织都在积极推进电动车取代燃油车的计划,从而达成"碳中和"的宏观目标;在电子消费领域,从传统的数码相机、手机电脑,到当前的智能穿戴(智能手表和眼镜等),相关衍生互联产品方兴未艾,将会极大改变人们思维方式和生活方式;各种无绳式电动工具,如电钻、割草机、吸尘器等,正在广泛走进人们的日常生活,提高生活品质;随着 5G/6G 通信技术革命、智能建筑变革、智慧农业发展等,锂电池正在改变人类社会的生产、生活、通信方式;在国防军事领域,从单兵设备到多种装备与武器系统(无人机、核潜艇、通信系统等),对能够满足特殊应用场景要求的锂电池需求越来越高。

当然,随着人们对先进能源技术需求的日益提高,锂离子电池面临着电池性能需要全面提升(寿命、功率密度、安全性、经济性、环境适应性)、应用领域需要进一步拓宽的强烈需求。因此,需要在微观基础科学研究层次上提供创新性、革命性的技术解决方案,更清晰地认识锂离子电池材料复杂的构效关系和基础科学问题;对于宏观电池系统在制造过程中的共性应用问题和全寿命周期使用过程中失效机制和容量衰减机制有待全面理解;同时,需要在介观层次上认识电极反应不均匀性和失效不均匀性的机制,在微观材料构效关系和宏观电池性能之间构建介观电极层次反应不均匀性的桥梁。人们正以上述科学问题为出发点,以电池系统构效关系为核心,以开发先进储能技术为目标,开发多种新的技术工具:① 利用多尺度多场耦合模拟、材料基因组学、机器学习等,为选择新材料体系、深入准确理解电池材料、模拟电极过程、预测电池寿命等提供理论支持;② 利用多种波谱分析技术联用表征,如同步辐射技术、电镜平台表征技术、CT 成像技术、中子衍射技术、各类原位-工况实验表征技术等,实现从微观单颗粒原子尺度-介观微米电极层次-宏观电池层次的材料-电极-系统的多尺度、多要素、多因子构效关系的系统性、宏观性、关联性、深入性的竞争-协调机理分析;③ 数字化和智能化工厂制造为精确控制复杂结构材料的合成、特殊电极的精确设计制造、先进电池系统的设计开发、对电池产品全寿命周期的跟踪监控提供了工程技术保证。有理由相信,持续广泛的锂离子电池的基础科学和应用研究,将会不断带来更加令人兴奋、造福社会的新的先进电池能源技术。

参考文献

[1] Whittingham M S. Electrical energy storage and intercalation chemistry[J]. Science, 1976,192(4244):1126-1127.

[2] Mizushima K, Jones P C, Goodenough J B, et al. LixCoO₂(0<x<l):a new cathode material for batteries of high energy density[J]. Materials Research Bulletin, 1980,15:783-789.

[3] Yoshino A, Sanechika K, Nakajima, T. Secondary battery:US,US4668595[P].1987-05-26.

[4] Goodenough J B, Park K S. The Li-ion rechargeable battery:a perspective[J]. Journal of the American Chemical Society, 2013,135(4):1167-1176.

[5] Xie Y, Jin Y, Lan X. Understanding Mn-based intercalation cathodes from thermodynamics and kinetics[J]. Crystals, 2017,7(7):221.

[6] 李泓. 锂离子电池基础科学问题(XV):总结和展望[J].储能科学与技术,2015,3:76-88.

[7] 马璨,吕迎春,李泓,等. 锂离子电池基础科学问题(VII):正极材料[J].储能科学与技术,2014,3(1):53-65.

第4章习题

4.1 指出下列物质中 P 元素的氧化数:

(1) HPO_3 (2) HPO_4 (3) H_3PO_3 (4) P_2I_4

4.2 用离子电子法配平下列电极反应:

(1) $MnO_4^- \longrightarrow MnO_2$ (碱性介质)

(2) $CrO_4^{2-} \longrightarrow Cr(OH)_3$ (碱性介质)

(3) $H_3AsO_4 \longrightarrow H_3AsO_3$ (酸性介质)

(4) $O_2 \longrightarrow H_2O_2(aq.)$ (酸性介质)

(5) $NO_3^- \longrightarrow HNO_2$ (酸性介质)

4.3 用离子电子法配平下列氧化还原反应式:

(1) $Mn^{2+} + NaBiO_3 \longrightarrow MnO_4^- + Bi^{3+}$(酸性介质)

(2) $PbO_2 + Cl^- \longrightarrow Pb^{2+} + Cl_2$（酸性介质）

(3) $As_2S_3 + NO_3^- \longrightarrow H_3AsO_4 + SO_4^{2-} + NO$（酸性介质）

(4) $HgS + NO_3^- + Cl^- \longrightarrow HgCl_4^{2-} + NO_2 + S$（酸性介质）

(5) $SO_3^{2-} + NO_2^- \longrightarrow SO_4^{2-} + N_2$（酸性介质）

(6) $P_4 + HNO_3 \longrightarrow H_3PO_4 + NO$（酸性介质）

(7) $CrO_4^{2-} + HSnO_2^- \longrightarrow HSnO_3^- + CrO_2^-$（碱性介质）

(8) $Bi(OH)_3 + Cl_2 \longrightarrow BiO_3^- + Cl^-$（碱性介质）

(9) $CuS + CN^- \longrightarrow [Cu(CN)_4]^{3-} + (CN)_2 + S^{2-}$（碱性介质）

4.4　分析说明下列反应在标准状态和酸性介质（H^+ 浓度为 $1.0\ mol \cdot dm^{-3}$）中能否自发进行：

(1) Br^-（生成 Br_2）将 Ce^{4+} 还原为 Ce^{2+}。

(2) H_2O_2 将 Ag^+ 还原为 Ag。

(3) Ni^{2+} 被 I^-（生成 I_2）还原为 Ni。

(4) Sn 被 I_2（还原为 I^-）氧化为 Sn^{2+}。

4.5　写出下列氧化还原反应对应的半反应，将这些反应设计成原电池，并用电池符号表示标准状态下的各种原电池：

(1) $PbS(s) + NO^- + Cl^- \longrightarrow HgCl_4^{2-} + NO_2 + S$

(2) $Pb^{2+} + Cu(s) + S^{2-} \longrightarrow Pb(s) + CuS$

(3) $H_2(g) + Fe^{3+} \longrightarrow H^+ + Fe^{2+}$

4.6　今有一种含有 Cl^-、Br^- 和 I^- 三种离子的混合溶液，标准状态下欲将 I^- 氧化成 I_2，又不使 Br^-、Cl^- 离子氧化，在常用氧化剂 $Fe_2(SO_4)_3$ 和 $KMnO_4$ 中应选择哪一种？为什么？

4.7　在 $pH = 3$ 和 $pH = 6$ 时，$KMnO_4$ 是否能氧化 I^- 和 Br^-（涉及的其他物质皆处于标准状态）？

4.8　由标准钴电极和标准氯电极组成原电池，测得其电动势为 $1.63\ V$，此时钴为负极，现知氯的标准电极电势为 $+1.36\ V$，问：

(1) 此电池的反应方向？

(2) 钴的标准电极电势为多少？

(3) 当氯气的分压增大时，电池电动势将如何变化？

(4) 当 $c(Co^{2+})$ 降低到 $0.01\ mol \cdot dm^{-3}$ 时，通过计算说明电动势又将如何

变化?

(5) 若在标准氯电极中加入少量的 $AgNO_3$ 溶液,电池电动势将如何变化?

(6) 计算 298.15 K 电池反应的标准平衡常数。

4.9 已知: $Ag^+ + e^- \rightleftharpoons Ag$ $\qquad \varphi^\ominus = 0.799$ V

$\qquad \qquad Ag_2C_2O_4 + 2e^- \rightleftharpoons 2Ag + C_2O_4^{2-}$ $\qquad \varphi^\ominus = 0.49$ V

当 Ag^+/Ag 电对中 $c(Ag^+) = 0.10$ mol·dm^{-3},$Ag_2C_2O_4/Ag$ 电对中 $c(C_2O_4^{2-}) = 1.00$ mol·dm^{-3} 时,由 Ag^+/Ag 和 $Ag_2C_2O_4/Ag$ 组成原电池。

(1) 写出该原电池的电池符号及电池反应方程式,并计算电池的电动势。

(2) 计算 $Ag_2C_2O_4$ 的溶度积常数。

4.10 查附录 6 中 $\varphi^\ominus(Cu^+/Cu)$ 和 $\varphi^\ominus(Cu^{2+}/Cu^+)$ 的值,已知 $K_{sp, CuCl} = 1.2 \times 10^{-6}$,通过计算判断在标准状态下反应 $Cu^{2+} + Cu + 2Cl^- \rightleftharpoons 2CuCl$ 在标准状态下能否自发进行,并求反应的平衡常数 $K^\ominus$。

4.11 就下面的电池反应,用电池符号表示之,并求出 298.15 K 时的 E 和 $\Delta_r G_m$ 值。说明反应是否能正向自发进行。

(1) $\frac{1}{2}Cu(s) + \frac{1}{2}Cl_2(100 \text{ kPa}) \longrightarrow \frac{1}{2}Cu^{2+}(1 \text{ mol·dm}^{-3}) + Cl^-(1 \text{ mol·dm}^{-3})$

(2) $Cu(s) + 2H^+(0.01 \text{ mol·dm}^{-3}) \longrightarrow Cu^{2+}(0.1 \text{ mol·dm}^{-3}) + H_2(90 \text{ kPa})$

4.12 pH 计是一个对溶液 pH 值非常敏感的化学电池。一个简单的(但却不实用的)pH 计可以用两个氢电极组成:一个标准氢电极和一个插到未知溶液中的氢电极(氢气分压为 100 kPa)。这两个半电池通过盐桥或多孔塞相连。

(1) 写出电池符号。

(2) 若未知溶液的 pH 值为 5.0,请计算电池电动势。

(3) 若要 pH 计能检测 0.01pH 的变化,那么需要电压表的精度是多少?

4.13 在 298.15 K 时,测定下列电池的 $E = +0.48$ V,试求溶液的 pH 值。

$(-)Pt \mid H_2(100 \text{ kPa}) \mid H^+(x \text{ mol·dm}^{-3}) \parallel Cu^{2+}(1 \text{ mol·dm}^{-3}) \mid Cu(+)$

4.14 在 298.15 K 时将 $Cr_2O_7^{2-}/Cr^{3+}$ 与 I_2/I^- 组成原电池,若 $Cr_2O_7^{2-}$ 的浓度为 0.1 mol·dm^{-3},I^- 的浓度为 x mol·dm^{-3},而其他离子浓度皆为 1 mol·dm^{-3},原电池的电动势为 0.621 V。请计算:

(1) I^- 的浓度 x 是多少?

(2) 计算该条件下上述氧化还原反应的 $\Delta_r G_m$ 和 298.15 K 时的 $K^\ominus$。

4.15 已知原电池：$(-)Pb \mid PbSO_4(s) \mid SO_4^{2-}(1.0 \text{ mol} \cdot dm^{-3}) \parallel H^+(1.0 \text{ mol} \cdot dm^{-3}) \mid H_2(100 \text{ kPa}) \mid Pt(+)$，写出该原电池的电极反应和总反应，计算 298.15 K 时该原电池的电动势。

4.16 请用本章学过的知识分析电解精炼铜的化学原理。

4.17 查资料找出汽车用铅蓄电池放电时的电极反应，使用一段时间后蓄电池电力不够，不能使汽车正常发动，这时，电池正极和负极的电极电势发生了怎样的变化？电池内的溶液中 H^+ 浓度比正常工作时高还是低？说明其化学原理。

4.18 在标准状态下，下列两个反应均正向自发进行：

(1) $2FeCl_3 + SnCl_2 \xlongequal{\hspace{1em}} SnCl_4 + 2FeCl_2$

(2) $2KMnO_4 + 10FeSO_4 + 8H_2SO_4 \xlongequal{\hspace{1em}} 2MnSO_4 + 5Fe_2(SO_4)_3 + K_2SO_4 + 8H_2O$

请分析说明上述两个反应中几个氧化还原电对的电极电势的相对大小。

4.19 在 298.15 K 和标准状态下，MnO_2 和盐酸反应能否制得 Cl_2？如果改用 12 mol·dm^{-3} 的浓盐酸呢（设其他物质仍处在标准状态）？

4.20 用反应式表示下列电解过程中的主要产物：

(1) 电解 $NiSO_4$ 溶液，金属镍作为阳极，铁作为阴极。

(2) 电解熔融 $MgCl_2$，石墨作为阳极，铁作为阴极。

(3) 电解 NaOH 水溶液，铂电极为阴极和阳极材料。

4.21 请参考标准电极电势数值，完成下列问题：

(1) 在酸性介质中按照氧化能力由强至弱的顺序排列下列物质：

Br_2，$FeCl_3$，$K_2Cr_2O_7$，$KMnO_4$。

(2) 在酸性介质中按照还原能力由强至弱的顺序排列下列物质：

KI，$FeCl_2$，Cr，Ag。

4.22 在某一 $KMnO_4$ 溶液中加入 NaCl 溶液时，紫色会褪去，是因为发生了下面的氧化还原反应

$$16H^+ + 2MnO_4^- + 10Cl^- \xlongequal{\hspace{1em}} 2Mn^{2+} + 5Cl_2 + 8H_2O$$

(1) 分别写出该反应的正极反应和负极反应。

(2) 通过计算说明为什么在中性的溶液中 NaCl 不能使 $KMnO_4$ 溶液褪色？（假设 $p(Cl_2)=100$ kPa，除 H^+ 外其他离子浓度应为 1 mol·dm^{-3}）

4.23 原电池构成如下：

电极 A：铜片插入 2.0 mol·dm^{-3} $CuSO_4$ 和 10 mol·dm^{-3} 氨水的等体积混合溶液。

电极 B：铜片插入 1.0 mol·dm^{-3} $CuSO_4$ 溶液。

测得该电池的电动势 $E = 0.39$ V，求 $[Cu(NH_3)_4]^{2+}$ 的稳定常数。

4.24 为什么水溶液中 Co^{3+} (aq) 离子不稳定，会被水还原而放出氧气，而氧化数为 +3 的钴的配合物，如 $[Co(NH_3)_6]^{3+}$ 却能在水中稳定存在，不发生与水的氧化还原反应？通过相关计算解释上述现象。

4.25 已知 $[Fe(bipy)_3]^{2+}$ 的 $K_f = 10^{17.45}$，$[Fe(bipy)_3]^{3+}$ 的 $K_f = 10^{14.25}$，

(1) 计算 $\varphi^{\ominus}([Fe(bipy)_3]^{3+}/[Fe(bipy)_3]^{2+})$。

(2) 将 Cl_2 通入溶液中，Cl_2 能否将 $[Fe(bipy)_3]^{2+}$ 氧化？写出反应方程式，计算 25℃下该反应标准平衡常数。

(3) 若溶液中 $[Fe(bipy)_3]^{2+}$ 的浓度为 0.20 mol·dm^{-3}，所通 Cl_2 的压力始终保持 100 kPa，计算平衡时溶液中各离子浓度。

第 5 章   定量分析概论

5.1   定量分析概述

    定量分析是分析化学中非常重要的组成部分,在科学研究中有举足轻重的地位。定量分析最主要的任务是准确测定物质中有关成分的含量。在无机分析中,因组成元素种类较多,通常要求鉴定物质的组成和测定各成分的百分含量。在有机分析中,元素种类虽不多,但结构却相当复杂,分析的重点是官能团和结构。要获得一个正确且准确的定量分析结果,分析方法的选择、测定方法的使用,测定条件的合理等都是非常重要的因素。因此,在进行定量分析时,不仅要得到被测组分的含量,而且必须对分析结果进行评价,判断分析结果的准确性,检查产生误差的原因。这样,可以采取减小误差的有效措施,不断提高分析结果的准确程度。另外,为保证分析结果的准确和数据的可信性,还需对样品进行多次测定,然后用统计的方法对实验数据加以处理。有的时候,由于分析方法对样品的成分、含量和形态的不同要求,还需要用不同的分离方法来对样品进行分离和富集,以得到准确的结果。

5.1.1   定量分析方法的分类

    根据测定原理、操作方法和具体要求的不同,定量分析方法可分为化学分析和仪器分析两大部分。以物质的化学反应为基础的分析方法称为化学分析法。化学分析法历史悠久,是分析化学的基础,又称经典分析法,主要有重量分析法和滴定分析(容量分析)法等。以物质的物理及物理化学性质为基础的分析方法称为物理和物理化学分析法。这类方法都需要较特殊的仪器,通常称为仪器分析法,如光学分析法、电化学分析法、色谱分析法、质谱分析法和放射化学分析法等。另外,根据试样的用量和操作规模不同,可分为常量、半微量、微量和超微量分析,分类的大致情况如表 5-1 所示。不同的含量成分,样品的取样和处理方法也各不相同。

表 5 - 1　各类分析方法的试样用量

方　　　法	试样质量	试液体积
常量分析	>0.1 g	>10 cm^3
半微量分析	0.01~0.1 g	1~10 cm^3
微量分析	0.1~10 mg	0.01~1 cm^3
超微量分析	<0.1 mg	<0.01 cm^3

　　滴定分析法是被广泛采用的一种常量分析法,其原理是根据化学反应的性质,将一种已知准确浓度的试剂溶液滴加到被测物质的溶液中,直到化学反应完全时为止,然后根据所用试剂溶液的浓度和体积以及所依据的化学反应的计量关系求得被测组分的含量。滴定分析法所需要的仪器设备比较简单,易于掌握和操作,且在适当条件下,该方法的准确度比较高,相对误差为 0.1% 左右,在生产实践和科学研究中具有一定的实用价值。

　　随着科技的进步,有许多高精度的仪器可以使用,但是,我们在学习化学分析的过程中,可以对其处理问题的方法以及为达到精确结果而采取的各种措施进行归纳和总结,这种方法无论在化学还是在其他学科的研究中都是非常有用的。

5.1.2　定量分析的基本步骤

　　定量分析的任务是测定物质中某种或某些组分的含量。要完成一项定量分析工作,通常包括以下几个步骤。

　　1. 试样的采集和制备

　　试样的采集和制备必须保证所取试样具有代表性,即分析试样的组成能代表整批物料的平均组成。取样大致可分三步:① 收集粗样(原始试样);② 将每份粗样混合或粉碎、缩分,减少至适合分析所需的数量;③ 制成符合分析方法用的样品。根据原始试样的物理、化学性质不同,取样和处理的各步细节会有很大差异。为了保证取样有足够的代表性和准确性,又不致花费过多的人力、物力,应该了解取样过程所依据的基本原则和方法。

　　(1)取样的基本原则。

　　正确取样应满足以下几个要求:

　　① 大批试样(总体)中所有组成部分都有同等的被采集的概率。

② 根据给定的准确度,采取有序的、随机的取样,使取样的费用尽可能低。

③ 将 n 个取样单元(如车、船、袋或瓶等容器)的试样彻底混合后,再分成若干份,每份分析一次,这样比分别分析几个取样单元的办法更优化。

(2) 取样的操作方法。

试样种类繁多,形态各异,试样的性质和均匀程度也各不相同。因此,首先将被采取的物料总体分为若干单元。它可以是均匀的气体或液体,也可以是车辆或船只装载的物料。其次,了解各取样单元间和各单元内的相对变化。如煤在堆积或运输中出现的偏析,即颗粒大的会滚在堆边上,颗粒小或密度大的会沉在堆下面,细粉甚至可能飞扬。正确划分取样单元和确定取样点是十分重要的。具体的方式要根据具体的实验条件、方法和要求来确定。

2. 试样的分解

在一般分析工作中,除干法分析(如光谱分析、差热分析等)外,通常都用湿法分析,定量化学分析属于湿法分析。湿法分析是将试样分解制成溶液再进行分析,因此试样的分解是分析工作的重要步骤之一。它不仅直接关系到待测组分转变为适合的测定形态,也关系到以后的分离和测定。如果分解方法选择不当,就会增加不必要的分离手续,给测定造成困难和增大误差,有时甚至使测定无法进行。

分解试样时,可带来误差的因素很多。如分解不完全,分解时与试剂和反应器皿作用导致待测组分的损失或沾污,这种现象在测定微量成分时尤应注意。另外,分解试样时应尽量避免引入干扰成分。

选择分解方法时,不仅要考虑对准确度和测定速度的影响,而且要求分解后杂质的分离和测定都易进行。所以,应选择一些分解完全、分解速度快,分离测定较顺利,同时对环境没有污染或很少污染的分解方法。

湿法是用酸或碱溶液来分解试样,一般称为溶解法。干法则用固体碱或酸性物质熔融或烧结来分解试样,一般称为熔融法。此外,还有一些特殊分解法,如热分解法、氧瓶燃烧法、定温灰化法、非水溶剂中金属钠或钾分解法等。在实际工作中,为了保证试样分解完全,各种分解方法常常配合使用。例如,在测定高硅试样中少量元素时,常先用 HF 分解加热除去大量硅,再用其他方法完成分解。

另外,在分解试样时总希望尽量少引入盐类(其他成分),以免给测定带来困难和误差,所以分解试样尽量采用湿法。在湿法中选择溶剂的原则如下:能溶于水的先用水溶解,不溶于水的酸性物质用碱性溶剂,碱性物质用酸性溶剂,还原性物质用氧化性溶剂,氧化性物质用还原性溶剂。

总之,分解试样时要根据试样的性质、分析项目要求和上述原则来进行选择。

3. 含量的测定

根据待测组分的性质、含量和对分析结果准确度的要求,再根据实验室的具体情况,选择最合适的化学分析方法或仪器分析方法进行测定。各种方法在灵敏度、选择性和适用范围等方面有较大的差别,所以应该熟悉各种方法的特点,做到心中有数,以便在需要时能正确选择。

由于试样中的其他组分可能对测定有干扰,故应设法消除其干扰。消除干扰的方法主要有两种,一种是分离,另一种是掩蔽。常用的分离方法有沉淀分离法、萃取分离法和色谱分离法等。常用的掩蔽方法有沉淀掩蔽法、配位掩蔽法和氧化还原掩蔽法等。含量测定是定量分析中的重要环节。

4. 计算分析结果

计算分析结果就是根据试样质量、测量所得数据和分析过程中依据的化学反应的计量关系,计算试样中待测组分的含量。计算的关键是弄清楚分析过程中各种依据的化学反应以及相应的计量对应关系,问题就很容易解决。

例 双指示剂法测定混合碱($NaOH$ 和 Na_2CO_3)的含量。

准确称取一定量试样 m_s,溶解后,以酚酞为指示剂,用 HCl 标准溶液滴定至红色消失,记下用去 HCl 的体积 $V_1(cm^3)$。这时 $NaOH$ 全部被中和,而 Na_2CO_3 仅被中和到 $NaHCO_3$。向溶液中加入甲基橙,继续用 HCl 滴定至橙红色,记下用去 HCl 的体积 $V_2(cm^3)$。显然,V_2 是滴定 $NaHCO_3$ 所消耗 HCl 的体积。

由计量关系可知,Na_2CO_3 被中和到 $NaHCO_3$ 和 $NaHCO_3$ 被中和到 H_2CO_3 所消耗 HCl 的体积是相等的。所以

$$w_{Na_2CO_3} = \frac{c_{HCl} \cdot 2V_2 \cdot M_{\frac{1}{2}Na_2CO_3}}{m_s \cdot 1\,000} \cdot 100$$

$$w_{NaOH} = \frac{c_{HCl} \cdot (V_1 - V_2) \cdot M_{NaOH}}{m_s \cdot 1\,000} \cdot 100$$

在此,由于两个计量点的 pH 值范围不同,所以选用的指示剂也不同。

5.1.3　定量分析结果的表示

1. 待测组分的化学表示形式

分析结果通常以待测组分实际存在形式的含量表示。例如,测得试样中氮的

含量以后,根据实际情况,以 NH_3、NO_3^-、N_2O_5、NO_2^- 或 N_2O_3 等形式的含量表示分析结果。如果待测组分的实际存在形式不清楚,则分析结果最好以氧化物或元素形式的含量表示。例如,在矿石分析中,各种元素的含量常以其氧化物形式(如 K_2O、Na_2O、CaO、MgO、FeO、Fe_2O_3、SO_3、P_2O_5 和 SiO_2 等)的含量表示;在金属材料和有机分析中,常以元素形式(如 Fe、Cu、Mo、W 和 C、H、O、N、S 等)的含量表示。

在工业分析中,有时还用所需要组分的含量表示分析结果。例如,分析铁矿石的目的是为了寻找炼铁的原料,这时就以金属铁的含量来表示分析结果。

电解质溶液的分析结果,通常以所存在离子的含量表示,如以 K^+、Na^+、Ca^{2+}、Mg^{2+}、SO_4^{2-}、Cl^- 等的含量表示。

2. 待测组分含量的表示方法

(1) 固体试样。

固体试样中待测组分的含量通常以相对含量表示。试样中含待测物质 B 的质量 m_B 与试样的质量 m_s 之比,称为质量分数 w_B:

$$w_B = \frac{m_B(s)}{m_s(s)} \tag{5-1}$$

w_B 乘上 100% 即为物质 B 的百分含量:

当待测组分含量非常低时,可采用 $\mu g \cdot g^{-1}$、$ng \cdot g^{-1}$ 和 $pg \cdot g^{-1}$ 来表示。

(2) 液体试样。

液体试样中待测组分的含量,通常除了常用物质的量的浓度外,还有下列几种表示方法:

① 质量百分数:表示待测组分在试液中所占的质量百分率。

② 体积百分数:表示 $100\ cm^3$ 试液中待测组分所占的体积(cm^3)。

③ 质量体积百分数:表示 $100\ cm^3$ 试液中待测组分的质量(以克为单位)。

对于试液中的微量组分,通常以 $mg \cdot dm^{-3}$、$\mu g \cdot dm^{-3}$ 或 $\mu g \cdot cm^{-3}$、$ng \cdot cm^{-3}$ 和 $pg \cdot cm^{-3}$ 等表示其含量。例如,分析某工业废水试样,测得每立方分米水中含 Na^+ 0.120 mg、F^- 0.80 mg、Hg^{2+} 5 μg,则它们的含量分别表示为 Na^+ 120 $mg \cdot dm^{-3}$、F^- 0.80 $mg \cdot dm^{-3}$、Hg^{2+} 5 $\mu g \cdot dm^{-3}$。

(3) 气体试样。

气体试样中的常量或微量组分的含量,通常以体积百分数表示。

5.2 定量分析误差与有效数字

在定量分析中,误差是客观存在的。即使在实际测定过程中采用最可靠的实验方法,使用最精密的仪器,由技术很熟练的实验人员进行操作,也不可能得到绝对准确的结果。同一个人在相同条件下对同一个试样进行多次测定,所得结果也不会完全相同。另外,实验属于科学研究的组成部分,所以实验结果的正确表达非常重要,要对实验结果的科学性负责,就需要采用正确的有效数据并科学地进行数据处理。因此,我们有必要先来了解实验过程中误差产生的原因及误差出现的规律。同时,对有效数字的概念也要有清楚的认识,并学会应用。

5.2.1 误差产生的原因

误差是指测定结果与真实结果之间的差值,根据误差产生的原因与性质,误差可以分为系统误差和偶然误差两类。

1. 系统误差

系统误差是由测定过程中某些经常性的原因造成的,可分为以下几类:

(1) 方法误差——由于实验方法本身不够完善而引入的误差(如重量分析中由于沉淀溶解损失而产生的误差,在滴定分析中由于终点和计量点不一致而造成的误差)。

(2) 仪器误差——仪器本身的缺陷造成的误差(如砝码不准、滴定管、容量瓶刻度不准等引入的误差)。

(3) 试剂误差——试剂不纯或去离子水不合规格,引入微量的待测组分或对测定有干扰的杂质造成的误差。

(4) 主观误差——由于操作人员主观原因造成的误差(如对终点颜色的辨别不同,有人偏深,有人偏浅)。

系统误差对实验结果的影响比较恒定,会在同一条件下的重复测定中重复地显示出来,使测定结果系统地偏高或系统地偏低。系统误差影响分析结果的准确度,不影响精密度。系统误差可以测定并可通过校正予以消除或减小,因此也称为可测误差。

2. 偶然误差

偶然误差是由实验过程中某些难以控制的、无法避免的、不确定的和微小的随机波动因素形成的。例如在读取滴定管读数时,估计的小数点后第二位的数值,几次读数不一致的不确定性,测定吸光度时温度的波动等。其大小是可变的,重复测定时有大有小,有正有负,具有相互抵偿性的误差。

除了会产生上述两类误差外,往往还可能由于工作上不遵守操作规程等造成的过失误差(如器皿不洁净,丢损试液,加错试剂,看错砝码,记录及计算错误等),会对实验结果带来严重影响,必须注意避免。

5.2.2　误差的减免

系统误差和偶然误差的来源不同,性质和减免的方法也不同。但它们往往同时存在,有时也难以分清,而且也会相互转化和传递。

对于系统误差,我们可以采用一些校正的办法和制定标准规程加以校正,使之接近消除。例如在物质组成的测定中,选用公认的标准方法与所采用的方法进行比较,从而找出校正数据,消除方法误差;在实验前对使用的砝码、容量器皿或其他仪器进行校正,消除仪器误差;做空白试验,即在不加试样的情况下,按照试样测定步骤和分析条件进行分析实验,所得结果称为空白值,从试样的测定结果中扣除此空白值,就可消除由试剂、蒸馏水及器皿引入的杂质所造成的系统误差;也可采用对照实验,即用已知含量的标准试样(或配制的试样)按所选用的测定方法,以同样条件、同样试剂进行测定,找出改正数据或直接在实验中纠正可能引起的误差。对照实验是检查测定过程中有无系统误差的最有效的方法。

偶然误差是由偶然因素所引起的,可大可小,可正可负,粗看似乎没有规律性,但事实上偶然性中包含着必然性,经过大量的实践发现,当测量次数很多时,偶然误差的分布也有一定的规律:

(1) 大小相近的正误差和负误差出现的概率相等,即绝对值相近而符号相反的误差是以同等的概率出现的。

(2) 小误差出现的频率较高,而大误差出现的频率较低,很大误差出现的概率近于零。

上述规律可用正态分布曲线(见图 5-1)表示。图中横轴代表误差的大小,以总体标准偏差 σ 为单位,纵轴代表误差发生的

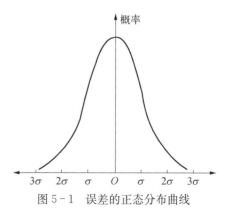

图 5-1　误差的正态分布曲线

概率。

可见在消除系统误差的情况下,平行测定的次数越多,则测得值的算术平均值越接近真值。因此适当增加测定次数,取其平均值,可以减少偶然误差。

偶然误差的大小可由精密度表现出来,一般地说,测定结果的精密度越高,说明偶然误差越小;反之,精密度越差,说明测定中的偶然误差越大。

由于存在着系统误差与偶然误差两大类误差,所以在实验和计算过程中,如未消除系统误差,则实验结果虽然有很高的精密度,也并不能说明结果准确。只有在消除了系统误差以后,精密度高的实验结果才既精密又准确。

5.2.3　误差的表征

1. 误差与准确度

误差的大小可以用来衡量测定结果的准确度。

实验结果的准确度是指测定值 x 与真实值 μ 的接近程度,两者差值越小,则分析结果准确度越高,误差又可分为绝对误差和相对误差,测定值与真实值之差叫作绝对误差:

$$绝对误差 = x - \mu$$

绝对误差在真实值中所占的百分率称为相对误差:

$$相对误差 = \frac{x - \mu}{\mu} \times 100\%$$

绝对误差相等,相对误差并不一定相同,例如分析天平称量两物体的质量各为 $1.638\ 0\ g$ 和 $0.163\ 7\ g$,假定两者的真实质量分别为 $1.638\ 1\ g$ 和 $0.163\ 8\ g$,则两者称量的绝对误差分别为

$$1.638\ 0 - 1.638\ 1 = -0.000\ 1$$
$$0.163\ 7 - 0.163\ 8 = -0.000\ 1$$

两者称量的相对误差分别为

$$\frac{-0.000\ 1}{1.638\ 1} \times 100\% = -0.006\% \qquad \frac{-0.000\ 1}{0.163\ 8} \times 100\% = -0.06\%$$

由此可知,上例中第一个称量结果的相对误差为第二个称量结果相对误差的十分之一。也就是说,同样的绝对误差,当被测定的量较大时,相对误差就比

较小,测定的准确度也就比较高。因此,用相对误差来表示各种情况下测定结果的准确度更为确切。绝对误差和相对误差都有正值和负值。正值表示实验结果偏高,负值表示实验结果偏低。

需要说明的是,真实值是客观存在的,但又是难以得到的。这里所说的真实值是指人们设法采用各种可靠的分析方法,经过不同的实验室、不同的具有丰富经验的分析人员进行反复多次平行测定,再通过数理统计的方法处理而得到的相对意义上的真值。例如,被国际会议和标准化组织确认或国际上公认的一些量值,像相对原子质量以及国家标准样品的标准值等都可以认为是真值。

2. 偏差与精密度

偏差是指测定值与测定的平均值之差,它可以用来衡量测定结果的精密度,只取决于偶然误差的大小。对于不知道真实值的场合,可以用偏差的大小来衡量测定结果的好坏。精密度是指在同一条件下,对同一样品进行多次重复测定时各测定值相互接近的程度,偏差愈小,说明测定的精密度愈高。

(1) 绝对偏差和相对偏差。

偏差同样可以用绝对偏差和相对偏差来表示。绝对偏差是指测定结果与平均值之差,相对偏差是指绝对偏差在平均值中所占的百分率。设 x 是任何一次测定结果的数值,$\bar{x}$ 是 n 次测定结果的平均值,则绝对偏差 d 和相对偏差分别表示为

$$绝对偏差 = d = x - \bar{x} \tag{5-2}$$

$$相对偏差 = \frac{d}{\bar{x}} \times 100\% \tag{5-3}$$

例如,标定某标准溶液的浓度,三次测定结果分别为 0.1827 mol·dm^{-3}、0.1825 mol·dm^{-3} 及 0.1828 mol·dm^{-3},其平均值为 0.1827 mol·dm^{-3}。三次测定的绝对偏差分别为 0,-0.0002 mol·dm^{-3} 及 +0.0001 mol·dm^{-3}三次测定的相对偏差分别为 0,-0.1% 及 +0.05%。

(2) 平均偏差和相对平均偏差。

平均偏差又称算术平均偏差,常用来表示一组测定结果的精密度,其表达式如下:

$$\bar{d} = \frac{\sum |x - \bar{x}|}{n} \tag{5-4}$$

相对平均偏差则指平均偏差在测定结果平均值中所占的百分率,表示为

$$相对平均偏差 = \frac{\bar{d}}{\bar{x}} \times 100\% \qquad (5-5)$$

用平均偏差表示精密度比较简单,但由于在一系列的测定结果中,小偏差占多数,大偏差占少数,如果按总的测定次数求平均偏差,所得结果会偏小,大偏差得不到应有的反映。如下面两组结果:

$$x - \bar{x}: +0.11、-0.73、+0.24、+0.51、-0.14、0.00、+0.30、-0.21$$
$$n = 8 \qquad \bar{d}_1 = 0.28$$
$$x - \bar{x}: +0.18、0.26、-0.25、-0.37、0.32、-0.28、+0.31、-0.27$$
$$n = 8 \qquad \bar{d}_2 = 0.28$$

两组测定结果的平均偏差虽然相同,但是实际上第一组数值中出现两个大偏差,测定结果的精密度不如第二组好。

(3) 标准偏差和相对标准偏差。

当测定次数趋于无穷大时,总体标准偏差 σ 表达如下:

$$\sigma = \sqrt{\frac{\sum (x - \mu)^2}{n}} \qquad (5-6)$$

式中,μ 为无限多次测定的平均值,称为总体平均值,即

$$\lim_{n \to \infty} \bar{x} = \mu$$

显然,在校正系统误差的情况下,μ 即为真值。

在一般的实验中,只做有限次数的测定,根据概率可以推导出在有限测定次数时的样本标准偏差 s 的表达式为

$$s = \sqrt{\frac{\sum (x - \bar{x})^2}{n-1}} \qquad (5-7)$$

上述两组数据的标准偏差分别为 $s_1 = 0.38$, $s_2 = 0.29$, 可见标准偏差比平均偏差能更灵敏地反映出大偏差的存在,因而能较好地反映测定结果的精密度。

相对标准偏差也称变异系数(CV),即

$$CV = \frac{s}{\bar{x}} \times 100\% \qquad (5-8)$$

例 5 - 1 分析铁矿中铁含量，得如下数据：37.45%、37.20%、37.50%、37.30%、37.25%。计算此结果的平均值、平均偏差、标准偏差、变异系数。

解：

$$\bar{x} = \frac{37.45\% + 37.20\% + 37.50\% + 37.30\% + 37.25\%}{5} = 37.34\%$$

各次测量偏差分别是

$$d_1 = +0.11\%, \ d_2 = -0.14\%, \ d_3 = +0.16\%, \ d_4 = -0.04\%, \ d_5 = -0.09\%$$

$$\bar{d} = \frac{\sum |d_i|}{n} = \left(\frac{0.11 + 0.14 + 0.16 + 0.04 + 0.09}{5} \right)\% = 0.11\%$$

$$s = \sqrt{\frac{\sum d_i^2}{n-1}} = \sqrt{\frac{(0.11)^2 + (0.14)^2 + (0.16)^2 + (0.04)^2 + (0.09)^2}{5-1}} = 0.13$$

$$\mathrm{CV} = \frac{s}{\bar{x}} = \frac{0.13}{37.34} \times 100\% = 0.35\%$$

以上讨论的 $\bar{d}$、s 的表达式中都涉及平行测定中各个测定值与平均值之间的偏差，但是平均值毕竟不是真值，在很多情况下，还需要进一步解决平均值与真值之间的误差。

3. 准确度与精密度的关系

准确度是表示测定结果与真实值符合的程度，而精密度是表示测定结果的重现性。由于真实值是未知的，因此常常根据测定结果的精密度来衡量分析测量是否可靠，但是精密度高的测定结果不一定是准确的，两者关系可用图 5 - 2 说明。如测同一试样中铁含量时所得的结果，由图可见：甲所得结果的准确度和精密度均好，结果可靠；乙所得实验结果的精密度虽然很高，但准确度较低；丙的精密度和准确度都很差；丁的精密度很差，平均值虽然接近真值，但这是由于大的正负误差相互抵消的结

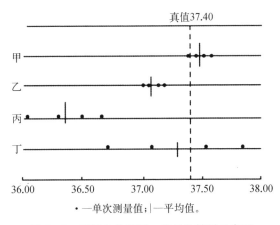

图 5 - 2 不同人分析同一样品的结果示意图

果,因此丁的实验结果也是不可靠的。由此可见,精密度是保证准确度的先决条件。精密度差,所得结果不可靠,但高的精密度也不一定能保证高的准确度。

5.2.4 误差的分布与置信区间

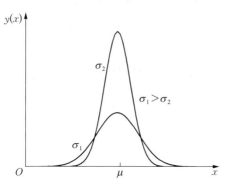

图 5 - 3 真实值 μ 相同,总体标准偏差 σ 不同($\sigma_1 > \sigma_2$)的正态分布图

前已述及偶然误差符合正态分布,在不考虑系统误差的基础上,测定值 x 的概率密度分布函数 $y(x)$ 与真实值 μ 间的关系如图 5 - 3 所示,测定值的分布具有如下主要特点:

(1)测定值 x 关于真实值 μ 呈对称性分布,极大值出现在 μ 处,在 $\mu \pm \sigma$ 处各有一个拐点。

(2)真实值 μ 的大小不影响曲线形状,曲线形状主要由总体标准偏差 σ 确定,σ 值越大,数据的离散程度越大。

(3)测定值 x 出现在确定范围内的概率是有规律的,在 $\mu \pm \sigma$ 的范围内,约为总体的 68.3%,在 $\mu \pm 2\sigma$ 的范围内约为总体的 95.5%,在 $\mu \pm 3\sigma$ 的范围内约为总体的 99.7%。

根据正态分布的性质,可以定义真实值存在的范围,称为置信区间,置信区间的大小依赖于对指定真实值存在范围所具有的确定性,将此确定性称为置信水平(也称置信度)。显然,置信水平越高,该确定性所需要的置信区间也就越大,根据正态分布的特点,n 次采样的均值 $\bar{x}$ 在不同置信水平条件下反映出的真实值取值范围列于表 5 - 2 中。

表 5 - 2 置信水平与置信区间

置信水平	置 信 区 间
95%	$\bar{x} - 1.96(\sigma / \sqrt{n}) < \mu < \bar{x} + 1.96(\sigma / \sqrt{n})$
99%	$\bar{x} - 2.58(\sigma / \sqrt{n}) < \mu < \bar{x} + 2.58(\sigma / \sqrt{n})$
99.7%	$\bar{x} - 2.97(\sigma / \sqrt{n}) < \mu < \bar{x} + 2.97(\sigma / \sqrt{n})$

由于实际上 σ 的值是未知的,通常当测定次数 n 足够大时($n > 100$)时,在计算中可用标准偏差 s 代替 σ,以确定测量值的置信区间。而当 n 不够大时,由 s 代替 σ

所引进的误差较大,不能忽略,此时测量值的置信区间可用如下方式来计算:

$$\mu = \bar{x} \pm t(s / \sqrt{n}) \tag{5-9}$$

式中,t 值依赖于置信水平和自由度的大小。自由度是指计算标准偏差 s 过程中独立偏差的个数,对 n 次测量的数据间存在关系式: $\sum\limits_{i=1}^{n}(x_i - \bar{x}) = 0$,即 n 次测量数据偏差的代数和为 0。

故在此种情况下独立偏差的个数为 $(n-1)$,即自由度为 $(n-1)$,以符号 f 表示。

实际上,t 值来自用于统计检验的 t 分布,其值可以通过查表(见表 5-3)获得,需要注意的是,置信水平也常用显著性水平来表示,两者关系如下:显著性水平 = 1-置信水平,如置信水平为 95% 时,显著性水平为 0.05,显著性水平用符号 α 表示。

表 5-3　t 分 布 值

自由度 f	α				
	0.9	0.5	0.1	0.05	0.01
1	0.158	1.000	6.314	12.706	63.657
2	0.142	0.816	2.920	4.303	9.925
3	0.137	0.765	2.353	3.182	5.841
4	0.134	0.741	2.132	2.776	4.604
5	0.132	0.727	2.015	2.571	4.032
6	0.131	9.718	1.943	2.447	3.707
7	0.130	0.711	1.895	2.365	3.499
8	0.130	0.706	1.860	2.306	3.355
9	0.129	0.703	1.833	2.262	3.250
10	0.129	0.700	1.812	2.228	3.169
20	0.127	0.687	1.725	2.086	2.845
100	0.126	0.674	1.645	1.960	2.576

对应于 t 值表数据可以看出,当测量次数很多,自由度 f 超过 100 后,置信水平为 95%(显著性水平 0.05)的 t 值接近于 1.96,置信水平为 99%(显著性水

平 0.01)的 t 值接近于 2.58。因此,测定次数多时,通常多于 100 次时,可近似用标准偏差 s 代替 σ 计算置信区间。

例 5 - 2　某实验中采用电化学方法测定尿试样中钠离子的含量,结果(单位:mmol·dm^{-3})分别为 101.5、102.1、98.7、97.6、100.3、99.2、95.4、106.3,试分别计算置信水平 95% 和 99% 的置信区间。

解: 自由度 $f=8-1=7$,查 t 值表知,对应于置信水平 95% 和 99% 的 t 值分别为 2.365 和 3.499。8 次测量的均值 $\bar{x}=100.14\ \text{mmol·dm}^{-3}$,样本标准偏差 $s=3.29$,由式(5-9),得置信水平 95%(显著性水平 0.05)的置信区间为

$$\mu=100.14\pm\frac{2.365\times3.29}{\sqrt{8}}=100.14\pm2.75\ (\text{mmol·dm}^{-3})$$

置信水平 99%(显著性水平 0.01)的置信区间为

$$\mu=100.14\pm\frac{3.499\times3.29}{\sqrt{8}}=100.14\pm4.01\ (\text{mmol·dm}^{-3})$$

置信区间还可以用于检测实验中是否存在系统误差,当某测量数据的理论值不包含在测量数据在某置信水平所反映出真实值的置信区间时,可推断出该实验存在系统误差。

例 5 - 3　欲采用分光光度法测定一试样的吸光度,通过标准曲线法确定其浓度。首先需要确定分光光度计是否有仪器误差,已知该试样某浓度标准溶液在 560 nm 波长处测定的理论吸光度为 0.580,现在进行 10 次测定,测量均值 $\bar{x}=0.576$,样本标准偏差 $s=0.003$,选取置信水平为 95%(显著性水平 0.05),试通过计算说明该分光光度计是否存在仪器误差。

解: 自由度 $f=10-1=9$,查 t 值表知,对应于置信水平 95% 的 t 值为 2.262,由式(5-9),得置信水平 95% 的置信区间为

$$\mu=\bar{x}\pm t\cdot\frac{s}{\sqrt{n}}$$
$$=0.576\pm\frac{2.262\times0.003}{\sqrt{10}}=0.576\pm0.002$$

由于理论吸光度值 0.580 并不落在所得置信区间范围内,因此,该分光光度计存在仪器误差。

5.2.5 有效数字及其应用

为了得到准确的分析结果,不仅要准确地测量,而且还要正确地记录和计算,即记录的数字不仅表示数量的大小,而且要正确地反映测量的精确度。

有效数字就是指实际能测到的数字。也就是说,在一个数据中,除最后一位是不确定的或可疑的之外,其他各位都是确定的。例如,使用 50 cm³ 滴定管滴定,最小刻度为 0.1 cm³,所得到的体积读数 25.87 cm³,表示前三位数是准确的,只有第四位是估读出来的,属于可疑数字,那么这四位数字都是有效数字,它不仅表示了滴定体积为 25.87 cm³,而且说明计量的精度为 ±0.01 cm³。

1. 有效数字的位数

在确定有效数字位数时,首先应注意数字"0"的意义。其一,如果作为普通数字用,例如 $c(NaOH) = 0.218\ 0$ mol·dm⁻³,后面的一个"0"就是有效数字,表明该浓度有 ±0.000 1 的误差;如果"0"只起定位作用,它就不是有效数字了。例如某标准物质的质量为 0.056 6 g,这一数据中,数字前面的"0"只起定位作用,与所取的单位有关,若以毫克为单位,则应为 56.6 mg。其二,有效数字的位数应与测量仪器的精确程度相对应。例如,如果计量要求使用 50 cm³ 滴定管,由于它可以读至 ±0.01 cm³,那么数据的记录就必须而且只能记到小数点后第二位。其三,对于化学计算中常遇到的一些分数和倍数关系,由于它们都是自然数,并非测量所得,应看成是足够有效。其四,常遇到的 pH、pM、lgK 等对数值,它们有效数字的位数仅取决于小数部分的位数,整数部分只说明该数的幂次。例如 pH = 11.02,它只有两位有效数字,因为 $[H^+] = 9.5 \times 10^{-12}$ mol·dm⁻³。对于 3 600 这样的数据,属于有效数字位数不确定的情况。如果要将它表示为有效数字,最好是以指数形式表示,比如 3.6×10^3 或 3.60×10^3 等。

2. 有效数字运算规则

在分析测定过程中,往往要经过几个不同的测量环节,例如先用减量法称取试样,经过处理后进行滴定。在此过程中最少要取四次数据——称量瓶和试样的质量,倒出试样后的质量,滴定管的初读数与末读数,但这四个数据的有效数字的位数应该相同。在进行运算时,应按照下列计算规则,合理地取舍各数据的有效数字的位数。

(1) 几个数据相加或相减时,它们的和或差的有效数字的保留,应依小数点后位数最少的数据为根据,即取决于绝对误差最大的那个数据。例如将 0.012 1、25.64 及 1.057 82 三数相加。

其中 25.64 为绝对误差最大的数据,以它为根据,把 0.012 1 和 1.057 82 分别修约为 0.01 和 1.06,然后相加得到结果 26.71。

(2) 几个数据的乘除运算中,所得结果的有效数字的位数取决于相对误差最大的那个数。例如下式:

$$\frac{0.032\ 5 \times 5.103 \times 60.06}{139.8} = 0.071\ 3$$

各数的相对误差分别为:

$$0.032\ 5 \text{——} \frac{\pm 0.000\ 1}{0.032\ 5} \times 100\% = 0.3\%$$

$$5.103 \text{——} \pm 0.02\%,\ 60.06 \text{——} \pm 0.02\%,\ 139.8 \text{——} \pm 0.07\%$$

可见,四个数中相对误差最大即准确度最差的是 0.032 5,是三位有效数字,因此在计算前按修约规则把上式修约为 $\frac{0.032\ 5 \times 5.10 \times 60.1}{140} = 0.071\ 2$,计算结果为 0.071 2,也是三位有效数字。

在取舍有效数字位数时,还应注意下列几点:

(1) 在分析化学计算中,经常会遇到一些具体的问题,如 I_2 与 $Na_2S_2O_3$ 反应,其摩尔比为 1:2,因而 $n_{I_2} = \frac{1}{2}nNa_2SO_4$($n$ 为物质的量,其单位为 mol),这里的 2 可视为足够有效,它的有效数字不是 1 位,即不能根据它来确定计算结果的有效数字的位数。又如从 250 cm³ 容量瓶中吸取 25 cm³ 试液时,也不能根据 $\frac{25}{250}$ 只有两位或三位数来确定分析结果的有效数字位数。

(2) 若某一数据第一位有效数字大于或等于 8,则有效数字的位数可多算一位。如 8.37 虽只三位,但可看作四位有效数字。

(3) 在计算过程中,可以暂时多保留一位数字,得到最后结果时,再根据四舍五入原则弃去多余的数字。

有时,如在试样全分析中,也可采用"四舍六入五留双"的原则处理数据尾数。即当尾数≤4 时舍去;尾数≥6 时进位;而当尾数恰为 5 时,则看保留下来的末位数是奇数还是偶数,是奇数时就将 5 进位,是偶数时,则将 5 舍弃。总之,使保留下来的末位数为偶数。根据此原则,如将 4.175 和 4.165 处理成三位数,则分别为 4.18 和 4.16。

(4) 有关化学平衡的计算(如求平衡状态下某离子的浓度),由于 pH、pM、lgK 等对数值只有小数部分才为有效数字,通常只需取一位或两位有效数字即可。

(5) 对于物质组成的测定,对含量大于 10% 的组分测定,计算结果一般保留四位有效数字;含量 1%～10% 的组分测定一般保留三位有效数字;对含量小于 1% 的组分测定则通常保留两位有效数字。

(6) 大多数情况下,表示误差时,取一位有效数字即已足够,最多取两位。

使用计算器计算定量分析的结果,特别要注意最后结果中有效数字的位数,应根据前述规则决定取舍,"即先修约再计算",以正确表达测定结果的准确度,不可全部照抄计算器上显示的八位数字或十位数字。

5.3 分析数据的统计处理

实验过程中获得的原始测量数据在实际应用之前,首先需要借助数学方法进行检验,去伪存真,使测量数据结果更加准确、可靠。抽样检验及数据处理的方法很多,有的比较复杂,我们仅介绍两种最简单的方法。

在实际工作中,对同一实验量进行多次重复测定得到的测量数据中,常常会遇到一组平行测定中有个别数据的精密度不高的情况。某一两个测定值比其余的测定值明显偏大或偏小,通常将这些测定值称为离群值。离群值的取舍会影响测量数据的平均值,尤其当数据少时影响更大。因此在分析计算测量数据前必须对离群值进行合理的取舍。如果统计检验表明离群值确为异常值,才可将其舍弃,若检验表明该离群值不是异常值,即使是极值,也需要将其保留,切不可为了单纯追求实验结果的"一致性",而将这些数据随意舍弃。当然,对于过失误差,不管其是否为异常值,都应直接舍弃,而不必进行统计检验。

1. Q 检验法

当测定次数 $n=3$～10 时,根据所要求的置信水平,按照下列步骤,检验可疑数据是否可以弃去:

(1) 将各数据按递增的顺序排列:x_1,x_2,$\cdots$,x_n。

（2）求出最大与最小数据之差 $x_n - x_1$。

（3）求出可疑数据与其最邻近数据之间的差 $x_n - x_{n-1}$ 或 $x_2 - x_1$。

（4）求出

$$Q = \frac{x_n - x_{n-1}}{x_n - x_1} \text{ 或 } Q = \frac{x_2 - x_1}{x_n - x_1}$$

（5）根据测定次数 N 和要求的置信水平（如 90%），查表 5 - 4，得出 $Q_{0.90}$。

（6）将 Q 与 $Q_{0.90}$ 相比，若 $Q > Q_{0.90}$，则弃去可疑值，否则应予保留。

例 5 - 4 在一组平行测定中，测得试样中钙的百分含量分别为 22.38、22.39、22.36、22.40 和 22.44。试用 Q 检验判断 22.44 能否弃去。（要求置信度为 90%）

解：（1）按递增顺序排列：

$$22.36, 22.38, 22.39, 22.40, 22.44$$

（2）$x_n - x_1 = 22.44 - 22.36 = 0.08$

（3）$x_n - x_{n-1} = 22.44 - 22.40 = 0.04$

（4）$Q = \dfrac{x_n - x_{n-1}}{x_n - x_1} = \dfrac{0.04}{0.08} = 0.5$

（5）查表 5 - 4，$n = 5$ 时，$Q_{0.90} = 0.64$

$Q < Q_{0.90}$，所以 22.44 应予保留。

如果测定次数比较少，如 $n = 3$，而且 Q 值与查表所得 Q 值相近，这时为了慎重起见，最好是再补加测定 1～2 次，然后确定可疑数据的取舍。

表 5 - 4　不同置信水平下的 Q 值

测定次数 n	$Q_{0.90}$	$Q_{0.95}$	$Q_{0.99}$
3	0.94	0.98	0.93
4	0.76	0.85	0.93
5	0.64	0.73	0.82
6	0.56	0.64	0.74
7	0.51	0.59	0.68
8	0.47	0.54	0.63
9	0.44	0.51	0.60
10	0.41	0.48	0.57

注：Q 下角标数据为置信水平。

2. 4$\bar{d}$ 法

当测定次数不多(通常少于 4 次)时,对于偏差大于 4$\bar{d}$ 的个别测定值可以舍去,尽管这样处理问题存在较大误差,但是由于这种方法比较简单,不必查表,故经常采用这种方法来处理一些要求不太高的实验数据。

用 4$\bar{d}$ 法判断可疑值的取舍时,首先求出可疑值除外的其余数据的平均值 $\bar{x}$ 和平均偏差,然后将可疑值与平均值进行比较,如两者差的绝对值大于 4$\bar{d}$,则可疑值舍去,否则保留。

例 5 - 5　测定某药物中钴的含量(10^{-6} g • dm^{-3}),得结果如下:1.25、1.27、1.31、1.40。试问 1.40 这个数据应否保留?

解:首先不计可疑值 1.40,求得其余数据的平均值和平均偏差为

$$\bar{x} = 1.28, \bar{d} = 0.023$$

可疑值与平均值的差的绝对值为

$$| 1.40 - 1.28 | = 0.24 > 4\bar{d}$$

故 1.40 这一数据应舍去。

5.4　化学分析概述

化学分析属于常量分析和容量分析,一般包括滴定分析与重量分析两部分。化学分析都是基于一个选定的,有明确计量关系的化学反应方程式,通过一定的指示方式来确定测定是否进行完全,然后进行结果的计算。这个关键的作为依据的化学反应方程式有一定的要求,其选择原则在下面的滴定分析法概述中讨论。

在滴定分析的过程中,先配置一种有准确浓度的标准溶液(一般是水为溶剂,也有非水溶剂),通常在指示剂的指示下,利用标准溶液与未知溶液的体积关系换算为体系所基于的那个化学反应的计量关系,计算出未知液的浓度,从而计算出未知物的含量。要获得准确的分析结果,体系的选择和设计是至关重要的,当然,熟练而又精准的实验技能也不可或缺。

重量分析一般是基于沉淀反应,利用精准的分析天平,根据称量出的沉淀前后物质的质量,再根据反应物的称量形式与沉淀形式以及产物的称量形式的关

系计算出待测样品的含量。滴定分析和重量分析都有很高的准确度,在分析化学的发展历程中起过很重要的作用。

5.4.1 滴定分析法概述

滴定分析法是一种最常用的定量化学分析法。滴定分析体系一般含有三个部分:其一是具有准确浓度的标准溶液(一般放在滴定管中,称滴定剂),其作用是含有可以与未知溶液中的成分定量反应的物质,是由实验结果确定未知成分含量的一个基准;第二就是含有未知成分的待测溶液(一般在锥形瓶中),该待测溶液中的物质可以与标准溶液中的物质定量作用;第三是判断反应进行完全与否的指示体系,一般称指示剂。滴定实验过程一般通过滴定管滴定到含被测物质的溶液中,根据所用试剂溶液的量,再根据化学反应按化学计量关系,计算被测组分含量。通过滴定管滴加滴定剂的过程称为滴定,所加标准溶液与被测物质恰好完全反应的点称为化学计量点。

在滴定过程中,化学计量点到达时往往没有明显的外部特征,一般都需要加入指示剂,利用指示剂的颜色变化来判断。指示剂颜色突变时停止滴定,这一点称为滴定终点(ep),滴定终点与化学计量点一般不重合,此时造成的误差称为滴定误差或称终点误差。

滴定分析法是定量分析的重要方法之一,这种方法的特点如下:加入的标准溶液物质的量与被测物质的量恰好是按化学计量关系反应;此种方法适于组分含量在 1% 以上各物质的测定,有时也可以测定微量组分;该法快速、准确、仪器设备简单、操作简便、用途广泛;分析结果的准确度较高,一般情况下,其滴定的相对误差在 0.1% 左右。

滴定分析是常量分析,我们在讨论或者设计实验时溶液的浓度在 $0.01 \sim 0.1 \, mol \cdot dm^{-3}$ 的范围内。所以,在讨论滴定分析过程中体系的特点时,为便于计算处理,常用浓度来代替活度(即一般不考虑离子强度的影响),假设所涉及的化学反应的平衡常数在常温范围内基本不发生变化。

1. 滴定分析法的分类

滴定分析是以化学反应为基础的,根据化学反应的类型不同,滴定分析方法一般可分为以下四种。

(1) 酸碱滴定:是以质子传递反应为基础的一种滴定分析方法。滴定过程中的反应实质可以用以下简式表示:

$$H_3O^+ + OH^- = 2H_2O$$
$$H_3O^+ + A^- = HA + H_2O$$

（2）配位滴定：利用配位反应为基础的滴定分析方法。如 EDTA（简写为Y）作为滴定剂，与金属离子的配合反应可表示为（忽略电荷）

$$M + Y = MY$$

（3）沉淀滴定：利用沉淀反应为基础的滴定分析方法。如银量法，反应式表示为

$$Ag^+ + X^- = AgX(X: Cl^-、Br^-、I^-、CN^-、SCN^-)$$

（4）氧化还原滴定：利用氧化还原反应为基础的滴定分析方法。包括高锰酸钾法、重铬酸钾法和碘量法等，反应式表示为

$$MnO_4^- + 5Fe^{2+} + 8H^+ = Mn^{2+} + 5Fe^{3+} + 4H_2O$$
$$Cr_2O_7^{2-} + 6Fe^{2+} + 14H^+ = 2Cr^{3+} + 6Fe^{3+} + 7H_2O$$
$$I_2 + 2S_2O_3^{2-} = 2I^- + S_4O_6^{2-}$$

这四类滴定分析中，由于酸碱滴定体系和配位滴定体系应用比较广泛，所以研究得比较完善。又因为这两个体系所依据的化学反应比较单一，有比较好的普适性。如配位滴定一般用氨羧类螯合剂作为滴定剂，这类螯合剂与很多金属都可以形成稳定的 1∶1 的螯合物，如此一来，共存离子就会产生干扰，需要充分考虑和规避影响。同理，酸碱滴定的实质就是氢离子和氢氧根离子的中和反应，那么不同的酸碱滴定体系就要根据体系的特点加以分类研究，保证反应按化学计量关系进行以得到准确的结果。而对于氧化还原滴定体系，由于氧化还原反应，特别是含氧酸根离子的氧化剂，由于氧化还原反应机理复杂，所呈现的滴定曲线的规律性稍差，一般在研究和使用的时候突出对具体方法的研究，而不过于追究体系的共性。沉淀滴定是四大滴定体系中唯一的多相平衡体系，有其自身的特点，真正应用到实际研究和生产中的不多，仅为几种银量法，所以也主要针对具体的方法来研究。

2. 滴定分析方法对所依据的化学反应的要求

化学反应的种类很多，但是并不是所有的反应都能满足滴定分析的要求，适用于滴定分析的化学反应必须满足以下三个条件：

（1）反应必须具有确定的化学计量关系，即反应要按一定的反应方程式定量进行，通常达到 99.9% 以上，无副反应发生。

（2）反应速度要快，对于速度慢的反应，应采取适当措施提高反应速率，如加热、加催化剂等。

（3）有简便可靠的方法确定滴定的终点，如适当的指示剂或合适的仪器。

3. 滴定方式

当所选择的反应体系不符合上述的三个条件又不得不采用滴定分析法时，可以通过滴定方式的改变来克服上述现象导致的困难和误差。滴定方式的选择和体系实际操作时的具体情况有关，一般有以下几种。

（1）直接滴定：凡是能够满足滴定分析反应的条件，都采取直接滴定法。这种方式简单，操作误差小。这种方法是用标准溶液直接滴定含待测物质的溶液。故可能的话应尽量采用直接滴定法。如 NaOH 标准溶液直接滴定 HCl、HAc 等，EDTA 溶液直接滴定 Ca^{2+}、Zn^{2+} 等。

（2）返滴定：当反应速率较慢或在指定条件下反应不能定量进行时，被测物质中加入符合化学计量关系的滴定剂后，反应往往不能立即定量完成。此时，可于被测物质中先加入一定量的过量滴定剂，促使反应进行完全，再用另外一种标准溶液返滴定过量的滴定剂，此谓返滴定法，也叫剩余量滴定法。例如测定 Al^{3+} 时，由于 Al^{3+} 易形成一系列多羟配合物，这类多羟配合物与 EDTA(Y) 作用速度较慢。一般是向被测试样中加入过量 EDTA 溶液，煮沸后，用 Cu^{2+} 或 Zn^{2+} 标准溶液返滴定过量的 EDTA。即

$$Al^{3+} + Y^{4-}（过量）\longrightarrow AlY^- + Y^{4-}（剩余）$$
$$Zn^{2+} + Y^{4-}（剩余）\longrightarrow ZnY^{2-}$$

（3）置换滴定：若被测物质与滴定剂的反应不按一定的反应式进行或伴有副反应时，不能采用直接滴定法，可以先用适当的试剂与被测物质反应，使被测物质定量地置换成另外一种物质，再用滴定剂滴定这一物质，从而求出被测物质的含量，这种方法称为置换滴定法。例如测定有 Cu^{2+}、Zn^{2+} 等离子共存时的 Al^{3+}，可先加入过量 EDTA，并加热使 Al^{3+} 和共存的 Cu^{2+}、Zn^{2+} 等离子都与 EDTA 作用，然后在 $pH=5\sim6$ 时，用二甲酚橙作为指示剂，用锌盐溶液返滴定（也可以在相近的 pH 值条件下，以 PAN 作为指示剂，用铜盐标准溶液返滴定过量的 EDTA）。再加入 NH_4F，使 AlY^- 转变为更稳定的配合物 AlF_6^{3-}，置换出的

EDTA 再用铜盐标准溶液滴定。其反应如下：

$$AlY^- + 6F^- \Longrightarrow AlF_6^{3-} + Y^{4-}$$

$$Y^{4-} + Cu^{2+} \Longrightarrow CuY^{2-}$$

（4）间接滴定：有些被测物质不能直接与滴定剂反应，可以采用间接反应使其转化为可被滴定的物质，再用滴定剂滴定所生成的物质，此过程称为间接滴定。例如测定 Na^+ 时，可加醋酸铀酰锌作沉淀剂，使 Na^+ 生成 $NaZn(UO_2)_3(Ac)_9 \cdot xH_2O$ 沉淀，将沉淀分离、洗净、溶解后，用 EDTA 滴定锌。$KMnO_4$ 标准溶液不能直接滴定 Ca^{2+}，可先将 Ca^{2+} 沉淀为 CaC_2O_4，用 H_2SO_4 溶解，再用 $KMnO_4$ 标准溶液滴定与 Ca^{2+} 结合的 $C_2O_4^{2-}$，从而间接测定 Ca^{2+}。间接法的应用，大大扩展了滴定分析的应用范围。

4. 滴定分析的"量"

建立起定量的概念是大学基础化学区别于中学化学学习的一个明显的标志。而化学分析的学习是在无机化学的基础上对"定量"概念的一个强化实践过程。所以，在化学分析的学习过程乃至以后的应用过程中，要自始至终贯彻准确度以及突出"量"的变化。

因为是常量分析，所以滴定分析的准确度要求是 0.1% 的范畴，在下面讨论中均对应准确度这个标杆，相应的措施和原理以及对实验操作的要求都与这个目标有关。

正是因为滴定分析的精度，对于"量"的重视，所以，在处理具体的问题时往往会考虑与滴定有关的很多影响因素，以保证准确度。如在氧化还原滴定体系中考虑更加符合实际情况的条件电极电势；在配位滴定体系的探讨中重视副反应，讨论不同条件下的条件稳定常数。

5.4.2　滴定分析体系的组成

1. 标准溶液

标准溶液是指已知准确浓度的溶液。滴定分析中必须使用标准溶液，最后要通过标准溶液的浓度和用量来计算待测组分的含量，因此正确地配制标准溶液，准确地获得标准溶液的浓度以及对有些标准溶液进行妥善保存，对于提高滴定分析的准确度有重大意义。

配制标准溶液一般有下列两种方法。

（1）直接法。

用直接称量法（区别于差减称量法）准确称取一定量的物质，溶解后，在容量瓶内稀释到一定体积，然后算出该溶液的准确浓度。例如准确称取 1.226 0 g 基准物 $K_2Cr_2O_7$，用水溶解后，置于 250 mL 容量瓶中，加水稀释至刻度，即得 $0.016\ 67\ mol \cdot dm^{-3}$ 的 $K_2Cr_2O_7$ 溶液。

用直接法配制标准溶液的物质称为基准物，基准物除了用于直接配制标准溶液外，还可用来标定不能直接配置的标准溶液的溶液浓度。基准物必须具备下列条件：

① 物质必须具有足够的纯度，即含量≥99.9%，其杂质的含量应少到滴定分析所允许的误差限度以下。

② 物质的组成与化学式应完全符合。若含结晶水，其含量也应与化学式相符。

③ 性质稳定，在保存或称量过程中其组成不变，如不易吸水、不吸收 CO_2 等。

④ 具有较大的摩尔质量。这样，称样量相应较多，减少称量误差。例如 $Na_2B_4O_7 \cdot 10H_2O$ 和 Na_2CO_3 作为标定 HCl 标准溶液浓度的基准物质，前三个条件都满足，但 $Na_2B_4O_7 \cdot 10H_2O$ 摩尔质量大于 Na_2CO_3，因此 $Na_2B_4O_7 \cdot 10H_2O$ 更适合作为标定 HCl 标准溶液浓度的基准物。

（2）间接法。

由于用来配制标准溶液的物质大多不能满足上述条件，如酸碱滴定法中所用的盐酸，除了恒沸点的盐酸外，一般市售盐酸中的 HCl 含量有一定的波动；又如 NaOH 极易吸收空气中的 CO_2 和水分，称得的质量不能代表纯 NaOH 的质量。因此，对这一类物质不能用直接法配制标准溶液，而要用间接法粗略配制，之后再采用基准物质标定其准确浓度。

粗略地称取一定量物质或量取一定量体积溶液，配制溶液接近于所需要的浓度。这样配制的溶液，其准确浓度还是未知的，必须用基准物或另一种物质的标准溶液来测定它们的准确浓度。这种确定精确浓度的操作，称为标定。

如欲配制 $0.1\ mol \cdot dm^{-3}$ NaOH 标准溶液，先用 NaOH 固体配成约为 $0.1\ mol \cdot dm^{-3}$ 的溶液，然后用该溶液滴定精确称量的邻苯二甲酸氢钾（用差减称量法称量），根据两者完全作用时 NaOH 溶液的用量和邻苯二甲酸氢钾的质量，即可算出 NaOH 溶液的准确浓度。

2. 未知溶液

首先,未知物的质量是需要测定的,其准确的浓度是未知的。但是,在滴定之前要做一些前期的准备,即未知液的处理,或者说样品的处理。应该知道其大致的范围,使其浓度介于常量滴定的 $0.1 \sim 0.01 \ \text{mol} \cdot \text{dm}^{-3}$ 之间。这也说明在滴定之前要做一些预备的辅助工作。

3. 指示剂与终点误差

指示剂是一种能够准确地以感官能接受的明显方式指示滴定终点到达的物质。根据滴定体系的特点不同,选择的指示剂也各有特点,导致颜色变化的因素也各不相同。但是,指示剂能够在滴定达到化学计量点附近(不能完全吻合)时,以强烈的色差来指示计量点到达。指示剂的变色点即终点与化学计量点之间有差异,这就是终点误差的来源。可见,一个好的指示剂要求终点前后色差明显、醒目且变色点尽量靠近计量点。

另外,指示剂所发生的变色反应实际上与滴定反应是一致的,但是为了指示终点的到达,其反应进行程度要与主反应相近但是要弱一点。即

(1) 指示剂的反应与滴定体系的反应一致。

(2) 所发生的反应弱于滴定体系选择的有准确计量关系的反应。

(3) 终点前后颜色变化明显,易于观察。

(4) 有固定的变色范围。

5.4.3　滴定分析示例——酸碱滴定法

酸碱滴定法按照酸碱的性质分为强酸强碱的滴定(或反之)、强碱弱酸的滴定(或反之)以及弱酸弱碱的滴定。在非水溶剂中物质也体现不同的酸碱性,所以,非水体系也存在酸碱滴定的问题,且也有一定的应用范围,如有机酸碱的含量测定。

酸碱滴定的实质就是氢离子和氢氧根离子形成水的反应。只是对于不同的酸碱,其在溶剂中(多为水做溶剂)贡献氢离子或氢氧根离子的能力不同,而酸碱滴定就是根据体系的性质,采用合适的指示剂,应用合适的标准溶液滴定并计算未知液浓度,要使酸或碱的含量测定达到要求的准确度。

1. 酸碱滴定终点的指示方法

酸碱滴定的指示剂法是利用指示剂在某一固定条件(如某一 pH 值范围)下的变色来指示终点。酸碱指示剂一般是有机弱酸或弱碱,当溶液的 pH 值改变

时,指示剂由于结构的改变而发生颜色的改变。例如酚酞为无色的二元弱酸,当溶液的 pH 值渐渐升高时,酚酞先给出一个质子 H$^+$,形成无色的离子;然后再给出第二个质子 H$^+$ 并发生结构的改变,成为具有共轭体系醌式结构的红色离子,第二步离解过程的 pK_{a_2} = 9.1。当溶液成为较浓的强碱性溶液时,又进一步转变为羧酸盐式离子,而使溶液褪色。酚酞的结构变化过程如图 5-4 所示。

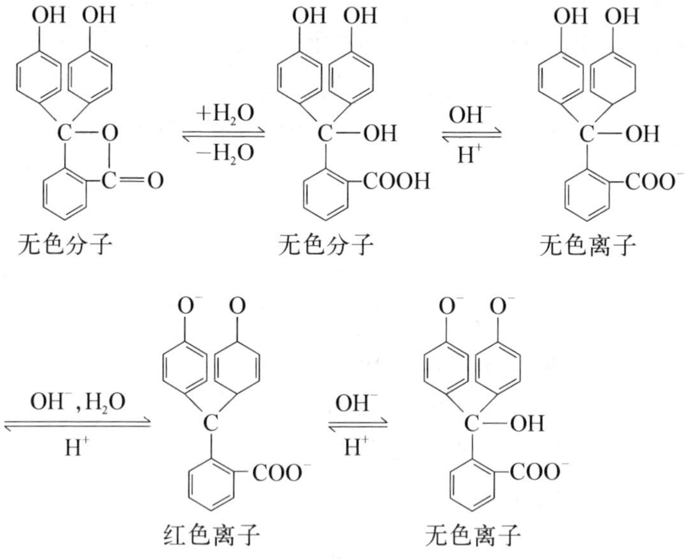

图 5-4　酚酞的变色反应

酚酞结构变化的过程也可简单表示为

$$无色分子 \underset{H^+}{\overset{OH^-}{\rightleftharpoons}} 无色离子 \underset{H^+}{\overset{OH^-}{\rightleftharpoons}} 红色离子 \underset{H^+}{\overset{强碱}{\rightleftharpoons}} 无色离子$$

上式表明,这个转变过程是可逆过程,当溶液 pH 值降低时,平衡向反方向移动,酚酞又变成无色分子。因此酚酞在酸性溶液中呈无色,当 pH 值升高到一定数值时变成红色,强碱溶液中又呈无色。

根据实际测定,当溶液的 pH 值小于 8 时酚酞呈无色,当溶液的 pH 值大于 10 时呈红色,pH 值从 8 到 10 是酚酞逐渐由无色变为红色的过程,称为酚酞的"变色范围"。当溶液 pH 值小于 3.1 时甲基橙呈红色,大于 4.4 时呈黄色,pH 值从 3.1 到 4.4 是甲基橙的变色范围。

由于各种指示剂所对应的弱酸的电离常数不同,各种指示剂的变色范围也不相同。表 5-5 中列出了几种常用酸碱指示剂的变色范围。

表 5-5　几种常用酸碱指示剂的变色范围

指示剂	变色范围 pH 值	颜色变化	pK_{HIn}	浓　　度	用量(滴)/ 10 cm³试液
百里酚蓝 (麝香草酚蓝)	1.2~2.8 8.0~9.6	红~黄 黄~蓝	1.7 8.9	0.1 g 溶于 100 cm³ 的 20%乙醇溶液	1~2 1~4
甲基黄	2.9~4.0	红~黄	3.3	0.1 g 溶于 100 cm³ 的 90%乙醇溶液	1
甲基橙	3.1~4.4	红~黄	3.4	0.05%的水溶液	1
溴酚蓝	3.0~4.6	黄~紫	4.1	0.1%的 20%乙醇溶液或其钠盐水溶液	1
溴甲酚绿	4.0~5.6	黄~蓝	4.9	0.1%的 20%乙醇溶液或其钠盐水溶液	1~3
甲基红	4.4~6.2	红~黄	5.0	0.1%的 60%乙醇溶液或其钠盐水溶液	1
溴百里酚蓝	6.2~7.6	黄~蓝	7.3	0.1%的 20%乙醇溶液或其钠盐水溶液	1
中性红	6.8~8.0	红~黄橙	7.4	0.1%的 60%乙醇溶液	1
苯酚红	6.8~8.4	黄~红	8.0	0.1%的 60%乙醇溶液或其钠盐水溶液	1
酚酞	8.0~10.0	无~红	9.1	0.5%的 90%乙醇溶液	1~3
百里酚酞	9.4~10.6	无~蓝	10.0	0.1%的 90%乙醇溶液	1~2

从表 5-5 中可以清楚地看出,各种不同的酸碱指示剂具有不同的变色范围,有的在酸性溶液中变色,如甲基橙、甲基红等;有的在中性附近变色,如中性红、苯酚红等;有的则在碱性溶液中变色,如酚酞、百里酚酞等。

指示剂之所以具有变色范围,是作为有机弱酸的指示剂在溶液中的电离平衡及平衡移动导致的。若以 HIn 表示弱酸型指示剂,它在溶液中的平衡移动过程可以简单地用下式表示:

$$HIn + H_2O \Longrightarrow H_3O^+ + In^-$$

达到平衡时它的平衡常数也即弱酸的电离常数为 $\dfrac{[H^+][In^-]}{[HIn]} = K_{HIn}$

K_{HIn}是平衡常数,在一定温度下它是不变的。如果将上式改变一下形式,可得

$$\frac{[In^-]}{[HIn]} = \frac{K_{HIn}}{[H^+]}$$

显然,指示剂颜色的转变依赖于$[In^-]$和$[HIn]$的比值。以$[In^-]$代表碱式颜色的浓度,而$[HIn]$代表酸式颜色的浓度,浓度越大,颜色越深。从上式可知,它们两者浓度的比值是由两个因素决定的:一个是K_{HIn}值,另一个是溶液的酸度$[H^+]$。K_{HIn}是由指示剂的本质决定的,对于一定的指示剂,它是一个常数。因此某种指示剂颜色的转变就由溶液中的$[H^+]$来决定。

当$[In^-] = [HIn]$时,溶液中$[H^+] = K_{HIn}$,此时溶液的颜色应该是酸色和碱色的中间颜色。如果此时的$[H^+]$以 pH 值来表示,则 pH 值就等于指示剂平衡常数K_{HIn}的负对数:

$$pH = pK_{HIn}$$

各种指示剂由于K_{HIn}不同,呈中间颜色时的 pH 值也各不相同。

当溶液中$[H^+]$发生改变时,$[In^-]$和$[HIn]$的比值也发生改变,溶液的颜色也逐渐改变。一般来讲,当$[In^-]$是$[HIn]$的 1/10 时,人眼能勉强辨认出碱色;如$[In^-]/[HIn]$小于 1/10,则眼睛就看不出碱色了。因此变色范围的一端为

$$\frac{[In^-]}{[HIn]} = \frac{K_{HIn}}{[H^+]} = \frac{1}{10} \quad [H^+]_1 = 10K_{HIn}$$

$$pH_1 = pK_{HIn} - 1$$

同理也可求得,当$[In^-]/[HIn] = 10/1$时,人眼能勉强辨认出酸色,即变色范围的另一端为

$$pH_2 = pK_{HIn} + 1$$

综上所述,可以得出如下的结论:① 指示剂的变色范围是随各种指示剂平衡常数K_{HIn}的不同而不同的;② 各种指示剂的变色范围内显示出逐渐变化的过渡颜色;③ 各种指示剂的变色范围各不相同。一般来说,指示剂的变色范围不大于两个 pH 单位,也不小于 1 个 pH 单位。由于指示剂具有一定的变色范围,因此只有当溶液中 pH 值的改变超过一定数值,指示剂才从一种颜色突变为另一种颜色。所以,在设计实验方案时,就选择变色范围与滴定体系的滴定突跃很近的指示剂来指示滴定终点的到达,以减少测定的终点误差。

应该指出,滴定溶液中指示剂加入量的多少也会影响变色的敏锐程度,一般来说,指示剂适当少用,变色会明显些。而且,指示剂是弱酸或弱碱,也要消耗滴定剂溶液,指示剂加得过多,将引入误差。另外,单色指示剂,如酚酞、百里酚酞等,其加入量对其变色范围也有一定影响。

2. 滴定体系的讨论和滴定曲线的构成

1) 强碱滴定强酸

在滴定过程中,发生下列质子转移反应:

$$H_3O^+ + OH^- \Longrightarrow H_2O + H_2O$$

在滴定开始前,HCl 溶液呈强酸性,pH 值很低。随着 NaOH 溶液的不断加入,不断地发生中和反应,溶液中的[H$^+$]不断降低,pH 值逐渐升高。当加入的 NaOH 与 HCl 的量符合化学计量关系时,中和反应恰好进行完全,滴定到达化学计量点。此时溶液为 NaCl 溶液,所以有

$$[H^+] = [OH^-] = 10^{-7.0} \text{ mol} \cdot \text{dm}^{-3}, \text{ pH} = 7.0$$

化学计量点以后如再继续加入 NaOH 溶液,溶液中就存在过量的 NaOH,[OH$^-$]不断增加,pH 值不断升高。因此,整个滴定过程中,溶液的 pH 值是不断升高的。但是,不同的阶段 pH 值的具体变化规律是不一样的,尤其是化学计量点附近 pH 值,这些变化的情况会影响到分析测定的准确程度。

可以根据滴定过程中溶液内各种酸碱形式的存在情况,计算出加入不同量 NaOH 溶液时溶液的 pH 值,从而得出随着滴定剂的加入,体系 pH 值的变化曲线,即滴定曲线。

例如,以 0.100 0 mol · dm^{-3} NaOH 溶液滴定 20.00 cm^3 0.100 0 mol · dm^{-3} HCl 溶液,根据整个滴定过程中溶液有四种不同的组成情况,所以可分为四个阶段进行计算。

(1) 滴定开始前。

溶液中仅有 HCl 存在,所以溶液的 pH 值取决于 HCl 溶液的原始浓度,即[H$^+$]=0.100 0 mol · dm^{-3},pH=1.00。

(2) 滴定开始至化学计量点前。

由于加入 NaOH,部分 HCl 被中和,组成 HCl+NaCl 溶液,其中的 Na$^+$、Cl$^-$ 对 pH 值无影响。所以可根据剩余的 HCl 量计算 pH 值。例如加入 18.00 cm^3 NaOH 溶液时,还剩余 2.00 cm^3 HCl 溶液未被中和,这时溶液中的 HCl 浓度应为

$$\frac{2.00 \times 0.100\,0}{20.00 + 18.00} = 5.3 \times 10^{-3} (\text{mol} \cdot \text{dm}^{-3})$$

$$[\text{H}^+] = 5.3 \times 10^{-3}\ \text{mol} \cdot \text{dm}^{-3},\ \text{pH} = 2.28$$

从滴定开始直到化学计量点前的各点都这样计算。

（3）化学计量点时。

当加入 20.00 cm³ NaOH 溶液时，HCl 被 NaOH 全部中和，生成 NaCl 溶液，这时 pH＝7.00。

（4）化学计量点后。

过了化学计量点，再加入 NaOH 溶液，构成 NaOH＋NaCl 溶液，其 pH 值取决于过量的 NaOH，计算方法与强酸溶液中计算[H⁺]的方法类似。例如加入 20.02 cm³ NaOH 溶液时，NaOH 溶液过量 0.02 cm³，多余的 NaOH 浓度为

$$\frac{0.02 \times 0.100\,0}{20.00 + 20.02} = 5.0 \times 10^{-5} (\text{mol} \cdot \text{dm}^{-3})$$

即[OH⁻]＝5.0×10^{-5} mol · dm⁻³，pOH＝4.30，pH＝9.70

化学计量点后都这样计算。如此逐一计算，把计算所得结果列于表 5-6 中。

表 5-6　用 0.100 0 mol · dm⁻³ NaOH 溶液滴定
20.00 cm³ 0.100 0 mol · dm⁻³ HCl 溶液

加入 NaOH 溶液		剩余 HCl 溶液的体积 V/cm³	过量 NaOH 溶液的体积 V/cm³	pH 值
cm³	%			
0.00	0	20.00		1.00
18.00	90.0	2.00		2.28
19.80	99.0	0.20		3.30
19.98	99.9	0.02		4.31A
20.00	100.0	0.00		7.00
20.02	100.1		0.02	9.70B
20.20	101.0		0.20	10.70
22.00	110.0		2.00	11.70
40.00	200.0		20.00	12.50

如果以 NaOH 溶液的加入量为横坐标，对应的溶液 pH 值为纵坐标，绘制关系曲线，则得如图 5-5 所示的滴定曲线。

从图 5-5 和表 5-6 可以看出，在滴定开始时，溶液中还存在着较多的 HCl，可以与碱反应，因此 pH 值升高比较缓慢。随着滴定的不断进行，溶液中 HCl 含量减少，pH 值的升高逐渐增快。尤其是当滴定接近化学计量点时，溶液中

剩余的 HCl 已极少,少量的碱的加入也会使 pH 值极快升高。在图 5 - 5 中,曲线上的 A 点为加入 NaOH 溶液 19.98 cm³,比化学计量点时应加入的 NaOH 溶液体积少 0.02 cm³(相当于−0.1%),曲线上的 B 点超过化学计量点 0.02 cm³(相当于+0.1%),A 与 B 之间仅差 NaOH 溶液 0.04 cm³,不到 1 滴(1 滴为 0.05 cm³),但溶液的 pH 值却从 4.31 跃到 9.70,化学计量点前后±0.1%范围内 pH 值的急剧变化称为"滴定突跃",经过滴定突跃之后,溶液由酸性转变成碱性,溶液的性质由量变引起了质变。

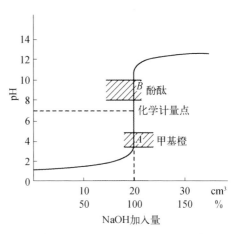

图 5 - 5　0.100 0 mol・dm⁻³ NaOH 滴定 20.00 cm³ 0.100 0 mol・dm⁻³ HCl 的滴定曲线

　　根据滴定曲线上近似垂直的滴定突跃的范围(即不到 0.04 cm³ 的范围内),可以选择适当的指示剂,并且可计算化学计量点时所需 NaOH 溶液的体积。显然,在化学计量点附近变色的指示剂如溴百里酚蓝、苯酚红等可以正确指示终点的到达,因为化学计量点都处于这些指示剂的变色范围内。实际上,凡是在滴定突跃范围内变色的指示剂都可以相当正确地指示终点,例如甲基橙、甲基红、酚酞等都可用作这类滴定的指示剂。

　　如果溶液浓度改变,化学计量点时溶液的 pH 值依然是 7,但化学计量点附近的滴定突跃的大小却不相同。从图 5 - 6 可以清楚地看出来,酸碱溶液越

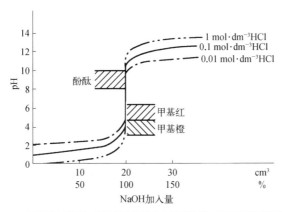

图 5 - 6　不同浓度 NaOH 溶液滴定不同浓度 HCl 溶液的滴定曲线

浓,滴定曲线上化学计量点附近的滴定突跃越大,指示剂的选择也就越方便;溶液越稀,化学计量点附近的滴定突跃越小,指示剂的选择越受到限制,当用 $0.01 \; mol \cdot dm^{-3}$ NaOH 溶液滴定 $0.01 \; mol \cdot dm^{-3}$ HCl 溶液时,若再用甲基橙指示终点就不合适了。

如果用 NaOH 溶液滴定其他强酸溶液,例如 HNO_3 溶液,滴定过程相似,指示剂的选择也相似。

总之,在酸碱滴定中,如果用指示剂指示终点,应根据化学计量点附近的滴定突跃来选择指示剂,应使指示剂的变色范围处于或部分处于化学计量点附近的滴定突跃范围内。

2) 强碱滴定弱酸

以 NaOH 溶液滴定 HAc 溶液为例来讨论滴定体系中 pH 值的变化情况和特征。首先,HAc 是弱酸,它的电离常数决定它在初始的$[H^+]$浓度和随之的变化关系。滴定过程中发生下列质子转移反应:

$$HAc + OH^- \Longrightarrow H_2O + Ac^-$$

计量点时体系中大量存在的是 Ac^- 离子和 Na^+ 离子和因为弱酸根离子 Ac^- 作为碱与水作用形成 OH^- 离子,所以,计量点时体系不同于强酸强碱滴定体系,是显碱性的,此时对于 pH=7 点的偏离程度由弱酸的电离常数的大小来决定。

与强碱滴定强酸相似,整个滴定过程按照不同的溶液组成情况,也可分为四个阶段。

应该指出,虽然用最简式求得的溶液$[H^+]$与用精确式计算出的$[H^+]$相比有百分之几的误差,但当换算成 pH 值时,往往在小数点后第二位才显出差异,对于滴定曲线上各点的计算,这个差异是允许的,也不影响指示剂的选择,因此除了使用的溶液浓度极稀或者酸碱极弱的情况之外,通常用最简式计算即可。

现以 $0.100\,0 \; mol \cdot dm^{-3}$ NaOH 溶液滴定 $20.00 \; cm^3$ $0.100\,0 \; mol \cdot dm^{-3}$ HAc 溶液为例,计算滴定曲线上各点的 pH 值。已知 HAc 的 $pK_a = 4.75$。

(1) 滴定开始前。

这时溶液是 $0.100\,0 \; mol \cdot dm^{-3}$ 的 HAc 溶液,即

$$[H^+] = \sqrt{cK_a} = \sqrt{0.100\,0 \times 10^{-4.75}} = 10^{-2.87} \,(mol \cdot dm^{-3})$$
$$pH = 2.87$$

（2）滴定开始至化学计量点前。

这阶段溶液中未反应的弱酸 HAc 及反应产物 Ac$^-$ 组成缓冲溶液。如果滴入的 NaOH 溶液为 19.98 cm^3，剩余的 HAc 为 0.02 cm^3，则溶液中剩余的 HAc 浓度为

$$c_{HAc} = \frac{0.02 \times 0.100\,0}{20.00 + 19.98} = 5.00 \times 10^{-5}\,(mol \cdot dm^{-3})$$

同理可得反应生成的 Ac$^-$ 浓度为

$$c_{Ac^-} = 5.00 \times 10^{-2}\,mol \cdot dm^{-3}$$

故 $[H^+] = \dfrac{c_{HAc}}{c_{Ac^-}} \cdot K_a = \dfrac{5.00 \times 10^{-5}}{5.00 \times 10^{-2}} \times 10^{-4.75} = 1.82 \times 10^{-8}\,(mol \cdot dm^{-3})$

$$pH = 7.74$$

（3）化学计量点时。

生成一元弱碱 Ac$^-$，其浓度为

$$c_{Ac^-} = \frac{20.00 \times 0.100\,0}{20.00 + 20.00} = 5.00 \times 10^{-2}\,(mol \cdot dm^{-3})$$

$$pK_b' = 14 - pK_a = 14 - 4.75 = 9.25$$

$$[OH^-] = \sqrt{cK_b'} = \sqrt{5.00 \times 10^{-2} \times 10^{-9.25}} = 5.24 \times 10^{-6}\,(mol \cdot dm^{-3})$$

$$pOH = 5.28 \qquad pH = 8.72$$

化学计量点时溶液呈碱性。

（4）化学计量点后。

与强碱滴定强酸的情况完全相同，溶液的酸度根据 NaOH 的过量程度进行计算。因为此时过量的 OH$^-$ 对体系 pH 值的影响为主要因素，而酸根离子 Ac$^-$ 的影响可以忽略不计。

如上所示逐一计算，把计算结果列于表 5 - 7 中。并根据计算结果绘制滴定曲线，得到如图 5 - 8 中的曲线 I，该图中的虚线为强碱滴定强酸曲线的前半部分。

表 5 - 7　0.100 0 mol · dm^{-3} NaOH 溶液滴定 20.00 cm^3 0.100 0 mol · dm^{-3} HAc 溶液 pH 值变化情况

NaOH cm^3	f	组　成	pH(HAc)	pH(HA)
0	0.000	HA	2.88	4.00
10.00	0.500	HA+A$^-$	4.76	7.00

（续表）

NaOH cm³	f	组　成	pH(HAc)	pH(HA)
18.00	0.900	HA+A⁻	5.71	7.95
19.80	0.990	HA+A⁻	6.76	9.00
19.96	0.998	HA+A⁻	7.46	9.56
19.98	0.999	HA+A⁻	7.74	9.70
20.00	1.000	A⁻	8.73	9.85
20.02	1.001	A⁻＋OH⁻	9.70	10.00
20.04	1.002	A⁻＋OH⁻	10.00	10.14
20.20	1.010	A⁻＋OH⁻	10.70	10.70
22.00	1.100	A⁻＋OH⁻	11.70	11.70

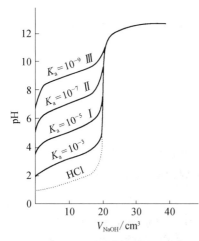

图 5-7　NaOH 溶液滴定不同
弱酸溶液的滴定曲线

将图 5-7 中的曲线 I 与虚线进行比较可以看出，由于 HAc 是弱酸，滴定开始前溶液中[H⁺]就较低，pH 值较 NaOH-HCl 滴定时高。滴定开始后 pH 值较快地升高，这是由于和生成的 Ac⁻ 产生同离子效应，使 HAc 更难离解，[H⁺]较快地降低。继续滴入 NaOH 溶液后，由于 NaAc 的不断生成，在溶液中形成弱酸及其共轭碱(HAc—Ac⁻)的缓冲体系，pH 值增加较慢，使这一段曲线较为平坦。当滴定接近化学计量点时，由于溶液中剩余的 HAc 已很少，溶液的缓冲能力已逐渐减弱，于是随着 NaOH 溶液的不断滴入，溶液的 pH 值逐渐变化快，到达化学计量点时，在其附近出现一个较为短小的滴定突跃。这个突跃的 pH 值为 7.74~9.70，处于碱性范围内。

根据化学计量点附近滴定突跃范围，用酚酞或百里酚蓝指示终点是合适的，也可以用百里酚酞指示终点。

可以发现，醋酸的酸性并不太弱，它的离解常数 $K_a=1.76\times10^{-5}$。如果被滴定的酸更弱,如它的离解常数为 10^{-7} 左右,则滴定到达化学计量点时溶液的 pH 值更高,化学计量点附近的滴定突跃范围更小,见图 5-7 中的曲线 $Ⅱ$。在这种滴定中用酚酞指示终点已不合适,应选用变色范围 pH 值更高些的指示剂,例如百里酚酞(变色范围 pH＝9.4～10.6)。

如果被滴定的酸更弱(如 H_3BO_3,离解常数为 10^{-9} 左右),则滴定到达化学计量点时,溶液的 pH 值更高,图 5-7 中曲线 $Ⅲ$ 上已看不出滴定突跃。对于这类极弱酸,在水溶液中就无法用一般的酸碱指示剂来指示滴定终点,但是可以在设法使弱酸的酸性增强后测定,也可以用非水滴定等方法测定。

由于化学计量点附近滴定突跃的大小不仅与被测酸的 K_a 值有关,也与浓度有关,用较浓的标准溶液滴定较浓的试液,可使滴定突跃适当增大,滴定终点较易判断。但这也存在着一定的限度,对于 $K_a \approx 10^{-9}$ 的酸,即使用 $1\ mol \cdot dm^{-3}$ 的标准碱也难以直接滴定。一般而言,当弱酸溶液的浓度 c 和弱酸的离解常数 K_a 的乘积 $cK_a \geqslant 10^{-8}$ 时,滴定突跃 $\geqslant 0.3$ pH 单位,人眼能够辨别出指示剂颜色的改变,滴定就可以直接进行,这时终点误差也在允许的 $\pm 0.1\%$ 以内。

上述判别能否直接滴定的条件 $cK_a \geqslant 10^{-8}$ 的导出,与滴定反应的完全程度、终点检测的灵敏度以及对滴定分析准确度的要求等诸因素有关。

对于强酸滴定强碱或强酸滴定弱碱,分析的方法类似,在此不再赘述。

3. 终点误差

滴定分析中,利用指示剂颜色的变化来确定滴定终点时,如果滴定终点与反应的化学计量点不一致,则滴定不在化学计量点结束,这就会带来一定的误差,这种误差称"终点误差"。本节以酸碱滴定为例,简要讨论终点误差。显然,酸碱滴定中除了终点误差外,还可能包含仪器误差、标准溶液浓度误差、个人主观误差等,对这些误差本节不做讨论。

酸碱滴定时,如果终点与化学计量点不一致(不可能完全一致),说明溶液中有剩余的酸或碱未被完全中和,或是多加了酸或碱,因此剩余的或过量的酸或碱的物质的量,除以应加入的酸或碱的物质的量,即得出终点误差。我们仅以强酸强碱体系滴定的终点误差计算为例。

酸碱滴定时,一种情况是溶液中有剩余的酸或碱未被完全中和,另一种情况是多加了酸或碱,所以终点误差有正有负,计算公式为

$$终点误差 = \frac{过量的酸(或酸)的物质的量}{计量点时应加入酸(或碱)的物质的量} \times 100\%$$

$$终点误差 = -\frac{未被滴定的酸(或碱)的物质的量}{计量点时应加入酸(或碱)的物质的量} \times 100\%$$

强酸、强碱都是全部离解的,情况比较简单;对于弱酸或弱碱,因涉及离解平衡,所以计算时需引入分布系数的概念,在这里不做介绍。

例 5 - 6 在用 $0.1000 \ mol \cdot dm^{-3}$ NaOH 溶液滴定 $20.00 \ cm^3 \ 0.1000 \ mol \cdot dm^{-3}$ HCl 溶液时,用甲基橙作为指示剂,滴定到橙黄色(pH=4.0)时为终点;或用酚酞作为指示剂,滴定到粉红色(pH=9.0)时为终点。分别计算终点误差。

解:(1) 强碱滴定强酸,化学计量点时 pH 值应等于 7。如用甲基橙指示终点时,pH=4.0,终点提前,说明加入的 NaOH 溶液量不够。这时溶液仍呈酸性,如果忽略水离解产生的 H^+,即考虑溶液中的 H^+ 主要由未中和的 HCl 离解产生,此时$[H^+] = 10^{-4} \ mol \cdot dm^{-3}$。

终点时溶液总体积≈40 cm^3,未被中和的 HCl 的物质的量占原始的 HCl 的物质的量之比,即终点误差(TE):

$$TE = -\frac{10^{-4} \times 40}{0.10 \times 20} = -0.002 = -0.2\%$$

(2) 用酚酞作为指示剂,终点时 pH=9.0,终点的到达过迟,说明加入的 NaOH 溶液已过量。与上述 pH=4.0 情况相似,水离解提供的 OH^- 也可忽略不计,即溶液中的 OH^- 主要是由过量 NaOH 离解所提供的,此时$[OH^-] = 10^{-5} \ mol \cdot dm^{-3}$。过量的 NaOH 的物质的量与应加入的 NaOH 的物质的量之比,即终点误差:

$$TE = +\frac{10^{-5} \times 40}{0.10 \times 20} = +0.0002 = +0.02\%$$

上述计算说明用酚酞作为指示剂时的终点误差较小,但用甲基橙作为指示剂也能符合滴定分析的误差要求。还应注意,在偏碱性的溶液中,由于空气中 CO_2 的溶入,将使溶液的 pH 值发生变化,因而影响酚酞的变色情况,也会引入误差。

5.4.4 重量分析法简介

重量分析法(或称重量分析,简称重量法)是用适当方法先将试样中的待测组分与其他组分分离,然后用称量的方法测定该组分的含量。重量法直接通过称量得到分析结果,不用基准物质(或标准试样)进行比较,其准确度较高,相对

误差一般为 $0.1\% \sim 0.2\%$。缺点是程序长,费时多,对复杂体系操作困难,已逐渐为滴定法所取代。但是目前硅、硫、磷、镍以及几种稀有元素的精确测定仍采用重量法。

重量分析法一般过程是试样溶解 → 沉淀 → 陈化 → 过滤和洗涤 → 烘干 → 炭化 → 灰化 → 灼烧至恒重 → 结果计算

要获得准确的重量分析结果,核心问题是如何获得一种能够定量沉淀的、纯净且易于过滤和洗涤的沉淀。

在各步骤中,最重要的一步是进行沉淀反应。其中如沉淀剂的选择和用量,沉淀反应的条件,如何减少沉淀中杂质等都会影响分析过程和结果的准确性。

在重量分析中,沉淀是经过烘干或灼烧后再称量的,在烘干或灼烧过程中可能发生化学变化,因而称量的物质可能不是原来的沉淀,而是从沉淀转化而来的另一种物质。也就是说在重量分析中"沉淀形式"和"称量形式"可能是相同的,也可能是不相同的。对沉淀形式和称量形式,分别提出以下要求。

1. 对沉淀形式的要求

(1) 沉淀要完全,沉淀的溶解度要小。

(2) 沉淀要纯净,尽量避免混进杂质,并应易于过滤和洗涤。

(3) 易转化为称量形式。

2. 对称量形式的要求

(1) 组成必须与化学式完全符合,这是对称量形式的最重要的要求。

(2) 性质要稳定,不易吸收空气中的 H_2O 和 CO_2、O_2,在干燥、灼烧时不易分解。

(3) 摩尔质量要大,使少量的待测组分可以得到较大量的称量物质,可以提高分析灵敏度,减少称量误差。

3. 沉淀剂的选择

应根据上述对沉淀的要求来考虑沉淀剂的选择。此外,还要求沉淀剂应具有较好的选择性,即要求沉淀剂只能与待测组分生成沉淀,而与试液中的其他组分不起作用。

此外,还应尽可能选用易挥发或易灼烧除去的沉淀剂。这样,沉淀中带有的沉淀剂即使未经洗净,也可以借烘干或灼烧而除去。一些铵盐和有机沉淀剂都能满足这项要求。许多有机沉淀剂的选择性较好,而且组分固定,易于分离和洗涤,简化了操作,加快了速度,称量形式的摩尔质量也较大,因此在沉淀分离中,有机沉淀剂的应用日益广泛。

4. 沉淀剂的用量

由溶度积规则可知,沉淀剂的用量影响沉淀的完全程度。为了使沉淀完全,根据同离子效应,必须加入过量的沉淀剂以降低沉淀的溶解度。若沉淀剂过多,由于盐效应、酸效应或生成配合物等反应使溶解度增大。因此,必须避免使用过量太多的沉淀剂。一般而言,挥发性沉淀剂以过量 $50\% \sim 100\%$ 为宜;非挥发性沉淀剂,则以过量 $20\% \sim 30\%$ 为宜。

5. 沉淀的过滤、洗涤、烘干或灼烧

如何使沉淀完全和纯净、易于分离,固然是重量分析中的首要问题,但是沉淀以后的过滤、洗涤、烘干或灼烧操作完成好坏,同样对分析结果影响很大。

沉淀常用定量滤纸(灰化后灰烬质量固定且符合分析要求)或玻璃砂芯滤器过滤。对于需要灼烧的沉淀,应根据沉淀的性状选用紧密程度不同的滤纸。

洗涤沉淀是为了洗去沉淀表面吸附的杂质和混杂在沉淀中的母液。洗涤时要尽量减少沉淀的溶解损失和避免形成胶体,因此需选择合适的洗涤液。洗涤的原则:对于溶解度很小而又不易成胶体的沉淀,可用蒸馏水洗涤;对于溶解度较大的晶形沉淀,可用沉淀剂稀溶液洗涤。但沉淀剂必须在烘干或灼烧时容易挥发或易分解除去。

用热洗涤液洗涤,则过滤较快,且能防止形成胶体,但溶解度随温度升高而增大较快的沉淀不能用热洗涤液洗涤。

洗涤必须连续进行,一次完成,不能将沉淀干涸放置太久,尤其是一些非晶形沉淀,放置凝聚后不易洗涤。洗涤沉淀时,用适当量的洗涤液,分多次进行洗涤。既要将沉淀洗净,又不能增加沉淀的溶解损失。为缩短分析时间和提高洗涤效率,都应采用倾泻法。

烘干是为了除去沉淀中的水分和可挥发物质,使沉淀形式转化为组成固定的称量形式,灼烧沉淀除有上述作用外,有时还可以使沉淀形式在较高温度下分解为组成固定的称量形式。烘干或灼烧的温度和时间随沉淀不同而异。

灼烧温度一般在 800℃ 以上,常用瓷坩埚盛放沉淀。若需用氢氟酸处理沉淀,则应用铂坩埚。灼烧用的瓷坩埚和盖,应预先在灼烧沉淀的高温下灼烧、冷却、称量,直至恒重。然后用滤纸包好沉淀,放入已灼烧至恒重的坩埚中,再加热烘干、灰化、灼烧至恒重。

沉淀经烘干或灼烧至恒重后,即可由其质量计算测定结果。

6. 重量分析的应用举例

重量分析是一种准确、精密的分析方法,在此列举两个常用的重量分析实例。说明一点,在实验的过程中为了得到准确的结果,具体的操作环节也很有讲究。

(1) 硫酸根的测定。

测定 SO_4^{2-} 时一般都用 $BaCl_2$ 将 SO_4^{2-} 沉淀成 $BaSO_4$,再灼烧,称量,但较费时。由于 $BaSO_4$ 沉淀颗粒较细,因此沉淀作用应在稀盐酸溶液中进行。溶液中不允许有酸不溶物和易被吸附的离子(如 Fe^{3+}、NO_3^- 等)存在。对于存在的 Fe^{3+},常采用 EDTA 配位掩蔽。

采用玻璃砂芯坩埚抽滤 $BaSO_4$,烘干,称量。虽然其准确度比灼烧法稍差,但可缩短分析时间。

硫酸钡重量法测定 SO_4^{2-} 应用很广。磷肥、萃取磷酸、水泥中的硫酸根和许多其他可溶硫酸盐都可用此法测定。

(2) 硅酸盐中二氧化硅的测定。

硅酸盐在自然界分布很广,绝大多数硅酸盐不溶于酸,因此试样一般需用碱性试剂熔融后,再加酸处理。此时金属元素成为离子溶于酸中,而硅酸根则大部分成胶状硅酸($SiO_2 \cdot x H_2O$)析出,少部分仍分散在溶液中,需经脱水才能沉淀。经典方法是用盐酸反复蒸干脱水,准确度虽高,但操作麻烦,费时较久。后来多采用动物胶凝聚法,即利用动物胶吸附 H^+ 而带正电荷(蛋白质中氨基酸的氨基吸附 H^+),与带负电荷的硅酸胶粒发生胶凝而析出。但必须蒸干才能完全沉淀。近来,有的用长碳链季铵盐,如十六烷基三甲基溴化铵(简称 CTMAB)作为沉淀剂,它在溶液中形成带正电荷胶粒,可以不再加盐酸蒸干,而将硅酸定量沉淀,所得沉淀疏松而易洗涤。这种方法比动物胶法优越,且可缩短分析时间。得到的硅酸沉淀,需经高温灼烧才能完全脱水和除去带入的沉淀剂。但即使经过灼烧,一般还可能带有不挥发的杂质(如铁、铝等的化合物)。在要求较高的分析中,在灼烧、称量后,还需加氢氟酸及 H_2SO_4,再加热灼烧,使 SiO_2 转化成 SiF_4 挥发逸去,最后称量,从两次质量差即可得纯 SiO_2 质量。

5.5 常见的仪器分析方法简介

以物质的物理和物理化学性质为基础的分析方法称为物理和物理化学分析

法,这类方法都需要较特殊的仪器,通常称为仪器分析法,主要的仪器分析法有光学分析法、电化学分析法、色谱法等。

5.5.1 光学分析法

根据物质的光学性质所建立的分析方法称为光学分析法,由于它越来越广泛地应用于物理、化学、生物等领域,目前这类方法已经成为仪器分析方法中的主要组成部分。

凡是基于检测能量与待测物质作用后产生的光辐射信号或所引起的变化的分析方法都属于光学分析法。通常光学分析法包括三个基本组成部分:能提供能量并与待测物质相互作用的信号发生系统、色散系统(光谱法)、信号检测与处理系统等。近年来,由于新材料、新器件、新技术的不断出现,大大推动了光学分析仪器及光学分析法的飞速发展,主要表现如下:

(1) 检测的选择性和灵敏度有了很大提高。光谱数学处理手段及时间分辨技术的出现,使得光学分析法的选择性得到很大的提高,目前最灵敏的激光诱导荧光光谱已经达到了检测单分子的水平。

(2) 大大丰富了检测信息量,增强了多组分同时检测的能力。如电荷耦合阵列检测器、光电二极管阵列检测器及相应计算机软件的诞生为多元素组分的同时检测奠定了基础。

(3) 应用范围不断扩大。由于光学分析法在定性、定量、定结构、表面分析以及几何模型的确定方面表现出优越性,广泛应用于生命科学、医学、食品、化工、环境、商检、空间探索等领域。

由于不同波长下光辐射能量不同,与物质相互作用的机制也不同,因此所产生的物理现象也不同,由此可建立各种不同的光学分析法(见表 5 - 8)。

表 5 - 8　常用的光学分析法

原　理	分　析　方　法	原　理	分析方法
光的发射	1. (红外、紫外、X 射线等)发射光谱法 2. 荧光光谱法 3. 火焰光度法 4. 放射化学法	光的散射	1. 拉曼光谱 2. 散射浊度法
		光的折射	1. 折射法 2. 干涉法

（续表）

原　理	分　析　方　法	原　理	分析方法
光的吸收	1. 比色法 2. 分光光度法(可见、紫外、红外、X 射线法等) 3. 原子吸收法 4. 核磁共振法 5. 电子自旋共振法	光的衍射	1. X 射线衍射法 2. 电子衍射法
		光的旋转	1. 偏振法 2. 旋光法 3. 圆二色光谱法

1. 光谱法和非光谱法

光学分析法通常分为光谱法和非光谱法两大类,这里我们主要介绍光谱法。

当物质与各种辐射能相互作用时,物质内部发生能级跃迁,记录由能级跃迁所产生的光的吸收、发射、散射等的辐射强度随波长的变化,所得的图谱称为光谱(spectrum,也称为波谱)。利用物质的光谱进行定性定量和结构分析的方法称为光谱分析法(spectroscopic analysis),简称为光谱法。光谱分析法种类很多,吸收光谱法、发射光谱法和散射光谱法是光谱法的三种基本类型,应用最为广泛,是现代分析化学的重要组成部分。

非光谱法是指那些不涉及物质内部能级的跃迁,即不以光的波长为特征信号,仅通过测量电磁辐射的某些基本性质(反射、干涉、衍射和偏振)变化的分析方法。这类方法主要有折射法、旋光法、浊度法、X 射线衍射法和圆二色光谱法等。

2. 原子光谱法和分子光谱法

原子光谱法(atomic spectroscopy)是以测量气态原子或离子外层或内层电子能级跃迁所产生的原子光谱为基础的成分分析方法。原子光谱是一条条明锐的彼此分立的谱线组成的线状光谱,每一条光谱线对应于一定的波长,这种线状光谱只反应原子或离子的性质而与原子或离子来源的分子状态无关,所以原子光谱可以确定试样物质的元素组成和含量,但不能给出物质分子结构的信息。分析方法有原子发射光谱法、原子吸收光谱法、原子荧光光谱法以及 X 射线荧光光谱法等。

分子光谱(molecular spectroscopy)是由分子中电子能级(n)、振动(v)和转动能级(J)的变化产生,表现形式为带光谱。分析方法有红外吸收光谱法、紫外-可见吸收光谱法、分子荧光和磷光光谱法等。

分子光谱比原子光谱复杂得多,这是因为在分子中除了有电子运动外,还有组成分子的各原子的振动以及分子作为整体的转动。分子中这三种不同的运动状态都对应有一定的能级,这三种不同的能级都是量子化的(见图 5-8)。当分子吸收一定能量的(光)电磁辐射时,分子就由较低的能级 E^0 跃迁到较高的能级 E',吸收辐射的能量与分子的这两个能级差相等,其中电子能级的能级差 ΔE_e 一般为 1~20 eV(1 250~60 nm),相当于紫外线和可见光的能量;振动能级键的能级差 ΔE_v 一般比电子能级差小 10 倍左右,在 0.05~1 eV(25 000~1250 nm),相当于红外光的能量;转动能级间的能级差 ΔE_r 一般为 0.005~0.05 eV(250~25 μm),比振动能级差要小 10~100 倍之多,相当于远红外至微波的能量。

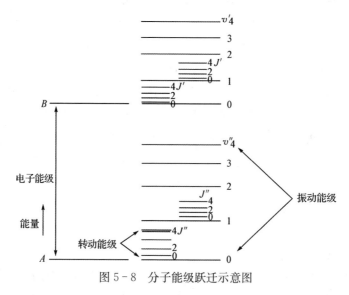

图 5-8　分子能级跃迁示意图

因为在同一电子能级上还有许多间隔较小的振动能级和间隔更小的转动能级,当用紫外-可见光照射时,不仅发生电子能级的跃迁,同时又有许多不同振动能级的跃迁和转动能级的跃迁,因此一对电子在能级间发生跃迁时,得到的是很多光谱带,这些光谱带都对应于同一个 E_e 值,但是包含有许多不同的 E_v 和 E_r 值,形成一个光谱带系,所以对于一种分子来说可以观察到相当于许多不同电子能级跃迁的许多个光谱带系,所以电子光谱实际上是电子-振动-转动光谱,是复杂的带状光谱。

分子光谱法就是以测量分子转动能级、分子中原子的振动能级(包括分子振动能级)和分子电子能级(包括振-转)跃迁所产生的分子光谱为基础的定性、定量和物质结构分析方法。对分子光谱有意义的能级跃迁包括吸收外来的辐射和把吸收的能量再以光发射形式放出而回到基态的两个过程。

3. 吸收光谱和发射光谱

吸收光谱是物质吸收相应的辐射能而产生的光谱,其产生的必要条件是所提供的辐射能量恰好满足该吸收物质两能级间跃迁所需的能量。利用物质的吸收光谱进行定性定量及结构分析的方法称为吸收光谱法。根据物质对不同波长的辐射能的吸收,建立了各种吸收光谱法(见表 5-9)。

表 5-9　常见的吸收光谱法

方法名称	辐　射　源	作　用　物　质	检 测 信 号
X 射线吸收光谱法	X 射线,放射性同位素	$Z > 10$ 的重金属原子的内层电子	吸收后透过的 X 射线
原子吸收光谱法	紫外可见光	气态原子外层电子	吸收后透过的紫外-可见光
紫外-可见吸收光谱法	远紫外光 $5 \sim 200$ nm 近紫外光 $200 \sim 360$ nm 可见光 $360 \sim 760$ nm	具有共轭结构有机分子外层电子和有色无机物价电子	吸收后透过的紫外-可见光
红外吸收光谱法	近红外 $760 \sim 2\,500$ nm $(13\,000 \sim 4\,000$ cm$^{-1})$ 中红外 $4\,000 \sim 400$ cm^{-1} 远红外 $50 \sim 500$ μm	低于 $1\,000$ nm 为分子价电子,$1\,000 \sim 2\,500$ nm 为分子基团振动 分子振动 分子转动	吸收后透过的红外光
电子自旋共振波谱法	$10\,000 \sim 800\,000$ MHz 微波	未成对电子	吸收
核磁共振波谱法	$60 \sim 900$ MHz 射频	原子核磁量子	共振吸收

发射光谱是指构成物质的原子、离子或分子受到辐射能、热能、电能或化学能的激发跃迁到激发态后,由激发态回到基态时以辐射的方式释放能量而产生的光谱。物质发射的光谱有三种:线状光谱、带状光谱和连续光谱。线状光谱是由气态或高温下物质在离解为原子或离子时被激发后而发射的光谱,带状光谱是由分子被激发后而发射的光谱,连续光谱是由炽热的固体或液体所发射的。

利用物质的发射光谱进行定性定量的方法称为发射光谱法。常见的发射光谱法有原子发射光谱法、原子荧光光谱法、分子荧光光谱法和磷光光谱法等。

气态金属原子与高能量粒子(电子、原子或分子)碰撞受激发,使分子外层电子由基态跃迁到激发态。处于激发态的电子十分不稳定,在极短时间内便返回到基态或其他较低的能级。在返回过程中,特定元素的原子可发射出一系列不同波长的特征光谱线,这些谱线按一定的顺序排列,并保持一定强度比例,通过这些谱线的特征来识别元素,测量谱线的强度来进行定量,这就是原子发射光谱法(atomic emission spectroscopy)。

气态金属原子和物质分子受电磁辐射(一次辐射)激发后,能以发射辐射的形式(二次辐射)释放能量返回基态,这种二次辐射称为荧光或磷光,测量由原子发射的荧光和分子发射的荧光或磷光强度和波长所建立的方法分别叫原子荧光光谱法、分子荧光光谱法和分子磷光光谱法。同样作为发射光谱法,这三种方法与原子发射光谱法的不同之处是以辐射能(一次辐射)作为激发源,然后再以辐射跃迁(二次辐射)的形式返回基态。

分子荧光和分子磷光的发光机制不同,荧光是由单线态-单线态跃迁产生的,而磷光是由三线态-单线态跃迁产生的。由于激发三线态的寿命比单线态长,在分子三线态寿命时间内更容易发生分子间碰撞导致磷光猝灭,所以测定磷光光谱需要用刚性介质"固定"三线态分子或特殊溶剂,以减少无辐射跃迁而达到定量测定的目的。

4. 光谱分析仪器

分光光度计(spectrophotometer)是研究吸收或发射的电磁辐射强度和波长关系的仪器,其基本结构如图5-9和表5-10所示。这一类仪器都有三个最基本的组成部分:① 辐射源,即光源(source);② 把光源辐射分解为"单色"组分的单色器(monochromator);③ 辐射检测器(detector)和显示装置。至于样品的位置则视方法而定,或置于光源中,或置于光和单色器之间,或置于单色器和检测器之间。

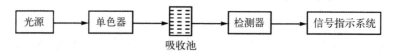

图5-9　分光光度计组成方框图

表5-10　各种光学仪器的主要部件

波　段	X 射线	紫外	可见	红　外	微　波
辐射源	X 射线管	氢(氘)灯 氙灯	钨灯 氙灯	硅碳棒 Nernst 辉光器	速调管

（续表）

波　段	X 射线	紫外	可见	红　外	微　波
单色器	晶体光栅	石英棱镜 光栅	玻璃棱镜 光栅	盐棱镜 光栅 Michelson 干涉仪	单色辐射源
检测器	闪烁计数管 半导体计数管	光电管 光电倍增管	光电池 光电管	差热电偶 热辐射检测器	晶体二极管

5.5.2　电化学分析法

电化学分析通常以电导、电位、电量和电流等电学参数与被测物质含量的关系作为定量的基础,根据物质的电化学性质及其变化来进行定量。依据所研究的电学参数的不同,电化学分析可分成下列几种主要类型:

（1）电导分析。以溶液电导（或电阻）作为测量参数求得溶液中某种物质浓度的方法称为电导分析法。

（2）电位分析。根据电池电动势或工作电极的电位①与被测物质浓度的关系来进行分析的方法称为电位分析法。

（3）电解分析。在外加电压的作用下被测金属离子从溶液中电沉积在电极上,通过称量求得析出物的量,这种方法称为电重量法或电解分析法。

（4）库仑分析。在电解过程中测量通过电解池的电量（库仑数）进行分析的方法称为库仑分析法。

（5）伏安与极谱法。根据电解过程中的电流-电位曲线对被测物质进行定量的方法称为伏安法。伏安法通常使用固体或固定电极作为极化电极。使用液态电极,如滴汞电极作为极化电极的,称为极谱法。

1. 电位分析法

（1）化学电池和 Nernst 方程。

化学电池包括原电池和电解电池两种,它们的定义如下：原电池——电极上发生化学反应,能够向外部提供电能;电解电池——外部提供电能后,使电极上发生化学反应。

电位法是通过测量原电池的电动势来进行分析的。组成电池的两个电极,一个是指示电极,另一个是参比电极。

———————————

①　这里的电位或电极电位就是氧化还原反应所述的电极电势。

$$指示电极 \mid 待测离子溶液 \parallel 参比电极$$

在零电流下测量电池电动势,即

$$E_{电池} = \varphi_+ - \varphi_- + E_{液接}$$

指示电极电位随溶液中待测离子的活度变化而变化,其电极电位对溶液中相应离子的活度呈 Nernst 响应:

$$Ox + ne \rightarrow Red$$

$$\varphi = \varphi_{Ox/Red}^{\ominus} + \frac{RT}{nF} \lg \frac{a_{Ox}}{a_{Red}}$$

参比电极电位准确,已知并且恒定。广泛应用的参比电极有饱和甘汞电极(SCE)和银-氯化银电极。液接电位采用"盐桥"消除或减到最小。

(2) 离子选择性电极。

离子选择性电极是最常用的指示电极。离子选择性电极根据膜的不同分为晶体膜电极(氟电极)、非晶体膜电极(如 pH 玻璃电极)、液膜电极、敏化电极(气敏电极和酶电极)和离子敏感场效应晶体管等。离子选择性电极的膜电位是通过敏感膜选择性地进行离子交换和扩散而产生的,膜电位为

$$\Delta\varphi_M = K \pm \frac{2.303RT}{n_i F} \lg a_i$$

上式说明,在一定条件下离子选择性电极的膜电位与溶液中欲测离子活度的对数值呈线性关系,这是离子选择性电极法测定离子活度的基础。

离子选择性电极的选择性主要由敏感膜的活性材料性质所决定。待测离子 i 对干扰离子 j 的修正 Nernst 方程式为

$$\Delta\varphi_M = K \pm \frac{2.303RT}{n_i F} \lg \left[a_i + K_{i,j} (a_j)^{\frac{n_i}{n_j}} \right]$$

选择性系数为

$$K_{i,j} = \frac{a_i}{(a_j)^{\frac{n_i}{n_j}}}$$

选择性系数可用来估算测量的相对误差

$$相对误差 = K_{i,j} \times \frac{(a_j)^{\frac{n_i}{n_j}}}{a_i} \times 100\%$$

（3）直接电位法。

用离子选择性电极测定离子活度时，将离子选择性电极浸入待测溶液，与参比电极组成一电池，电动势 E 为

$$E = K' \pm \frac{2.303RT}{n_iF} \lg a_i$$

式中，K' 是与参比电极电位、指示电极内参比电位、电极不对称电位和液接电位有关的常数。

用离子选择性电极测定溶液 pH 值时，要使用 pH 标准缓冲溶液来进行校准，进行两次测量。

$$pH_x = pH_s + \frac{E_x - E_s}{\dfrac{2.303RT}{F}}$$

在用离子选择性电极直接电位法测定离子浓度时，须加入总离子强度调节缓冲液（TISAB），它一方面固定被测溶液的离子强度，使活度系数恒定，膜电位与 $\lg c_i$ 呈线性关系；另一方面还起固定溶液 pH 值和掩蔽干扰离子的作用。

离子选择性电极直接电位法测定离子浓度的定量方法有标准曲线法、直接比较法和标准加入法。标准加入法的准确度较高。

$$c_x = \Delta c \left(10^{\frac{\Delta E}{S}} - 1 \right)^{-1}$$

式中 Δc 为加入标样后浓度的增量，$\Delta c = c_s \times \dfrac{V_s}{V_0}$；$\Delta E$ 为待测液加标样前后电动势的差值，$\Delta E = E_2 - E_1$；S 为电极的 Nernst 响应，$S = \dfrac{2.303RT}{nF}$。

直接电位法测定离子浓度时，被测离子浓度（活度）测量的相对偏差与电动势测量误差之间的关系为

$$\frac{\Delta c}{c} = \frac{\Delta a}{a} = \frac{1}{0.256\,8} \times n \times \Delta E \approx 4n\Delta E$$

（4）电位滴定法。

电位滴定法是利用电位法确定终点的滴定分析法，确定终点的方法有 $E\text{-}V$ 曲线法、一阶微商法和二阶微商法。

2. 伏安分析法

伏安法是一类在特殊条件下进行电解的电化学分析法,它以形成完全浓差极化为产生扩散电流的必要条件,以测定电解过程中的电流-电压曲线(伏安曲线)为基础,包括各类极谱法、溶出伏安法和电位溶出法等分析方法。

(1) 极谱曲线的形成和极谱波方程式。

以滴汞电极为工作电极的伏安法称为极谱法。在待测物质浓度足够小,溶液保持静止,消除了迁移电流,使用了一支极化电极、一支去极化电极,并且在极化电极(如滴汞电极)表面产生浓差极化的条件下,进行电压扫描,即可获得极谱曲线(即电流-电压曲线)。在极谱曲线上可以看出,极谱电流包括扩散电流、残余电流、迁移电流、极谱极大和氧波。极限扩散电流与被测离子的浓度成正比,是极谱能量的基础,后四种电流为干扰电流。

对于电解产物能溶于汞,且生成汞齐的简单金属离子的可逆极谱波(还原波),极谱曲线上每一点的还原电流与电位之间的定量关系式,即极谱波方程式为

$$\varphi = \varphi_{1/2} + \frac{RT}{nF} \ln \frac{(i_d)_c - i_c}{i_c}$$

对于氧化波,氧化电流 i_a 与电位之间的定量关系式为

$$\varphi = \varphi_{1/2} - \frac{RT}{nF} \ln \frac{(i_d)_a - i_a}{i_a}$$

对于综合波,极谱电流 i 与电位之间的定量关系式为

$$\varphi = \varphi_{1/2} + \frac{RT}{nF} \ln \frac{(i_d)_c - i}{i - (i_d)_a}$$

(2) 扩散电流。

平均极限扩散电流 i_a 与被测物质浓度 c 之间的关系为

$$i_d = 607nD^{1/2}m^{2/3}t^{1/6}c = Kc$$

式中,$607nD^{1/2}$ 称为扩散电流常数,常用 I 表示;$m^{2/3}t^{1/6}$ 为毛细管特性常数。

从上式可以看出,平均极限扩散电流与被测离子的浓度成正比,这是极谱定量的基础。

（3）半波电位。

半波电位（$\varphi_{1/2}$）就是当电解电流等于扩散电流一半时的电位，它在一定的底液及实验条件下是一常数，与被测物质的浓度无关。因此，半波电位可作为极谱定性分析的依据。

（4）干扰电流及其消除。

干扰电流包括残余电流、迁移电流、极谱极大和氧波，可分别通过作图法扣除或加支持电解质、加极大抑制剂和除氧等方法加以消除。

（5）其他极谱法。

在极谱分析中，由于充电电流（也称电容电流）的存在，影响了极谱分析的灵敏度。现在其他极谱及伏安分析法均采用不同的技术，降低充电电流或提高扩散电流，旨在达到提高极谱分析灵敏度的目的。其中已得到比较广泛应用的有极谱催化波、单扫描极谱、交流极谱、方波极谱、脉冲极谱和溶出伏安法等。

3. 电解和库仑分析法

（1）分解电压与法拉第电解定律。

电解是借助于外加电源的作用实现化学反应向着非自发方向进行的过程。加直流电压于电解池的两个电极上，使溶液中有电流通过，物质在电极上发生氧化还原反应。

电解分析是一种最早的电化学分析方法，包括电重量法和电解分析法。前者是通过电解试液，电解完毕后直接称量在电极上沉积的被测物质的质量来进行分析；后者是使用电解手段将物质分离。

库仑分析是在电解分析法的基础上发展起来的，它根据电解过程中所消耗的电量求得被测物的含量。因此，库仑分析法实际上是电量分析法。无论是电重量法还是库仑分析，在分析时不需要基准物质和标准溶液。

① 分解电压与超电位。

对于可逆电极过程，分解电压与析出电位具有下列关系

$$E_{分} = E_{阳} - E_{阴}$$

式中，$E_{阳}$ 和 $E_{阴}$ 分别表示阳极析出电位与阴极析出电位。

当电流流过电极时，电极电位偏离平衡电位的现象称为电极的极化。某一定电流密度下实际电极电位与其平衡电位之差称为超电位，用 η 表示。阳极超电位 η_a 为正值，阴极超电位 η_c 为负值。电解时的外加电压为

$$E_{外} = (E_{阳} + \eta_{a}) - (E_{阴} + \eta_{c}) + iR$$

② 法拉第电解定律。

法拉第(Faraday)电解定律是库仑分析法的基础,表示电解反应时,电极上发生化学变化的物质的质量 m 与通过电解池的电量 i 成正比。其数学表达式为

$$m = \frac{it}{F} \times \frac{M}{n}$$

(2) 控制电位电解分析。

当试样中存在两种以上金属离子时,随着外加电压的增加,第二种离子也可能被还原。为了分别测定或分离就需要采用控制阴极电位的电解法。在电解池中插入一个参比电极,控制工作电极电位相对于参比电极保持不变,并使被测物质以 100% 的电流效率完全电解,通过测量电解过程中消耗的电量,计算被测物质的含量。电量的测量采用库仑计或电子积分仪。常用的库仑计有氢氧气体库仑计,它在 25℃、1.013×10^5 Pa 的标准状态下,被测物质的质量 m(g) 与水被电解后所产生的氢氧混合气体的体积 V(cm³) 间的关系为

$$m = \frac{V}{0.173\ 9 \times 96\ 487} \times \frac{M}{n} = \frac{V}{16\ 779} \times \frac{M}{n}$$

(3) 恒电流电解分析法。

电解分析有时也在控制电流恒定的情况下进行,这时外加电压较高,电解反应的速度较快,但选择性不如控制电位电解法好。

(4) 恒电流库仑分析(库仑滴定)。

恒电流库仑分析法又称库仑滴定法,是通过选择合适的滴定反应,在试液中加入适当物质后,以一定强度的恒定电流进行电解,利用电解所产生的试剂与待测物质发生定量反应,当被测物质作用完后,用适当的方法指示终点并立即停止电解,以保证 100% 的电流效率。

电化学分析法是仪器分析的一个重要组成部分,仪器设备简单、易于微型化和自动化、分析速度快、准确度和灵敏度都高,且重现性和稳定性都较好,选择性高。随着现代科技的发展,如纳米科技、表面科技的进步,超分子体系及新材料的合成等,电化学分析将向微量分析、单细胞水平检测、实时动态分析、无损分析

及超高灵敏和超高选择方向迈进，在生命科学、医药卫生、环境科学、材料科学、能源科学等领域中有着广阔的应用前景。

5.5.3　色谱法

色谱分析法简称色谱法(chromatography)，是一种物理或物理化学分离分析方法。

色谱法是根据混合物中各组分在两相分配系数的不同进行分离，而后逐个分析，因此是分析复杂混合物最有力的手段。色谱法以高超的分离能力为特点，具有高灵敏度、高选择性、高效能、分析速度快及应用范围广等优点。

色谱法创始于 20 世纪初，1903 年俄国植物学家茨维特(Tsweet)将碳酸钙放在竖立的玻璃管中，从顶端注入植物色素的石油醚浸取液，然后用石油醚由上而下冲洗。结果在管的不同部位形成不同颜色的色带，1906 年茨维特发表的论文将其命名为色谱。管内填充物称为固定相(stationary phase)，冲洗剂称为流动相(mobile phase)。其后，色谱法不仅用于有色物质的分离，而且大量用于无色物质的分离，但色谱法名称沿用至今。

色谱法对科学的进步和生产的发展都有重要贡献。历史上曾有两次诺贝尔化学奖是直接与色谱研究相关的，1948 年瑞典科学家 Tiselius 因电泳和吸附分析的研究而获奖，1952 年英国的马丁(Martin)和辛格(Synge)因发展了分配色谱而获奖。目前，色谱法是生命科学、材料科学、环境科学等领域的重要分析手段，在药物分析中也有着极为重要的地位，色谱分析方法已成为各国药典中标准的测定方法。

色谱法是用于分离、测定结构和性质十分相似物质的一种现代分离分析技术，主要包括气相色谱法、液相色谱法和超临界流体色谱法等。

1. 色谱分离过程

实现色谱操作的基本条件是必须具备相对运动的两相，其中一相固定不动，即固定相，另一相是携带试样向前移动的流动体，即流动相。混合物试样中的组分，随流动相经过固定相时与固定相发生相互作用。由于结构和性质的不同，各组分与固定相作用的类型强度也不同，结果在固定相上滞留的程度也不同，即被流动相携带向前移动的速度不等，产生差速迁移，因而被分离。

色谱过程是组分的分子在流动相和固定相间多次"分配"的过程。图 5 - 10 表示吸附柱色谱法的色谱过程。把含有 A、B 两组分的试样加到色谱柱的顶端，

A、B均被吸附到吸附剂(固定相)上。然后用适当的流动相洗脱(elution),当流动相流过时,已被吸附在固定相上的两种组分又溶解于流动相中而被解吸,并随着流动相向前移行,已解吸的组分遇到新的吸附剂,又再次被吸附。如此,在色谱柱上发生反复多次的吸附-解吸(或称分配)的过程。若两种组分的结构和理化性质存在着微小的差异,则它们在吸附表面的吸附能力和在流动相中的溶解度也存在微小的差异,吸附力较弱的组分,如图5-10中的A,随流动相移动较快。经过反复多次的重复,使微小的差异积累起来,其结果就使吸附能力较弱的A先从色谱柱中流出,吸附能力较强的B后流出色谱柱,从而使两组分得到分离。

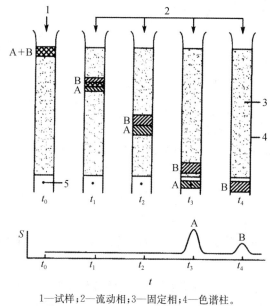

1—试样;2—流动相;3—固定相;4—色谱柱。

图5-10　色谱过程示意图

2. 色谱流出曲线和有关概念

(1) 色谱流出曲线。

由检测器输出的信号强度对时间作图绘制的曲线(图5-11),又称为色谱图(chromatogram)。

(2) 基线(baseline)是在操作条件下,没有组分流出时的流出曲线。稳定的基线应是一条平行于时间轴的直线,如图5-11所示。基线反映仪器(主要是检测器)的噪声随时间的变化。

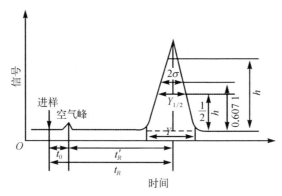

图 5 - 11 色谱流出曲线(色谱图)和区域宽度

(3) 色谱峰(peak)是流出曲线上的突起部分,即组分流经检测器所产生的信号。一个组分的色谱峰可用三项参数即峰高或峰面积(用于定量)、峰位(用保留值表示,用于定性)及峰宽(用于衡量柱效)说明(见图 5 - 11)。正常色谱峰为对称形正态分布曲线,曲线有最高点,以此点的横坐标为中心,曲线对称地向两侧快速单调下降。不正常色谱峰有两种:拖尾峰和前延峰。拖尾峰(tailing peak)前沿陡峭,后沿平缓;前延峰(leading peak)前沿平缓,后沿陡峭。

(4) 保留时间(retention time, t_R)是从进样到某组分在柱后出现浓度极大时的时间间隔,即从进样开始到某组分的色谱峰顶点的时间间隔。保留时间是色谱法的基本定性参数,主要用于定距洗脱(定距展开)色谱。所谓定距洗脱,是使所有组分都被洗脱通过一定长度的色谱柱或色谱板,记录各组分所需要的时间,如气相色谱(GC)、高效液相色谱(HPLC)及旋转薄层色谱法应用这种洗脱方式。

(5) 死时间(dead time, t_0)是分配系数为零的组分,即不被固定相吸附或溶解的组分的保留时间。

(6) 调整保留时间(adjusted retention time, t_R')是某组分由于溶解(或被吸附)于固定相,比不溶解(或不被吸附)的组分在色谱柱中多停留的时间。调整保留时间与保留时间和死时间有如下关系:

$$t_R' = t_R - t_0$$

组分在色谱柱中的保留时间包括了组分在流动相中并随之通过色谱柱所需的时间和在固定相中滞留的时间, t_R' 是其在固定相中滞留的时间。

在实验条件(温度、固定相等)一定时,调整保留时间仅取决于组分的性质,因此调整保留时间是定性的基本参数。但同一组分的保留时间受流动相流速的影响,因此又常用保留体积来表示保留值。

(7) 保留体积(retention volume,V_R) 从进样开始到某组分在柱后出现浓度极大时,所需通过色谱柱的流动相体积。对于正常峰,该组分的 1/2 量被洗脱出色谱柱时所消耗的流动相体积为保留体积。保留体积与保留时间和流动相流速(F_c,ml/min)有如下关系:

$$V_R = t_R \cdot F_c$$

流动相流速大,保留时间短,但两者的乘积不变,因此 V_R 与流动相流速无关。

(8) 死体积(dead volume,V_0)是由进样器至检测器的流路中未被固定相占有的空间的容量。死体积是色谱柱中固定相颗粒间间隙、进样器至色谱柱间导管的容积、柱出口导管及检测器内腔容积的总和。如果忽略各种柱外死体积,则死体积为柱中固定相颗粒间间隙的容积,即柱内流动相的体积。而死时间则相当于流动相充满死体积所需的时间。死体积与死时间和流动相流速有如下关系:

$$V_0 = t_0 \cdot F_c$$

(9) 调整保留体积(adjusted retention volume,V_R')是由保留体积扣除死体积后的体积。

$$V_R' = V_R - V_0 = t_R' \cdot F_c$$

V_R' 与流动相流速无关,是常用的色谱定性参数之一。

(10) 相对保留值(relative retention,r) 两组分的调整保留值之比,有时也用 α 表示,也是色谱系统的分离选择性指标。组分 2 与组分 1 的相对保留值用下式表示:

$$r_{2,1} = \frac{t_{R_2}'}{t_{R_1}'} = \frac{V_{R_2}'}{V_{R_1}'}$$

3. 色谱分离原理

在一定温度下,组分在两相间达到分配平衡时的浓度比和质量比分别称为分配系数(K)和分配比(k):

$$K = \frac{c_s}{c_m}, \quad k = \frac{m_s}{m_m} = \frac{K}{\beta} = \frac{t_R - t_0}{t_0} = \frac{t_R'}{t_0}$$

式中，c_s、m_s 和 c_m、m_m 分别为组分在固定相和流动相中的浓度和质量；β 为流动相和固定相的体积之比，称为相比。

所以，$t'_R = t_0 \cdot k$，$t_R = t_0(1+k) = t_0\left(1 + K \cdot \dfrac{V_s}{V_m}\right)$

上式也称为色谱过程方程，是色谱法的最基本公式之一。表示保留时间与分配系数的关系。从中可以看出，在色谱柱（或薄层板）一定时，即 V_s 和 V_m 一定时，如果流速和温度也一定，则 t_0 也一定，这样 t_R 仅取决于分配系数 K，K 大的组分保留时间长。

4. 色谱定性、定量分析方法

（1）色谱定性方法。

色谱定性方法有利用纯物质定性的方法、利用文献保留值（r_{21} 及保留指数 I）定性的方法和与其他分析仪器联用的方法。保留指数 I 的计算公式为

$$I_x = 100\left(z + n\,\frac{\lg t'_{R(x)} - \lg t'_{R(z)}}{\lg t'_{R(z+n)} - \lg t'_{R(z)}}\right)$$

式中，I_x 为待测组分的保留指数，z 与 $z+n$ 为正构烷烃的碳原子数，通常 n 为 1，且人为规定正己烷、正庚烷及正辛烷的保留指数分别为 600、700 及 800，其余类推。多数同系物每增加一个 CH_2，保留指数约增加 100。

（2）定量校正因子。

由于不同化合物具有不同的性质，检测器对其具有不同的灵敏度，因而即使它们的质量相同，得到的峰面积也不一定相等。为此引入了定量校正因子（f_i）的概念，其定义为

$$m_i = f_i A_i \quad (m_i \text{、} A_i \text{ 分别为进样量和峰面积})$$

相对质量校正因子简称质量校正因子，其表达式为

$$f_m = \frac{f_{i(m)}}{f_{s(m)}} = \frac{A_s m_i}{A_i m_s}$$

（3）色谱定量方法与计算。

色谱定量方法主要是归一化法、内标法和外标法（标准曲线法），它们的计算公式如下：

① 归一化法：

$$c_i = \frac{m_i}{m_1 + m_2 + \cdots + m_m} \times 100\% = \frac{f_i A_i}{\sum_{i=1}^{n}(f_i A_i)} \times 100\%$$

归一化法简便、准确。进样量的准确性和操作条件的变动对测量结果的影响不大,仅适用于试样中全出峰的情况。

② 内标法：

$$\frac{m_i}{m_s} = \frac{f_i A_i}{f_s A_s}, \quad c_i = \frac{m_i}{w} \times 100\% = \frac{m_s}{w} \frac{f_i A_i}{f_s A_s} \times 100\%$$

对内标物的要求：试样中不含有该物质,与被测组分性质比较接近,不与试样发生化学反应,出峰位置应该在被测组分附近且对组分峰不影响。

③ 外标法(标准曲线法)：外标法不使用校正因子,准确度较高,操作条件对结果准确性影响较大。对进样量的准确性控制要求较高,适用于大批量试样的快速分析。

5. 色谱法的分类

色谱法包括许多分支,可从不同的角度对其进行分类。

(1) 按流动相与固定相分子聚集状态分类,色谱法中流动相可以是气体、液体和超临界流体,这些方法相应称为气相色谱法(gas chromatography, GC)、液相色谱法(liquid chromatography, LC)和超临界流体色谱法(supercritical fluid chromatography, SFC)等。再按固定相为固体或液体,气相色谱法又可分为气固色谱法(GSC)与气液色谱法(GLC),液相色谱法又可分为液固色谱法(LSC)与液液色谱法(LLC)。以化学键合固定相进行的色谱法称为键合相色谱法(bonded phase chromatography, BPC)。

(2) 按操作形式分类,可分为柱色谱法(columnchromatography)、平面色谱法(planar 或 plane chromatography)、毛细管电泳法(capillary electrophoresis, CE)等类别。

柱色谱法是将固定相装于柱管内构成色谱柱,色谱过程在色谱柱内进行。按色谱柱的粗细,又可分为填充柱(packed column)色谱法、毛细管柱(capillary column)色谱法、微填充柱(microbore packed column)及开管柱(open tubular column)色谱法等类别。气相色谱法、高效液相色谱法及超临界流体色谱法等属于柱色谱法范围。

平面色谱法是色谱过程在固定相构成的平面状层内进行的色谱法。又分为纸色谱法(paper chromatography)、薄层色谱法(thin layer chromatography, TLC)及薄膜色谱法(thin film chromatography)等,这些都属于液相色谱法范围。

毛细管电泳法和电色谱法的分离过程在毛细管内进行。

(3) 按色谱过程的分离机制分类,可分为分配色谱法、吸附色谱法、离子交换色谱法和分子排阻色谱法(或称为空间排阻色谱法)等,后两者只存在于液相色谱中。这四种方法是色谱法的基本类型。此外,还有其他分离机制的色谱方法,如毛细管电泳法,是根据组分的电泳速度差异而实现分离。毛细管电色谱法兼有普通液相色谱和毛细管电泳的分离机制,还有手性色谱法、分子印迹色谱法等。

6. 色谱法的现状和发展趋势

经过一个多世纪的发展,色谱法的许多理论、技术和方法都趋于成熟,如气相色谱和高效液相色谱已成为常规分析技术,这些方法目前的发展主要集中在增强自动化,建立和完善各种联用技术,以及开发新型的固定相和检测器等,以适应日益扩大的应用市场的需要。此外,新近出现的多种色谱新方法和新技术,如超临界流体色谱、毛细管电泳和芯片技术等,它们具有独自的特点和独特的用途,但是它们仍然是一些发展中的技术和方法,还需进一步改进与完善。

虽然已有很多种类的色谱固定相,但新型固定相仍然不断出现,从而使色谱分析方法的应用越来越广泛。如适用于各种手性药物的立体选择性研究的手性固定相的研制仍在继续发展,内表面反相固定相等浸透限制性固定相允许体液如血浆等直接进样,基于生物反应的生物色谱固定相的研究也十分活跃,各种整体柱的报道也日益增多。除了固定相种类增多外,固定相尤其是 HPLC 的固定相也朝着小粒径的方向发展,近年来多种品牌的固定相粒径已小于 2 pm。这种小粒径的固定相使柱效大为提高,尤其是在流动相线速度高的条件下更为适用。

新型检测器的研制也继续发展,如 HPLC 的蒸发光散射检测器已广泛使用,特别适用于不易进行紫外检测的糖类等化合物。近几年又出现了一种电雾式检测器(charged aerosol detector, CAD),它整合了蒸发光散射检测器和质谱的相关元素,其响应信号只与化合物的量有关,与化合物的性质无关。此外,还有新型半导体激光荧光检测器,其灵敏度优于普通光度法达两个数量级。

在色谱新方法的研究方面,基于电分离方面的研究是热点之一。毛细管电泳法自20世纪80年代末以来有了飞速发展,其具有惊人的柱效,理论塔板数可达10^7 m^{-1},对于生物大分子的分离具有独特优点,尤其在后基因时代有广阔的应用前景。但是要真正成为普遍适用的分析方法,还需克服重现性差和定量困难等缺点,目前这方面的研究很多。毛细管电色谱法虽仍有毛细管电泳的某些不足,但它兼有毛细管电泳和微填充柱液相色谱法的优点,可能成为重要的色谱方法之一。微全分析系统(miniaturized total analysis system,p-TAS)是目前分析化学的又一热点,基于毛细管电泳的微全分析属于色谱法的发展之一。微全分析是将试样引入系统、预处理系统、分离系统和组分检测系统等集成在一块芯片上,因此又称为芯片实验室(lab-on-a-chip)。目前的研究主要集中在理论、机制和仪器装置方面,其实际应用有待开发。

色谱联用技术可分为色谱-光谱(质谱)联用和色谱-色谱联用。前者把色谱作为分离手段,光谱(或质谱)作为鉴定工具,各用其长,互为补充。包括色谱-质谱(MS)联用,如GC-MSHPLC-MS;色谱-紫外光谱(UV)联用,如HPLC-UV TLC-UV;色谱-傅里叶变换红外光谱联用,如GC-FITR;色谱-等离子体原子发射光谱(ICP-AES)联用,如GC-ICP-AES和HPLC-ICP-AES;色谱-核磁共振波谱(NMR)联用,如HPLC-NMR,甚至HPLC-MS-NMR等。这些联用仪多数都能绘制光谱-色谱三维谱,即在一张图上可以同时获得定性与定量信息。目前GC-MS已成为许多实验室的常规仪器;HPLC-MS是药物代谢等研究中复杂试样组分定性、定量分析的有力工具,其应用的普遍性已超过GC-MS。HPLC-NMR技术在克服了接口等诸多困难后已有良好进展并有许多实际应用。

色谱-色谱联用技术是将两种色谱法联用,又称为二维或多维色谱法,可以分离复杂试样中的众多组分。常见的有GLC-GSC、HPCL-GC、LC-SFC等,还有非手性固定相与手性固定相连用的HPLC。这种联用技术能够获得更多的定性信息,也能提高定量的准确度。

5.5.4 当代仪器分析的特点

(1) 速度快,适合于复杂混合物样品的成批分析。在仪器分析方法中,常常是把样品中某一组分的某些特有性质直接或间接转化为检测信号,受样品中其他组分的干扰小于化学分析法,可以省略分离过程,节省时间。样品若能满足仪器的要求,分析速度是很快的。其次,因为仪器的准备工作对于一个样品或成批类似样品所需时间几乎是一样的,为了提高效率和节省试剂消耗,配合工艺分析的要求,一些仪器如气相色谱仪、原子吸收光谱仪和元素分析仪等都备有连续自动进样系统,一次就能分析几十甚至上百个样品。

(2) 信息多,有利于结构分析。通常采用化学分析时,一次仅能得到一个结果。而采用仪器分析时,一次往往能提供若干个信息,如红外光谱提供一系列特征吸收峰,核磁共振提供不同的化学位移和偶合常数,质谱提供特征裂片峰,有利于阐明未知物所含官能团及结构排列。

(3) 灵敏度高,样品用量少。随着电子技术及计算技术与仪器分析方法原理的结合,分析的灵敏度或最低检出量不断改进,有的可达 10^{-12} 甚至 10^{-23} 数量级,十分有利于超纯物质、环保及地质样品中的痕量或微量分析。此外,由于提高了灵敏度,在分析过程中也可以相应减少样品的用量,缩短样品预处理的时间。

(4) 可实现非破坏性分析,还可用少量样品相继进行多种分析。很多仪器分析对样品都是非破坏性的,如色谱、核磁共振、红外光谱、紫外光谱等分析过程,样品均不受破坏,因而在每次分析以后可以回收,再做其他项目的分析,从而可以得到多方面的分析结果,包括理化性质、化学组成和官能团含量等。例如在润滑油行车试验过程中,非破坏性分析对于考察添加剂含量、磨损金属含量及油品理化性质的变化都是十分有利的。

(5) 易于实现自动化。仪器分析所提供的信息,大部分是以电信号输出,因此从样品的进入到最终数据的处理都有可能实现自动化,这样就促使很多分析技术由实验室转移到工业装置的在线仪表上去,以代替人工操作。

仪器分析方法也存在一些不理想之处,如常需要较复杂的仪器设备,投资大,对仪器维护及环境的要求高,需要配备一定专业水平的操作人员和维修人员等。此外,物理分析方法显示结果的直观性都较差,通常都需要标准物质去对比,容易出现系统误差,因此,积累标准物质和校验仪器是保证分析结果准确的关键。部分仪器分析方法种类、原理及应用如表 5-11 所示,简要列出了各种近代仪器分析方法的原理和应用。表中的测定时间是指已准备好的样品进入仪器后到测定完毕所需的时间。实际上大部分样品都需要进行预处理,有的仪器需要预标定,批量分析才能提高效率。表中的定量范围、精密度和样品用量也只是一个参考数值,随着仪器的改进和方法的发展,定量的线性范围和测定时间等参数都会进一步得到改善。

表 5－11 部分仪器分析方法的种类、原理及应用

分析方法	紫外-可见吸收光谱分析	红外光谱分析	激光拉曼光谱分析	核磁共振波谱分析	质谱分析	气相色谱	高效液相色谱分析
原理	样品受波长为 0.2~0.8 μm 的光照射，引起分子中电子能级的变化所吸收的能量	样品受波长为 2.5~25 μm 红外光照射，引起分子中键能的变化所吸收的能量	样品受单色光的照射，引起分子中电子极化率的改变，测定散射光能量的变化	测定具有内在磁矩的原子核在外界磁场中吸收射频的能量	样品受能量（电子束）的轰击成离子，通过磁场后按不同质荷比分离	样品中各组分在流动的气相和固定相之间，由于分子和离子系数不同而分离	样品中各组分在流动的液相及固定相，因不同分配系数而分离
定性基础	各基团在特定的波长处有一定的吸收强度	各基团在特定的波长或波数处有一定的吸收	各基团在特定的波数处的波数差 $\overline{\Delta\nu}$ 处显示散射光强度的变化	不同化学环境的质子或其他磁核 ^{13}C 原子有不同的化学位移	形成的特征分子离子和碎片离子	不同保留值（保留时间，保留体积，保留指数等）	不同保留值（保留时间，保留体积，保留指数等）
定量基础	$A = -\lg T = Kbc$	$A = -\lg T = Kbc$	拉曼射线的强度与浓度成正比	吸收峰的积分面积与磁核浓度成正比	峰强度与相应的带电离子浓度成正比	峰面积与待测组分浓度成正比	峰面积与待测组分浓度成正比
定量范围	$10^{-3}~10^{-5}$	$0.1\%~10\%$	$1\%~10\%$	$1\%~100\%$	$10^{-5}~高浓度$	$10^{-5}~高浓度$	$10^{-5}~高浓度$
定量准确度（相对误差），%	2~5	2~5	2~5	2~10	0.1~5	0.5~5	0.5~5
测定耗时	几分钟	几分钟~30 min	几分钟~30 min	几分钟	几秒~几分钟	几秒~30 min	几分钟~几十分钟
样品形态	溶液	气液固	气液固	溶液	气液固	气液	溶液

（续表）

分析方法	紫外-可见吸收光谱分析	红外光谱分析	激光拉曼光谱分析	核磁共振波谱分析	质谱分析	气相色谱	高效液相色谱分析
样品需要量	mL级	mg级	mg级	100 mg以上	μg级	mg级	mg级
用途特点	有π电子对的共轭系统、芳香烃、杂环化合物及有发色团的化合物	各种基团的定性定量	与红外相互补充,并可分析水溶液	利用不同基团的质子、^{13}C或其他磁核的化学位移定性,吸收峰面积的大小定量	各种有机化合物的结构验证及同位素分析	多成分共存的混合物分离分析	多成分共存的高沸点混合物分析
不适合分析对象	紫外-可见区域无发色团的物质		有荧光的物质测定困难	固体及高黏度物质测定困难	高聚物及盐类测定困难	不挥发或高沸点物质	在液相中不溶解的物质
有机物定性分析	⊙	◎	○	◎	◎	○	○
有机物定量分析	◎	◎	○	○	◎	◎	◎
无机物定性分析	⊙	○	○	△	○	○	⊙
无机物定量分析	○	○	○	△	○	○	⊙
对样品的破获性与非破坏性	非破坏	非破坏	非破坏	非破坏	破坏	破坏或非破坏	非破坏
分析方法	凝胶渗透色谱分析	原子吸收光谱分析	原子发射光谱分析	库仑或电量分析	X荧光光谱分析	X光电子能谱分析	俄歇电子能谱分析

（续表）

分析方法	紫外-可见吸收光谱分析	红外光谱分析	激光拉曼光谱分析	核磁共振波谱分析	质谱分析	气相色谱	高效液相色谱分析
原理	样品中不同大小的分子（主要是高聚物）通过多空固定相时，经溶剂相冲洗有不同的保留值	样品接受一定能量后，其中各元素解离成原子的基态原子，对特定波长辐射的吸收特征	测定样品中各种元素经激发后，外层电子从激发态回到基态时所放出的能量分布及强度	溶液中特定离子浓度的变化通过电解得到电解补偿，用电量来测定该离子的含量	测定各种元素吸收X光后，原子内层的电子被激发产生空穴后外层电子填充空穴时所放出的X荧光	各种元素吸收X光后，原子内层的电子被激发产生激发产生后有一定动能的X光电子	各种元素吸收X光后，原子内层的电子被激发产生空穴后，外层电子填充时所激发出的俄歇电子
定性基础	不同的保留值	不同元素的特征吸收波长位置	不同元素在不同位置有特征谱线	不同的化学反应（氧化、还原）	不同元素有不同的X荧光特征谱线	不同元素有不同能的光电子特征谱线	不同元素有不同动能的俄歇电子特征谱峰
定量基础	峰面积与待测组分浓度成正比	$A = -\lg T = Kbc$	谱线的透光率为 $T，-\lg T = Kbc$	$m = QM/nF = itM/nF$	X荧光射线强度与浓度成正比	元素特征X光电子谱峰强度与浓度成正比	元素的俄歇电子谱峰强度与浓度成正比
定量范围	摩尔质量分布	$10^{-5} \sim 10^{-9}$	常量$\sim 10^{-12}$	$10^{-3} \sim 10^{-8}$	$10^{-17} \sim$ 高浓度	$10^{-18} \sim$ 高浓度	$10^{-15} \sim$ 高浓度
定量准确度（相对误差）,%	2~5	0.1~1	2~50	0.01~1	1~5	2~5	2~5
测定耗时	十几分钟~1 h	几分钟~10 min	摄谱几小时时直读几分钟	2~5 min	5~60 min	30 min~1 h	几分钟~几十分钟

（续表）

分析方法	紫外-可见吸收光谱分析	红外光谱分析	激光拉曼光谱分析	核磁共振波谱分析	质谱分析	气相色谱	高效液相色谱分析
样品形态	高分子溶液	溶液	液固	溶液、气体	液固	固体表面	固体薄层
样品需要量	mg 级	mL 级	mg 级	mg 以上	g 级	mg 级	mg 级
用途特点	高分子聚合物摩尔质量分级	金属元素的微量和痕量分析	金属元素的微量和半微量分析	有机物中硫氯氮元素含量、微量水含量	金属元素的定性、定量分析	固体表面元素的定性、定量分析	固体表面薄层的元素的定性、定量及分布特征分析
不适合分析对象	小分子化合物	部分非金属元素和有机物	部分非金属元素和有机物	无法在电解池中滴定的物质	原子序数≤11 的元素、有机物	H，He 两种元素	H，He 两种元素
有机物定性分析	○	×	×	×	×	○	○
有机物定量分析	◎	×	×	○	×	○	○
无机物定性分析	△	⊙	◎	×	◎	◎	◎
无机物定量分析	△	◎	○	◎	◎	○	◎
对样品的破坏性与非破坏性	非破坏	破坏	破坏	破坏	非破坏	破坏或非破坏	非破坏

注：◎—最合适；○—合适；⊙—适合少数工作；△—可用，但一般采用其他方法；×—不合适。

5.6 今日话题：电子皮肤——
能变形的生命监测装置

郑雨晴 北京大学集成电路学院

互联网诞生 50 年来已经彻底改变了人类社会的发展方式，拉近了人与人之间的距离，深刻改变了传统的时空观念，网络购物、移动支付、远程教育等曾经看起来不可思议的交互方式都已经成为当今人们生活的日常。而在"万物互联"的物联网时代，人们不再是通过冰冷的机器连在一起，而是作为这个庞大网络中的一员，与其他的生物、物体、环境一起源源不断地产生信息，并成为信息传递的载体，科幻电影里的场景正在慢慢变成现实。想象一下，当你在跑步机上挥汗如雨时，你的健康监测手环根据心率、出汗率和电解质水平推断你处于电解质失衡的临界点，自动为你降低跑步机的速度、订购功能性运动饮料，几分钟后送货机器人将一杯运动饮料送到你的手上。在万物互联场景中，越来越多的产品需要在具有复杂轮廓的、柔软的生物体表面实现传感、显示、触控等交互功能，因此，要求电子器件除了保持原本的电子学功能外，更需要具有像皮肤一样的柔性、可拉伸、弯曲形变的性质，传统的刚性形态的电子器件已无法满足个性化医疗系统、可穿戴智能显示器和植入式假肢装置等领域的应用需求，柔性电子技术的深入研究和发展迫在眉睫（见图 5 - 12）。

赋予电子产品可形变能力主要有两种策略：一种是利用可拉伸或具有屈曲结构的互联导线承受应变的策略，在外界拉力作用下，仅由互联导线发生形变，而其所连接的电子设备不受拉力影响。尽管该策略可以充分利用传统电子产品的卓越性能，但同时屈曲结构互联的存在降低了器件的集成密度，且系统的可形变能力有限。另一种策略是发展本征可拉伸的电子材料，从而使由这些材料组成的单个设备组件及其集成系统获得固有的可拉伸性，该策略的优势在于可拉伸体系具有更高的器件密度和更好的机械稳定性。与传统的刚性材料在拉伸时发生断裂，导致载流子传输路径消失不同，该类本征可拉伸的电子材料在外界应变作用下仍能保持其原始电子特性。在过去几十年的研究中，科学家已经发展了一系列具有优异电学性能的可拉伸材料体系并获得了新颖可拉伸电子材料的设计原则，包括导电性的碳纳米管、银纳米线与弹性体共混体系[见图 5 - 13(a)]；介电性的硅橡胶（聚二甲基硅氧烷 PDMS、Ecoflex）、苯乙烯-乙烯/丁烯-苯乙烯共聚

图 5 - 12　柔性电子技术：物联网时代的器件基础

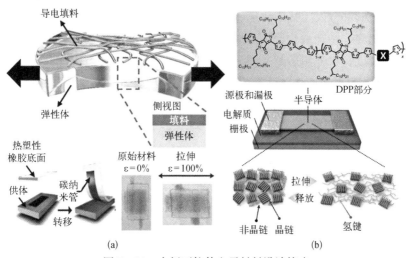

图 5 - 13　本征可拉伸电子材料设计策略

（a）本征可拉伸导电材料　（b）本征可拉伸半导体材料

物体系和半导性的共轭聚合物体系，如在含二酮吡咯并吡咯（DPP）共轭骨架中引入具有动态化学键的非共轭链段，拉伸时，聚合物网络内的氢键通过自身断裂耗散施加的应变，同时保持原始聚合物的晶体结构，从而在重复拉伸中保持聚合物薄膜传输载流子的能力［见图 5 - 13（b）］。

当拥有了一系列高性能的本征可拉伸材料后,科学家们面临的更大的问题是如何将这些材料图案化,并把它们逐层地组装在一起形成高性能的功能器件?对于传统的无机半导体和以此为基础的集成电路器件来说,其中最重要的图案化技术就是"光刻"。1822 年,法国人 Nicephore Niepce 发明了光刻技术,并成功将一种刻蚀在油纸上的图案复刻下来。到了今天,光刻技术早已被应用于半导体行业,并成为集成电路最重要的加工工艺。光刻技术的基本原理是透过刻有图案的掩膜的光照射在涂有光刻胶的基底上,光刻胶见光后会发生溶解度的变化,从而使掩膜上的图形转印到光刻胶上,由光刻胶作为模板再向活性材料转移图案。但由于上述提到的弹性材料大多与光刻胶具有近似的溶解度,光刻胶并不适用于将溶解、破坏作为柔性电子器件构筑基础的本征可拉伸电子材料,因此,人们一直无法将半导体行业中最先进的光刻技术应用于电子皮肤的制造之中。

幸运的是,本征可拉伸的有机材料具有独特的可后修饰性,使得科学家可以模仿光刻胶在光照下发生溶解度变化的过程:在电子材料中引入光敏交联剂,使受到光照的部分发生化学反应,形成新的化学键,使原本通过非范德华作用结合在一起的聚合物经由共价键形成更大的交联网络,从而降低它们在原本良溶剂中的溶解度。将光照后的薄膜浸泡在特定的溶剂(即显影液)中后,光照的部分因为溶解度的降低,将被保留下来,从而形成特定的图案。研究者根据不同电子材料的性质,设计了不同的化学反应,实现直接光照图案化。

导电材料聚(3,4-乙烯二氧噻吩)-聚苯乙烯磺酸(PEDOT:PSS)是一种较难被化学修饰的材料,但利用其与聚乙二醇之间的强相互作用,能够巧妙地实现 PEDOT:PSS 的直接光刻图案化。PEDOT:PSS 在水溶液中采取核-壳结构,当可紫外线交联的丙烯酸二甲酯(DMA)基团修饰的聚乙二醇(PEG)添加到 PEDOT:PSS 水溶液中时,PEDOT 和 PEG 之间更强的相互作用导致其分散结构转变为延展的链状结构,从而形成了导电的非共价键组装网络。紫外光(365 nm)光引发后,DMA 进行快速自由基聚合从而形成了第二网络。两个网络之间的强烈分子间相互作用使暴露于紫外线的区域能够抵抗随后的以水为显影液的显影过程,而那些未暴露于紫外线的区域仍保持水溶性。对于半导性的共轭聚合物和介电性的弹性体,其化学结构中广泛存在 C—H 键,因此将被广泛应用于生物体系的光亲和试剂:双吖丙啶(diazirine)引入半导性和介电材料中,在紫外光照下,双吖丙啶可以脱去氮气,产生碳卡宾,进一步与聚合物中的

C—H 键或 N—H 键发生插入反应,完成交联反应,从而降低它们在传统有机溶剂中的溶解度(见图 5-14)。

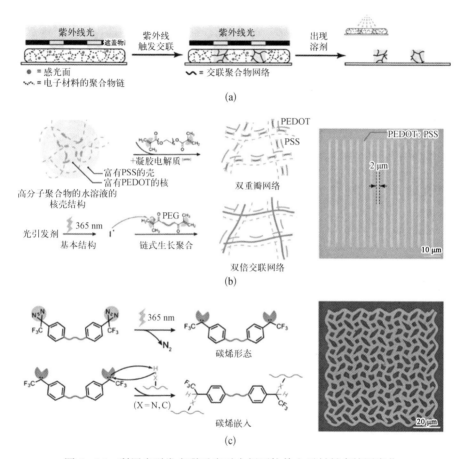

图 5-14　利用光引发交联反应对本征可拉伸电子材料直接图案化

　　这些光化学方法赋予了本征可拉伸材料光照下直接图案化的能力,甚至不再需要传统光刻胶的引入,极大简化了复杂的电子器件加工步骤,每一层材料只需要旋涂、曝光、显影就可以完成,同时又继承了传统无机半导体工业中光刻方法的高通量、高精度的图案化优点。最终,利用该方法,现在已经可以在比拇指还小的面积上集成超过 1 万个晶体管器件,器件在不同方向拉伸下都表现出较为稳定的电学性能,还加工制造了世界上第一个可拉伸的半加器,半加器是构筑集成电路的基本运算单元,可以畅想未来基于更为高效的先进的光化学反应,科学家们能真的生产出可任意形变的、像皮肤一样柔软的集成电路、高分辨率的显示屏、多通路的生物传感器(见图 5 - 15)。

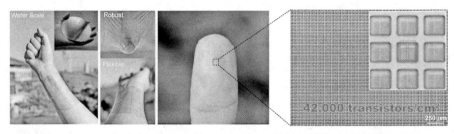

图 5 - 15　利用直接光刻法技术实现了高密度可拉伸晶体管阵列的晶圆级制备

参考文献

[1] Liang J J, Li L, Niu X F, et al. Elastomeric polymer light-emitting devices and displays [J]. Nature Photonics 2013, 7(10): 817 - 824.

[2] Matsuhisa N J, Niu S M, O'Neill S J K, et al. High-frequency and intrinsically stretchable polymer diodes[J]. Nature, 2021, 600(7888): 246 - 252.

[3] Liu Y X, Li J X, Song S, et al. Morphing electronics enable neuromodulation in growing tissue[J]. Nature Biotechnology. 2020, 38(9): 1031 - 1036.

[4] Zheng Y-Q, Liu Y X, Zhong D L, et al. Monolithic optical microlithography of high-density elastic circuits[J]. Science, 2021, 373(6550): 88 - 94.

[5] Biggs J, Myers J, Kufel J, et al. A natively flexible 32-bit Arm microprocessor[J]. Nature, 2021, 595(7868): 532 - 536.

[6] Mackanic D G, Yan X, Zhang Q, et al. Decoupling of mechanical properties and ionic conductivity in supramolecular lithium ion conductors[J]. Nature Communications 2019, 10(1): 5384.

[7] Kim D C, Shim H J, Lee W C, et al. Material-based approaches for the fabrication of stretchable electronics[J]. Advanced Materials. 2020, 32(15): e1902743.

[8] Rogers J A, Someya T, Huang Y G. Materials and mechanics for stretchable electronics [J]. Science, 2010, 327(5973): 1603 - 1607.

[9] Choi S, Park J, Hyun W, et al. Stretchable heater using ligand-exchanged silver nanowire nanocomposite for wearable articular thermotherapy[J]. ACS Nano 2015, 9 (6): 6626 - 6633.

[10] Cai L, Li J Z, Luan P S, et al. Highly transparent and conductive stretchable conductors based on hierarchical reticulate single-walled carbon nanotube architecture[J]. Advanced Functional Materials. 2012, 22(24): 5238 - 5244.

[11] Lipomi D J, Vosgueritchian M, Tee B C-K, et al. Skin-like pressure and strain sensors

based on transparent elastic films of carbon nanotubes[J]. Nature Nanotechnology. 2011, 6(12): 788-792.

[12] Kong D, Pfattner R, Chortos A, et al. Capacitance characterization of elastomeric dielectrics for applications in intrinsically stretchable thin film transistors[J]. Advanced Functional Materials. 2016, 26(26): 4680-4686.

[13] Oh J Y, Rondeau-Gagné S, Chiu Y-C, et al. Intrinsically stretchable and healable semiconducting polymer for organic transistors. Nature. 2016, 539(7629): 411-415.

第 5 章 习题

5.1 已知分析天平能准确称量至 ± 0.1 mg,滴定管读数能准确读至 ± 0.01 cm³,若要求分析结果达到 0.1% 的准确度,问至少应用分析天平称取多少克试样? 滴定时所用标准溶液体积至少需要多少毫升?

5.2 在标定 NaOH 时,要求消耗 0.1 mol·dm⁻³ NaOH 溶液体积为 20~30 cm³,问:

(1) 应称取邻苯二甲酸氢钾基准物质（KHC₈H₄O₄）多少克?

(2) 若改用草酸（H₂C₂O₄·2H₂O）作为基准物质,又该称取多少克?

(3) 若分析天平的最大称量误差绝对值为 0.2 mg,试计算以上两种试剂称量时的相对误差。

(4) 计算结果说明了什么问题?

5.3 有一铜矿试样,经两次测定,测得铜含量分别为 24.87%、24.92%,而铜的实际含量为 25.03%。求分析结果的绝对误差和相对误差。

5.4 某试样经分析测定其锰的质量百分数为 41.24%、41.27%、41.23%、41.26%、41.25%。求分析结果的平均偏差、相对平均偏差、标准偏差和相对标准偏差。

5.5 分析血清中钾的含量,5 次测定结果（mg·dm⁻³）分别是 0.160、0.152、0.154、0.156、0.155。计算置信度为 95% 时平均值的置信区间。

5.6 某铜合金中铜的质量百分数测定结果为 20.37%、20.40% 和 20.36%。计算标准偏差及置信度分别为 95% 和 99% 时的置信区间。

5.7 用某一方法测定矿石中铁含量的标准偏差为 0.12%,铁含量的平均值为 9.56%。设分析结果是根据 4 次和 6 次测得,计算两种情况下的平均值的置信区间（95% 置信度）。

5.8 标定 HCl 溶液时,得到如下数据:0.101 4、0.101 2、0.101 1、0.101 9 $(mol \cdot dm^{-3})$。用 Q 值检验法进行检验,试分析 0.101 9 是否应该舍去?(置信度为 90%)

5.9 测定某一热交换器中水垢的 P_2O_5 和 SiO_2 的含量如下(已校正系统误差):

$$\omega(P_2O_5)/\% \quad 8.44, 8.32, 8.45, 8.52, 8.69, 8.38$$

$$\omega(SiO_2)/\% \quad 1.50, 1.51, 1.68, 1.48, 1.63, 1.73$$

根据 Q 值检验法对可疑数据决定取舍,然后求出平均值、平均偏差、标准偏差、相对标准偏差和置信度分别为 90% 和 99% 时的平均值的置信区间。

5.10 按照有效数字运算规则计算下列各题:

(1) $2.187 \times 0.854 + 9.6 \times 10^{-7} - 0.032\,58 \times 0.008\,142$

(2) $\dfrac{0.010\,12 \times (25.65 - 12.34) \times 25.684}{1.004\,5 \times 1\,000}$

(3) $\dfrac{89.325 \times 51.63}{0.005\,145 \times 135.56}$

(4) pH = 4.12,计算 H^+ 浓度

5.11 已知浓硫酸相对密度为 1.84,其中 H_2SO_4 含量(质量分数)为 98%,现欲配制 $1\,dm^3$ $0.10\,mol \cdot dm^{-3}$ 的硫酸水溶液,应取这种浓硫酸多少毫升?

5.12 现有一 NaOH 溶液,其浓度为 $0.541\,7\,mol \cdot dm^{-3}$,取该溶液 $50.00\,cm^3$,需要加水多少毫升才能配制成 $0.200\,0\,mol \cdot dm^{-3}$ 的溶液?

5.13 以硼砂为基准物质,用甲基红指示终点,标定 HCl 溶液,称取硼砂 $0.985\,4\,g$,消耗盐酸溶液 $23.76\,cm^3$,求 HCl 溶液的浓度。

5.14 标定 NaOH 溶液,用邻苯二甲酸氢钾基准物质 $0.502\,6\,g$,以酚酞作为指示剂滴定至终点,消耗 NaOH 溶液 $21.88\,cm^3$。求 NaOH 溶液的浓度。

5.15 分析不纯 $CaCO_3$(其中不含干扰物)。称取试样 $0.320\,4$ 克,加入 $0.250\,0\,mol \cdot dm^{-3}$ 盐酸溶液 $25.00\,cm^3$,煮沸后除去 CO_2,用 $0.201\,2\,mol \cdot dm^{-3}$ 的 NaOH 溶液回滴剩余的酸,消耗溶液 $5.84\,cm^3$。试计算试样中 $CaCO_3$ 的百分含量。

5.16 称取不纯的硫酸铵 $1.000\,g$,用甲醛法分析,加入已中和至中性的甲醛溶液和 $0.363\,8\,mol \cdot dm^{-3}$ NaOH 溶液 $50.00\,cm^3$,过量的 NaOH 再以 $0.301\,2\,mol \cdot dm^{-3}$ HCl 溶液 $21.64\,cm^3$ 返滴定至酚酞终点。试计算 $(NH_4)_2SO_4$ 的纯度。

第6章 材料化学

材料是推动人类经济社会发展的物质基础，从石器时代、青铜器时代、铁器时代，到如今的硅时代，人类的发展和进步都烙刻着材料更新的痕迹。每一次新材料的诞生总能引起人类社会的巨大变革。比如高分子材料塑料的诞生，改变了人类生活的方方面面。你能想象没有塑料的现代社会是什么样子的吗？塑料是化学家从无到有创造出来的，人类从来没有停止过对新材料的探索和研究。

材料化学致力于在原子、分子"小尺度"下解决领域变革式发展的"大问题"，也就是说，材料化学是各种材料发展的理论基石，其学科内涵是运用化学原理、方法和技术，在分子及其聚集态尺度上研究材料的组成、设计、制备、结构、表征、性能及应用，为发展变革性和战略性材料体系奠定科学基础。

本章介绍材料化学中的金属与合金材料、无机非金属材料和有机高分子材料三个部分。体现化学基本原理和材料结构与性能的关系。

6.1　金属与合金材料

人类使用金属和合金的历史悠久，比如铁器、青铜器等。中国是世界上最早研究和生产合金的国家之一，在商朝（距今 3 000 多年前）青铜（铜锡合金）工艺就已非常发达。公元前 6 世纪左右的春秋晚期，人们已锻打出锋利的剑。

合金是由两种或两种以上的金属与非金属经一定方式形成的具有金属特性的物质，一般可通过高温熔融形成均匀的固溶体而得到。根据合金中含有元素的数目，可分为二元合金、三元合金和多元合金。

与纯金属不同，多数合金没有固定的熔点，温度处在熔融温度范围时，混合物为固-液并存状态。

6.1.1 合金的基本结构、性质和类型

常见合金中,黄铜是铜和锌的合金;青铜是铜和锡的合金。常见的合金种类繁多,如球墨铸铁、锰钢、不锈钢、镍合金,黄铜、青铜、白铜、焊锡、硬铝、18 K 黄金、18 K 白金等。有些合金可以看成是一种固体溶液,如钢中铁是溶剂,碳是溶质。

根据结构的不同,合金主要可以分为以下三种类型:

(1) 混合物合金(共熔混合物),当液态合金凝固时,构成合金的各组分分别结晶而成的合金,如焊锡、铋镉合金等。

(2) 固溶体合金,当液态合金凝固时形成固溶体的合金,如金银合金等。

(3) 金属互化物合金,各组分相互形成化合物的合金,如铜、锌组成的黄铜(β-黄铜、γ-黄铜和 ε-黄铜)等。

合金的许多性能优于纯金属,故在应用材料中大多使用合金。合金的生成常会改善纯金属的性质,扩大了金属的使用范围。例如,钢的强度大于其主要组成元素铁。合金的一些物理性质,例如密度、反应活性、导电性和导热性可能与合金的组成元素有类似之处,但是合金的抗拉强度和抗剪强度等却与组成元素的性质有很大不同,这是因为原子在合金中与在金属单质中的排列有很大差异。各类型合金都有以下通性:

(1) 多数合金熔点低于其组分中任一种金属的熔点。

(2) 合金硬度一般比其组分中任一金属的硬度都大。

(3) 合金的导电性和导热性低于任一组分金属。利用合金的这一特性,可以制造高电阻和高热阻材料。

(4) 有的合金抗腐蚀能力强(如不锈钢),可用于制造有特殊性能的材料,如在铁中掺入 15%铬和 9%镍得到一种耐腐蚀的不锈钢,适用于化学工业。

6.1.2 常见合金材料及其应用

金属因为良好的机械加工性能而广泛应用于制造业。这里仅简单介绍铝合金、钛合金和镁合金。

铝合金强度高、密度小,是最重要的轻型结构材料,在航空、航天、汽车、机械制造、船舶及化学工业中大量应用,使用量仅次于钢。铝合金中最重要的是坚铝(Al 94%, Cu 4%, Mg, Mn, Fe, Si 各 0.5%),坚铝制品的坚固性堪与优质钢材相比,而质量仅为钢制品的 1/4 左右。早在 20 世纪初期,德国就将坚铝用于制造飞艇,大大提高了飞艇的性能。各种飞机都以铝合金作为主要结构材料,如

飞机上的蒙皮、梁、肋、桁条、隔框和起落架都可以用铝合金制造。民用机因铝合金价格便宜而大量采用,如波音767客机采用的铝合金约占机体结构重量的81%。军用飞机因要求有良好的作战性能而相对地减少铝合金的用量,如F-15高性能战斗机仅使用35.5%的铝合金。

钛具有密度小、耐高温、耐腐蚀等优良特性,钛合金的性能比金属钛更优异,其密度是钢铁的一半而强度和钢差不多,钛合金具有高耐蚀性、良好的耐热性及低温性能。目前钛及钛合金有3/4左右用于航空航天领域,是制造现代超声速飞机、火箭发动机的壳体及人造卫星、航天飞机不可缺少的材料,也广泛应用于制造装甲敷板、海军舰只。

以镁为基础加入其他元素(如铝、锌、锰、铈、钍以及少量锆或镉等)组成镁合金。其特点是密度小($1.8\ g/cm^3$左右),强度高,弹性模量大,散热好,消震性好,易于氧化燃烧,耐热性差,也可以说,镁合金的散热相对于铝合金来说有绝对的优势,承受冲击载荷能力比铝合金大,耐有机物和碱的腐蚀性能好。镁合金广泛用于携带式的器械和汽车行业中,达到轻量化的目的。镁合金主要用于航空、航天、运输、化工、火箭等工业部门,使用最广的是镁铝合金,其次是镁锰合金和镁锌锆合金。

6.1.3 新型金属材料及应用

新型金属材料是指新近发展起来的具有优异性能的金属材料。开发新型材料主要为解决能源开发利用和交通运输、机械轻量化以及满足某些特种功能的要求。其研制途径:一是在以往所用材料的基础上进一步发展优化,二是研制具有特殊用途和功能的全新金属材料。在研制和开发新型材料过程中,除沿用传统的工艺技术外,还采用了微合金化、连铸连轧、快速冷凝、非晶态、控制轧制、控制锻造、形变热处理、表面强化、超塑性和材料复合等新兴技术,为新型金属材料开拓了广阔的应用领域。

1. 新型钢铁材料

近年来,钢铁材料主要向着强韧化、节能、低耗和满足某些特殊性能要求的方向发展。较为成熟的有新型微合金钢、超高强度钢、低碳马氏体钢、空冷贝氏体钢和不锈钢等。

结构钢发展的一个重要趋势是采用微合金化以获得强韧化效果,加入的合金元素有 Ti、V、Zr、Nb、Al 等。微合金化元素加入量范围一般为$10^{-3}\%\sim10^{-10}\%$,与传统性合金化主要通过改变基体组织结构来改善钢性能的机理不同,微合金化是通过微量元素与有害杂质元素结合或作为基体的第二相析出物来发挥作用,有利于钢性能的改善。

2.特殊金属材料

近年来涌现出不少新型金属材料,以下介绍两种。

(1) 超塑性合金。

金属在一定条件下可发生特大塑性变形的性能称为超塑性,宏观上它具有变形量大、变形应力小和容易成型等特点。微观研究表明,超塑性变形机制不同于一般塑性变形,后者主要依靠晶内的滑移和孪生发生形变,形变时产生加工硬化、变形不均匀的现象。超塑性变形则主要依靠晶界的滑动、转动和扩散,表现出强烈的黏性流动特性。

早在 20 世纪 20 年代,金属材料中的超塑性现象就受到人们的关注,20 世纪末得到迅速发展,已应用于金属的成型加工、焊合及热处理等技术。

通常所指的超塑性多为细晶超塑性,亦称为恒温超塑性,其合金成分一般为共晶型、共析型、沉淀强化型及粉末冶金等,已研制出的细晶超塑性合金约有200 种,其中以锌合金、铝合金最为普遍,共析成分的 Zn-22Al 合金的伸长率达630％以上。细晶超塑性主要用于压力加工,可使加工压力降低 60％～85％,可节能并减小设备吨位,特别适用于形状复杂、大型整体结构和成型困难的工件。已用于许多钢种(如 Fe-Cr-Ni 和 Fe-Mn-Cu 系)以及某些合金的强韧化。

另一类超塑性为相变超塑性,亦称为变态超塑性,是在同素异构转变、有序化转变、马氏体转变和固溶体分解等相变过程中产生的。目前对金属材料研究最多的是扩散型相变超塑性合金和相变诱发超塑性合金。由于马氏体相变多发生在室温下,使相变诱发超塑性具有了实际意义,它既提供了一种重要的加工方法,也开发了一种有效的强韧化途径。

(2) 非晶态合金。

非晶态金属又称金属玻璃,是最受人瞩目的一类现代工程材料。根据非晶态金属形成原理,目前均用快速冷却途径制取。由于金属的临界冷却速度太快,技术上难以实现,所以当今的非晶态金属均为合金。

6.2　无机非金属材料

无机非金属材料是除有机高分子材料和金属材料以外的所有材料的统称,

包括一些氧化物、碳化物、氮化物、卤化物、硼化物以及硅酸盐、铝酸盐、磷酸盐、硼酸盐等。在晶体结构上，无机非金属材料的晶体结构远比金属复杂，具有离子键和不同键的混合。这些化学键所特有的高键能、高强度赋予这一大类材料以高熔点、高硬度、耐腐蚀、耐磨损、高强度和良好的抗氧化性等基本属性，以及宽广的导电性、隔热性、透光性及良好的铁电性、铁磁性和压电性。

无机非金属材料主要有玻璃、陶瓷和水泥等。水泥在胶凝性能上，玻璃在光学性能上，陶瓷在耐蚀、介电性能上，耐火材料在防热隔热性能上，都表现出优异的特性，为金属和高分子材料所不及。但与金属材料相比，它抗断强度低，缺少延展性，属于脆性材料；与高分子材料相比，密度较大，制造工艺较复杂。

6.2.1 新型陶瓷材料

硅酸盐材料是多相结构物质，其中含有晶态部分和非晶态部分，但以晶态为主。硅酸盐晶体中硅氧四面体$[SiO_4]^{4-}$是硅酸盐结构的基本单元，在硅氧四面体中，硅原子以 sp^3 杂化轨道与氧原子成键，Si—O 键能为 $452\ kJ \cdot mol^{-1}$，键长为 162 pm，比起 Si 和 O 的离子半径之和（180 pm）有所缩短，故 Si—O 键的结合是比较强的。

传统陶瓷有几千年的历史，中国是陶瓷的故乡。最早出现的是陶器，因为烧制温度较低（一般低于 1 000℃），硬度较小，表面粗糙，之后才出现了瓷器。陶瓷材料的主要成分是硅酸盐，硅酸盐制品性质稳定，熔点较高，难溶于水，有很广泛的用途。

硅酸盐制品一般都是以黏土（高岭土）、石英和长石为原料经高温烧结而成的。黏土的化学组成为 $Al_2O_3 \cdot 2SiO_2 \cdot 2H_2O$，石英为 SiO_2，长石为 $K_2O \cdot Al_2O_3 \cdot 6SiO_2$（钾长石）或 $Na_2O \cdot Al_2O_3 \cdot 6SiO_2$（钠长石）。这些原料中都含有 SiO_2，因此在硅酸盐晶体结构中，硅与氧的结合是最重要也是最基本的。

精细陶瓷是适应社会经济和科学技术的进步而发展起来的。信息科学、能源技术、航空航天技术、生物工程、超导技术、海洋技术等现代科学技术需要大量具有特殊性能的新材料，促使人们研制精细陶瓷，并在超硬陶瓷、高温结构陶瓷、电子陶瓷、磁性陶瓷、光学陶瓷、超导陶瓷和生物陶瓷等方面取得了明显的进展。精细陶瓷的化学组成已远远超出了传统硅酸盐的范围。例如，透明的氧化铝陶瓷、耐高温的二氧化锆（ZrO_2）陶瓷、高熔点的氮化硅（Si_3N_4）和碳化硅（SiC）陶瓷等。

下面简要介绍几种有特殊性能的陶瓷材料。

(1) 高温结构陶瓷。汽车发动机一般用铸铁铸造,耐热性能有一定限度。由于需要冷却,热能散失严重,热效率只有 30% 左右。如果用高温结构陶瓷制造陶瓷发动机,工作温度能稳定在 1 300℃左右,燃料充分燃烧而又不需要水冷系统,热效率将大幅度提高。用陶瓷材料做发动机,还可减轻汽车的重量,这对航空航天事业更具吸引力,用高温陶瓷取代高温合金来制造飞机上的涡轮发动机效果会更好。

陶瓷发动机的材料主要选用氮化硅,它的机械强度高、硬度高、热膨胀系数低、导热性好、化学稳定性高,是很好的高温陶瓷材料。氮化硅可用多种方法合成,工业上普遍采用高纯硅与纯氮在 1 300℃反应获得:

$$3Si + 2N_2 \longrightarrow Si_3N_4$$

(2) 透明陶瓷。一般陶瓷是不透明的,但光学陶瓷可像玻璃一样透明,故称透明陶瓷。一般陶瓷不透明的原因是其内部存在杂质和气孔,杂质能吸收光,气孔使光产生散射,所以就不透明了。如果选用高纯原料,并通过工艺手段排除气孔就可能获得透明陶瓷。最早得到的透明陶瓷是氧化铝,后来陆续研制出如烧结白刚玉、氧化镁、氧化铍、氧化钇、氧化钇-二氧化锆等多种氧化物系列透明陶瓷。此后又研制出非氧化物透明陶瓷,如砷化镓($GaAs$)、硫化锌(ZnS)、硒化锌($ZnSe$)、氟化镁(MgF_2)、氟化钙(CaF_2)等。这些透明陶瓷一般熔点都在 2 000℃以上,因此耐高温,且有优异的光学性能。如氧化钍-氧化钇透明陶瓷的熔点高达 3 100℃,比普通硼酸盐玻璃高 1 500℃。透明陶瓷的重要用途是制造高压钠灯,它的发光效率比高压汞灯提高一倍,使用寿命达 2 万小时,是使用寿命最长的高效电光源。透明陶瓷的透明度、强度、硬度都高于普通玻璃,它们耐磨损、耐划伤。用透明陶瓷可以制造防弹汽车的窗、坦克的观察窗、轰炸机的轰炸瞄准器和高级防护眼镜等。

(3) 光导纤维。光导纤维是一种石英玻璃纤维,是精细陶瓷中的一种。从高纯度的二氧化硅或称石英玻璃熔融体中,拉出直径约 100 μm 的细丝,称为石英玻璃纤维。用石英玻璃纤维传输光的过程中大大降低了光损耗,故这种纤维称为光导纤维。

光导纤维一般由两层组成,里面一层称为内芯,直径几十微米,但折射率较高;外面一层称包层,折射率较低(见图 6-1)。从光导纤维一端入射的光线,经内芯反复折射而传到末端,由于两层折射率的差别,使进入内芯的光始终保持在内芯中传输。光的传输距离与光导纤维的光损耗大小有关,光损耗小,传输距离就长,否则就需要用中继器把衰减的信号放大。用最新的氟玻璃制成的光导纤维,可以把光信号传输到太平洋彼岸而不需任何中继站。

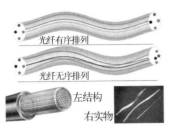

图 6-1　光导纤维和光导纤维的传输原理

在实际使用时,常把千百根光导纤维组合在一起并加以增强处理,制成像电缆一样的光缆,这样既提高了光导纤维的强度,又大大增加了通信容量。

用光缆代替通信电缆,可以节省大量有色金属。光缆有质量轻、体积小、结构紧凑、绝缘性能好、寿命长、输送距离长、保密性好、成本低等优点。光纤通信与数字技术及计算机结合起来,可以用于传送声音、图像、数据,控制电子设备和智能终端等,起到部分取代通信卫星的作用。

光损耗大的光导纤维可在短距离使用,特别适合制作各种人体内窥镜,如胃镜、膀胱镜、直肠镜、宫腔镜等,对诊断、医治各种疾病发挥作用。

利用光导纤维可进行光纤通信。激光的方向性强、频率高,是进行光纤通信的理想光源。与电波通信相比,光纤通信能提供更多的通信通路,可满足大容量通信系统的需要。

(4) 纳米陶瓷。纳米陶瓷的研究是陶瓷材料历史上的第三次飞跃。由陶器进入瓷器这是第一次飞跃。由传统陶瓷发展到精细陶瓷是第二次飞跃,在此期间,不论是原材料,还是制备工艺、产品性能和应用等许多方面都有长足的进步和提高,然而对于陶瓷材料的致命弱点——脆性问题没有得到根本的解决。精细陶瓷粉体的颗粒较大,属微米级,有人用新的制备方法把陶瓷粉体的颗粒加工到纳米级,用这种超细粉体粒子来制造陶瓷材料,得到新一代纳米陶瓷,这是陶瓷材料的第三次飞跃。纳米陶瓷具有延展性,有的甚至出现超塑性。如室温下合成的 TiO_2 陶瓷可以弯曲,其塑性变形高达 100%,韧性极好。因此人们寄希望于发展纳米技术去解决陶瓷材料的脆性问题。

6.2.2 新型半导体材料

半导体材料的发展与器件紧密相关。电子工业的发展和半导体器件对材料的需求促进了半导体材料的研究;而材料质量的提高和新型半导体材料的出现,又优化了半导体器件性能,产生新的器件,两者相互影响,相互促进。半导体的这些性能用固体能带理论可以解释。

1. 半导体材料概述

(1) 半导体的导电机理。

半导体价带中的电子受激发后从满价带跃到空导带中,跃迁电子可在导带中自由运动,传导电子的负电荷。同时,在满价带中留下空穴,空穴带正电荷,在价带中可按电子运动相反的方向运动而传导正电荷。因此,半导体的导电来源于电子和空穴的运动,电子和空穴都是半导体中导电的载流子。激发既可以是热激发,也可以是非热激发,通过激发,半导体中产生载流子从而导电。

(2) 半导体的分类。

按成分可将半导体分为元素半导体和化合物半导体。元素半导体又可分为本征半导体和杂质半导体。化合物半导体又可分为合金、化合物、陶瓷和有机高分子四种半导体。那么,什么是本征半导体、杂质半导体呢?

(a) 半导体中价带上的电子借助于热、电、磁等方式激发到导带称为本征激发。本征半导体就是指满足本征激发的半导体。

(b) 利用杂质元素掺入单质中,把电子从杂质能级激发到导带上或者把电子从价带激发到杂质能级上,从而在价带中产生空穴的激发称为非本征激发或杂质激发。满足这种激发的半导体就称为杂质半导体。按掺杂原子的价电子数不同半导体可分为施主型和受主型,前者掺杂原子的价电子多于单质的价电子,后者正好相反。

还可按晶态把半导体分为结晶、微晶和非晶半导体。此外,还可按能带结构和电子跃迁状态将半导体进行分类。

2. 新型半导体材料及应用

(1) 晶态半导体。

一般情况下,半导体的带隙是比较小的。从原子间键合的观点看,它们往往是共价键合。主要有如下几种:

（a）元素半导体，如 C、Si、Ge、α - Sn、P、As、Sb、Bi 等。

（b）Ⅲ～Ⅴ族化合物半导体，如 InSb、GaP 等。

（c）Ⅱ～Ⅵ族化合物半导体，如硫化物 ZnS，氧化物 NiO、TiO_2、V_2O_3。

（d）高温半导体材料，如碳化硅、掺杂碳化硅、金刚石等。

（2）非晶态半导体。

根据其结构可分为如下几种：

（a）共价键非晶半导体（3 种类型）：四面体非晶半导体，如 Si、SiC 等；"链状"非晶半导体，如 S、Se、As_2S_3 等；交链网络非晶半导体，它们是由上述两类非晶半导体结合而成的，如 Ge - Sb - Se 等。后两类都含有 S、Se 或 Te，所以被称为硫系化合物。

（b）离子键非晶半导体（主要是氧化物玻璃）：如 V_2O_5 - P_2O_5、V_2O_5-P_2O_5-BaO 等。

（3）非晶态半导体器件及应用。

（a）太阳能电池：与晶体硅相比，非晶硅的吸收光谱更接近太阳光谱，吸收系数大；薄膜制备工艺简单，易制成大面积，且形状随意，成本低。非晶硅太阳能电池已用于计算器、手表、收音机、便携日光灯等的电源。

（b）晶体管：非晶硅中隙态密度较高，不适于发展少数载流子器件，但发展多数载流子器件却卓有成效。非晶硅薄膜晶体管的优越性如下：非晶硅的暗电阻高；通过低温和干过程生长；易于与其他材料集成电路；制备工艺简单，可用于大面积显示屏；低功耗。非晶硅薄膜晶体管已成功地用于液晶显示的平面电视机中作为寻址开关。

3. 半导体陶瓷

半导体陶瓷是指导电性介于导电陶瓷和绝缘介质陶瓷之间的一类材料。一般是由一种或数种金属氧化物采用陶瓷制备工艺制成的多晶半导体材料。这种材料的基本特征是具有半导体性质，且多用于敏感元件，因此也称半导体陶瓷为敏感陶瓷。实际应用的半导体陶瓷种类如下：

（1）主要利用晶体本身性质的负温度系数热敏电阻、高温热敏电阻、氧化传感器。

（2）主要利用晶界和晶粒析出相性质的正温度系数热敏电阻、ZnO 系压敏电阻。

（3）主要利用表面性质的各种气体传感器、温度传感器。

6.3 高分子材料

高分子化合物简称高分子,又称聚合物或高聚物,是由许多个原子主要通过共价键结合形成的相对分子质量高达 10^4 以上的化合物,与结构类似的小分子化合物相比,在物理和化学性质上有很大差异。

人们用来制作服装的棉和蚕丝都是天然的高分子。1907 年,第一种人工合成的高分子材料酚醛塑料问世,标志着迈入了合成高分子材料的新时代。日常生活中所用的塑料、橡胶和合成纤维都是人工合成的高分子材料,其原料是石油精馏制得的小分子。最早提出"高分子"概念的是德国化学家赫尔曼·施陶丁格(Hermann Staudinger,1881—1965),他因为"在高分子化学上的诸多发现"在 1953 年获得诺贝尔化学奖。

6.3.1 高分子的相对分子质量

高分子大多数用作材料,因此又叫高分子材料。各种不同的用途对强度要求是不一样的,而相对分子质量大小是影响强度的重要因素。因此,在高分子材料的合成和成型中,相对分子质量成为评价高分子材料的重要指标。相对分子质量越大,材料的强度越大。

高分子的相对分子质量虽然很大,但是组成并不复杂,其分子往往是由特定的结构单元通过共价键多次重复连接而成。以聚氯乙烯 $\pm CH_2CHCl\pm_n$ 为例,从石油化工产品可得到氯乙烯,氯乙烯分子在一定的反应条件下经聚合反应可得到聚氯乙烯。通常把氯乙烯称为单体,是合成聚氯乙烯的原料,聚氯乙烯分子中重复的结构单元—CH_2CHCl—称为链节,n 称为聚合度,也就是聚氯乙烯分子中所含链节的数目。

显然,高分子的相对分子质量 M 等于链节的相对分子质量 M_0 与聚合度(DP)的乘积。

$$M = M_0 \cdot DP \qquad (6-1)$$

常用的聚氯乙烯的聚合度为 600~1 600,其重复单元相对分子质量为 62.5,因此相对分子质量为 4 万~10 万。

实际上,同一种高分子中的各个分子链中所含的链节数并不相同,所以高分子实际上是由许多链节结构相同而聚合度不同的分子所组成的混合物,这种同一聚合物中分子链长短不一的特征称为聚合物的多分散性。高分子的相对分子质量或聚合度是在一定范围分布的,通常所说的取值是一个统计平均值,叫作平均相对分子质量或平均聚合度。平均相对分子质量的统计可有多种标准,其中最常见的是重均相对分子质量和数均相对分子质量。

重均相对分子质量($\overline{M_w}$)定义为聚合物中相对分子质量为 M_i 的分子所占的质量分数 W_i 与其相对分子质量 M_i 的乘积的总和,以 $\overline{M_w}$ 表示。

$$\overline{M_w} = \sum W_i M_i = \frac{\sum w_i M_i}{\sum w_i} = \frac{\sum w_i M_i}{\sum (n_i M_i)} \qquad (6-2)$$

式中,n 为样品中所含聚合物分子总数,w 为总质量,$W_i = w_i/w$,$w_i = n_i M_i$。聚合物平均相对分子质量的大小和分布情况对于其性能有重要的影响。

6.3.2 高分子的合成

以有机小分子作为单体合成高分子的反应称为聚合反应。根据单体和聚合物的组成和结构上发生的变化,可将聚合反应分为加成聚合反应与缩合聚合反应。

1. 加成聚合反应

由一种或几种单体发生加成反应而结合成为高分子的聚合反应称为加成聚合反应,简称加聚反应。加聚反应后除了生成聚合物外,再没有任何其他产物生成,聚合物中包含了单体中全部原子,因此聚合物的相对分子质量是单体相对分子质量的整数倍。

在加聚反应中,由一种单体进行的聚合反应称为均聚反应,所得高分子称为均聚物。如聚乙烯、聚苯乙烯的聚合:

$$n\mathrm{CH_2}\!=\!\mathrm{CH_2} \longrightarrow \vphantom{}[\mathrm{CH_2}\!-\!\mathrm{CH_2}]_n$$

$$n\mathrm{CH_2}\!=\!\mathrm{CH} \longrightarrow [\mathrm{CH_2}\!-\!\mathrm{CH}]_n$$

由两种或两种以上单体进行的加聚反应称为共聚合反应,所得高分子称为

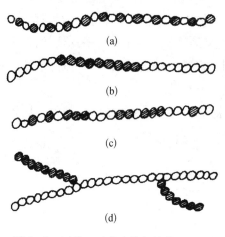

图 6-2 四种二元共聚物的结构示意图
(a) 交替共聚　(b) 嵌段共聚
(c) 无规共聚　(d) 接枝共聚

共聚物。对于二元共聚物,按照共聚物中单体分布的不同,可分为交替共聚、嵌段共聚、无规共聚和接枝共聚等四种类型。图 6-2 给出了四种二元共聚物的结构示意图。

共聚合反应常用来改进合成高分子的性能,这种改进叫作结构改性。共聚物中单体单元的结构、数量和排列方式会影响共聚物的物理性能。例如聚丙烯腈(腈纶)性如羊毛,但着色性差,若用 1% 的丙烯基磺酸钠与之共聚合后,腈纶纤维就可染成各种颜色。又如将丙烯腈(A)、丁二烯(B)和苯乙烯(S)进行共聚合制得的 ABS 树脂,是一种综合性能极好的三元共聚物。烯烃高分子或碳链高分子大多是烯类单体通过加聚反应合成的,在工业上利用加成聚合反应生产的合成高分子约占合成高分子总量的 80%,最重要的有聚乙烯、聚氯乙烯、聚丙烯和聚苯乙烯等。

2. 缩合聚合反应

含有双官能团或多官能团的单体分子,通过分子间官能团的缩合反应把单体分子聚合起来,同时生成水、醇、氨或氯化氢等小分子化合物,这类反应称为缩合聚合反应,简称缩聚反应。缩聚得到的聚合物结构单元比单体少若干个原子,因此其相对分子质量不再是单体相对分子质量的整数倍。如己二胺和己二酸分子之间通过脱水缩合生成聚酰胺,它的商品名称称为尼龙-66 或锦纶-66,两个数字分别表示两种单体中碳原子的数目。把黏稠的尼龙-66 液体从抽丝机的小孔里挤出来,可得到性能优异的尼龙-66 合成纤维。

$$n H_2N—(CH_2)_6—NH_2 + n HO—\overset{O}{\overset{\|}{C}}—(CH_2)_4—\overset{O}{\overset{\|}{C}}—OH \longrightarrow$$

$$\overset{H}{\underset{|}{\left[N\right.}}—(CH_2)_6—\overset{H}{\underset{|}{N}}—\overset{O}{\overset{\|}{C}}—(CH_2)_4—\overset{O}{\overset{\|}{C}}\overset{}{\left]_n\right.} + (2n-1)H_2O$$

缩聚得到的产物大部分是杂链高分子,其中含有酰胺键、酯基等结构特征。

缩聚反应在合成高分子工业上的重要性仅次于加聚反应,常见的聚酰胺(尼龙)、聚酯(涤纶)、环氧树脂、酚醛树脂、有机硅树脂、聚碳酸酯等,都是通过缩聚反应生产的。

工业上主流的尼龙-66生产路线有两种。

(1) 丙烯腈电解二聚法:

(2) 丁二烯法:

第一种路线,是美国孟山都公司率先研发的,目前,日本的旭化成、美国部分公司和德国巴斯夫,都使用该方法。丙烯腈毒性大,腐蚀性强,这种方法的环保压力特别大。而且,丙烯腈到己二腈使用电解法,所以耗电量大。

第二种路线的方法工艺更复杂,但成本更低,原料丁二烯更加易得。这是最先进的技术,由杜邦公司研发。

两种路线的关键是己二胺的来源,而己二胺的来源避不开己二腈。因此己二腈是生产尼龙-66真正卡脖子的原料。

6.3.3 高分子材料的结构与性能

1. 分子链形状与热塑性和热固性

日常生活中常见到高密度聚乙烯(HDPE)和低密度聚乙烯(LDPE)两种聚乙烯,如前者制成的塑料瓶和后者制成的保鲜膜,两者的性质差别显著:高密度聚乙烯瓶为白色不透明,而低密度聚乙烯保鲜膜则是无色透明的;塑料瓶比较厚也较硬,难以变形,而保鲜膜很薄很软,用手轻易就可以拉伸(见表6-1)。

同样是由聚乙烯组成的聚合物,性质为什么具有如此大的差别呢? 这主要是由于两类物质的分子链结构不同造成的。

表6-1　高密度聚乙烯瓶和低密度聚乙烯保鲜膜的差异

性　　质	高密度聚乙烯瓶	低密度聚乙烯保鲜膜
透明性	白色不透明	无色透明
硬度	较硬	很软
拉伸变形性	较难	可轻易拉伸变形
密度	0.95～0.97	0.91～0.94
熔点/℃	135	105
结晶度/%	95	60～70

　　低密度聚乙烯通常使用高温高压下的自由基聚合生成,由于在反应过程中链的转移,在分子链上生出许多支链。这些支链妨碍了分子链的整齐排布,因此密度较低,其结构如图6-3(a)所示。而高密度聚乙烯通常使用齐格勒-纳塔(Ziegler-Natta)催化剂聚合法制造,其特点是分子链上没有支链,因此分子链排布规整,具有较高的密度,其结构如图6-3(b)所示。

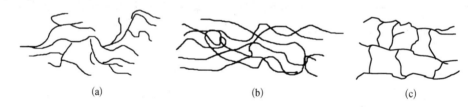

(a)　　　　　　　　　(b)　　　　　　　　　(c)

图6-3　聚乙烯的分子链和体型网状高分子

(a) 低密度聚乙烯的分子链　(b) 高密度聚乙烯的分子链　(c) 体型网状高分子

　　将保鲜膜拉伸,会发现它很容易被拉长同时变薄,这是由于聚乙烯分子链中的C—C单键可以自由旋转,高分子长链处于自然卷曲的状态,当有外力作用在分子上,卷曲的分子可以被拉直,但外力一除去,分子又恢复到原来的卷曲状态,因此具有柔顺性和弹性。同时,没有支链的高密度聚乙烯分子链容易在局部紧密排列,形成结晶,而带较多支链的低密度聚乙烯分子不易堆砌紧密,难结晶或结晶度低。这两类聚乙烯都称为线型高分子,加热可熔融,也可溶于有机溶剂。

　　线型长链状高分子被加热时,分子受热不均匀,不是马上熔化变成液体,而是先经历一个软化过程再变为液体。液体冷却后,变硬成为固体,再次加热,它又能软化、流动。这种性质称为热塑性,它不但使高分子材料便于加工,而且还可以多次重复操作。线型高分子都具有热塑性,加热软化后可以加工成为各种形状的塑料制品,也可制成纤维,加工非常方便。

线型高分子在某种条件下分子链之间发生化学键连接(交联)而转变为体型高分子[见图 6-3(c)]。体型高分子加热后不会熔融、流动,当加热到一定温度时体型高分子的结构遭到破坏。因此体型高分子一旦加工成型固化以后,就不能再通过加热方法使其具有可塑性,这种性质称为热固性。交联程度较浅的体型高分子,受热时可以软化,但不熔融;可以在适当的溶剂中溶胀,但不溶解;交联程度深的体型高分子,加热不软化,也不易被溶剂溶胀,具有耐热性高和刚性好的特点,适合用作工程和结构材料,如高度交联的酚醛树脂。许多生橡胶,如天然橡胶、丁苯橡胶等,原来都是相对分子质量高的线型聚合物,加工时,加入适当助剂(如硫)使其交联成体型聚合物。由于交联程度尚浅,故仍然保持良好的弹性。

2. 线型非晶态高分子的弹性与塑性

与小分子不同,高分子不容易形成完整的晶体。有些高分子处于完全无定形状态,然而在有些高分子中,局部范围内有可能形成结晶态,即所谓短程有序。即使高度结晶的高分子,其结晶度也不能达到 100%,总是含有晶态部分和非晶态部分,故常用结晶度来衡量整个高分子中晶态部分所占的比例。晶态高分子的耐热性和机械强度一般要比非晶态高分子高,而且还有一定的熔点,一般用 T_m 表示。

非晶态线型高分子没有固定的熔点,对其施加一恒定的外力,在不同温度下测定其形变,可以得到如图 6-4 所示的曲线。非晶态线型高分子在不同的温度范围内可呈现出三种不同的力学形态——玻璃态、高弹态和黏流态。

在温度较低的条件下,非晶态线型高分子呈刚性固体状,在外力作用下只发生非常小的形变。所表现出来的力学性质与小分子的玻璃差不多,称为玻璃态。这是因为此时分子的能量较低,高分子的分子链处于被冻结的状态,主链中

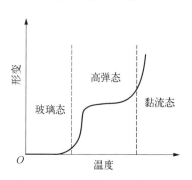

图 6-4 非晶态线型高分子的
温度形变曲线

的 σ 键不容易旋转,分子链的位置相对固定,链段难以运动。室温下的塑料一般就处于这种状态。当温度升高到一定程度时,高分子的形变迅速增加至一个相对稳

定的数值,并在一定温度范围内基本保持不变,此时高分子表现为柔软的弹性体,称为高弹态。这是因为此时分子的能量升高,主链中的 σ 键能够发生旋转而产生链段的运动,在外力的作用下卷曲的分子链能够伸展;当外力去除后,分子链又能够回到卷曲的状态。室温下的橡胶就处于这种状态。当温度进一步升高,则非晶态线型高分子的形变进一步加大,变为黏性的流体,称为黏流态。此时高分子的分子链在外力的作用下发生相对滑动,外力去除后,也不能恢复到原来的状态。

一般高分子材料加工成型都是在黏流态完成的。玻璃态与高弹态之间的转化温度称为玻璃化转变温度,用 T_g 表示;高弹态与黏流态之间的转变温度称为黏流化温度,用 T_f 表示。表 6-2 给出了几种常用非晶态聚合物的玻璃化转变温度(T_g)。

表 6-2　几种常用非晶态聚合物的玻璃化转变温度

聚合物	$T_g/℃$	聚合物	$T_g/℃$
聚乙烯	−68	聚甲基丙烯酸甲酯 (无规,有机玻璃)	105
聚氯乙烯	81	聚乙烯醇	85
聚苯乙烯	100	尼龙-66	50
聚碳酸酯	150	聚异戊二烯 (顺式,天然橡胶)	−73
聚对苯二甲酸乙二醇酯	69	聚1,4-顺丁二烯	−108
尼龙-6	50	聚二甲基硅氧烷	−123

对于非晶态高分子,T_g 的高低决定了它在室温下所处的力学状态、应用特性和工作范围。塑料是 T_g 高于室温的高分子,应用时处于玻璃态,因此 T_g 就是其能够使用的温度上限,高于此温度塑料就失去原有的机械强度而容易发生形变。橡胶是 T_g 低于室温的高分子,使用时处于高弹态,T_g 是其使用温度下限,T_f 是其使用温度上限,因此 T_g 与 T_f 之间的温度差越大,橡胶能够使用的温度范围也就越宽。塑料、纤维和橡胶并无严格的分界线,例如纤维未定向拉伸之前,或橡胶在低温下都是塑料。

3. 高分子的机械性能与电性能

高分子材料的机械性能如抗拉、抗压、抗弯、抗冲等性能主要取决于其结

构与组成。高分子的相对分子质量大,分子中原子数目多,且分子链彼此缠绕在一起,因此分子间作用力很大。如果具备形成氢键的条件,分子链之间还可形成氢键。这种强大的分子间作用力是高分子材料具有高强度的主要原因。在组成类似的条件下,一般来说,高分子的平均相对分子质量大、结晶度高,则分子间作用力越大,材料的机械性能越好。例如,尼龙分子链中有极性较强的基团(—$\overset{\text{O}}{\overset{\|}{\text{C}}}$—NH—),分子链之间的作用力大,而且可以形成氢键,所以其机械性能较好。

高分子中的分子链是原子以共价键结合起来的,分子既不能电离,也不能在结构中传递电子,所以一般高分子具有绝缘性,但其绝缘性的强弱与分子链的极性有关。分子链的极性越强,材料的绝缘性越差。例如,聚乙烯、聚丙烯、聚四氟乙烯等分子的极性很弱,具有优良的绝缘性能,而聚氯乙烯、尼龙、酚醛树脂等分子链中含有极性较强的基团,绝缘性较差,一般只能作为低频绝缘体使用。

近年来,人们发现聚乙炔、聚苯胺、聚噻吩、聚吡咯等在进行一定的掺杂后,离域的共轭 π 电子在外电场的作用下能够发生定向流动,而使材料具有一定的导电性,这一类高分子称为导电高分子,是目前高分子科学一个重要的研究领域。2000 年诺贝尔化学奖授予白川英树、马克迪尔米德(Alan G. MacDiarmid)和黑格(Alan J. Heeger)三位科学家,以表彰他们对导电聚合物的发现和发展做出的卓越贡献。

4. 高分子链的缠结

缠结是高聚物凝聚态的重要特征之一。缠结是指高分子链之间形成物理交联点,构成网络结构,使分子链的运动受到周围分子的羁绊和限制,因此缠结对高分子的性能有很大的影响,一方面缠结度高,材料有很好的机械性能,但是另一方面缠结会限制聚合物分子链的运动,使其流动性变差,黏度变高。

当高分子线性大分子的分子链长度超过一定临界值时,大分子链之间发生缠结而形成缠结点。缠结点具有瞬变性质,不断地拆散和重建并在特定条件下达到动态平衡。随着切应力大小的变化,动态平衡相应地发生移动。

缠结影响高分子材料及其溶液的很多性质。比如对链的构象调整以及链单元的规整排列,进而对高聚物的结晶行为产生不利的影响等。再比如,高分子溶液具有非牛顿流体性质等,在浓的淀粉溶液表面成人可以奔跑,但如果人站立在其中一个位置不动,会慢慢沉下去,这就是因为浓溶液中大分子间缠结点太多,受张力作用时,力的传递受阻,大分子无法达到充分伸展。

6.3.4 天然高分子材料

我们的祖先很早就知道将棉花纺成线,再将棉线织成布缝制衣服,或者直接利用天然蚕丝织成丝绸。研究表明,棉制品是由葡萄糖分子连成长链形成的纤维素组成,它们的每个分子都是由上千个原子通过共价键结合形成的长长的链[见图6-5(a)],相对分子质量比一般有机化合物要大得多,称为天然高分子。例如,葡萄糖很容易溶解在水中,而纤维素却很难溶解在水中,各分子链间靠范德华力和氢键[见图6-5(a)]作用结合在一起;丝绸的主要成分为蛋白质分子,由氨基酸连成长链而形成,氨基酸之间相连的部分含有 $C=O$ 双键和 C—N、N—H 键,称为肽键,肽键是由多个氨基酸通过氨基和羧基之间脱水缩合而成的,例如,两个甘氨酸分子通过肽键结合为二肽,如图6-5(b)所示。

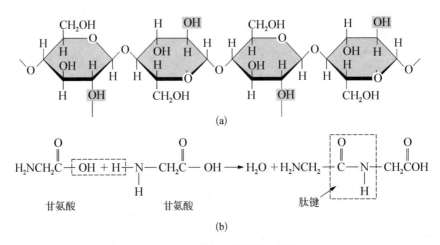

图6-5 纤维素的长链和肽键

(a) 纤维素的化学结构　(b) 两个甘氨酸分子形成的肽键

另外,由于纤维素分子上有很多羟基(—OH),植物中的纤维素的链之间通过氢键相互连接在一起,使得植物纤维在各个方向上都有韧性,棉布浸入水中很容易变湿,如图6-6。这种结合力较强,因此纤维素组成的棉布、纸张等都具有一定的韧性,可以随意折叠。

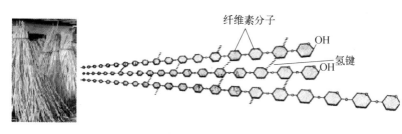

图 6-6 植物中纤维素的链之间通过氢键相互连接在一起，使得植物纤维在各个方向都有韧性

早在 1838 年，佩卢兹就发现将棉花浸渍在硝酸中之后可以爆炸；1845 年，德国化学家舍恩拜将棉花浸于硝酸和硫酸混合液中，然后洗掉多余的酸液，得到了纤维素硝酸酯，也称硝化纤维(nitrocellulose)，反应式如下：

$$3n\,HNO_3 + [C_6H_7O_2(OH)_3]_n \longrightarrow [C_6H_7O_2(ONO_2)_3]_n + 3n\,H_2O$$

1860 年，普鲁士军队的少校 E.邻尔茨用硝化纤维制成枪、炮弹的装药。除了棉花外，木浆等纤维材料浸入浓硝酸和浓硫酸混合液中也可制得硝化纤维，它比硝化甘油更稳定、安全，便于运输，多数用于制作发射药。

1855 年，英国人亚历山大·帕克斯(1813—1890 年)以硝化纤维和樟脑为主要原料，制得了一种加热能够塑造成一定形状的物质，可作为象牙的替代品，加工成饰品和工艺品等，这种材料称为 Celluloid(赛璐珞)，曾用于制作成乒乓球、玩偶等，也用于制作电影和照相用的胶片。但是，这种材料极其易燃，稍微摩擦即容易着火，不安全也不耐久，因此现在已经很少使用。后来人们制成了纤维素的醋酸酯，称为醋酸纤维素，代替硝化纤维制成电影胶片。

6.3.5　合成高分子材料——塑料、橡胶和纤维

按照主链中所含的原子种类不同，高分子可以分为碳链高分子(主链完全由

C 原子组成)、杂链高分子(主链原子除 C 外,还含 O、N、S 等杂原子)与元素有机高分子(主链原子完全由 Si、B、Al、O、N、S、P 等杂原子组成);按照性质和用途不同,又可以分为塑料、橡胶、纤维、涂料、胶黏剂和功能高分子。

1. 塑料

观察一些塑料制品,可以在大多数塑料制品的表面发现代表聚合物的字母或回收循环的数字标识代码,代表其化学组成。常见可回收的塑料主要有聚对苯二甲酸乙二醇酯(PET 或 PETE)、高密度聚乙烯(HDPE)、聚氯乙烯(PVC)、低密度聚乙烯(LDPE)、聚丙烯(PP)、聚苯乙烯(PS)、聚碳酸酯(PC)等七种,它们的化学组成和用途如表 6-3 所示。

常见的饮料瓶多是透明的,有一定的硬度,常为聚对苯二甲酸乙二醇酯制得;装洗发精和沐浴露用的白色瓶子厚度和硬度都更高,可由高密度聚乙烯制得;塑料地毯、塑钢门窗框架和不透明的垃圾袋看起来差别很大,却都可以由聚氯乙烯制成;常用的保鲜膜和保鲜袋透明、薄而且柔软,是由低密度聚乙烯制成的;白色的小药瓶,以及有些透明的 CD 盒相对都比较厚,也具有一定的硬度,可由聚丙烯制作;购买家电时放在纸箱内防震用的白色发泡固体,以及儿童玩的泡沫塑料拼图板,都是由聚苯乙烯制造的。人们已经合成出六万种以上的聚合物,以上几种聚合物是我们日常生活中最经常遇到的品种。

塑料以合成高分子为基本成分,在一定的温度和压力下可塑制成一定形状并保持。在生产过程中,还需要加入添加剂,包括稳定剂、增塑剂、润滑剂、填料等。按性能和用途不同,塑料可分为通用塑料、工程塑料、特种塑料和增强塑料。工业生产的产量较大而且用途最为广泛的塑料称为通用塑料,其中聚乙烯、聚氯乙烯、聚丙烯和聚苯乙烯,约占全部塑料产量的 80%,尤以聚乙烯的产量最大。

塑料具有密度低、强度高、化学性能稳定、电绝缘性优良、耐摩擦等优点,目前已广泛地代替木材、不锈钢和某些有色金属及部分钢材。其中很多已用于建筑材料、交通运输工具、化工设备、电器和机械零件,被称为工程塑料,成为材料工业中的重要成员。

1933 年,英国帝国化学工业公司(ICI)在高压合成实验中偶然发现了聚乙烯。1939 年聚乙烯开始工业化生产,目前已发展成为合成树脂中产量最大的品种。聚乙烯是饱和的碳氢化合物,是弱极性聚合物,具有优良的耐酸、耐碱以及耐化学腐蚀性能,耐低温性能和绝缘性能优良,可耐高频,但容易产生静电,表面易吸附灰尘,通过加入抗静电剂可加以改进。聚乙烯可用一般热塑性塑料的加

表 6-3　七种常见的可回收塑料

标识代码	聚合物	化 学 式	聚合物性质	用 途
♳ 1	聚对苯二甲酸乙二醇酯(PET 或 PETE)	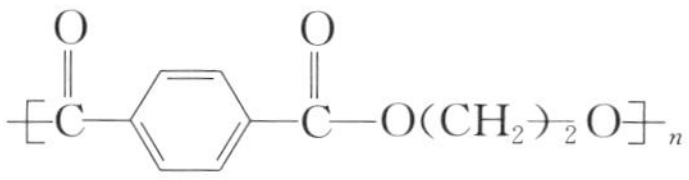 $-[C(=O)-\bigcirc-C(=O)-O(CH_2)_2O]_n-$	韧性很好、机械强度高、耐热性好、低温柔性优良	电气绝缘材料如电容器、电缆绝缘、涤纶薄膜、电影胶片、日常生活用品如矿泉水瓶、碳酸饮料瓶等
♴ 2	高密度聚乙烯(HDPE)	$-[CH_2-CH_2]_n-$	耐化学腐蚀性能优良、成型工艺性好	常见白色药瓶、清洁剂、洗发精、沐浴乳、食用油、农药等的容器
♵ 3	聚氯乙烯(PVC)	$-[CH_2-CHCl]_n-$	耐化学腐蚀性和电绝缘性优良、力学性能较好、具有难燃性、但耐热性差	软硬质难燃耐腐蚀管、板、型材、薄膜、电线电缆绝缘制品、雨衣等
♶ 4	低密度聚乙烯(LDPE)	$-[CH_2-CH_2]_n-$	柔软、耐酸碱性好、不溶透水蒸气	常见保鲜膜、塑料袋、玩具、电线、电缆包皮等

（续表）

标识代码	聚合物	化学式	聚合物性质	用途
♳ 5	聚丙烯（PP）	〔CH$_2$—CH〕$_n$ CH$_3$	耐腐蚀性优良，力学性能和刚性超过聚乙烯，耐疲劳和耐应力开裂性能好，但收缩率较大，低温脆性大	多用于制造医疗器具、家电零部件、水桶、垃圾桶、箩筐、篮子和微波炉用食物容器等。常见饮料瓶、优酪乳瓶、果汁浆瓶等
♴ 6	聚苯乙烯（PS）	〔CH$_2$—CH〕$_n$（苯基）	树脂透明，有一定的机械强度、电绝缘性能好、耐辐射、成型工艺性好，但脆性大、耐冲击性和耐热性差	多用于制造不受冲击的透明仪器、仪表外壳、罩体、玩具、文具、滚轮，还有速食饮料的杯盒或一次性餐具等
♵ 7	聚碳酸酯（PC）和其他	—	使用温度−20～120℃的大空杯等，材质、材质好的PC盛热水没有问题，但若是加工不好的PC会受热释放双酚A，此物质对身体有害	PC多用于制造奶瓶、水壶、太空杯等。使用时不要加热、不要在阳光下直射，另外不要用洗碗机、烘碗机清洗。第一次使用前，用小苏打粉加温水清洗。在室温自然烘干

工成型方法,如可用吹塑法制成薄膜,大量用于食品袋等包装材料,用挤出法制成各种管材、板材、电线绝缘层,用挤出吹塑法制成各种瓶子、容器、玩具,可用各种涂刮法涂布于纸张或织物表面,或喷涂于金属材料表面成为保护层。聚乙烯的主要缺点是易受热和氧的作用而老化。对聚乙烯进行辐射或化学处理,使分子链之间发生适当的交联,则可得到交联聚乙烯。与普通聚乙烯相比,它具有卓越的电绝缘性能、更高的冲击强度和拉伸强度,耐热性、耐磨性等均有进一步改善,从而扩大应用到电容器及变压器等绝缘材料、飞机和湿度较高的材料上。

聚氯乙烯是最早工业化的塑料品种之一,产量高,是最大的通用塑料品种之一。聚氯乙烯之所以获得如此大的发展,主要有两方面的原因:一方面,它具有较好的综合性能,如良好的机械强度、化学稳定性、电绝缘性能等,与许多增塑剂、稳定剂、润滑剂以及某些聚合物的混溶性良好,可加工成薄膜、人造革、板材、管材、管子等各种软、硬制品,或纤维、泡沫塑料、树脂糊等,产品种类多样化为其它塑料品种所不能及,广泛用于建筑、纺织等各个行业。另一方面,单体氯乙烯的原料来源广泛,价格低廉,是氯碱工业的产物——氯气的一个重要应用领域。聚氯乙烯塑料突出的优点是耐化学腐蚀、具不燃性和成本低,加工容易,广泛地用来制造农用或民用薄膜、导线和电缆等绝缘材料、板材管材、化工防腐设备、隔音绝热泡沫塑料及大量的包装材料、日常生活用品等,也用作建筑材料。它的最主要缺点是耐热性差,材料在 60℃ 以上就要变形,受热超过 100℃ 时逐渐分解放出 HCl,光照下会逐渐老化降解变黄,冲击强度和韧性不够理想,还有一定毒性,所以聚氯乙烯的普通树脂制品不适用于食品包装。为克服上述缺点,可用共聚或共混的方法加以改进,目前已出现了无毒聚氯乙烯树脂,可用于食品、药物包装等,扩大了它的使用范围。

聚丙烯是产量仅次于聚乙烯和聚氯乙烯的第三种塑料。虽然丙烯只是比乙烯的分子中多了一个甲基,聚丙烯的分子链结构却变得更加复杂。根据甲基(—CH₃)在主链上的位置不同,聚丙烯可以分为三种:甲基排列在分子主链的同一侧称为等规聚丙烯(isotactic polypropylene),甲基无秩序地分布在分子主链的两侧称为无规聚丙烯(atactic polypropylene),当甲基交替排列在主链的两侧称为间规聚丙烯(syndiotactic polypropylene)(见图 6 - 7)。一般生产的聚丙烯树脂中,等规结构的含量约为 95%,其余为无规或间规聚丙烯,等规聚丙烯的分子结构很容易形成结晶态,因此它具有良好的抗溶剂和耐热性能。聚丙烯具有优良的耐酸、耐碱以及耐化学腐蚀性能,但可在高温下溶于高沸点脂肪烃和芳烃,也可被浓硫酸、浓硝酸等强氧化剂氧化,在空气中容易被氧化,因此制作成塑料制品时需要加入抗氧化剂。聚丙烯塑料注塑成型可生产汽车配件、电器设备配件、仪表外壳等,用挤出法制成各种管材、薄板、薄膜等,熔融纺丝可生产单丝和丙纶纤维。聚丙烯无毒,制成的薄膜、容器可以用来制作食品包装材料和日用化学品的包装材料。利用聚丙烯的耐腐蚀性能和耐热温度高于聚乙烯的特点,将玻璃钢作为外层、聚丙烯管作为内层制成的复合管道,可用于腐蚀介质的输送。

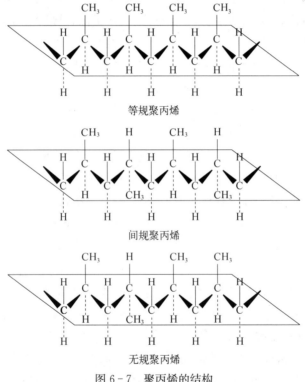

等规聚丙烯

间规聚丙烯

无规聚丙烯

图 6-7 聚丙烯的结构

聚苯乙烯的绝缘性、化学稳定性、光学性能和加工性能优良,机械强度较好,表面光洁度高。聚苯乙烯有很好的加工性能,它可采用常用的塑料加工方法制成薄膜、容器、玩具、发泡材料。聚苯乙烯薄膜具有优良的电绝缘性能,故常用于电容器、绝缘层和电器零件。它的发泡材料密度小(为 $0.33\ \mathrm{g \cdot cm^{-3}}$),具有良好的隔音、隔热、防震性能,质轻价廉,被广泛用作精密仪器的包装和隔热材料。加工过程中,聚苯乙烯易与各种颜料拼合成色彩鲜艳的制品,用来制造玩具和各种日用器皿。它的最大缺点是耐热性差,性脆,能溶于芳烃、卤化烃、醚、酮、汽油等溶剂中,这影响了它的直接应用。因此目前有相当一部分聚苯乙烯不是单独使用,而是制成聚苯乙烯共聚物使用,例如,ABS 塑料综合了丙烯腈的耐化学药品性、热稳定性和老化性能,丁二烯的柔韧性、高抗冲性和耐低温性,以及苯乙烯的刚性、表面光洁性和易加工性,是一种综合性能优良、使用广泛的工程塑料,在家用电器、汽车工业、电冰箱、电子仪表零件等领域得到了广泛应用,在 ABS 表面电镀金属薄膜后作为金属代用品或装饰品也得到了日益广泛的应用。苯乙烯与丁二烯(25∶75)共聚,可制得耐磨的丁苯橡胶。表 6 - 4 列出了一些其他塑料的性能及其用途。

2. 合成橡胶

一个气球本身很小,在吹气后却变得很大,放气后气球又恢复到原来的大小。也就是说气球在较小的负荷下能发生很大的形变,除去负荷后又能很快恢复到原来的状态,因而制作气球的材料统称为弹性体。

人们最早利用的天然橡胶,是将生长在热带地区的橡胶树树干切口,收集所流出的乳白汁液再予以铺散成叶状、干燥而成,其基本化学组成是聚异戊二烯。天然橡胶有弹性,在自然状态下的物理性质极不稳定,冷却状态下硬且易碎,加热后却软而黏稠甚至流动,遇溶剂被溶解,没有多大使用价值。直到1823 年,英国化学家麦金托什将橡胶溶解在煤焦油中然后涂在布上做成防水布,可以用来制造雨衣和雨靴。但是,这种雨衣和雨靴一到夏天就熔化,一到冬天便变得又硬又脆。美国发明家查理·古德伊尔一直进行橡胶改性的尝试,希望能获得一种一年四季在所有温度下都保持干燥且富有弹性的物质。1839 年的一天,他把橡胶、硫黄和松节油混溶在一起倒入锅中(硫黄是用来染色的),不小心锅中的混合物溅到了灼热的火炉上。令他吃惊的是,混合物落入火中后并未熔化,而是保持原样被烧焦了,炉中残留的未完全烧焦的混合物则富有弹性。他把溅上去的东西从炉子上剥了下来,这才发现已经得到了弹性很好的橡胶。后来将这一过程称为橡胶的"硫化",经过不断改进,他终于在1844 年发明了橡胶硫化技术。硫化过程中大分子链之间通过硫桥进行了适度交联,使具有高弹性的线型高聚物转变成为交联网状结构,提高了橡胶的化学稳定性,使橡胶既有弹性又有良好的强度(见图 6 - 8)。除了采用硫黄外,现在广泛采用含硫化合物、有机过氧化物、硝基化合物等使橡胶硫化,也有采用辐射交联的方法。天然橡胶在很宽的温度范围内都具有很好的弹性,广泛应用于制作轮胎、胶管、胶鞋和胶黏剂等。

表 6-4 一些其他塑料的性能及其用途

名　称	化　学　式	性　能	用　途
聚甲醛(POM)	$-[\underset{\underset{H}{\mid}}{\overset{\overset{H}{\mid}}{C}}-O]_n-$	很高的刚性、硬度、极好的耐疲劳性和耐磨性、较小的吸水性和变形性、较好的化学稳定性和电绝缘性	代替钢和有色金属制作轴承、导轨和齿轮、无油润滑的传动设备、各种管道、阀门、泵、喷嘴等
聚砜(PSF)	双酚-A聚砜 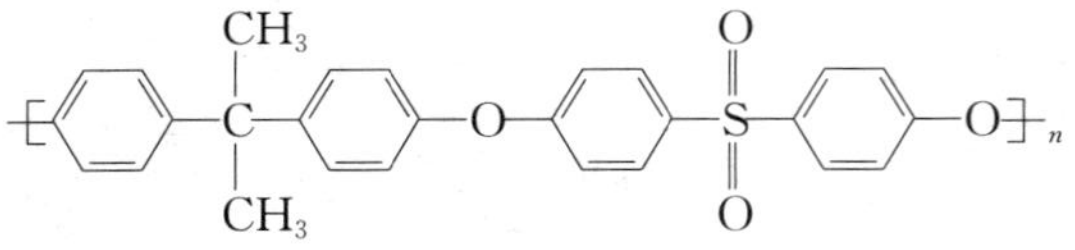 	突出的耐高温、耐低温性能，可在-100~150℃下长期使用，在高温下能保持良好的机械性能、电绝缘性好、透明度很高，但加工性能不好、耐溶剂性差	代替有色金属、黑色金属，应用于电气、电子工业、汽车、飞机制造业
聚苯醚(PPO)	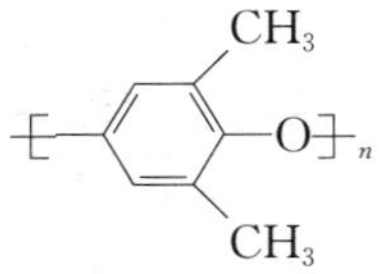	刚性强、热变形温度高、吸水性小、电气性能优良、高度耐化学腐蚀	代替青铜等有色金属、制无声齿轮、凸轮轴承等，代替不锈钢制作化工设备、医疗器材
聚酰胺(PA)	聚癸二酰癸二胺（尼龙1010） $-[\overset{\overset{O}{\parallel}}{C}(CH_2)_8\overset{\overset{O}{\parallel}}{C}NH(CH_2)_{10}NH]_n-$	耐油性极高、机械强度良好、耐磨，但抗化学腐蚀能力较差	代替青铜等有色金属制造轴承、齿轮、泵叶轮套、输油管、电缆护套及汽车部件等

（续表）

名　称	化　学　式	性　能	用　途
聚甲基丙烯酸甲酯(PMMA)	$-[CH_2-\underset{COOCH_3}{\overset{CH_3}{C}}-]_n$	高度透明光洁，能透过 90%～92% 普通光、72% 紫外光，质轻，不易碎，电绝缘性好，耐老化，易加工，耐磨性较差	光学仪器，飞机、汽车、电信仪表，医疗器械中的透明装置，电绝缘材料
聚四氟乙烯(PTFE)	$-[CF_2-CF_2-]_n$	优良的耐高温、耐低温性能(-200～250℃)，优异的耐化学腐蚀性，优异的介电性能和低的摩擦系数，但强度低，加工困难	工业垫圈、管道、阀门，化工设备耐磨蚀材料，水下电气绝缘材料以及原子能和航空工业用的特种材料
ABS	—	具有韧、硬、刚相均衡的优良力学性能，电绝缘性能、耐化学腐蚀性能，尺寸稳定性好，表面光洁性好，易涂装和着色，但耐热性不太好，耐候性较差	汽车、电器仪表，机械结构零部件如齿轮，叶片，把手，仪表盘等
酚醛树脂(PF)	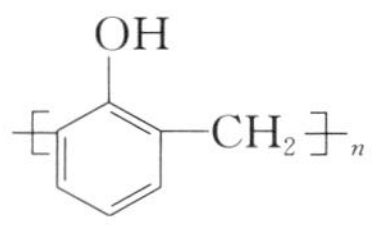 $-[\overset{OH}{\underset{}{C_6H_3}}-CH_2-]_n$	电绝缘性能和力学性能良好，耐水性，耐酸性和耐蚀性能优良	电器绝缘制品，机械零件，黏结材料及涂料

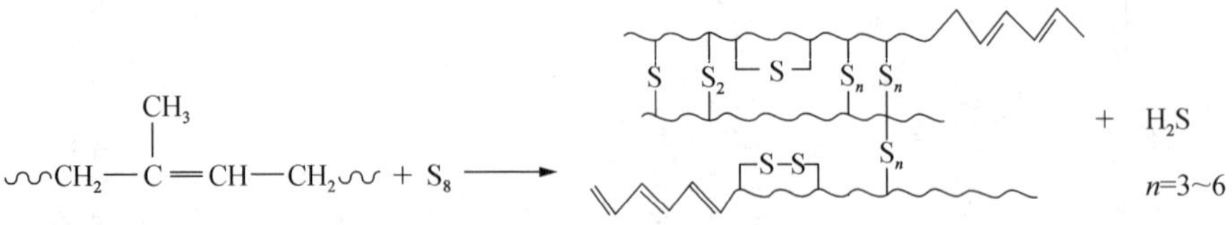

图 6-8　橡胶的硫化

由于单纯硫化的橡胶抗张强度、硬度、耐磨性、抗撕裂等性能还是不够理想。因此,在硫化之前要添加填料来改进。最常用的填料有碳黑、黏土、白垩等,其中碳黑对橡胶的强度有很大补强作用,故也称为增强填料;而黏土和白垩对橡胶的物性影响较小,称为"惰性"填料。在加工汽车轮胎等制品时,还要加入一些合成纤维,以进一步增强橡胶制品的使用强度,通常称为帘子线,俗称"嵌发丝"。

实际上,目前全世界的橡胶产品中,天然橡胶仅占 15% 左右,其余都是合成橡胶,其原料来自石油化工产品,种类和性能因单体的不同而各有差异。合成橡胶按性能和用途可分为通用橡胶和特种橡胶。通用橡胶性能与天然橡胶相似,物理机械性能与加工性能好,能广泛用作轮胎和胶管、胶鞋、手套等橡胶制品,用量较大。例如,丁苯橡胶占合成橡胶产量的 60%;其次是顺丁橡胶,占 15%;此外还有异戊橡胶、氯丁橡胶、丁钠橡胶、乙丙橡胶、丁基橡胶等。特种橡胶具有特殊的性能,专门用于耐热、耐寒、耐溶剂、耐辐射、耐化学腐蚀等,如硅橡胶、含氟橡胶、丁腈橡胶等,在宇航、核工业等领域得到了应用。表 6-5 列出了天然橡胶和几种合成橡胶的化学组成和用途。

表 6-5　天然橡胶和几种合成橡胶的化学组成和用途

名　称	单　体	化 学 组 成	特点、用途
天然橡胶	—	$\left[CH_2-CH=C-CH_2\right]_n$ 的 CH_3	弹性好,做轮胎、胶管、胶鞋、胶黏剂等
顺丁橡胶	$CH_2=CH-CH=CH_2$	$\left[CH_2-CH=C-CH_2\right]_n$	弹性很好,耐磨,做飞机轮胎
丁苯橡胶	$CH_2=CH-CH=CH_2$ $CH=CH_2$	$\left[CH_2CH=CHCH_2CHCH_2\right]_n$	耐磨,价格低,产量大,做外胎、地板、鞋等

（续表）

名　称	单　体	化　学　组　成	特点、用途
氯丁橡胶	$CH_2\!=\!CH\!-\!\underset{\underset{Cl}{\vert}}{C}\!=\!CH_2$	$\{CH_2\!-\!CH\!-\!\underset{\underset{Cl}{\vert}}{C}\!-\!CH_2\}_n$	耐油,不燃,耐老化,可制耐油制品、运输带、胶黏剂
丁腈橡胶	$CH_2\!=\!CH\!-\!CH\!=\!CH_2$ $CH_2\!=\!\underset{\underset{CN}{\vert}}{CH}$	$\{CH_2CH\!=\!CHCH_2\underset{\underset{CN}{\vert}}{CHCH_2}\}_n$	耐油,耐酸碱,做油封垫圈、胶管、印刷辊等

3. 合成纤维

纤维分为天然纤维和化学纤维两大类,化学纤维又可分为人造纤维和合成纤维。棉、麻、丝、毛属天然纤维。人造纤维是以天然高分子纤维素或蛋白质为原料,经过化学改性而制成的,如黏胶纤维(人造棉)、醋酸纤维(人造丝)、再生蛋白质纤维等。合成纤维是由线型结构的高相对分子质量聚合物经过适当的方法纺丝得到的。合成纤维的品种很多,最重要的品种是聚酯纤维、聚酰胺纤维、聚丙烯腈纤维,它们占世界合成纤维总产量的90%以上。此外还有聚乙烯醇缩甲醛(维纶)、聚丙烯(丙纶)、聚氯乙烯(氯纶)等。

（1）聚酯纤维。

聚对苯二甲酸乙二醇酯(PET)是典型的聚酯纤维,它是目前产量最高的合成纤维,商品名涤纶。由对苯二甲酸和乙二醇缩聚得到 PET 分子,可表示如下,

$$\left\{OCH_2CH_2O\!-\!\overset{\overset{O}{\|}}{C}\!-\!\!\!\diagup\!\!\bigcirc\!\!\diagdown\!\!-\!\overset{\overset{O}{\|}}{C}\right\}_n$$

由于 PET 的分子链结构中含有苯环和酯基($-\overset{\overset{O}{\|}}{C}\!-\!OR$)等刚性基团,使分子排列规整、紧密,结晶度较高,因而 PET 纤维不易变形,受力形变后也易恢复,弹性好,强度高,耐磨性仅次于尼龙,并且耐光、耐蚀、耐蛀,特别是易洗易干,做成的衣服外形挺括,抗皱性好于其他纤维,是理想的纺织材料。主要用作织衣料,也可在工业上做运输带、轮胎帘子线、工业滤布、缆绳、渔网等。其突出缺点是吸湿性差、染色性差、易起球、易起静电、手感不够柔软。与对羟基苯甲酸等共聚,

或与棉、麻、羊毛等混织可消除易起静电的缺点。

（2）聚酰胺纤维。

聚酰胺纤维是世界上最早工业化生产的合成纤维，可由二元胺与二元酸缩聚得到，其结构通式如下：

$$\begin{array}{ccccccc} & O & & & O & H & & & & H \\ & \parallel & & & \parallel & \mid & & & & \mid \\ \sqsubset C & - (CH_2)_x & - & C & - & N & - (CH_2)_y & - & N \sqsupset_n \end{array}$$

商品名尼龙，也叫锦纶，最常见的是尼龙-6和尼龙-66。聚酰胺纤维的特点是强度高，耐冲击性好，弹性、耐疲劳性好，耐磨性优于其他纤维，染色性良好，相对密度小。这些优越的性能是由其结构决定的。聚酰胺分子链中存在酰胺基

$$\begin{array}{c} O \\ \parallel \\ (-C-NH-) \end{array}$$
和亚甲基（$-CH_2-$）。前者可形成很多数目的分子间氢键，使分子链之间的作用力大为加强，保证了织物的强度；后者 C—C 单键的可活动性保证纤维具有一定的弹性。聚酰胺纤维的缺点是容易变形，耐热、耐光性差，吸湿性低于天然纤维和人造纤维，因此穿着不够舒适。为此，人们采用物理和化学方法将聚酰胺纤维改性，得到综合性能更好的纤维。尼龙在民用上主要用于制作服装以及地毯等家用织物，在工业上用于制作渔网、帐篷、降落伞、宇航飞行服、传送带等，也可用作飞机和载重汽车轮胎中的帘子线。

（3）聚丙烯腈纤维。

聚丙烯腈是由丙烯腈经自由基聚合得到的，商品名腈纶。

$$n CH_2 = CH \longrightarrow \sqsubset CH_2 - CH \sqsupset_n$$
$$\qquad\quad \mid \qquad\qquad\qquad \mid$$
$$\qquad\quad CN \qquad\qquad\qquad CN$$

由于丙烯腈的分子主链上强极性侧基—CN 基团的相互排斥作用，使分子链不能整齐地堆砌而形成较为完整的晶体。因而聚丙烯腈纤维能发生热弹性回缩。同时，由于强极性侧基—CN 基团的存在，使聚丙烯腈纤维不溶于一般的非极性溶剂，而易溶于极性较强的溶剂，如二甲亚砜等。其缺点是染色性和回弹性欠佳。聚丙烯腈纤维柔软、轻盈、保暖，有人造羊毛之称。它虽比羊毛轻 10% 以上，强度却大 2 倍多。由于这些特性，因而广泛应用于制造各种似毛的呢料、针织品和长绒织物。腈纶不发霉，耐蛀，耐光性、耐气候性也较好，特别适合制造帐篷、炮衣、幕布、窗帘等织物。

6.3.6　功能高分子材料

在合成高分子的主链或支链上接上带有某种功能的官能团,使高分子具有特殊的功能,满足光、电、磁、化学、生物、医学等方面的功能要求,这类高分子通称为功能高分子。功能高分子材料可以制成各种质轻柔顺的纤维或薄膜,已在许多领域中得到成功的应用,成为合成高分子材料中很有发展前途的一个分支。

目前已开发成功的功能高分子材料如下: ① 化学功能高分子材料有感光高分子材料、氧化还原树脂、离子交换树脂、高分子催化剂、光降解塑料、高分子试剂、固体电介质;② 以物理功能为主的功能高分子材料有导电聚合物、压电高分子、高分子驻极体、旋光性高分子、高分子载体、磁记录高分子材料、高分子颜料及荧光体、高分子发光体;③ 介于化学、物理之间或具有复合功能的功能高分子材料有高分子吸附剂、絮凝剂、表面活性剂、染料、功能膜、稳定剂、高吸水材料;④ 生理功能为主的高分子材料有医用高分子材料、医药、农药、生物降解性塑料。

功能高分子具有特殊功能与其结构密不可分。多数功能高分子由特殊基团和高分子骨架两个部分组成,一般分为以下四种情况:

(1) 基团对特殊功能起主要作用,高分子骨架则起支撑、分隔等辅助作用。如离子交换树脂中的磺酸或季铵基团,起离子交换或催化作用,而交联聚苯乙烯母体起支撑作用。

(2) 基团和高分子骨架协同作用,如固相合成用高分子试剂聚对氯甲基苯乙烯,氯甲基与氨基酸反应,形成高分子底物,基团和高分子底物缺一不可。

(3) 大分子骨架和基团合一,如聚乙炔大共轭体系具有导电特性,这种具有大的共轭体系的导电高分子材料近年来被开发利用,例如有机发光二极管(OLED)的应用。

(4) 高分子骨架提供主要功能,基团起辅助作用,如主链型芳香族聚酰胺液晶高分子。

下面介绍几种常用的功能高分子。

1. 离子交换树脂

离子交换树脂是具有分离与吸附功能的功能高分子。早在 20 世纪 30 年代,人们就开始生产苯酚-甲醛系阴、阳离子交换树脂,用于制造脱盐水,此后得到了迅速发展。离子交换树脂由三部分组成:一是网状结构的高分子骨架,二是连接在骨架上的官能团,三是和官能团带相反电荷的可交换离子,三者共同存在于每粒离子交换珠体之中。离子交换树脂可以分为三类：① 阳离子交换树脂，带有酸性官能团，如—SO_3H、—$PO(OH)_2$、—COOH 等，并能够与阳离子进行交换；② 阴离子交换树脂，带有碱性官能团，如—N^+R_3Cl、—NR_2、—NRH等，能够与阴离子发生交换；③ 其他树脂，带有螯合基、氧化还原基、阴阳两性基的树脂。使用一段时间后，离子交换树脂的交换能力下降，这时可用酸、碱、盐再生。

离子交换树脂在水处理、湿法冶金、分析分离、食品工业中都得到了广泛应用，在酶与微生物的固定化、医用、生物方面的应用也得到了人们的重视。图 6-9 所示是离子交换树脂和交换柱处理水装置。

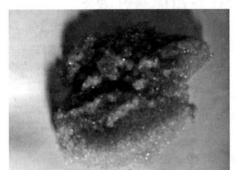

图 6-9 离子交换树脂和交换柱处理水装置

2. 医用高分子

医用高分子的研究已有半个多世纪的历史，它不仅大量应用于注射器、高分子缝合线、医用胶黏剂等方面，还用于制造人工脏器、人工器官。现在，人们已合成出了多种含高分子的药物，对各种疾病的治疗发挥着越来越重要的作用。目前已知可用于制造人造器官的合成高分子材料有尼龙、环氧树脂、聚乙烯、聚乙烯醇、聚甲醛、聚甲基丙烯酸甲酯、聚四氟乙烯、聚醋酸乙烯酯、硅橡胶、聚氨酯、聚碳酸酯等。除了脑、胃和部分内分泌器官外，人体中几乎所有器官都可用高分子材料制造。表 6-6 列出了一些医用高分子材料及其用途。

表 6-6 一些医用高分子材料及其用途

人工器官	医 用 高 分 子 材 料
人工血管	聚酯，聚四氟乙烯，聚乙烯醇缩甲醛海绵等
人工心脏	聚氨酯橡胶，聚硅橡胶，聚四氟乙烯等

（续表）

人工器官	医 用 高 分 子 材 料
人工气管	聚乙烯,聚乙烯醇,硅橡胶等
人工肾	聚丙烯,醋酸纤维素,聚酯纤维等
人工角膜	硅橡胶,聚甲基丙烯酸甲酯等
人工皮肤	聚乙烯醇缩甲醛,尼龙,涤纶,多肽等
人工肺	聚四氟乙烯,聚碳酸酯,聚丙烯等
人工骨	聚甲基丙烯酸甲酯,酚醛树脂等
人工肌肉	硅橡胶和涤纶织物等
注射器	聚乙烯,聚丙烯
血液导管	聚氯乙烯,聚乙烯,尼龙等

3. 高分子功能膜

高分子膜材料主要用于分离和催化领域,这里介绍几种膜材料。

（1）反渗透膜。

反渗透膜主要是不对称膜、复合膜和中空纤维膜。不对称膜的表面活性层上的微孔很小(约 2 nm),大孔支撑层为海绵状结构;复合膜由超薄膜和多孔支撑层等组成。超薄膜很薄,只有 0.4 mm,有利于降低流动阻力,提高透水速率;中空纤维反渗透膜的直径极小,壁厚与直径之比较大,因而不需支持就能承受较高的外压。

反渗透膜的材料主要有醋酸纤维素、聚酰胺、聚苯并咪唑、磺化聚苯醚等。醋酸纤维素膜透水量大,脱盐率高,价格便宜,应用普遍。芳香聚酰胺膜具有优越的机械强度,化学性能稳定,耐压实,能在 pH 值 4～10 的范围内使用。聚苯并咪唑反渗透膜则能耐高温,吸水性好,适用于在较高温度下的作业。反渗透装置已成功地应用于海水脱盐,水质可达到饮用级。海水淡化的原理是利用只允许溶剂透过,而不允许溶质透过的半透膜,将海水与淡水分隔开。用反渗透法(reverse osmosis,RO)进行海水淡化时,因其含盐量较高,除特殊高脱盐率膜以外,一般均须采用二级 RO 淡化。海水脱盐成本较高,主要用于特别缺水的中东产油国,目前世界上最大的海水淡化厂在沙特阿拉伯。

（2）超滤膜。

超滤膜是指具有 $1\sim20$ nm 细孔的多孔质膜，它几乎可以完全将溶液中的病毒、高分子胶体等微粒子截留分离。

（3）微滤膜。

微滤膜是指孔径范围为 $0.01\sim10$ μm 的多孔质分离膜，它可以把细菌、胶体以及气溶胶等微小粒子从流体中比较彻底地分离除去。流体中含有粒子的浓度不同，微滤膜的使用方式也不同。当浓度较低时，常常使用一次性滤膜；当浓度较高时，需要选择可以反复使用的膜。

（4）气体分离膜。

气体分离中常用的高分子膜，是非对称的或复合膜，其膜表层为致密高分子层，即非多孔高分子膜。这种膜材料需要具有优良的渗透性。

（5）催化膜。

在膜反应器中，利用膜的载体功能将催化剂固定在膜的表面或膜内。有些膜材料本身就具有催化活性。在反应涉及加氢、脱氢、氧化以及与氧的生成有关时，则常采用金属膜、固体电解质膜，这些膜具有选择性透过氢和氧的能力。

4. 高吸水性高分子

高吸水性高分子材料是指其吸水能力至少超过其自身质量数百倍的特殊吸附性树脂，是一种重要的功能高分子材料。1974 年由美国农业部的研究人员开发研制，高吸水性树脂已经开发出淀粉衍生物系列、纤维素衍生物系列、甲壳质衍生物系列、聚丙烯酸系列和聚乙烯醇系列等。

高吸水性高分子材料之所以能够吸收高于自身质量数百倍，甚至上千倍的水分，其特殊的结构特征起到了决定性作用。作为高吸水性树脂从化学结构上来说主要具有以下特点。

（1）树脂分子中具有强亲水性基团，如羟基、羧基等。这类聚合物分子都能够与水分子形成氢键，因此对水有很高的亲和性，与水接触后可以迅速吸收并被水所溶胀。

（2）树脂具有交联型结构才能在与水相互作用时不被溶解成溶液。

（3）聚合物内部应该具有浓度较高的离子性基团，大量离子性基团的存在可以保证体系内部具有较高的离子浓度，从而在体系内外形成较高的指向体系内部的渗透压，在此渗透压作用下，环境中的水具有向体系内部扩散的趋势，因此,较高的离子性基团浓度将保证吸水能力的提高。

（4）聚合物应该具有较高的相对分子质量,相对分子质量增加,吸水后的机械强度增加,同时吸水能力也可以提高。

高吸水性树脂之所以能够吸收大量水分而不流失主要是基于材料亲水性、溶胀性和保水性等性质的综合体现。其吸水过程主要经过以下几个步骤。

（1）首先,由于树脂内亲水性基团的作用,水分子与亲水性基团之间形成氢键,产生强相互作用,进入树脂内部将树脂溶胀,并且在树脂溶胀体系与水之间形成一个界面。

（2）进入体系内部的水将树脂的可解离基团水解离子化,产生的离子（主要是可移动的反离子）使体系内部水溶液的离子浓度提高,这样在体系内外由于离子浓度差别产生渗透压,此时,渗透压的作用促使更多的水分子通过界面进入体系内部。由于聚合物链上离子基团对可移动反离子的静电吸引作用,这些反离子并不易于通过扩散转移到体系外部,因此,渗透压得以保持。

（3）一方面随着大量水分子进入体系内部,聚合物溶胀程度不断扩大,呈现被溶解的趋势；另一方面,聚合物交联网络的内聚力促使体系收缩,这种内聚力与渗透压达到平衡时水将不再进入体系内部,吸水能力达到最大化。水的表面张力和聚合物网络结构共同作用,吸水后体系形成类似凝胶状结构,吸收的水分呈固化状态,即使在轻微受压时吸收的水分也不易流失。这一点与常规吸水材料的外部吸水模式明显不同。

最早的高分子吸水材料首先用于农业上的保水、制造纸尿裤和妇女卫生巾。这种用高吸水性高分子做成的纸尿片,即使吸入相当于自身质量数百倍的水,依然滴水不漏,干爽通气。有些高吸水性高分子还可以做保鲜包装材料,也适宜做人造皮肤的材料。此外,还有人已经开始利用高吸水性高分子来防止土地沙漠化。

目前合成高分子材料的产量和消耗量从体积上早已远远超过了金属,由于这类合成高分子非常稳定,耐酸耐碱,不蛀不霉,把它们埋入地下,上百年也不会腐烂,高分子制品废弃后对环境的污染问题已经成为制约高分子发展的最主要因素。因此,人们致力于开发使用寿命更长的高分子材料,以减少废弃物的排放,或采用可降解高分子制品,使其降解后回归自然界,或对已经废弃的高分子制品回收利用,加工成各种化学品或作为燃料加以利用。

6.4 今日话题：共价适应性网络—— 可持续的新一代聚合物材料

游正伟，张璐之

纤维材料改性国家重点实验室，东华大学材料科学与工程学院

聚合物材料的结构具有多样性，各种性能可调性强，是一类最重要的材料，在各领域得到了广泛应用。目前，全球合成聚合物的年产量约为 4 亿吨，并且人们对聚合物的需求持续增长，预计 2035 年将超过 6 亿吨。然而，聚合物材料的生产和使用也导致了大量废弃聚合物的产生。例如，近年来仅中国每年产生的废弃聚合物就超过 3 000 万吨，由此引发了一系列令人关注的资源和环境问题，废弃聚合物对生态环境以及人类和动物的健康造成了严重的负面影响。为此，人们提出了多种策略试图解决这些问题，包括减少废弃聚合物的产生，对废弃聚合物进行回收利用，大力发展生物基聚合物，提高可降解聚合物的使用比例等。

根据分子结构不同，聚合物材料通常可以分为两大类，即热塑性聚合物和热固性聚合物。热塑性聚合物中不存在共价交联结构，可以方便地进行加工，但其力学强度、热稳定性和耐溶剂性较差。热固性聚合物具有共价交联的网络结构，具有相对优异的力学性能和结构稳定性。然而，加热后较差的流动性导致热固性聚合物难以再次加工，这也造成了资源浪费和环境污染。尽管某些热固性聚合物可以转换成单体之后再次用于制备相应的聚合物，然而这种方法仅适用于特殊结构的聚合物，且单体回收过程中通常需要强酸、强碱或高温等苛刻条件，阻碍了该方法的大规模使用。

这里我们来介绍一类新型聚合物——基于动态共价键设计的聚合物网络，也称为"共价适应性网络"（covalent adaptable networks，CANs）。其中，所用的动态共价键包括狄尔斯-阿尔德反应、酯交换反应、二硫键、硼酯键、氨基甲酸酯键、大位阻脲键、亚胺键和肟氨酯键等。共价适应性网络突破了传统的热塑性聚合物材料和热固性聚合物材料之间的界限，可以在特定条件下表现出自愈合性、可重加工性等优异性能。其中，共价适应性网络的自愈合性可以延长聚合物材料的使用寿命，从而减少废弃聚合物的产生；可重加工性则是对废弃聚合物回收利用的关键。因此，共价适应性网络的出现为解决上述资源和环境问题提供了

一种颇有前景的新途径。

对于聚合物的加工而言,加热是简单常用的条件,因此热激活的共价适应性网络是目前的主要研究方向。按照动态共价键交换方式的不同,可以将共价适应性网络分为解离型和缔合型两种(见图 6‑10):在网络重排过程中,前者的动态共价键遵循断键、成键的顺序,在此过程中聚合物网络的交联密度会降低;而后者的动态共价键遵循成键、断键的顺序,在此过程中聚合物网络的交联密度基本保持不变。在高温下,动态共价键之间的交换速度加快,共价适应性网络表现出类似于热塑性聚合物的流动性,便于加工;在使用温度下,动态共价键之间的交换被冻结,共价适应性网络表现出与热固性聚合物相媲美的力学强度、热稳定性和耐溶剂性。

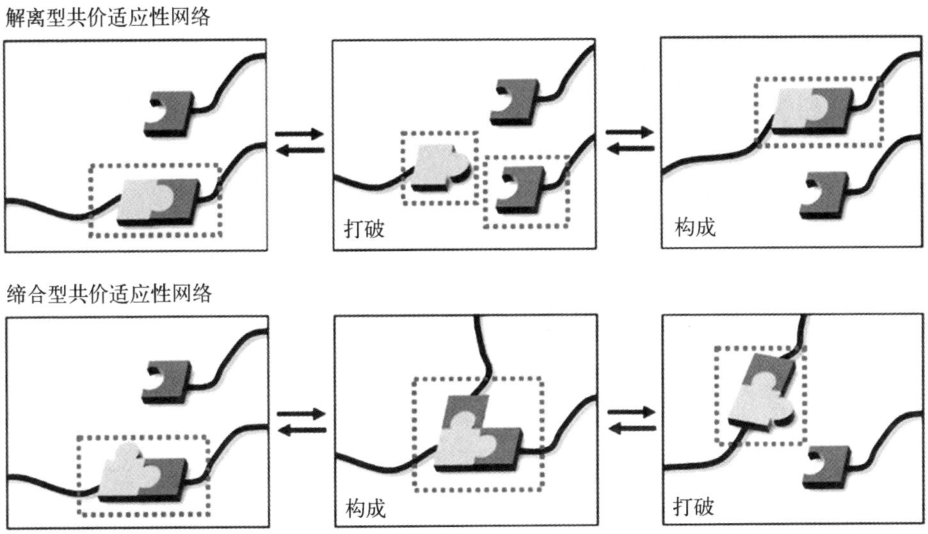

解离型共价适应性网络

缔合型共价适应性网络

图 6‑10　共价适应性网络的分类:解离型共价适应性网络和缔合型共价适应性网络

聚合物材料在使用过程中不可避免地会损坏,导致其相关性能的劣化甚至整体功能的丧失,从而大大缩短了材料的使用寿命,产生废弃聚合物。受自然界动植物在受到外界伤害后伤口可以自行愈合的启发,研究人员研制了具有自愈合功能的聚合物,有助于提高材料的使用安全性、延长使用寿命和降低维护成本,特别适合在难以维护的环境中(如深海、太空、体内等)使用。赋予聚合物材料自愈合性能的最初设计是在聚合物材料中预先包埋修复剂(如单体、催化剂、引发剂等)。当材料受到损伤后,含有修复剂的微胶囊或微脉管破裂并释放出修复剂,原位发生化学反应,从而实现聚合物材料损伤处的自愈合(见图6-11)。这种形式的自愈合也称为外援型自愈合。但是,随着修复剂在愈合过程中的消耗殆尽,聚合物材料将无法再次实现自愈合。后来,研究人员发现共价适应性网络可以通过动态键在材料损伤处的可逆重组实现材料的自愈合,而动态键的可逆反应理论上可以发生无限次。因此,通过构筑共价适应性网络实现聚合物材料的自愈合性能,是目前自愈合聚合物领域的重要研究方向之一,这种自愈合形式也称为本征型自愈合。

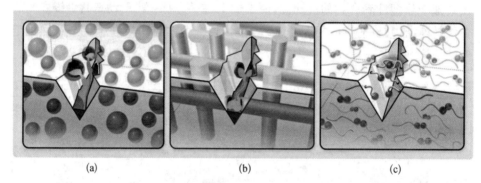

图6-11 实现聚合物材料自愈合的方法:基于(a)微胶囊和(b)微脉管的外援型自愈合聚合物,(c)基于动态键的本征型自愈合聚合物

近年来,随着资源与环境问题越来越受到重视,以及"碳中和"等相关政策的实施,共价适应性网络的发展进一步加快,并在多个方面取得了显著进展:发展了一系列新型动态键并构筑了具有独特性能的共价适应性网络,提出了一系列共价适应性网络回收和自愈合的新机制,验证了共价适应性网络在人工智能、生物医学、电子器件等领域的广阔应用前景。可以预见,在未来该类材料将会发挥越来越大的作用。

参考文献

[1] Danso D, Chow J, Streit W R. Plastics: environmental and biotechnological perspectives on microbial degradation[J]. Applied and Environmental Microbiology. 2019, 85(19): e01095-19.

[2] Anwar M K, Shah S A R, Alhazmi H. Recycling and utilization of polymers for road construction projects: an application of the circular economy concept[J]. Polymers. 2021, 13(8): 1330.

[3] Geyer R, Jambeck J R, Law K L. Production, use, and fate of all plastics ever

made[J]. Science Advances. 2017, 3(7): e1700782.

[4] Chen Y D, Cui Z J, Cui X W, et al. Life cycle assessment of end-of-life treatments of waste plastics in china[J]. Resources, Conservation and Recycling. 2019, 146: 348 – 357.

[5] Carbery M, O'connor W, Thavamani P. Trophic transfer of microplastics and mixed contaminants in the marine food web and implications for human health[J]. Environment International. 2018, 115: 400 – 409.

[6] Fortman D J, Brutman J P, De Hoe G X, et al. Approaches to sustainable and continually recyclable cross-linked polymers [J]. ACS Sustainable Chemistry & Engineering. 2018, 6(9): 11145 – 11159.

[7] Podgórski M, Fairbanks B D, Kirkpatrick B E, et al. Toward stimuli-responsive dynamic thermosets through continuous development and improvements in covalent adaptable networks (CANs)[J]. Advanced Materials. 2020, 32(20): e1906876.

[8] Zhang L Z, You Z W. Dynamic oxime-urethane bonds, a versatile unit for high performance self-healing polymers for diverse applications [J]. Chinese Journal of Polymer Science. 2021, 39: 1281 – 1291.

[9] 吴思武,唐征海,郭宝春.动态共价键交联橡胶的设计和性能[J].高分子学报.2019,50: 442 – 450.

[10] 张泽平,容敏智,章明秋.基于可逆共价化学的交联聚合物加工成型研究—聚合物工程发展的新挑战.高分子学报.2018,7: 829 – 852.

[11] Zhang Z P, Rong M Z, Zhang M Q. Polymer engineering based on reversible covalent chemistry: a promising innovative pathway towards new materials and new functionalities [J]. Progress in Polymer Science. 2018, 80: 39 – 93.

[12] Wang S Y, Urban M W, Self—healing polymers. Nature Reviews Materials[J]. 2020, 5 (17): 562 – 583.

[13] Yang Y, Urban M W, Self — healing of polymers via supramolecular chemistry. Advanced Materials Interfaces[J]. 2018, 5(17): 1800384.

[14] Scheutz G M, Lessard J J, Sims M B, et al. Adaptable crosslinks in polymeric materials: resolving the intersection of thermoplastics and thermosets. Journal of the American Chemical Society[J]. 2019, 141(41): 16181 – 16196.

[15] Kloxin C J, Scott T F, Adzima B J, et al. Covalent adaptable networks (CANs): a unique paradigm in cross: linked polymers. Macromolecules [J]. 2010, 43 (6): 2643 – 2653.

[16] Wu Y H, Wei Y, Ji Y. Polymer actuators based on covalent adaptable networks. Polymer Chemistry[J]. 2020, 11(33): 5297 – 5320.

[17] Yang Y, Dang Z-M, Li Q, et al. Self — healing of electrical damage in polymers[J]. Advanced Science. 2020, 7(21): 2002131.

[18] Diesendruck C E, Sottos N R, Moore J S, et al. Biomimetic self-healing [J].

Angewandte Chemie International Edition. 2015，54(36)：10428 - 10447.

[19] Patrick J F, Robb M J, Sottos N R, et al. Polymers with autonomous life：cycle control [J]. Nature. 2016，540(7633)：363 - 370.

[20] Blaiszik B J, Kramer S L B, Olugebefola S C, et al. Self-healing polymers and composites. Annual Review of Materials Research[J]. 2010，40：179 - 211.

[21] Aguirresarobe R H, Nevejans S, Reck B, et al. Healable and self-healing polyurethanes using dynamic chemistry[J]. Progress in Polymer Science. 2021，114：101362.

第 6 章 习 题

6.1 画出金属 Mg(导体)、Si(半导体)、金刚石(绝缘体)能带示意图,标出导带、价带、禁带。

6.2 金属锻打和现今的热处理不同,但一样能打出锋利的剑,锻打的过程金属发生了什么变化? 锋利的剑属于纯金属还是合金?

6.3 半导体有哪些类型? 各有什么特点? 掺杂半导体有哪两种类型? 其导电的机理有什么不同? 请分别举例说明。

6.4 周期表中金属元素的分区与工程上使用的金属材料的性能有什么内在联系? 轻金属为什么集中在 s 区及其附近?

6.5 什么叫合金? 有哪些类型? 新型合金材料和传统合金材料有什么不同? 简述耐蚀合金的基本原理,为什么金属铬具有耐蚀性?

6.6 普通水泥和普通玻璃在制备原料上有何不同? 传统陶瓷与精细陶瓷有哪些区别?

6.7 下列哪些物质可能发生加聚反应? 生成何种物质?

$$CH_2{=}CH{-}OR，\qquad \underset{\text{COOH}}{\bigcirc}\overset{O}{\parallel}C{-}OH，\qquad CH_2{=}CH\underset{COOCH_3}{|}，\qquad H{-}\overset{O}{\overset{\parallel}{C}}{-}H$$

6.8 下列哪两种物质之间可能发生缩聚反应? 请写出其反应式。

$$HOCH_2CH_2CH_2CH_2OH \qquad HOCCH_2CH_2COH \qquad HO{-}C{-}\bigcirc{-}C{-}OH$$

$$H_3CO{-}C{-}\bigcirc{-}C{-}OCH_3$$

6.9 写出下列单体的聚合反应式,以及单体、聚合物的名称。

(1) $CH_2=CHF$　　(2) $CH_2=C(CH_3)_2$　　(3) HO⬡$COOH$

(4) ⬡$_O$

6.10 测得聚苯乙烯和聚乙烯的平均分子质量均为 10^5,计算它们的平均聚合度 n。

6.11 塑料可以燃烧产生热量,请计算说明 100 g 聚丙烯燃烧生成 CO_2 和水放出的热量。与煤气 CO 相比,哪一个单位质量放出的热量更高?

6.12 写出由氯乙烯聚合生成聚氯乙烯的反应,聚氯乙烯的分子链可能有哪些排列方式? 在聚合反应的过程中 Cl—C—H 键的键角是如何变化的?

6.13 天然橡胶为什么要硫化后才能使用?

6.14 分析表 6-3 列出了 7 种常见的塑料,回答下列问题:

(1) 哪些容易溶解于甲苯、丙酮、乙酸乙酯等常见的有机溶剂中?

(2) 哪些容易结晶? 哪些不容易结晶?

(3) 哪些塑料制成的塑料器皿可以放在微波炉中加热?

6.15 尼龙-66 分子链之间可以形成氢键,请写出其结构。氢键的形成会对尼龙-66 的性质产生什么样的影响?

6.16 Kevlar 是一种强度很高的聚合物,可它制造的绳子用于海水和钻井平台,其强度相当于钢丝绳强度的 20 倍,也可用于制造防弹背心,合成它的单体为

$$H_2N-\bigcirc-NH_2 \qquad HO-\overset{O}{\underset{}{C}}-\bigcirc-\overset{O}{\underset{}{C}}-OH$$

(1) 写出其缩聚反应式。

(2) 注明两条分子链之间的氢键。

(3) 与钢丝绳相比,它在海水中使用有什么优点?

6.17 食品保鲜膜采用的是聚乙烯还是聚氯乙烯? 为什么? 如何鉴别这两种塑料膜?

6.18 有机玻璃是什么聚合物? 它为什么透明? 树脂镜片也是这种聚合物吗? 这些聚合物制成的透明材料有什么缺点?

6.19 制备高吸水性树脂的原料大多是水溶性的线型聚合物,经过怎样的处理形成什么特殊结构才能有使其遇水不会溶解掉而达到保水的目的?

第7章 有机化学

7.1 有机化合物概述

享有盛名的瑞典化学家——贝采利乌斯(Berzelius)在 1806 年首先引用了有机化学这个名称,把有机化合物和有机化学定义为"从有生命的动植物体内得到的化合物为有机化合物,研究这些化合物的化学称作有机化学",其目的是区别于研究其他矿质的化学——无机化学。但他认为有机物只能在生物细胞中受一种特殊力量——生活力的作用才会产生出来,在实验室内是无法人工合成有机化合物的。这一思想曾一度统治了有机化学界,阻碍了有机化学的发展。1828 年,德国人维勒(Wöhler)第一次人工合成了尿素,但是这一重要发现,并没有得到贝采利乌斯等化学家的承认。随着科学的发展,更多的有机物被人工合成,"生活力论"才彻底被否定,从此有机化学进入了人工合成的时代。

随着科学的发展,人们对有机、无机两类物质的认识及其内涵已发生了深刻的变化,现在主要是通过物质的分子组成、结构的特点及其所表现的性质、变化规律来认识物质的。根据物质的元素组成,一切有机化合物均含有碳元素,有机化合物可定义为含碳的化合物。绝大多数有机化合物还含有氢元素,由于碳原子和氢原子的特殊结构,它们彼此可以结合成数量很多、结构上高度严谨有序的化合物,由碳和氢两种元素组成的化合物称为烃。从结构上看,可以认为其他有机化合物是以烃的结构为基础衍变而成的,因此,有机化合物又可定义为烃及其衍生物。除碳和氢外,很多有机化合物还含有氧、硫、氯、磷和卤素等。应该指出,从性质上看,一氧化碳、二氧化碳、碳酸盐等含碳化合物与无机物相似,一般把它们归类于无机物。从图 7-1 碳在自然界中的循环示意图可以看出,尽管"有机化学"的名称仍在沿用,但其含义已经变化了。

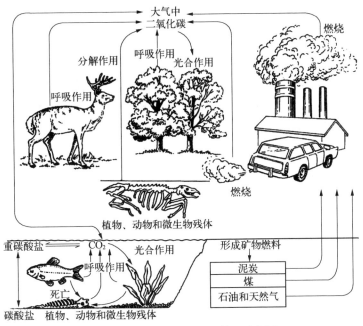

图 7-1 碳在自然界中的循环示意图

7.1.1 有机化合物的结构特点

由于碳原子具有极强的成键能力,它不仅容易与许多其他元素的原子结合,而且碳原子彼此也容易通过共价键相互结合。有机化合物分子中常含有多个碳原子,各原子通过不同的结合方式、连接次序和空间排布组成不同结构、不同性质的化合物。

1. 碳原子的成键特点

不同化合物中的碳有不同的杂化形式,如甲烷、乙烷等烷烃类 C—C、C—H 键中的碳以 sp^3 杂化形式成键;乙烯、乙醛中的 C═C、C═O 键中的碳以 sp^2 杂化形式成键;乙炔、腈化物中的 C≡C、C≡N 中的碳以 sp 杂化形式成键。

共价化合物结构中用"—"表示原子之间的单键,"═"表示双键,"≡"表示叁键,这种表示方法叫作凯库勒(KeKulé)式。例如:

乙烷 CH_3—CH_3 乙炔 HC≡CH

乙酸 H_3C—$\overset{\displaystyle O}{\overset{\|}{C}}$—OH   乙酸乙酯 H_3C—$\overset{\displaystyle O}{\overset{\|}{C}}$—O—$CH_2$—$CH_3$

2. 同分异构现象

分子式相同但由于分子结构不同而形成性质不同的化合物的现象称为同分异构现象，简称异构现象。人们常把分子中各原子的结合方式和连接次序称为构造，原子在空间的排布称为构型，由于单键的自由旋转而引起的原子或原子团在空间的不同排布称为构象。异构现象可分为构造异构、构型异构和构象异构，后两种异构因涉及原子的空间排布，统称为立体异构。如：

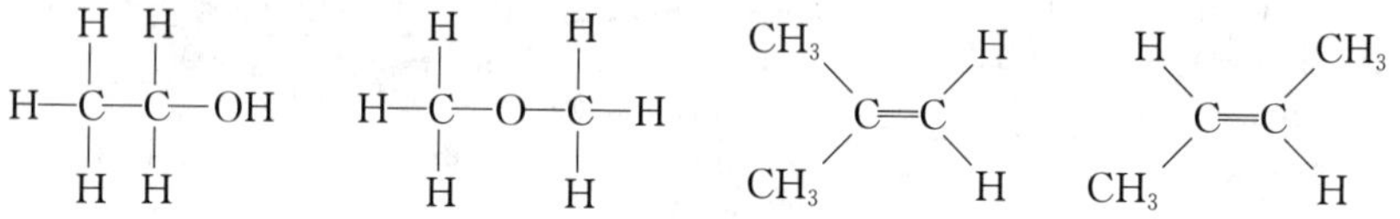

| 乙醇 | 二甲醚 | 顺-2-丁烯 | 反-2-丁烯 |

构造异构　　　　　　　　　　构型异构

为了书写上的方便，通常把构造式写成简写式，在书写时，应注意各元素的成键数，特别是注意配以适当数目的氢以满足每个碳原子形成四个共价键。如乙醇可写为 CH_3CH_2OH，二甲醚写为 CH_3OCH_3。

异构现象的存在表现了有机化合物结构的多样性和复杂性，它是有机化合物数目庞大、种类繁多的一个重要原因。所以研究异构现象的化学也称为"立体化学"。可以毫不夸张地说，"立体"贯穿于有机物和有机反应中。

7.1.2　有机化合物的分类

有机化合物数以千万计，需要一个建立在结构基础上的完整的分类方法，才有利于系统地学习和研究。分类的方法有多种，主要是按分子的碳架结构或有特征反应的官能团进行分类，这里主要介绍官能团分类。

官能团是指有机化合物分子结构中具有反应活性、决定化合物主要化学性质的原子或原子团。在官能团分类中，碳-碳双键和碳-碳叁键也可看成官能团，含有碳-碳双键的称为烯，碳-碳叁键的称为炔。常见官能团如表 7-1 所示。

表 7-1　常见官能团及其名称

官能团名称	官能团结构	化合物类名	实　　例
羧基	$\overset{O}{\overset{\|}{-C-OH}}$	羧酸	CH_3COOH（乙酸）

（续表）

官能团名称	官能团结构	化合物类名	实　　例
磺酸基	—SO₃H	磺酸	⬡—SO₃H（苯磺酸）
酯基	$\overset{O}{\overset{\|}{-C}}-OR$	酯	$CH_3\overset{O}{\overset{\|}{C}}-OC_2H_5$（乙酸乙酯）
氯代甲酰基	$\overset{O}{\overset{\|}{-C}}-X$	酰氯	$CH_3-\overset{O}{\overset{\|}{C}}-Cl$（乙酰氯）
氨基甲酰基	$\overset{O}{\overset{\|}{-C}}-NH_2$	酰胺	$CH_3-\overset{O}{\overset{\|}{C}}-NH_2$（乙酰胺）
氰基	—CN	腈	CH₃CN（乙腈）
醛基	$\overset{O}{\overset{\|}{-C}}-H$	醛	$CH_3-\overset{O}{\overset{\|}{C}}-H$（乙醛）
羰基	$\diagup C=O$	酮	$CH_3\overset{O}{\overset{\|}{C}}CH_3$（丙酮）
羟基	—OH	醇、酚	C₂H₅OH（乙醇） ⬡—OH（苯酚）
巯基	—SH	硫醇、硫酚	C₂H₅SH（乙硫醇） ⬡—SH（苯硫酚）
氢过氧基	—O—O—H	氢过氧化物	⬡—$\overset{CH_3}{\underset{CH_3}{\overset{\|}{\underset{\|}{C}}}}$—OOH （氢过氧化异丙苯）
氨基	—NH₂	胺	CH₃NH₂（甲胺）

官能团名称	官能团结构	化合物类名	实 例
亚氨基	$\diagdown$NH	仲胺、亚胺	$\begin{matrix} CH_3 \\ CH_3 \end{matrix}\!>\!NH$（二甲胺）
烷氧基	—OR	醚	CH_3OCH_3（乙醚）
卤原子	—X(F, Cl, Br, I)	卤代烃	CH_3CH_2Br（溴乙烷）
硝基	—NO_2	硝基化合物	⬡—NO_2（硝基苯）

7.1.3 有机化合物的命名

有机化合物主要根据国际纯粹和应用化学联合会(IUPAC)公布的《有机化学命名法》和《有机化合物 IUPAC 命名指南》进行命名。中国化学会依据《有机化学命名法》的原则,结合我国文字的特点制定了《有机化学命名原则》。这里简单地介绍目前通用的命名方法。

烷基:从烷烃的结构中去掉一个氢原子,余下的基团称为烷基。例如:

$$—CH_3 \qquad —CH_2CH_2CH_3 \qquad —CH_2CH(CH_3)_2 \qquad —C(CH_3)_3$$

甲基 　　　(正)丙基 　　　异丁基 　　　叔丁基

伯、仲、叔、季碳原子:

$$CH_3—CH_2—\underset{\displaystyle伯(1°)\quad 仲(2°)\quad 叔(3°)}{CH}—\overset{\displaystyle CH_3\ \ CH_3}{\underset{\displaystyle CH_3}{C}}—CH_3$$

季(4°)

分子中连有一个、二个、三个或四个烃基的碳原子分别称为伯、仲、叔或季碳原子,或分别称为一级、二级、三级或四级碳原子,可以分别用 1°、2°、3°或 4°表示。伯、仲、叔碳原子上连接的氢原子,称为伯、仲、叔氢原子;连有—OH 的分别称为伯、仲、叔醇,也可分别称一、二、三级醇;连有—X(X:F, Cl, Br, I)的称为伯、仲、叔卤代烷,也可分别称一、二、三级卤代烷。

1. 命名法概述

当我们知道上述的基本概念后,有机化合物的命名就比较简单了。对于那些结构简单的化合物,通常可以用甲、乙、丙、丁、戊、己、庚、辛、壬、癸、十一、十二……
表示分子中碳原子数目;用表示链异构的形容词表示碳链的结构。例如:

$$CH_3CH_2CH_2CH_3 \qquad CH_3-\underset{\underset{CH_3}{|}}{CH}-CH_3 \qquad CH_2=\underset{\underset{CH_3}{|}}{C}-CH_3 \qquad (CH_3)_3CCl$$

正丁烷   异丁烷   异丁烯   叔丁基氯

当然,在具体应用过程中,为了方便,不少有机化合物的名称还保留着俗名。
俗名大多是在有机化学发展初期,根据有机化合物的来源、存在状态或性质(如
物态、味道等)而得名。例如:

$$HCOOH \qquad\qquad CH_3COOH \qquad\qquad \underset{\underset{OH}{|}}{CH_2}-\underset{\underset{OH}{|}}{CH}-\underset{\underset{OH}{|}}{CH_2}$$

蚁酸   冰醋酸   甘油

(来自蚂蚁体内)   (在16℃结晶像冰)   (味道甘甜)

2. 系统命名法

对于复杂有机化合物来说,应遵循 IUPAC 的系统命名法来命名,基本方法
分四步:选择主要官能团→定主链位次→确定取代基并列出顺序→写出全称。

1) 选择主要官能团

通常按表7-1中的官能团排列顺序来选择化合物中的主要官能团。习
惯上把排在前面的官能团选做主要官能团,命名时称为某某化合物,排在后面
的官能团看成取代基。例如:$HOCH_2CH_2COOH$、$HOCH_2CH_2COOCH_3$、
$HOCH_2CH_2NH_2$,主要官能团分别是—COOH、—COOCH$_3$、—OH,分别称为
酸、酯和醇。

2) 定主链位次

选择含有主要官能团、取代基多的最长碳链为主链,从靠近官能团的一端开
始给主链编号,确定主链上取代基的位置。编号要遵循"最低系列原则",即碳链
以不同方向编号,得到两种或两种以上的不同编号系列,比较各系列不同位次,
最先遇到的位次最小者,定为"最低系列"。例如:

$$\overset{7}{C}H_3\underset{\underset{Br}{|}}{C}HCH_2CH_2\overset{4}{C}H\underset{\underset{Br}{|}}{C}H_2\overset{2}{C}H\underset{\underset{Br}{|}}{C}HCH_3 \qquad\qquad \overset{2}{C}H_3\underset{\underset{Br}{|}}{C}HCH_2CH_2\overset{5}{C}H\underset{\underset{Br}{|}}{C}H_2\overset{7}{C}H\underset{\underset{Br}{|}}{C}HCH_3$$

2,4,7-三溴辛烷(正确)   2,5,7-三溴辛烷(错误)

3) 确定取代基并列出顺序

主链上有多个取代基或官能团命名时,这些取代基或官能团列出顺序遵守"顺序规则"(sequence rule),较优基团后列出。顺序规则内容(用">"表示优于):

(1) 各种取代基或官能团按其第一个原子的原子序数大小排列,原子序数大者为"较优"基团。若为同位素,则质量高的定为"较优"基团。例如:

$$I > Br > Cl > F > O > N > C > H \qquad D > H$$

(2) 如果两个基团的第一个原子相同,则比较与之相连的第二个原子,以此类推。比较时,按原子序数排列,先比较各组中原子序数最大者,若仍相同,再依次比较第二个、第三个。例如:

$$-CH_2Cl > -CH_3$$

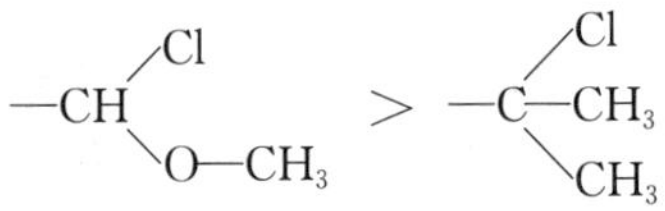

若仍然相同,则沿取代基链逐次比较。例如:

$$-CH_2CH_2CH_2CH_3 > -CH_2CH_2CH_3$$

(3) 含有双键或三键基团,可以分解为连有两个或三个相同原子,例如:

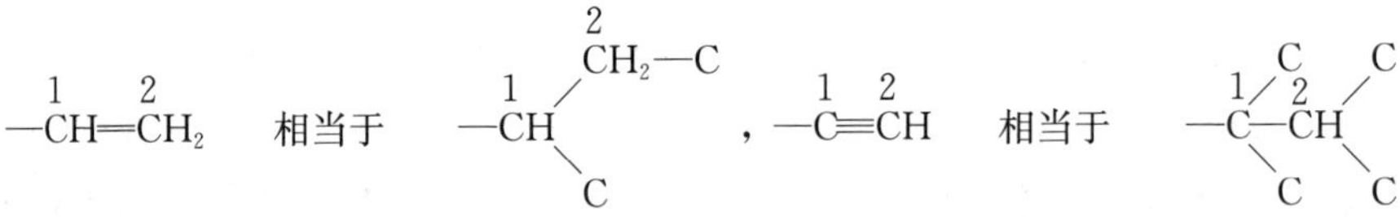

所以,有

$$-C{\equiv}CH > -CH{=}CH_2$$

(4) 写出化合物全名时,取代基的位次号写在取代基名称前面,用半字线"-"与取代基分开;相同取代基或官能团合并写,用二、三等表示相同取代基或官能团数目,位号数字间用逗号","分开;前一取代基名称与后一取代基位号间也用半字线"-"分开。在不会混淆时,可以省去位次号,多数情况下"1"可以省去,例如:

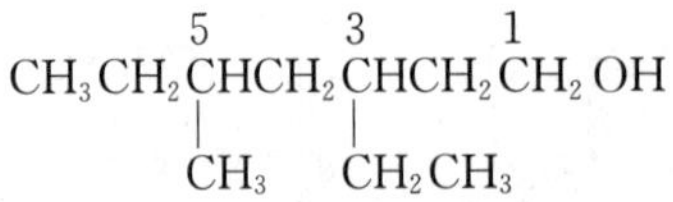

5-甲基-3-乙基庚醇

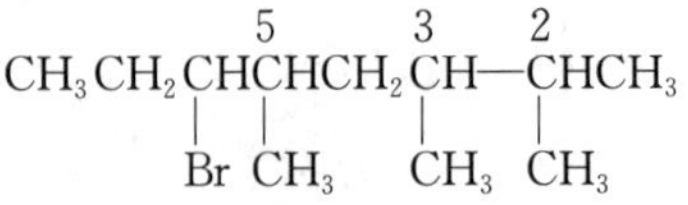

2,3,5-三甲基-6-溴辛烷

一些常见有机化合物命名的实例如表 7－2 所示。

表 7－2 一些常见有机化合物的命名实例

醇和酚	$CH_3-CH(CH_3)-CH(OH)-CH_3$	3-甲基-2-丁醇
	$CH_2=CH-CH_2OH$	2-丙烯-1-醇 烯丙醇
	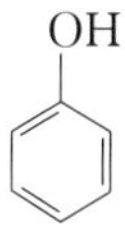	苯酚
	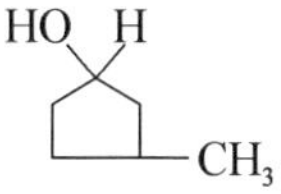	3-甲基环戊醇
	$(CH_3)_2CH-CH(OH)-CH(CH=CH_2)-CH_2-CH_3$	2-甲基-4-乙基-5-己烯-3-醇
醚	CH_3-O-CH_3	甲醚
	$CH_3-O-C_2H_5$	甲乙醚
	$CH_3-O-C(CH_3)_2-CH_3$	甲基叔丁基醚
	$CH_3-O-CH=CH_2$	甲基乙烯基醚
	$CH_2=CH-O-CH=CH_2$	二乙烯基醚
	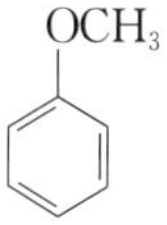	苯甲醚
	$CH_3-CH_2-CH(OCH_3)-CH_2-CH_3$	3-甲氧基戊烷
	$CH_3-CH_2-CH(OCH_2CH_3)-CH_3$	2-乙氧基丁烷
环状醚	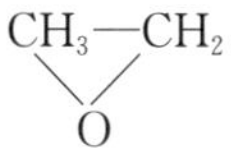	环氧乙烷 氧化乙烯 氧杂环丙烷
	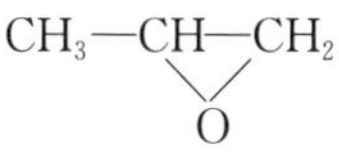	1,2-环氧丙烷
	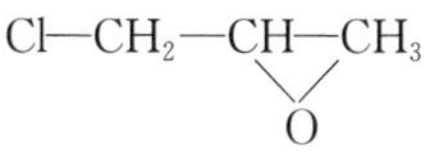	3-氯-1,2-环氧丙烷 简称 环氧氯丙烷

（续表）

胺	CH₃—CH—NH₂ 　　　| 　　　CH₃ 1-甲基乙胺 异丙基胺 (CH₃)₂NCH₂CH₂C(CH₃)₃ 3,3,N,N-四甲基丁胺	(CH₃CH₂)₂NH N-乙基乙胺 二乙胺 HN—C₂H₅ （苯环） N-乙基苯胺

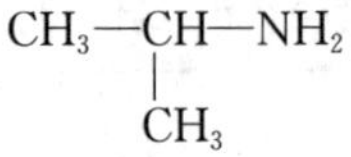

胺

$CH_3-CH-NH_2$
　　　$|$
　　　CH_3

1-甲基乙胺
异丙基胺

$(CH_3CH_2)_2NH$

N-乙基乙胺
二乙胺

$(CH_3)_2NCH_2CH_2C(CH_3)_3$

3,3,N,N-四甲基丁胺

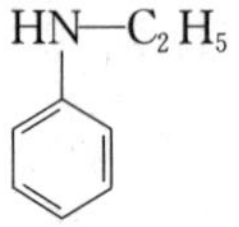

$HN-C_2H_5$

N-乙基苯胺

醛

$CH_3-CH-CHO$
　　　$|$
　　　CH_3

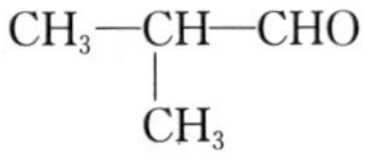

2-甲基丙醛

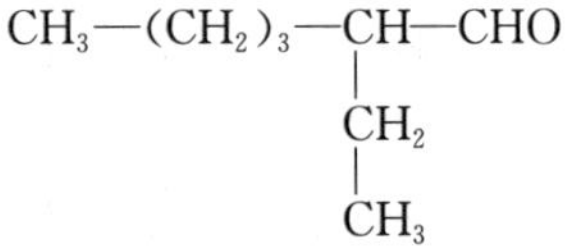

$CH_3-(CH_2)_3-CH-CHO$
　　　　　　　$|$
　　　　　　　CH_2
　　　　　　　$|$
　　　　　　　CH_3

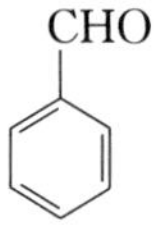

2-乙基己醛

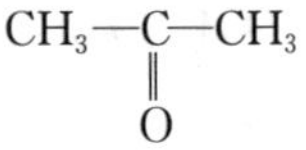

CHO（苯甲醛）

苯甲醛

酮

CH_3-C-CH_3
　　　$\|$
　　　O

丙酮

$CH_3-CH-C-CH_2-CH_3$
　　　$|$　$\|$
　　　CH_3　O

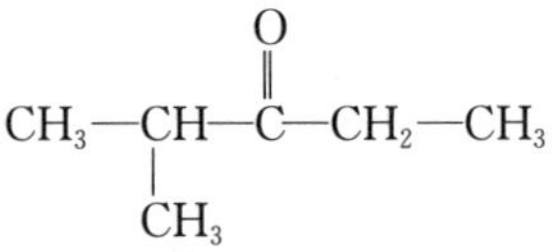

2-甲基-3-戊酮
α-甲基-3-戊酮

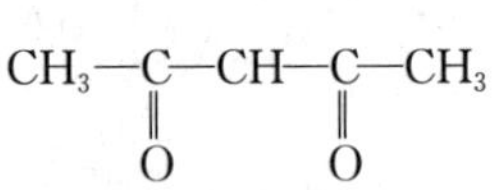

$CH_3-C-CH-C-CH_3$
　　　$\|$　　$\|$
　　　O　　O

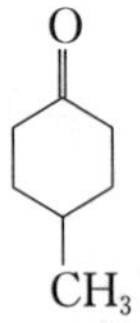

2,4-戊二酮（β-戊二酮）

4-甲基环己酮

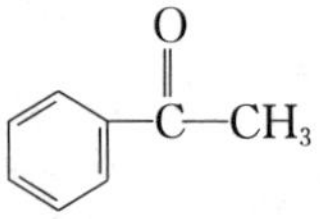

苯乙酮（$C-CH_3$，$\|$，O）

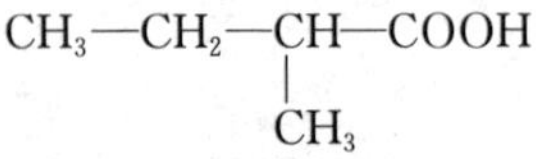

酸

$CH_3-CH_2-CH-COOH$
　　　　　　$|$
　　　　　　CH_3

2-甲基丁酸
α-甲基丁酸

$CH_2=C-COOH$
　　　$|$
　　　CH_3

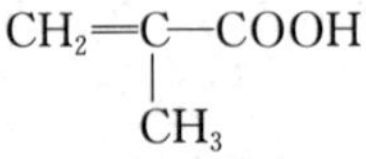

2-甲基丙烯酸
α-甲基丙烯酸

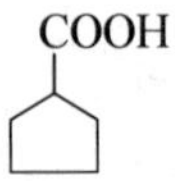

COOH（环戊烷）

环戊甲基酸

CH_2-COOH（苯环）CH_3

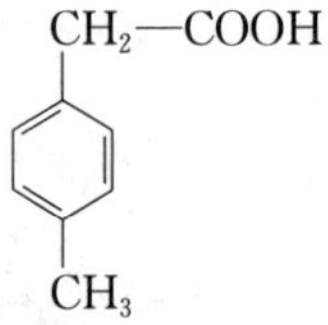

对甲基苯乙酸

（续表）

羧酸衍生物	$R—\overset{\|}{\underset{O}{C}}—OH \rightarrow$	$R—\overset{\|}{\underset{O}{C}}—X$	酰卤
		$R—\overset{\|}{\underset{O}{C}}—O—\overset{\|}{\underset{O}{C}}\,R$	酐
		$R—\overset{\|}{\underset{O}{C}}—OR'$	酯
		$R—\overset{\|}{\underset{O}{C}}—NH_2$	酰胺

7.1.4 有机化合物的性质特点

共价键的键长、键角、键能和键的极性等基本属性直接影响有机化合物的性质(见表7-3)。通过对分子中各共价键的键长和键角的测定,就可以了解分子的立体形状,而键能的大小则决定了键的稳定性。键的极性可以影响分子的极性,分子或键的极性不仅影响化合物的熔点、沸点和溶解度等物理性质,而且能决定发生在键上的反应类型和反应活性,甚至还能影响相邻键的反应活性。

表 7-3 乙烷、乙烯、乙炔中 C—C 键、C—H 键的键参数对比

分子	碳的杂化形式	键角/(°)	C—C 键键长/pm	C—C 键键能/kJ·mol^{-1}	C—H 键键长/pm	C—H 键键能/kJ·mol^{-1}
乙烷	sp^3	109.5	153.2	376	111.4	422
乙烯	sp^2	120	133.9	727	110.0	464
乙炔	sp	180	121.2	966	109.0	556

有机化合物结构的特殊性必然反映在其性质上有别于无机物。

1. 可燃性

大多数有机化合物可以燃烧,在燃烧中碳和氢的最终产物分别为 CO_2 和 H_2O。

2. 熔、沸点低

有机化合物通常为气体、液体或低熔点固体,大多数有机化合物分子的极性很弱或是非极性的,分子之间主要以较弱的范德华力相互吸引。

3. 具有疏水性,易溶于有机溶剂,难溶于水

根据"相似相溶"的规律,大多数有机化合物难溶于强极性的水;而易溶于非极性或弱极性的有机溶剂,如甲苯、丙酮、乙醚、石油醚等。

4. 反应速率慢

有机反应往往涉及分子中原有的共价键断裂,新的共价键形成,这个过程需要一定的能量和时间,故有机化合物的反应常常是缓慢的,通常可以通过搅拌、加热、加压、使用催化剂等方式加速反应。

5. 反应产物复杂

有机反应可以同时发生在分子的几个不同部位。在一定的反应条件下,反应主要发生在分子中某个特定的部位,称为主反应,其产物称为主产物;同时,在分子的其他部位也可能发生反应,称为副反应,其产物称为副产物。在写反应式时,一般只写主反应,凡属于有机化合物的反应物和生成物必须用结构式(通常用构造式的简写式)表示,无须配平,在反应物和产物之间用箭头"→"表示,必要时还需在箭头的上下方注明反应条件。例如乙醇在不同条件下的脱水反应:

$$CH_3CH_2OH \xrightarrow[170℃]{浓 H_2SO_4} CH_2 = CH_2 + H_2O$$

乙烯

$$CH_3CH_2OH \xrightarrow[140℃]{浓 H_2SO_4} CH_3CH_2OCH_2CH_3 + H_2O$$

乙醚

6. 研究手段多样

随着近代科学技术的发展,各种波谱技术如红外光谱(IR)、核磁共振波谱(NMR)、紫外光谱(UV)和质谱(MS)等应用于测定有机化合物分子的精细结构,促进了对有机化合物的结构和有机反应机理的研究。

7.2 烃类化合物

只含有碳、氢两种元素的有机化合物统称为碳氢化合物,简称为烃。烃是有机化合物中最基本的化合物,也是有机化学工业的基础原料。若烃分子中碳原子间都是以单键相连,碳原子的其余价键都为氢原子所饱和的化合物称为饱和烃或烷烃,否则称为不饱和烃。根据分子中碳原子的连接方式(碳的骨架)进行

分类,分子中碳原子连成直链或带支链的称为开链烷烃,简称链烷烃或脂肪烃;碳原子连成环状的称为环烷烃。

沼气、天然气、石油是饱和烃的主要来源,既是当今的工业能源,也是石油化工的基础原料。通过化学加工,可以生产一系列烯烃、炔烃及芳烃等。

7.2.1 烷烃

1. 烷烃的结构

烷烃的结构特点是其中的碳原子之间都以 σ 键相结合,碳原子的其他价键都被氢原子所饱和,所以烷烃又称为饱和烃,其组成通式为 C_nH_{2n+2}。烷烃中的碳原子采取 sp^3 杂化,甲烷分子中碳的 4 个 sp^3 杂化轨道分别与 4 个氢的 s 轨道相互重叠生成 4 个碳氢 σ 键;键角为 $109°28'$,键长为 111.4 pm。由于烷烃分子中碳的 sp^3 杂化轨道呈正四面体构型,成键的两个碳原子又可以相对旋转,所以三个碳以上烷烃的结构不像我们所写的那样一成不变,而是运动的,其中的碳链并不是直线型的,而是以锯齿形存在,并且在平衡位置不断振动,所谓直链,是指没有支链而言的。例如丁烷的分子。

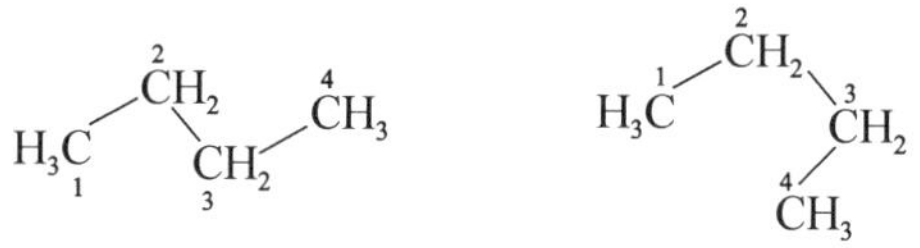

2. 烷烃的性质

1) 烷烃的物理性质

有机化合物的物理性质,通常包括化合物的聚集状态、气味、密度、沸点、熔点和溶解度、折射率(n)、比旋光度和波谱数据等。表 7-4 列出部分烷烃的物理常数。

表 7-4 一些烷烃的物理常数

化合物	分子式	熔点/℃	沸点(0.1 MPa)/℃	密度(20℃)/g·cm^{-3}
甲烷	CH_4	−182	−161	0.466(−164℃)
乙烷	CH_3CH_3	−183	−88	0.572(−100℃)
丙烷	$CH_3CH_2CH_3$	−187	−42	0.585(−45℃)
丁烷	$CH_3(CH_2)_2CH_3$	−138	0	0.579

（续表）

化合物	分子式	熔点/℃	沸点(0.1 MPa)/℃	密度(20℃)/g・cm^{-3}
戊烷	$CH_3(CH_2)_3CH_3$	−129	36	0.626
己烷	$CH_3(CH_2)_4CH_3$	−94	68	0.660
庚烷	$CH_3(CH_2)_5CH_3$	−90	98	0.684
辛烷	$CH_3(CH_2)_6CH_3$	−56	125	0.703
壬烷	$CH_3(CH_2)_7CH_3$	−53	150	0.718
癸烷	$CH_3(CH_2)_8CH_3$	−29	174	0.730
一百烷	$CH_3(CH_2)_{98}CH_3$	115		
异丁烷	$CH_3(CH_2)_2CH_3$	−145	−12	0.549
异戊烷	$CH_3(CH_2)_3CH_3$	160	28	0.621
新戊烷	$CH_3(CH_2)_3CH_3$	−17	9	0.614

　　碳链的分支及分子的对称性对沸点有显著的影响；在同碳数的烷烃异构体中，直链异构体的沸点最高；含支链越多沸点越低；支链数目相同者，分子对称性越好，沸点越高。原因是支链多，接触少，分子间作用力小。但是支链的影响远小于碳原子数增加的影响。例如含 6 个碳原子的烷烃各种异构体的沸点分别如下：

$CH_3CH_2CH_2CH_2CH_2CH_3$　　　　$CH_3CH_2\underset{|}{C}HCH_2CH_3$　　　　$CH_3\underset{|}{C}HCH_2CH_2CH_3$
　　　　　　　　　　　　　　　　　　　　CH_3　　　　　　　　　　　CH_3

68.95℃　　　　　　　　　63.28℃　　　　　　　　60.27℃

　　2) 烷烃的化学性质

　　烷烃分子中所有的化学键都是 σ 键，所以烷烃非常稳定，一般不易反应，但是在高温、光照及催化剂作用下，也可发生反应而转变成许多非常重要的化工产品。

　　(1) 取代反应。

　　分子中的原子或原子团被其他原子或基团所取代的反应称为取代反应。被卤素原子取代的反应称为卤代或卤化反应。烷烃和卤素在光照、热或催化剂的作用下，氢原子容易被卤素取代，生成卤代烃，同时放出卤化氢。

　　例如，甲烷与氯气在光照或热条件下发生反应：

$$CH_4 \xrightarrow[h\nu]{Cl_2} CH_3Cl \xrightarrow[h\nu]{Cl_2} CH_2Cl_2 \xrightarrow[h\nu]{Cl_2} CHCl_3 \xrightarrow[h\nu]{Cl_2} CCl_4$$

通过控制一定的反应条件和原料比,可以使一种氯代甲烷成为主要的产品。碳链较长的烷烃氯代时,反应可以在分子中不同的碳原子上进行,取代不同的氢,得到各种氯代烃,情况复杂。

取代反应是烃的特征反应,饱和碳原子上氢的取代反应一般是自由基取代反应,通常经过链引发、链增长和链终止三个阶段。

链引发: $\qquad Cl_2 \xrightarrow{\text{光照}} Cl\cdot \qquad \Delta H = 242.7 \text{ kJ}\cdot\text{mol}^{-1}$

链增长: $\begin{bmatrix} Cl\cdot + CH_4 \longrightarrow CH_3\cdot + HCl \\ CH_3\cdot + Cl_2 \longrightarrow H_3CCl + Cl\cdot \end{bmatrix} \quad \Delta H = 7.5 \text{ kJ}\cdot\text{mol}^{-1}$

链终止: $\begin{bmatrix} Cl\cdot + Cl\cdot \longrightarrow Cl_2 \\ Cl\cdot + CH_3\cdot \longrightarrow H_3CCl \\ CH_3\cdot + CH_3\cdot \longrightarrow H_3C-CH_3 \end{bmatrix} \quad \Delta H = -112.9 \text{ kJ}\cdot\text{mol}^{-1}$

从以上反应可以看出,第一步需要吸热 $242.7 \text{ kJ}\cdot\text{mol}^{-1}$,产生了自由基,此步反应需要光照或高温才能进行,是反应速率的决定步骤。图 7-2 为烷烃卤代反应链增长进程的能量曲线,从中可以看出过程的能量变化。

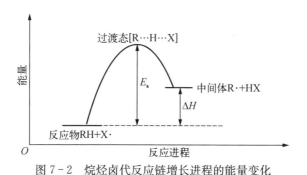

图 7-2　烷烃卤代反应链增长进程的能量变化

根据化学反应速率理论,反应的活化能越大,反应速率越小;活化能越小,则反应速率越大。对于含有不同类型氢原子的烷烃进行的卤代,在反应中可以形成不同类型的烷基自由基。事实上,不只是对形成自由基如此,对于形成其他任何活性中间体的反应,包括形成正离子、负离子等活性中间体的反应,这个规律都适用。活性中间体越稳定,形成时所需的反应活化能越低。一般情况下,自

由基的稳定性次序为

$$H_3C-\underset{\underset{CH_3}{|}}{\overset{\overset{CH_3}{|}}{C}}\cdot > \underset{\underset{CH_2CH_3}{|}}{\overset{\overset{CH_3}{|}}{HC}}\cdot > \underset{\underset{H}{|}}{\overset{\overset{CH_3CH_2}{|}}{C}}\cdot > H_3C\cdot$$

由此可以得出结论,烷烃中氢原子的化学反应活性大小次序为

叔氢原子 > 仲氢原子 > 伯氢原子

反应第二步只需要吸热 $7.5\ kJ\cdot mol^{-1}$,同时又产生了一个新的自由基,引发下一步反应。反应第三步则为放热反应,放热$112.9\ kJ\cdot mol^{-1}$,同时自由基被消耗并不再产生了,这是链终止阶段。

由此可见,自由基反应的显著特点是反应中间体为自由基,一切有利于自由基的产生和传递的因素都有利于反应进行。自由基反应的决速步骤为自由基的生成,因此自由基越稳定,生成相应产物的反应越快。

(2) 裂化反应。

裂化反应是分子链中 C—C 键和 C—H 键发生断裂的复杂过程。裂化产物是混合物,其中既含有较低级的烷烃,也可能含有烯烃或氢气。裂化反应分为热裂化反应和催化裂化反应。在高温和高压下发生的裂化反应称为热裂化反应。在催化剂存在下的裂化反应称为催化裂化反应。例如,丁烷在高温高压下裂化为小分子烯烃和烷烃混合物。

$$CH_3CH_2CH_2CH_3 \xrightarrow[5\ MPa]{500\sim600℃} \begin{cases} CH_2=CHCH_3 + CH_4 \\ CH_2=CH_2 + CH_3CH_3 \\ CH_2=CHCH_2CH_3 + H_2 \end{cases}$$

如果反应中使用催化剂,可以降低裂化反应温度,有利于控制反应的进行。这样的反应的称为催化裂解反应,工业上常用硅铝酸钠(也称为沸石)作为烷烃裂化的催化剂。

除了烷烃可以发生裂化反应外,为了在石油中得到更多的化学工业基本原料乙烯、丙烯、丁二烯等低级烯烃,化学工业中将石油馏分在更高的温度(>700℃)下进行深度裂化,这种以得到更多低级烯烃为目的的裂化过程在石油化学工业中常称为"裂解"。裂解反应是乙烯工业的基本反应,也是炼油工业的基本反应。

7.2.2 不饱和烃

不饱和烃包括烯烃和炔烃两类。

1. 烯烃的结构特点

烯烃的官能团为碳-碳双键,其碳原子为 sp^2 杂化,碳原子中 3 个 sp^2 杂化轨道的轴位于同一平面,3 个 sp^2 杂化轨道分别与另外的 3 个原子形成 3 个 σ 键,键角为 120°,碳原子中余下的一个有单电子的 p 轨道与另一个碳原子中的 p 轨道形成一个 π 键,键长约为 0.134 nm,比碳-碳单键的键长 0.153 nm 要短一些,碳-碳双键的键能为 727 kJ·mol^{-1},比碳-碳 σ 键键能的 2 倍要小一些($2\times$ 376 kJ·mol^{-1})。从键能来看,双键更易断裂。乙烯的结构示意图如图 7-3 所示。

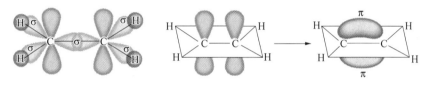

乙烯分子中的σ键骨架　　　　乙烯分子中的π键

图 7-3　乙烯的结构示意图

由图可以看出,由于烯烃中有了 π 键,碳-碳双键就不能像碳-碳单键那样自由旋转。这样含有碳-碳双键的化合物就有可能产生顺反异构现象。

2. 烯烃的化学性质

由于烯烃中的双键由一个 σ 键和一个 π 键组成,其中 π 键易断裂。所以烯烃的化学性质很活泼,可以和许多试剂作用,发生加成、氧化、聚合反应,其中以加成反应为烯烃的典型反应,双键是反映烯烃化学性质的官能团。

1) 加成反应

在 Ni、Pt、Pd 等催化剂的作用下,烯烃可以与氢进行加成反应生成烷烃。

$$R-CH=CH-R+H_2 \xrightarrow{\text{催化剂}} R-CH_2-CH_2-R$$

用 Pt 和 Pd 作催化剂时,常温即可以进行加氢。工业上常用 Ni 作为催化剂在 $200\sim300℃$ 进行反应。这种在催化剂的作用下有机化合物与氢分子发生的反应叫作催化加氢。催化加氢反应无论在工业上还是科学研究中都很重要。催化加氢可以用于烯烃的化学分析,根据吸收氢气的体积可以算出混合物中结构已知的不饱和化合物的含量,或已知相对分子质量的不饱和化合物中双键的数目。

烯烃的加成反应为亲电加成。下面以丙烯和 HBr 加成为例来说明其反应历程,反应主要分两步进行。

第一步,H^+ 作为亲电试剂首先进攻双键碳原子,形成碳正离子中间体,这是速控步骤:

$$H_3C\!-\!HC\!=\!CH_2 + H^+ \begin{cases} \longrightarrow H_3C\!-\!\overset{+}{HC}\!-\!CH_3 & \text{主} \\ \longrightarrow CH_3CH_2\overset{+}{CH_2} & \text{次} \end{cases}$$

第二步,碳正离子与 Br^- 结合形成卤代烃:

$$\begin{matrix} H_3C\!-\!\overset{+}{CH}\!-\!CH_3 \\ CH_3CH_2\overset{+}{CH_2} \end{matrix} + Br^- \begin{cases} \longrightarrow H_3C\!-\!\overset{\displaystyle Br}{\overset{|}{CH}}\!-\!CH_3 & \text{主} \\ \longrightarrow CH_3CH_2CH_2Br & \text{次} \end{cases}$$

当不对称烯烃与溴化氢加成时,氢主要加在含氢较多的碳原子上,这一经验规律称为马氏规则。马氏规则可以从诱导效应和碳正离子的稳定性来解释。

(1) 诱导效应:由于甲基是给电子(用→表示)的取代基,当与碳碳双键相连接时,就会使碳碳双键上的 π 电子云发生极化而偏移(用 ⌒ 表示),这种由于受到分子中电负性不同的原子或基团的影响,使整个分子中成键的电子云向着一个方向偏移进而使整个分子发生极化的效应,称为诱导效应。

$$H_3C\!=\!CH\!\frown\!CH_2 \longrightarrow H_3C\!-\!\overset{\delta^+}{CH}\!=\!\overset{\delta^-}{CH_2}$$

各种烷基的给电子能力:

$$(CH_3)_3C\!-\! > (CH_3)_2CH\!-\! > CH_3CH_2\!-\! > CH_3\!-\!$$

(2) 碳正离子的稳定性:我们还可以从不对称烯烃与卤化氢加成反应的历程来理解马氏规则。反应分两步进行,第一步极性分子卤化氢的质子首先与双键上的 π 电子结合生成碳正离子,第二步碳正离子再与卤负离子结合,生成卤代烃。

根据带正电荷的碳原子的位置,可分为一级碳正离子、二级碳正离子和三级碳正离子，其稳定性次序如下：

$$\underset{\underset{CH_3}{|}}{\overset{\overset{CH_3}{|}}{CH_3-\overset{|}{C}\oplus}} \;>\; \underset{\underset{H}{|}}{\overset{\overset{CH_3}{|}}{CH_3-\overset{|}{C}\oplus}} \;>\; \underset{\underset{H}{|}}{\overset{\overset{H}{|}}{CH_3-\overset{|}{C}\oplus}} \;>\; H_3C\oplus$$

三级碳正离子   二级碳正离子   一级碳正离子   甲基碳正离子

（叔碳正离子） （仲碳正离子） （伯碳正离子） （伯碳正离子）

碳正离子越稳定越易生成，因此丙烯加成反应的产物以 $CH_3CHBrCH_3$ 为主。烯烃和卤素的加成反应主要是与氯和溴的反应，氟反应太剧烈，容易发生分解反应，碘与烯烃不进行加成反应。反应一般用 CCl_4 作为溶剂，溴化反应的现象为溴的颜色褪去。此反应速率快，现象非常明显，因此常用于双键的鉴别。

2）氧化反应

烯烃很容易被氧化，也主要发生在 π 键上。首先是 π 键断裂，条件强烈时，σ 键也可以断裂，随着氧化剂和反应条件的不同，氧化产物也不同。

不同结构烯烃的氧化产物不同，双键碳上有两个烷基时（ $R-\overset{\overset{R}{|}}{C}=C\diagup$ ），氧化产物为酮（ $R-\underset{\underset{O}{\|}}{C}-R$ ）；双键碳上有一个烷基时（ $R-CH=C\diagdown$ ），氧化产物为醛（ $R-\underset{\underset{O}{\|}}{C}-H$ ）；双键碳上没有烷基（ $\underset{H}{\overset{H}{}}C=C\diagdown$ ）即端烯时，氧化产物为醛（ $H-\underset{\underset{O}{\|}}{C}-H$ ），因此常用此反应推测烯烃的结构。

化工工业中常用的烯烃有乙烯和丙烯。乙烯是不饱和烃中最重要的品种，用于制聚乙烯、环氧乙烷、苯乙烯、乙醛、乙醇、氯乙烯等。自从第二次世界大战后，乙烯的生产一直呈直线上升，目前乙烯系列产品在国际上占全部石油化工产品产值的一半左右。因此国外往往以乙烯生产水平来衡量石油化学工业的发展水平。丙烯可以用来合成异丙醇、异丙苯、聚丙烯和丙烯腈等。

3. 炔烃

炔烃分子中含碳-碳叁键。乙炔是最简单的炔，构造式为 $H-C\equiv C-H$。乙炔分子中的碳原子为 sp 杂化，碳原子中两个 sp 杂化轨道分别与另外两个原

H—C≡C—H
121 pm
180° 1.09 Å

图 7-4 乙炔
结构示意图

子形成两个 σ 键,碳原子中余下的两个 p 轨道与另一个碳中的 p 轨道形成两个互相垂直的 π 键。乙炔结构示意图如图 7-4 所示。

炔烃的物理性质和烯烃相似。炔烃的沸点、密度比等链长的烯烃高,弱极性,在水中的溶解度比烯烃大,易溶于非极性或弱极性有机溶剂中。易燃烧并放出大量的热,可用于熔融及焊接。

乙炔的主要用途如下:

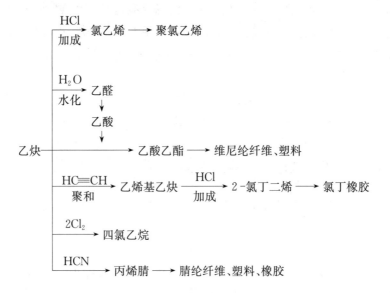

7.2.3　芳香烃

1. 芳香烃的结构特点

芳香烃一般是指含有苯环结构的碳氢化合物,例如苯、甲苯、二甲苯、萘等,但也有不含苯环的芳烃,称为非苯系芳烃。

苯分子中,各原子均在同一平面内,六个 C 原子组成一正六边形,C—C 键键长均为 140 pm,所有键的键角均为 120°。根据杂化理论,苯分子中碳原子为 sp^2 杂化,分别与 C、C、H 形成 3 个 σ 键,余下一个未参与杂化的 p 轨道,均垂直于苯分子,且相互平行,电子云相互重叠,形成大的 π-π 共轭体系,电子运动在整个共轭体系中,因此电子云密度各处均相同,故也就没有了单双键之分,如图 7-5 所示。

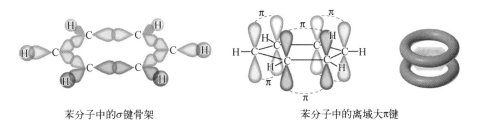

苯分子中的 σ 键骨架　　　　　苯分子中的离域大 π 键

图 7 - 5　苯分子的结构示意图

20 世纪 30 年代,Pauling 提出了共振论,认为有些分子的真正结构是两个或两个以上的价键结构式共振的结果,这些价键结构称为共振结构,苯的共振结构式如下:

$$\left\{ \bighexagon \longleftrightarrow \bighexagon \right\}$$

苯环的结构可用其共振式或 ⬡ 表示。

2. 苯系芳烃的性质

苯系芳烃一般为无色有芳香气味的液体,不溶于水,密度小于水,燃烧时火焰带有较浓的黑烟,具有一定的毒性。液体芳烃是良好的有机溶剂。

由于苯系芳烃都含有苯环结构,它们的性质与烷烃及不饱和烃有显著的不同。芳香族化合物稳定,不易被氧化,不易进行加成反应,易发生取代反应,这是芳香族化合物的通性,称为芳香性。

1) 取代反应

在一定的条件下,苯环上的氢原子易被其他的原子或原子团所取代。

(1) 卤代反应。

在铁粉或卤化铁的催化下,氯或溴原子可取代苯环上的氢,生成氯苯或溴苯,但还会得到少量的二卤代苯。

$$\bighexagon + Br_2 \xrightarrow[50\sim60℃]{FeBr_3} \bighexagon{-}Br + HBr$$

在同样的催化剂存在时,烷基苯与卤素的反应比苯容易。如甲苯与 Cl_2 的反应如下:

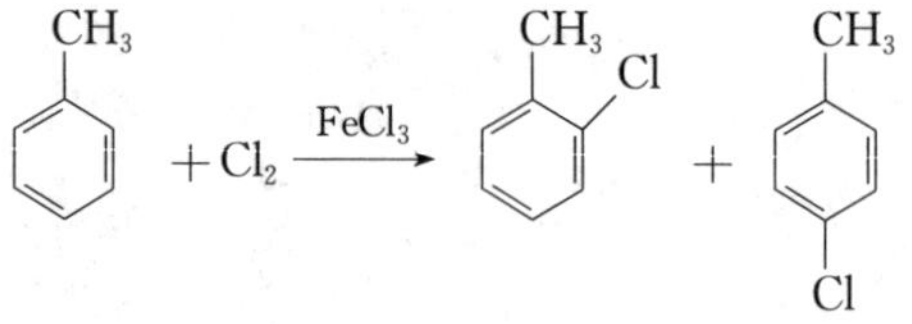

邻氯甲苯　　　对氯甲苯

（58%）　　　　（42%）

如果不用催化剂,而是在光照下或将氯气通入沸腾的甲苯中,则甲苯中的甲基发生自由基取代反应。

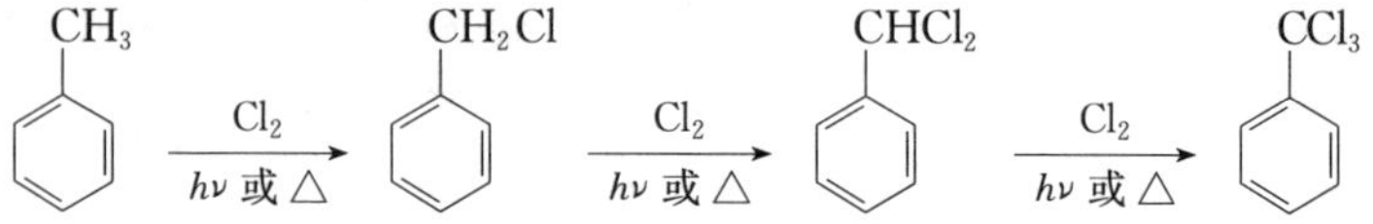

苯氯甲烷　　　苯二氯甲烷　　　苯三氯甲烷
（氯化苄）

每一步反应都有氯化氢生成。如果控制氯气的量,可以使反应停止在生成氯化苄的阶段。

（2）硝化反应。

苯与浓硝酸及浓硫酸的混合物共热后,苯环上的氢原子被硝基（—NO_2）取代,生成硝基苯。在有机化合物中引入硝基的反应叫作硝化反应。

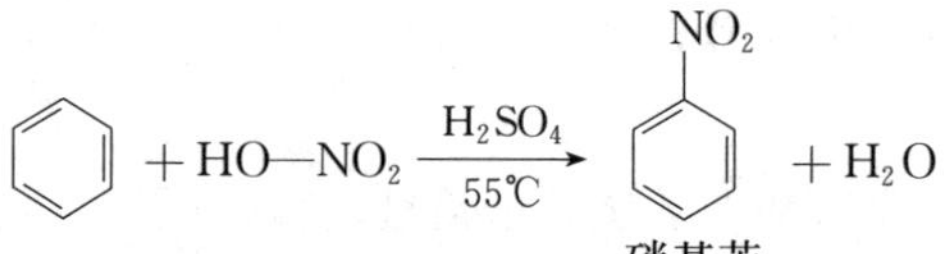

硝基苯

烷基苯发生硝化反应比苯容易。硝基主要进入烷基的邻位和对位。

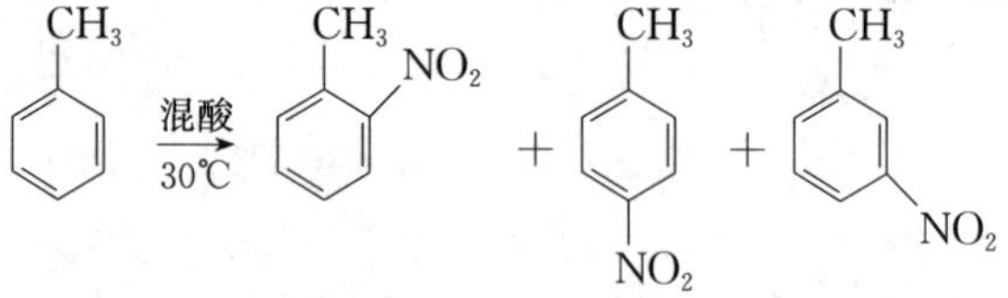

邻硝基苯　　　对硝基苯　　　间硝基苯

（58%）　　　（33%）　　　（4%）

当反应温度为 50℃ 时,邻硝基甲苯及对硝基甲苯继续硝化,主要得到

2,4-二硝基甲苯,生成的少量 2,6-二硝基甲苯在 100℃时进一步反应,生成 2,4,6-三硝基甲苯(TNT),它是一种重要的炸药。

2,4-二硝基甲苯
(主产物)　　　2,6-二硝基甲苯　　　2,4,6-三硝基甲苯

（3）磺化反应。

在有机化合物分子中引入磺酸基的反应称为磺化反应。

苯与浓硫酸在 75～80℃或与发烟硫酸($SO_3+H_2SO_4$)在 40℃时反应,苯环上的氢原子被磺酸基(—SO_3H)取代,生成苯磺酸。

苯磺酸

此反应与硝化反应不同,是可逆反应,反应中生成的水使硫酸浓度变稀,磺化速度变慢,水解速度加快,进而脱去磺酸基。因此常用发烟硫酸在室温进行磺化反应。

（4）烷基化反应。

1877 年,法国化学家(Friedel)和美国化学家(Crafts)发现了制备烷基苯和芳酮的反应,简称为傅-克反应,前者叫作傅-克烷基化反应,后者叫作傅-克酰化反应,这里只讨论烷基化反应。

苯在无水氯化铝、无水氯化铁或无水氯化锌等路易斯酸的存在下,可与卤代烷反应,苯环上的氢原子被烷基取代,生成烷基苯。例如:

烷基苯进行烷基化反应比苯容易。因此上述生成的乙基苯能与氯乙烷进一步反应,生成二乙基苯或三乙基苯。但烷基化反应是一个可逆反应,用过量的苯,可使多烷基苯发生脱烷基反应,从而得到产率较高的一烷基取代物。

可以发生烷基化的试剂除卤代烷外,还有烯烃、醇等。例如,用苯和乙烯制乙苯:

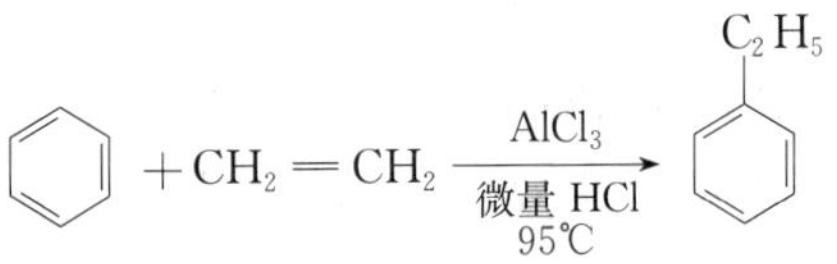

工业上用丙烯和苯反应生成异丙苯:

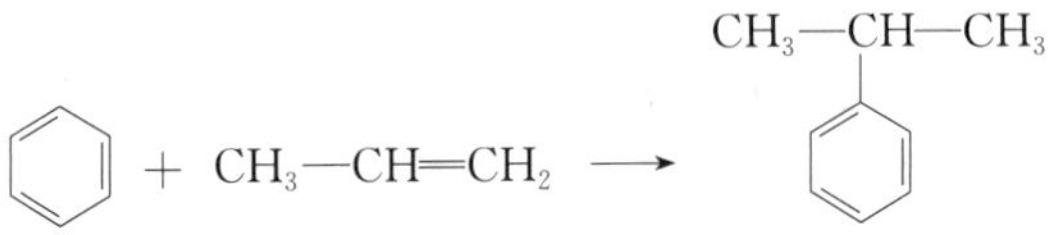

(5) 定位规律与定位效应。

苯环上的六个氢原子是等性的,所以第一取代可以在任意位置,但苯环上有取代基后,由于取代基的性质不同,引入第二取代基的位置就不是任意的。如一元取代苯进一步发生取代反应,第二取代基可以有五个位置,两个邻位、两个间位和一个对位。实验表明,五个位置取代的概率并不相等,人们总结出了苯环亲电取代反应的定位规则如下。

苯环上新取代基占的位置,主要取决于原有取代基的性质,原有取代基称为定位基。定位基分为两类:邻、对位定位基和间位定位基。

邻、对位定位基也称第一类定位基,该类基团为致活基团,基团中与苯环直接相连的原子含有孤对电子,并且该原子无双键与其他原子相连,基团的诱导效应使苯环亲电取代反应的活性增强(—X 例外,它有致钝作用)。含有此类定位基团的苯环在进行二元取代时,第二个基团主要进入定位基的邻位和对位。邻、

对位定位基主要有

$$—\ddot{N}(CH_3)_2 \quad —\ddot{N}H_2 \quad —\ddot{O}H \quad —\ddot{O}CH_3 \quad —\overset{\displaystyle O}{\overset{\|}{\ddot{N}HCCH_3}} \quad —\overset{\displaystyle O}{\overset{\|}{OCCH_3}} \quad —CH_3 \quad —X$$

间位定位基也称第二类定位基,该类基团为致钝基团,基团中与苯环直接相连的原子有不饱和键或带有正电荷,由于具有吸电子效应,不利于苯环的亲电取代反应,使其反应活性降低。含有此类定位基的苯环在进行二元取代时,第二个基团主要进入定位基的间位。间位定位基主要有

$$—CH_2COOH \quad —CH=CH_2 \quad —\overset{+}{N}(CH_3)_2 \quad —\overset{\displaystyle O}{\overset{\|}{N}=O}$$

$$—CN \quad —SO_3H \quad —\overset{\displaystyle O}{\overset{\|}{CH}} \quad —\overset{\displaystyle O}{\overset{\|}{COH}} \quad —CCl_3$$

苯环亲电取代反应在有机合成中具有重要意义,在合成实践中人们经常利用亲电取代反应的定位规则,来推测反应的主要产物是什么。更重要的是,应用定位规则可以选择、确定合理的合成路线。例如,以苯为原料合成硝基溴苯,显然要经过溴化和硝化两步反应,但是,反应的次序将决定得到哪一种产物。如果先硝化,得到硝基苯,再进行溴化,因为硝基是间位定位基,主要产物是间硝基溴苯。

如果采用相反的顺序,先进行溴化,得到溴苯,再进行硝化,因为溴是邻对位定位基,主要产物将是邻、对位硝基溴苯。

2) 氧化反应

苯环本身很稳定,一般的情况下难以氧化。在催化剂 V_2O_5 作用下、$500\sim600\,^{\circ}C$ 时苯环也可以发生氧化反应。

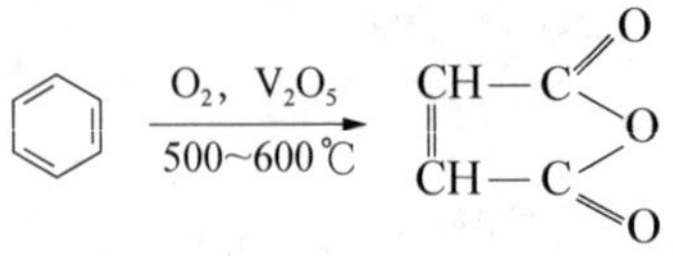

$$\text{（苯）} \xrightarrow[\text{500~600℃}]{O_2, \ V_2O_5} \begin{array}{c} CH-C \\ \ \ \ \parallel \\ CH-C \end{array} \begin{array}{c} O \\ O \\ O \end{array}$$

顺丁烯二酸酐

烷基苯则能与一些氧化剂(如 $KMnO_4$ 溶液、稀硝酸)反应,苯环的侧链烷基被氧化。只要侧链上有 $\alpha-H$,不论烷基侧链长短如何,都被氧化为与苯环相连的羧基。如果含有两个侧链,较长的侧链先被氧化。但是如果芳环与烷基的叔碳原子相连,则此烷基不被氧化。

7.3 烃的衍生物简介

烃分子中的氢原子被其他官能团取代后的化合物称为烃的衍生物,下面介绍几种重要的烃的衍生物及其性质。

7.3.1 卤代烃

1. 卤代烃的物理性质

卤代烃不溶于水,但在醇和醚等有机溶剂中有良好的溶解性,有些卤代烃可用作有机溶剂。由于卤原子比碳原子重,碳卤键又有一定的极性,故卤代烃的沸点要比相应的烃高出许多。

表 7-5 列出了一些氯代烃的物理常数,氯代烃在常温下多为液体。当卤代烃中烃基相同而卤原子不同时,沸点随卤原子原子序数的增加而升高。同系物中卤代烃沸点随碳原子数增加而升高。同分异构体中,直链卤代烃沸点较高,支链卤代烃沸点较低。

表 7-5　一些卤代烃的物理常数

名称	构造式	熔点/℃	沸点/℃	相对密度/g·cm^{-3}
氯甲烷	CH_3Cl	−97.1	−24.2	0.915 9
溴甲烷	CH_3Br	−93.6	3.6	1.675 5
碘甲烷	CH_3I	−66.4	42.4	2.279
二氯甲烷	CH_2Cl_2	−95.1	40	1.326 6

（续表）

名称	构造式	熔点/℃	沸点/℃	相对密度/g·cm⁻³
三氯甲烷（氯仿）	$CHCl_3$	−63.5	61.7	1.483 2
四氯化碳	CCl_4	−23	76.5	1.594 0
氯乙烷	CH_3CH_2Cl	−139	12.2	0.910
氯乙烯	$CH_2{=}CHCl$	−153.8	−13.4	0.910 6
3-氯丙烯	$CH_2{=}CHCH_2Cl$	−136	44.6	0.938
氯苯	C_6H_5Cl	−45.6	132	1.105 8
溴苯	C_6H_5Br	−30.0	155.5	1.495
碘苯	C_6H_5I	−29	188.5	1.832
氯化苄	$C_6H_5CH_2Cl$	−43	179	1.103
溴化苄	$C_6H_5CH_2Br$	−4	198	1.438

2. 卤代烃的化学性质

卤代烃的官能团是卤原子，下面以一卤代烷为例讨论它们的化学性质。

$$\overset{\displaystyle |}{\underset{\displaystyle |}{-\underset{\beta}{C}}}\overset{\displaystyle |}{\underset{\displaystyle |}{\underset{\alpha}{\overset{\delta^+}{C}}}}\overset{\delta^-}{-X}$$

由于卤素的电负性比碳大，因此卤代烷分子中的碳卤键是极性共价键，在一定的条件下易异裂而发生反应，所以卤代烃的性质主要取决于碳卤键。

1）取代反应

（1）卤代烃的水解。

卤代烷与水作用发生水解反应，产物是醇和相应的卤化氢。由于离去基 X^- 的亲核性及碱性比水强，所以卤代烷的水解反应是可逆反应。通常将卤代烃与强碱（NaOH、KOH）水溶液共热进行水解，由于 OH^- 比 H_2O 的亲核性强，而且生成的 HX 能被碱中和，使水解反应进行得较完全，成为不可逆反应。

$$R{-}X+NaOH \xrightarrow[\triangle]{H_2O} R{-}OH+NaX$$

卤代烷发生水解反应时，离去基 X^- 的碱性越小，就越易被—OH 取代。相同烷基不同卤原子的卤代烷，水解反应的活性次序是 RI＞RBr＞RCl＞RF。

（2）卤代烃的氰解。

卤代烷与可氰化钠（氰化钾）在醇溶液中反应生成腈，称为卤代烷的氰解。

腈在酸或碱的水溶液中水解为羧酸或羧酸盐,它比原来的卤代烷多了一个碳原子,这是有机合成中增长碳链的重要方法之一。通常是由伯代烷的醇溶液与氰化钠作用来合成腈,仲卤代烷和叔卤代烷常伴有竞争的消除反应而生成烯烃。例如:

$$R—X + NaCN \longrightarrow R—CN + NaX$$
$$R—CN + H_2O + HCl \longrightarrow RCOOH + NH_4Cl$$
$$R—CN + H_2O + NaOH \longrightarrow RCOONa + NH_3$$

以卤代丙烷为例:

$$CH_3CH_2CH_2X \xrightarrow[\quad]{NaCN \quad C_2H_5OH} CH_3CH_2CH_2CN \xrightarrow[H^+]{H_2O} CH_3CH_2CH_2COOH$$

　　　卤代丙烷　　　　　　　　　　丁腈　　　　　　　　　　丁酸

2) 消除反应

卤代烷分子中消去卤化氢生成烯烃的反应称为卤代烷的消除反应,是最常用的烯烃的制备反应。

$$\overset{\beta}{R—CH}—\overset{\alpha}{CH_2} \xrightarrow[\triangle]{KOH—C_2H_5OH} R—CH = CH_2 + KX + H_2O$$
$$\boxed{H \quad X}$$

由反应式可以看出,卤代烷分子只有在 β-碳上有氢原子时,才有可能进行消除反应。

不同的卤代烷在相同的反应条件下发生消除反应的活性是不同的。卤代烷消除 HX 生成烯烃的反应活性次序为 $3° > 2° > 1°$;实验还表明,相同碳链不同卤原子的 RX 消除 HX 的活性次序为 $RI > RBr > RCl > RF$。

仲或叔卤代烃脱卤化氢时,主要是由与连有卤素的碳原子相邻的含氢较少的碳原子上脱去氢,这叫作札依采夫(Saytzeff)规则。如 2-溴丁烷脱卤化氢的主要产物是 2-丁烯,而 1-丁烯的产量较少。

$$\underset{\underset{Br}{|}}{CH_3—CH}—CH_2—CH_3 \longrightarrow CH_3—CH = CH—CH_3 + CH_2 = CH—CH_2—CH_3$$
$$ (81\%) (19\%)$$

3. 重要的氯代烃

1) 氯乙烷

氯乙烷(CH_3CH_2Cl)在常温下是略带甜味的气体,沸点是 12.2℃,低温或加压下可成为无色透明液体,易挥发,通常储存于压缩钢瓶中。在工业上用作冷却剂,在有机合成中用作乙基化试剂。将氯乙烷喷洒在施行手术的部位时由于它迅速气化吸热,引起皮肤骤冷而暂时失去知觉,从而达到止痛的目的,所以在施行小型外科手术时,可用作局部麻醉剂。

2) 二氟二氯甲烷

二氟二氯甲烷(CF_2Cl_2)又称氟利昂-12,常温下为气体,沸点为 -29.8℃,易压缩为液体,解除压力后立即气化,同时吸收大量的热。因其具有无臭、无腐蚀性、不燃烧和化学性质稳定等诸多优点而用作致冷剂。但近年来发现,氟利昂的大量使用和废弃会导致大气臭氧层的破坏,从而产生全球性的环境污染。

3) 四氟乙烯

四氟乙烯($CF_2\!=\!CF_2$)为无色气体,沸点为 -76.3℃,可以聚合制得聚四氟乙烯:

$$n CF_2 = CF_2 \longrightarrow \text{—}\!\!\begin{array}{c} CF_2 - CF_2 \end{array}\!\!\text{—}_n$$

聚四氟乙烯耐热、耐腐蚀,是化学稳定性最高的塑料,有"塑料王"之称,商品名称为"特氟隆(Teflon)"。

4) 四氯化碳

四氯化碳为无色液体,沸点为 76.8℃,不溶于水,能溶解脂肪、油漆、树脂、橡胶等多种有机物,是常用的有机溶剂。四氯化碳易挥发,它的蒸气比空气重,且不燃烧、不导电,因此当四氯化碳受热蒸发成为沉重的气体覆盖在燃烧的物体上时,就能隔绝空气而灭火。是常用的灭火剂,它可适用于油类的燃烧和电源附近的火灾,但灭火时会产生光气,要注意通气,以免中毒。

7.3.2　醇

醇、酚和醚都是烃的含氧衍生物。醇和酚可以看作是水分子中的氢原子被脂肪烃基或芳香环取代的衍生物,醇和酚的分子中都含有羟基—OH,羟基与脂肪烃基直接相连的称为醇,羟基与芳环直接相连的称为酚。而两个烃基与氧直接相连的称为醚。醇和醚中的 O 原子为 sp^3 杂化,而酚中的 O 原子为 sp^2 杂化。

$$CH_3CH_2\text{—}OH \qquad\qquad \text{〇}\!\!-\!\!OH \qquad\qquad CH_3CH_2\text{—}O\text{—}CH_2CH_3$$

乙醇　　　　　　　苯酚　　　　　　　　乙醚

1. 醇的物理性质

低碳一元醇的沸点较高,在水中的溶解度、相对密度和极性都比较大,四个碳以上的液态醇,尤其是多元醇,其黏度也很大,这些性质与醇分子中含有羟基有关。由于醇分子之间可以形成氢键,而且醇也能与水分子之间形成氢键,所以低碳醇的沸点和在水中的溶解度都比较高。液态醇分子之间能以氢键相互缔合,醇分子从液态到气态的转变,不仅要破坏范德华力,还要破坏分子间的氢键,需要很多的能量,因此醇分子的沸点比相近相对分子质量的烃的沸点要高得多。二元醇、多元醇的分子中有两个以上的羟基,可以形成更多的氢键,沸点更高。

低级醇可以与 $MgCl_2$、$CaCl_2$ 等配位,形成类似结晶水的化合物,例如 $MgCl_2 \cdot CH_3OH$、$CaCl_2 \cdot 4CH_3CH_2OH$ 等,这种配合物称为结晶醇。因此不能用无水 $CaCl_2$ 作为干燥剂来除去醇中的水(见表 7-6)。

表 7-6 一些醇的物理常数

名　称	构造式	熔点/℃	沸点/℃	相对密度(液态)/$g \cdot cm^{-3}$	溶解度(25℃)/(g/100 g H_2O)
甲醇	CH_3OH	−98	64.5	0.792	∞
乙醇	CH_3CH_2OH	−117	78.5	0.789	∞
正丙醇	$CH_3CH_2CH_2OH$	−127	98	0.804	∞
异丙醇	$(CH_3)_2CHOH$	−86	82.5	0.789	∞
正丁醇	$CH_3(CH_2)_2CH_2OH$	−90	118	0.810	7.9
异丁醇	$(CH_3)_2CHCH_2OH$	−108	108	0.802	10.0
正戊醇	$CH_3(CH_2)_3CH_2OH$	−78.5	138	0.817	2.3
正己醇	$CH_3(CH_2)_4CH_2OH$	−52	156.5	0.819	0.6
正辛醇	$CH_3(CH_2)_6CH_2OH$	−15	195	0.827	0.05
正癸醇	$CH_3(CH_2)_8CH_2OH$	6	228	0.829	—
正十二醇	$CH_3(CH_2)_{10}CH_2OH$	24	259	0.831	—
苯甲醇	$C_6H_5CH_2OH$	−15	205	1.046	—
2-苯基乙醇	$C_6H_5CH_2CH_2OH$	−26	219	1.013	4
环己醇	⬡—OH	25	161	0.962	5.7

2. 醇的化学性质

1）羟基中氢的反应

醇羟基中，由于氢与氧相连，氧的电负性远大于氢，O—H键有较大极性，氢可以部分解离，表现出一定的酸性。醇可以与活泼金属反应。例如，醇与金属钠反应可以放出氢气，得到醇钠：

$$RCH_2OH + Na \longrightarrow RCH_2ONa + 1/2H_2$$

从乙醇的自电离反应可以看出醇的酸性比水的还小。

$$2CH_3CH_2OH \Longrightarrow CH_3CH_2OH_2^+ + CH_3CH_2O^- \qquad pK_a = 15.9$$

所以醇钠放入水中，立即水解得到相应的醇。

$$RCH_2ONa + H_2O \longrightarrow RCH_2OH + NaOH$$

2）羟基的反应

醇很容易与氢卤酸反应得到卤代烃和水，这是卤代烃水解反应的逆反应。如果其中一种反应物过量或移去一种产物，平衡向右移动，可以提高卤代烃的产率。

$$ROH + HX \longrightarrow RX + H_2O$$

由于亲核能力 $I^- > Br^- > Cl^-$，因此氢卤酸的反应活性为 $HI > HBr > HCl$。

不同的醇在与相同的氢卤酸反应时的活性为烯丙型醇或苄基醇、叔醇＞仲醇＞伯醇。

由于羟基不是一个良好的离去基团，因此反应需用酸催化，使醇羟基先质子化后再以水分子形式离去。

3）脱水反应

醇与浓 H_2SO_4 共热发生脱水反应，脱水的方式随温度而异，一般较高温度下主要发生分子内脱水，生成烯烃；在较低的温度下发生分子间脱水，生成醚。反应中一分子醇在酸作用下，先形成质子化的醇，另一分子的醇作为亲核试剂进攻质子化的醇，失去一分子水，然后再失去质子得到醚。该反应是制备简单醚的一种方法。

$$CH_3CH_2OH \xrightarrow[170℃]{浓 H_2SO_4} CH_2 = CH_2$$

$$CH_3CH_2OH \xrightarrow[140℃]{浓 H_2SO_4} CH_3CH_2OCH_2CH_3 + H_2O$$

仲醇和叔醇在酸催化下加热脱水时,主要产物为烯,遵从札依采夫规则,即主反应是生成碳碳双键上烃基最多的烯烃。

$$\text{CH}_3\text{CH}_2\text{CHCH}_3 \xrightarrow[\text{H}_2\text{SO}_4(1:1)]{-\text{H}_2\text{O}} \begin{cases} \rightarrow \text{CH}_3\text{CH}_2\text{CH}=\text{CH}_2 \\ \qquad \text{1-丁烯}(19\%) \\ \\ \rightarrow \text{CH}_3\text{CH}=\text{CHCH}_3 \\ \qquad \text{2-丁烯}(81\%) \end{cases}$$

其中 OH 在CH₃CH₂CHCH₃下方。

4）酯化反应

醇与酸脱水生成酯的反应为酯化反应。除了有机酸外,醇也可以与无机酸如硫酸、硝酸、磷酸反应,得到无机酸酯。

5）氧化反应

仲醇和伯醇的 α 碳原子上有氢,在适当的氧化剂作用下,可以被氧化成醛、酮或酸。叔醇的 α 碳原子上没有氢,难以被氧化,酸性条件下,易于脱水成烯,然后再被氧化断键,生成小分子化合物。

(1) 高锰酸钾氧化。

冷、稀、中性高锰酸钾的活性比较低,不能氧化醇,但在加热的条件下可以氧化伯醇和仲醇。伯醇的氧化产物为羧酸盐,并有二氧化锰沉淀生成,酸化后可得羧酸,但仲醇和叔醇易发生进一步氧化,C—C 键断裂。

$$\text{RCH}_2\text{OH} + \text{KMnO}_4 \xrightarrow[\triangle]{\text{H}_2\text{O}/\text{OH}^-} \text{RCOOK} + \text{MnO}_2 \downarrow$$

$$\text{RCOOK} \xrightarrow{\text{H}^+} \text{RCOOH}$$

(2) 重铬酸钾氧化。

伯醇可以在酸性条件下被重铬酸钾氧化生成醛,醛可以进一步氧化成为酸。由于醛的沸点比醇低,反应中可以蒸出醛,从而防止其继续氧化成为酸。此反应可以用于制备低沸点的醛。仲醇可以氧化为酮,叔醇则不会被氧化。醇氧化反应中重铬酸钾溶液的颜色由橙色变为绿色,这就是重铬酸钾溶液可以检验是否酒驾的原理。

$$\text{CH}_3\text{CH}_2\text{CH}_2\text{OH} \xrightarrow[\text{H}^+]{\text{K}_2\text{Cr}_2\text{O}_7,\, 25℃} \text{CH}_3\text{CH}_2\text{CHO} \xrightarrow{\text{K}_2\text{Cr}_2\text{O}_7} \text{CH}_3\text{CH}_2\text{COOH}$$

丙醇

$$\text{CH}_3\text{CHOH} \xrightarrow[\text{H}^+]{\text{K}_2\text{Cr}_2\text{O}_7,\, 25℃} \text{CH}_3\text{C}=\text{O}$$

其中下方为 CH₃,右侧产物下方为 CH₃。

2-丙醇

3. 重要的醇

1) 甲醇

甲醇(CH_3OH)最初通过木材干馏制得,故甲醇也称为木醇、木精,现在甲醇基本上由工业合成制得。

$$CO + 2H_2 \xrightarrow[\text{ZnO, CuO, Cr}_2O_3]{20\ MPa \quad 300℃} CH_3OH$$

甲醇为无色液体,沸点为65℃,可与水混合,是良好的有机溶剂。甲醇有毒,服入或吸入10 mL就可以产生毒害后果。甲醇是重要的化工原料,用途广泛,20%的甲醇和汽油的混合物是一种优良的发动机燃料。

2) 乙醇

乙醇(CH_3CH_2OH)又名酒精,是无色、透明、易挥发的液体,可与水混溶,是非常好的有机溶剂,在染料、香料、医药等工业中应用广泛,可用作防腐剂、消毒剂(70%~75%的乙醇)、燃料等。乙醇是酒的主要成分,饮用少量乙醇有兴奋神经的作用,饮用大量乙醇有麻醉作用,可使人体中毒,甚至死亡。

医药上使用乙醇配制酊剂,如碘酊,俗称碘酒,就是碘和碘化钾的乙醇溶液。乙醇也常用于制取中草药浸膏或提取其中的有效成分。

3) 乙二醇

乙二醇俗名甘醇,有甜味,为无臭、无色的黏稠液体,是最简单的二元醇。由于分子中有羟基,分子间能以氢键缔合,因此其熔点和沸点比一般相对分子质量相近的化合物要高。熔点为−11.5℃,沸点为198℃,可与水、乙醇、丙酮混溶,微溶于乙醚。

乙二醇的一个重要作用是用于降低冰点,例如,40%乙二醇的水溶液冰点为−25℃,60%乙二醇的水溶液冰点为−49℃。常用于汽车发动机的防冻剂、飞机发动机的制冷剂。

4) 丙三醇

丙三醇俗名甘油,为无色、无臭、有甜味的黏稠液体,可与水混溶。由于分子中羟基数目更多,其熔点和沸点更高,熔点为20℃,沸点为290℃(分解)。甘油可以吸收空气中的水分,在化妆品、皮革、烟草、食品以及纺织品中用作吸湿剂。

适当条件下,甘油与浓硝酸和浓硫酸反应可以制得硝化甘油。硝化甘油在受到加热或撞击时会猛烈分解,瞬间产生大量气体而引起爆炸,因此硝化甘油可以用作炸药。服用少剂量的硝化甘油有扩张冠状动脉的作用,在医药上用来治疗心绞痛。

7.3.3 酚

羟基与芳环相连的化合物称为酚。酚中的氧原子为 sp^2 杂化,两个杂化轨道

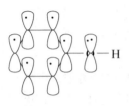

分别与碳和氢形成两个 σ 键,剩余一个杂化轨道被一对孤对电子占据。还有一个也被一对孤对电子占据的未参与杂化的 p 轨道垂直于苯环,并与环上的 π 键发生侧面重叠,形成大的 p-π 共轭体系(见图 7-6)。p-π 共轭体系中,氧起着给电子的共轭作用,氧上的电子云向苯环偏移,苯环上电子云密度增加,苯环的亲电活性增加,同时氧氢

图 7-6 酚分子的结构 示意图

之间的电子云密度降低,增强了羟基上氢的解离能力。

1. 酚的物理性质

酚多数为固体,在空气中易被氧化成为带有颜色的醌类物质。酚能溶于乙醇、乙醚及苯等有机溶剂,在水中的溶解度不大,但随着酚中羟基的增多,水溶性增大,如表 7-7 所示。

表 7-7 一些酚的物理常数

名 称	结构式	熔点/℃	沸点/℃	溶解度(25℃)/ (g/100 g H_2O)
苯酚	C_6H_5OH	43	182	9.3
邻甲酚	$o-CH_3C_6H_4OH$	30	191	2.5
间甲酚	$m-CH_3C_6H_4OH$	11	201	2.6
对甲酚	$p-CH_3C_6H_4OH$	35.5	201	2.3
邻苯二酚	$o-HOC_6H_4OH$	105	245	45.1
间苯二酚	$m-HOC_6H_4OH$	110	281	123
对苯二酚	$p-HOC_6H_4OH$	170	286	8

邻硝基苯酚可以形成分子内氢键,对硝基苯酚可以形成分子间氢键。邻硝基苯酚的分子内氢键降低了分子间缔合的能力,使得其沸点比对硝基苯酚低,因此可用蒸馏的方法把两者分开。

2. 酚的化学性质

1) 酸性

酚比醇的酸性大,这是因为酚中氧的给电子作用,使得电子向苯环转移,氧氢之间的电子云密度降低,氢氧键减弱,易于断裂,显示出酸性(见表 7 - 8)。苯酚的酸性比羧酸、碳酸弱,比水、醇强。

表 7 - 8　一些酚类化合物的酸性比较

化合物	$R-\overset{O}{\underset{|}{C}}-OH$	H_2CO_3	![OH 萘]	![OH 苯酚]	H_2O	$R-OH$
pK_a	5	6.38	9.65	9.89	14	16～19

化合物	![对甲苯酚]	![苯酚]	![邻甲苯酚]	![邻硝基苯酚]	![2,3-二硝基苯酚]	![2,4,6-三硝基苯酚]
pK_a	10.2	9.89	8.11	7.1	4.09	0.38

酚可以与氢氧化钠反应生成酚钠,故酚可以溶于氢氧化钠溶液中:

$$\langle\!\!\!\bigcirc\!\!\!\rangle\!-OH + NaOH \longrightarrow \langle\!\!\!\bigcirc\!\!\!\rangle\!-ONa + H_2O$$

酚的酸性比碳酸的酸性弱,向酚钠溶液中通入二氧化碳,酚又可以游离出来。利用此反应可以把酚同其他有机物分离。

2) 与 $FeCl_3$ 的显色反应

具有烯醇式结构($-\overset{|}{C}=\overset{|}{C}-OH$)的化合物大多数能与三氯化铁的水溶液反应,显出不同的颜色,称之为显色反应,可用于鉴别含有烯醇式结构的化合物。酚中有烯醇式结构,也可以与三氯化铁起显色反应。结构不同的酚所显的颜色不同。

3) 芳环上的反应

酚羟基是邻对位定位基,由于羟基的给电子作用,使得芳环上电子云密度增大,芳环的活性增强,比苯更容易发生亲电取代反应,如卤代、硝化、磺化等。

苯酚与溴反应,生成白色沉淀,反应灵敏,可用于定性鉴别和定量测定苯酚含量。

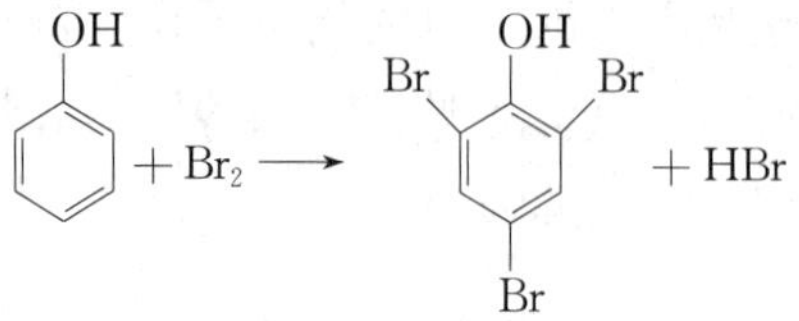

3. 常见的酚类化合物

1) 苯酚

苯酚是最简单的酚,俗名石炭酸,最初是从煤焦油中发现的。熔点为 43℃,沸点为 181.7℃,常温下为无色或白色晶体或结晶熔块,有特殊的刺激性气味,易被氧化,空气中放置即可被氧化而带有颜色。室温时微溶于水,65℃ 以上可与水混溶,易溶于乙醇、乙醚、苯等有机溶剂。

苯酚可使蛋白质变性,有杀菌效力,曾用作消毒剂和防腐剂,但因苯酚可通过皮肤吸收进入人体引起中毒,现已不再用作消毒剂。苯酚是有机合成的重要原料,用于制造塑料、药物、农药、染料等。

2) 苯二酚

苯二酚有邻、间、对三种异构体,均为无色晶体,可溶于乙醇、乙醚中。间苯二酚用于合成染料、酚醛树脂、胶黏剂、药物等,医药上用作消毒剂。对苯二酚具有还原性,可用作显影剂。邻苯二酚常以结合态存在于自然界中,它最初是由干馏儿茶素或儿茶酸得到,故俗名称为儿茶酚。邻苯二酚的一个重要衍生物为肾上腺素(见图 7-7),它既有氨基又有酚羟基,呈两性,既溶于酸也溶于碱,微溶于水及乙醇,不溶于乙醚、氯仿等,在中性、碱性条件下不稳定,医药上用其盐酸盐,有加速心脏跳动,收缩血管,增加血压,放大瞳孔的作用,也有使肝糖分解增加血糖的含量以及使支气管平滑肌松弛的作用。一般用于支气管哮喘、过敏性休克及其他过敏性反应的急救。

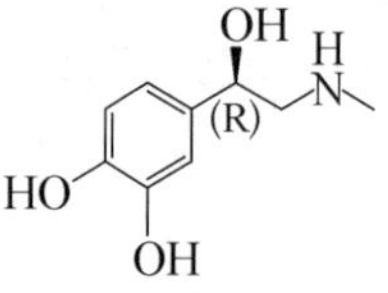

图 7-7 肾上腺素

人体代谢过程中从蛋白质可得到含有邻苯二酚结构的物质,经氧化成为黑色素,它是赋予皮肤、眼睛、头发以黑色的物质。

7.3.4 醚

两个烃基通过氧原子连接起来的化合物为醚,两个烃基相同的为简单醚,两个烃基不同的为混合醚。氧原子与碳原子共同构成环状结构形成的醚为环醚。官能团(C—O—C)称作为醚键,醚与醇互为官能团异构体(见图7-8)。

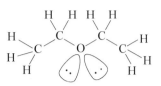

图7-8 醚的结构示意图

1. 醚的物理性质

大多数醚为无色、易挥发、易燃液体。醚分子间不能以氢键相互缔合,沸点与相应的烷烃接近,比醇、酚低得多。醚分子有极性,且含有电负性较强的氧,所以在水中可以与水形成氢键,因此在水中有一定的溶解度,比烷烃的溶解度大。

醚能溶解许多有机物,并且化学反应活性非常低,是实验室中常用的溶剂,常用于提取中草药中某些脂溶性有效成分。乙醚极易挥发、着火,因此使用时要保持良好的通风条件,且严禁明火(见表7-9)。

表7-9 一些醚的物理常数

名　称	熔点/℃	沸点/℃	密度 d_4^{20}	折射率 n_d^{20}
甲醚	−138.5	−23	—	—
乙醚	−116.2	34.51	0.713 7	1.352 6
丙醚	−112	91	0.736 0	1.380 9
异丙醚	−85.89	68	0.724 1	1.367 9
正丁醚	−95.3	142	0.768 9	1.399 2
苯甲醚	−37.5	155	0.996 1	1.517 9
苯乙醚	−29.5	170	0.966 6	1.507 6
环氧乙烷	−111	13.5	0.882 4	1.359 7
四氢呋喃	−65	67	0.889 2	1.405 0

2. 醚的化学性质

醚相当稳定,不易进行一般的化学反应,对碱、氧化剂、还原剂也都很稳定。

醚分子中的氧原子有孤对电子,可以看作是路易斯碱,可接受质子成为锌盐,但接受质子的能力非常弱,需要与浓的强酸才能生成锌盐,从而溶于浓强酸中,利用此性质可分离和鉴别醚。醚也可与路易斯酸如三氟化硼、三氯化铝和格氏试剂等形成配合物。

$$ROR + HCl \longrightarrow [R\!-\!O\!-\!R]^+ Cl^-$$
$$\qquad\qquad\qquad\quad \overset{\displaystyle |}{}$$
$$\qquad\qquad\qquad\quad H$$

$$ROR + BF_3 \longrightarrow R_2O : BF_3$$
$$ROR + AlCl_3 \longrightarrow R_2O : AlCl_3$$

醚分子中如果与氧相连的碳原子上有氢,此类氢易氧化形成过氧化醚。

$$CH_3CH_2OCH_2CH_3 \xrightarrow{\;O_2\;} CH_3CHOCH_2CH_3$$
$$\qquad\qquad\qquad\qquad\qquad\qquad\quad \overset{\displaystyle |}{}$$
$$\qquad\qquad\qquad\qquad\qquad\qquad\quad OOH$$

过氧化醚受热或震动会引起剧烈爆炸。因此在使用存放过久的醚之前,一定要检查是否含有过氧化物。检查方法如下:取少量醚加入碘化钾的醋酸溶液,再加入淀粉溶液,如果变为蓝色说明含有过氧化物。可以向醚中加入还原剂,如硫酸亚铁、亚硫酸钠等,以还原过氧化醚,保证使用安全。

7.3.5 醛和酮

醛和酮分子中都含有官能团羰基($-\overset{\displaystyle O}{\overset{\displaystyle \|}{C}}-$),统称为羰基化合物。由于共同的结构特征,它们在性质上有许多相似之处。羰基的化学性质很活泼,所以羰基化合物在有机合成中是极为重要的物质,同时也是动植物代谢过程中十分重要的中间体。

醛和酮的结构中虽都含有羰基,但醛分子中的羰基至少与一个氢原子相连,酮分子中的羰基则与两个烃基相连,它们的结构通式分别为

$$\underset{\text{醛}}{R\!-\!\overset{\displaystyle O}{\overset{\displaystyle \|}{C}}\!-\!H} \qquad\qquad \underset{\text{酮}}{R\!-\!\overset{\displaystyle O}{\overset{\displaystyle \|}{C}}\!-\!R'}$$

由于醛与酮在结构上的差异,除了在有关反应中的羰基的反应活性不同外,醛和酮在某些性质上也有显著不同,如醛分子中羰基碳上的氢很容易被氧化等。

1. 醛和酮的物理性质

常温下,除甲醛为气体外,低级脂肪醛、脂肪酮多是液体,高级脂肪醛、脂肪酮和芳香酮多为固体。由于醛、酮分子不能形成分子间氢键,所以醛、酮的沸点低于相对分子质量相近的醇,但羰基是极性很强的基团,其分子之间的取向力较大,因此,醛、酮的沸点比相对分子质量相近的、极性较低的化合物如烷烃、醚、卤

代烃的沸点高。

2. 醛和酮的化学性质

醛、酮的分子中都含有相同的基团——羰基,因此醛和酮具有许多相似的化学性质,但醛基与酮基在结构上又不完全相同,因此在化学性质上表现出一些差异。一般说来,醛比酮活泼。

1) 加成反应

(1) 与 HCN 反应。

$$\underset{(H)H_3C}{\overset{R}{\diagdown}}C{=}O + HCN \Longrightarrow \underset{(H)H_3C}{\overset{R}{\diagup}}\underset{CN}{\overset{OH}{\diagup}}C \qquad \alpha\text{-羟基腈}$$

所有的醛都能发生此反应,其最大的特点是反应产物 α-羟基腈的碳原子数比原来的醛、酮多了一个,因此可作为有机合成中增长碳链的一个途径。实际工作中,因 HCN 有毒,又易挥发,多采用 NaCN 并逐滴加入 H_2SO_4,边生成 HCN 边进行反应。

(2) 与醇反应。

在干燥氯化氢或浓硫酸催化下,醛与醇发生加成反应,生成半缩醛,半缩醛不稳定,它继续在酸催化下与另一分子醇作用,脱去一分子水生成稳定的缩醛。

$$\underset{R}{\overset{H}{\diagdown}}C{=}O + R'OH \xrightarrow[H^+]{HCl} \underset{R}{\overset{H}{|}}\underset{OR'}{\overset{OH}{|}}C \underset{H^+}{\overset{ROH}{\rightleftharpoons}} \underset{R}{\overset{H}{|}}\underset{OR'}{\overset{OR'}{|}}C + H_2O$$

半缩醛 缩醛

缩醛具有醚的结构,比较稳定。对氧化剂、还原剂、碱液均稳定,但在酸液中易水解生成原来的醛和醇。在有机合成中常应用这一性质来保护活泼的醛基,使醛基避免在反应中受氧化剂或碱性试剂的破坏。

2) α-氢的反应

醛、酮的化学性质不仅由羰基来决定,同时还与醛、酮结构中是否存在活泼氢有关。

$$\underset{H}{\overset{H(R)}{|}}\overset{\alpha}{C}{-}C{=}O$$

在羰基中电子偏向氧原子,α-碳与羰基碳之间的电子云又偏向羰基,进而削弱了α-碳与α-氢之间的化学键,使得α-氢有一定的活性。

由α-氢引起的反应,常见的有以下两类。

(1) 卤代反应和碘仿反应。

卤素与含有α-氢的醛、酮作用时,α-氢原子被卤素原子取代,生成卤代醛、酮。

在碱性溶液中,α-氢都能被卤素取代,生成二卤代物、三卤代物。三卤代物在碱性溶液中不稳定,易分解为卤仿和羧酸盐。例如:

$$X_2 + 2NaOH \longrightarrow NaXO + NaX + H_2O$$

$$CH_3-\underset{\underset{O}{\|}}{C}-H + 3NaXO \longrightarrow CX_3-\underset{\underset{O}{\|}}{C}-H + 3NaOH \longrightarrow CHX_3 + H-\overset{\overset{O}{\|}}{C}-ONa$$

三卤甲烷(CHX_3),俗称卤仿,上述反应叫作卤仿反应。若所用的卤素是碘,则生成有特殊气味,不溶于水的黄色固体碘仿(CHI_3),这就是碘仿反应。可用于定性检验酮类化合物。

(2) 羟醛缩合反应。

具有α-氢的醛在稀碱作用下,两分子醛相互作用,其中一个醛分子的α-氢加到另一个醛分子的羰基氧原子上去,而其余部分则加到羰基碳原子上,生成的产物是β-羟基醛。例如:

$$CH_3-\underset{\underset{H}{|}}{\overset{\overset{O}{\|}}{C}} + CH_2-\overset{\overset{O}{\|}}{C}-H \xrightarrow{\text{稀 OH}^-} CH_3-\underset{\underset{H}{|}}{\overset{\overset{OH}{|}}{C}}-CH_2-\overset{\overset{O}{\|}}{C}-H$$

β-羟基丁醛

β-羟基醛受热时容易失去一分子水,生成 α,β-不饱和醛。

$$CH_3-\underset{\underset{H}{|}}{\overset{\overset{OH}{|}}{C}}-CH_2-\overset{\overset{O}{\|}}{C}-H \xrightarrow{\triangle} CH_3CH=CH-\overset{\overset{O}{\|}}{C}-H + H_2O$$

常把上述两步反应统称为羟醛缩合反应。所有具有α-氢的醛都可以发生羟醛缩合反应。但具有α-氢的酮则较难进行缩合,原因是反应的平衡往往偏向于反应物酮的一方。不具α-氢的醛、酮不能进行此反应。

3）氧化还原反应

醛、酮的羰基可以发生还原反应生成相应的醇或烃,还原的方法有很多,常用的是催化氢化和金属氢化物还原。

（1）在催化剂 Ni、Pt 存在下,醛加氢还原成伯醇,酮还原成仲醇。

$$\begin{array}{c}R\\ |\\ C=O+H_2 \xrightarrow{Ni} RCH_2OH\\ |\\ H\end{array}$$

伯醇

$$\begin{array}{c}R\\ |\\ C=O \ +H_2 \xrightarrow{Ni} \ \begin{array}{c}R\\ |\\ CH-OH\\ |\\ R'\end{array}\\ |\\ R'\end{array}$$

仲醇

（2）金属氢化物如硼氢化钠和氢化铝锂是常用的还原剂。它的优势是还原有选择性,当还原含有碳碳双键的不饱和醛、酮时,只有羰基被还原,而碳碳双键不受影响。若采用催化氢化法,则羰基和碳碳双键都可加氢。如：

$$CH_3-CH=CH-CHO \begin{cases} \xrightarrow{LiAlH_4} CH_3CH=CH-CH_2OH \\ \\ \xrightarrow{H_2/Ni} CH_3CH_2CH_2CH_2OH \end{cases}$$

（3）醛的氧化反应。醛的羰基碳原子上连有一个氢原子,因此很容易被氧化成含同数碳原子的羧酸,甚至弱氧化剂就能使其氧化。酮在同样条件下不被氧化。利用此性质,选用某些弱氧化剂可区别醛、酮。常用的弱氧化剂有托伦试剂和斐林试剂。

托伦试剂是银氨配离子溶液,即硝酸银的氨溶液。与醛反应时,醛氧化成酸。托伦试剂则被还原,有金属银析出,附着在容器壁上形成银镜,此反应又称为银镜反应。其反应式如下：

$$\begin{array}{c}O\\ ||\\ R-C-H\end{array} +[Ag(NH_3)_2]^+ + OH^- \xrightarrow{\triangle} \begin{array}{c}O\\ ||\\ R-C-O^-\end{array} +Ag(s)+NH_3(g)+H_2O$$

斐林试剂包括甲、乙两种溶液。甲液是硫酸铜溶液,乙液是酒石酸钾钠和氢氧化钠溶液,使用时取等体积的甲液和乙液混合,成为深蓝色的碱性铜配离子溶液。与醛反应时,醛被氧化成羧酸,斐林试剂中的二价铜配离子被还原为红色的氧化亚铜沉淀。只有脂肪醛能与斐林试剂作用,而芳香醛不能。利用此性质可区别脂肪醛和芳香醛。

$$R-\overset{\overset{\displaystyle O}{\|}}{C}-H + Cu^{2+} \xrightarrow{NaOH} RCOO^- + Cu_2O(s)$$

(4) 康尼扎罗反应。

不含 α-氢的醛,在浓碱作用下,一分子醛被氧化成酸,另一分子醛被还原成醇,这种自身的氧化还原反应称为歧化反应,也叫康尼扎罗(Connozzaro)反应。

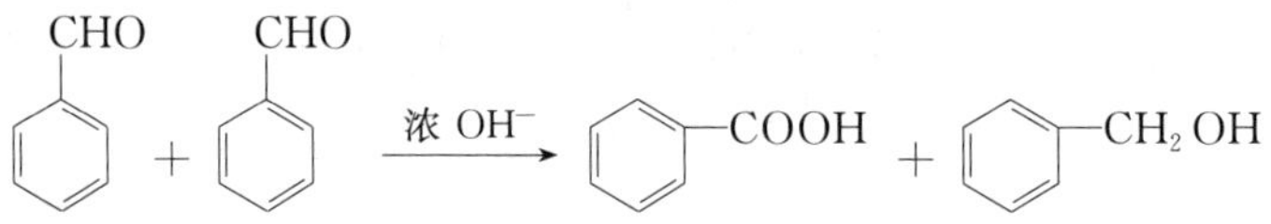

若把没有 α-H 的甲醛和苯甲醛混合在一起,由于甲醛在醛类中还原性最强,因而是甲醛被氧化成甲酸,苯甲醛被还原成苯甲醇。

3. 重要的醛和酮

1) 甲醛

甲醛是一种无色、具有强烈刺激性的气体,沸点为 −21℃,易溶于水和乙醇。其 40% 的水溶液称为甲醛溶液(福尔马林),可使蛋白质变性,通常作为消毒剂和生物标本的防腐剂。

甲醛溶液经长期放置会产生混浊或白色沉淀,这是由甲醛聚合生成的多聚甲醛。多聚甲醛经加热(160~200℃)解聚而重新生成甲醛。在甲醛水溶液中加入少量的甲醇或乙醇可以防止聚合作用的发生。甲醛溶液与氨水一起加热蒸发,生成六亚甲基四胺无色晶体,商品名称为乌洛托品(Urotropine),临床上用作尿道消毒剂。

$$6HCHO + 4NH_3 \longrightarrow (CH_2)_6N_4 + 6H_2O$$

2) 丙酮

丙酮为无色液体,具有特殊气味,沸点为 56℃,易溶于水和有机溶剂,广泛用作溶剂。正常人血液中的丙酮含量极低,但糖代谢出现紊乱如患糖尿病时,脂肪加速分解可产生过量的丙酮,成为酮体的主要组成成分之一,随尿液排出或随呼吸呼出。丙酮的临床检查可用碘仿反应,也可用亚硝酰铁氰化钠溶液和氨水,如尿中有丙酮存在,与之反应尿液呈鲜红色。

7.3.6 羧酸及其衍生物

羧酸是含有羧基(—COOH)的有机化合物,羧基为羧酸的官能团。除甲酸外,羧酸可以看作是烃分子中的氢原子被羧基取代后的生成物。一元羧酸结构通式为 R—COOH 和 Ar—COOH。

羧酸及其衍生物广泛存在于自然界中,常以游离态或以盐或酯的形式存在于中草药及其他动植物体内,也是生物体代谢的重要产物,是有机合成中极为重要的原料。羧酸衍生物是指羧酸分子中羧基上的羟基被其他原子或原子团取代后的生成物,常见的有酯、酸酐、酰卤等。

羧基从结构上看是由羰基($\overset{\text{O}}{\underset{\|}{—\text{C}—}}$)和羟基(—OH)组成的,但是它与醛、酮的羰基、醇的羟基在性质上却有非常明显的差异。羧基中的碳原子以 sp^2 形式杂化,三个 sp^2 杂化轨道分别与羰基的氧原子、羟基的氧原子和一个烃基的碳原子(或一个氢原子)形成三个 σ 键,这三个 σ 键在同一平面上,所以羧基是平面结构,键角大约为 $120°$,羧基碳原子没有参与杂化的那个 p 轨道与羰基氧原子的 p 轨道形成一个 π 键。另外,羧基的羟基氧原子有一对未共用电子,它和 π 键形成 p-π 共轭体系(见图 7-9)。

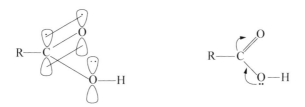

图 7-9 羧基的结构示意图

1. **羧酸的物理性质**

常温下,饱和一元羧酸中的甲酸、乙酸、丙酸为具有刺激性气味的液体,$C_4 \sim C_{10}$ 的羧酸为具有腥臭味的液体,10 个碳以上的羧酸则为无气味的蜡状固体,脂肪族二元羧酸和芳香族羧酸都是晶体。在饱和一元羧酸中,由于羧基具有强极性,以及与水分子能形成较强的氢键,低相对分子质量的羧酸易溶于水;但随着烃基增大和相对分子质量的增大,水溶性迅速降低,10 个碳以上的羧酸不溶于水。但羧酸都易溶于乙醇、乙醚、苯等有机溶剂中(见表 7-10)。

表 7-10 一些羧酸的物理常数

名 称	熔点/℃	沸点/℃	溶解度/(g/100 g H₂O)
甲酸(蚁酸)	8.4	101	∞
乙酸(醋酸)	17	118	∞
丙酸	−22	141	∞
正丁酸	−5	163	∞
正戊酸	−35	187	3.7
十六烷酸(软脂酸)	62.9	269(13.3 kPa)	不溶
十八烷酸(硬脂酸)	62.9	287(13.3 kPa)	不溶
苯甲酸	122	249	0.34
乙二酸	189		8.6
丙二酸	136		73.5
丁二酸	185		5.8
戊二酸	98		63.9
己二酸	151		1.5
顺丁烯二酸	131		79
反丁烯二酸	302		0.7
邻苯二甲酸	213		0.7
间苯二甲酸	349		0.01
对苯二甲酸	300(升华)		0.002

羧酸的沸点比相对分子质量相当的醇高。例如,乙酸和丙醇的相对分子质量都是 60,乙酸的沸点为 118℃,丙醇的沸点为 97℃,这是由于羧酸分子间形成了较强的氢键。

2. 羧酸的化学性质

1) 羧酸的酸性

从羧酸的结构可以看出,由于 p-π 共轭,羟基氧原子周围的电子云密度降低,使氢氧键上的电子云更偏向于氧原子,氢氧键的极性增大,有利于离解出氢离子,故羧酸表现出酸性。

羧酸在水中可解离出 H^+ 而显弱酸性,能与氢氧化钠、碳酸钠、碳酸氢钠作用生成盐。羧酸虽为弱酸,但比碳酸和苯酚的酸性要强。所以羧酸能与

$NaHCO_3$反应放出 CO_2,而苯酚则不能,利用这个性质可以分离和鉴别羧酸和酚类化合物(见表 7-11)。

表 7-11 一些羧酸的 pK_a

化合物	构造式	pK_a	化合物	构造式	pK_a
甲酸	HCOOH	3.75	丙酸	CH_3CH_2COOH	4.87
乙酸	CH_3COOH	4.75	丁酸	$CH_3CH_2CH_2COOH$	4.82
氟乙酸	FCH_2COOH	2.59	2-氯丁酸	$CH_3CH_2ClCHCOOH$	2.86
氯乙酸	$ClCH_2COOH$	2.85	3-氯丁酸	$CH_3ClCHCH_2COOH$	4.05
溴乙酸	$BrCH_2COOH$	2.90	4-氯丁酸	$ClCH_2CH_2CH_2COOH$	4.52
碘乙酸	ICH_2COOH	3.18	苯甲酸	⬡—COOH	4.19
三氟乙酸	F_3CCOOH	0.23	苯乙酸	⬡—CH_2COOH	4.31
三氯乙酸	Cl_3CCOOH	0.70	乙二酸	HOOC—COOH	1.23 4.19
二氯乙酸	$Cl_2CHCOOH$	1.48	丙二酸	$HOOCCH_2COOH$	2.83 5.69

羧酸盐易溶于水,因此可将一些含有羧基的难溶性药物制成易溶性的盐,如青霉素 G 常制成易溶性的钾盐和钠盐,供注射之用。

羧酸的酸性强弱与其分子结构有关。当羧基与斥电子基相连时,由于斥电子诱导效应,使羧基中氢氧两个原子之间的电子云向氢原子偏移,从而使氢氧键的极性减弱,氢原子不易电离,因而酸性减弱;相反,若羧基与吸电子基相连时,由于吸电子诱导效应,使羧基中氢氧间的电子云更偏向于氧原子,从而使氢氧键极性增强,氢原子更容易电离,同时也使形成的羧酸根离子的负电荷更为分散,稳定性增加,所以酸性增强。

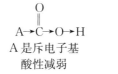

A 是斥电子基　　　　　　B 是吸电子基

酸性减弱　　　　　　　　酸性增强

取代基的吸电子诱导效应越强,取代基的数目越多,对羧酸的酸性影响就越大。例如卤素的吸电子诱导效应次序为 F＞Cl＞Br＞I,在卤代乙酸中氟代乙酸的酸性最强,碘代乙酸的酸性最弱。

二元羧酸的酸性通常比一元羧酸强,原因是—COOH 具有较强的吸电子诱导效应。随着二元羧酸的主链碳原子数增加,两个羧基间距离增大,吸电子诱导效应减弱,酸性逐渐减弱。

2) 羧基中羟基的取代反应

在一定条件下,羧基中的羟基可被其他原子或原子团所取代,生成羧酸衍生物。

(1) 酰卤的生成。

酰卤中以酰氯最为重要,当羧酸与一些含氯的卤代试剂,如 PCl_3、PCl_5、$SOCl_2$ 作用时,羧基中的羟基被氯原子取代,生成酰氯。如:

$$\underset{O}{R-\overset{\shortmid}{\underset{\|}{C}}-OH} + PCl_3 \longrightarrow \underset{O}{R-\overset{\shortmid}{\underset{\|}{C}}-Cl} + H_3PO_3$$

通常用 PCl_3 制备沸点较低的酰氯,而用 PCl_5 制备具有较高沸点的酰氯。芳香族酰氯一般是由 PCl_5 或 $SOCl_2$ 与芳香酸作用制取的。例如:

$$\text{C}_6\text{H}_5\text{COOH} + PCl_5 \xrightarrow{\triangle} \text{C}_6\text{H}_5\text{COCl} + POCl_3 + HCl$$

(2) 酯化反应。

羧酸与醇在强酸的催化作用下,生成酯和水的反应称为酯化反应,其逆反应为酯的水解反应。例如:

$$R-OH + HO-\underset{O}{\overset{\|}{C}}-R' \underset{\triangle}{\overset{H^+}{\rightleftharpoons}} R-\underset{O}{\overset{\|}{C}}-O-R' + H_2O$$

这是一个明显的可逆反应(逆反应为酯的水解),应用平衡移动的原理,使用过量的某一反应物(酸或醇)、除去反应生成的水等方法,都可以提高产率。

一般情况下,羧酸与伯醇或仲醇的酯化反应中,羧酸发生酰氧键断裂。采用同位素标记醇的办法证实,酯化反应中所生成的水是来自羧酸的羟基和醇分子中的氢,即按酸的酰氧键断裂机理反应:

$$\underset{\text{苯}}{\bigcirc}\!\!-\!\!\overset{O}{\underset{\parallel}{C}}\!\!-\!\!\boxed{OH+H}\!\!-\!\!\overset{18}{O}CH_3 \quad\underset{}{\overset{H^+}{\rightleftharpoons}}\quad \underset{\text{苯}}{\bigcirc}\!\!-\!\!\overset{O}{\underset{\parallel}{C}}\!\!-\!\!\overset{18}{O}\!\!-\!\!CH_3+H_2O$$

而羧酸与叔醇的酯化反应则是醇发生了烷氧键断裂：

$$R\!-\!\overset{O}{\underset{\parallel}{C}}\!\!-\!\!\boxed{OH+HO}\!\!-\!\!\overset{18}{}CR_3' \quad \rightleftharpoons \quad R\!-\!\overset{O}{\underset{\parallel}{C}}\!\!-\!\!O\!\!-\!\!CR_3'\overset{18}{}+H_2O$$

（3）酸酐的生成。

当饱和一元羧酸受强热或与脱水剂如 P_2O_5 共热时,两分子羧酸脱去一分子水生成酸酐：

$$RCO\underset{}{\overset{}{\boxed{OH+H}}}OOCR \xrightarrow{P_2O_5} R\!-\!\overset{}{\underset{\underset{O}{\parallel}}{C}}\!\!-\!\!\overset{}{\underset{\underset{O}{\parallel}}{C}}\!\!-\!\!R+H_2O$$

甲酸一般不发生分子间脱水生成酸酐,但在浓硫酸中受热时,甲酸分解成一氧化碳和水,可利用此反应制取高纯度的一氧化碳。

（4）酰胺的生成。

羧酸与氨或胺共热失去一分子水,得到酰胺：

$$R\!-\!COOH+NH_3 \underset{\triangle}{\rightleftharpoons} R\!-\!\overset{}{\underset{\underset{O}{\parallel}}{C}}\!\!-\!\!NH_2+H_2O$$

3）α-氢的卤化反应

由于羧基的影响,致使 α-氢原子与 α-碳原子的电子云偏向于 α-碳原子,α-氢原子有一定的离去倾向而产生一定的活性。在少量红磷存在下,可发生卤代反应。

$$H\!-\!\overset{\overset{H}{\vert}}{\underset{\underset{H}{\vert}}{C}}\!\!-\!\!\overset{\overset{O}{\parallel}}{C}\!\!-\!\!OH$$

例如：

$$H\!-\!\overset{\overset{H}{\vert}}{\underset{\underset{H}{\vert}}{\overset{\alpha}{C}}}\!\!-\!\!COOH \xrightarrow{\text{红磷},Cl_2} H\!-\!\overset{\overset{H}{\vert}}{\underset{\underset{Cl}{\vert}}{C}}\!\!-\!\!COOH \xrightarrow{\text{红磷},Cl_2} \overset{\overset{Cl}{\vert}}{\underset{\underset{Cl}{\vert}}{C}}H\!-\!\!COOH \xrightarrow{\text{红磷},Cl_2} Cl\!-\!\overset{\overset{Cl}{\vert}}{\underset{\underset{Cl}{\vert}}{C}}\!\!-\!\!COOH$$

$$R-\overset{\overset{\displaystyle O}{\|}}{C}-X + NH_3 \longrightarrow R-\overset{\overset{\displaystyle O}{\|}}{C}-NH_2 + HX$$

$$R-\overset{\overset{\displaystyle O}{\|}}{C}-O-\overset{\overset{\displaystyle O}{\|}}{C}-R' + NH_3 \longrightarrow R-\overset{\overset{\displaystyle O}{\|}}{C}-NH_2 + HO-\overset{\overset{\displaystyle O}{\|}}{C}-R'$$

$$R-\overset{\overset{\displaystyle O}{\|}}{C}-O-R' + NH_3 \longrightarrow R-\overset{\overset{\displaystyle O}{\|}}{C}-NH_2 + R'OH$$

当然,三种羧酸衍生物水解活性是有差异的,水解速度是酰卤>酸酐>酯。其中酯的水解是可逆反应,需要酸或碱催化。我们可以利用在碱性条件下水解产生的羧酸与碱作用生成盐的性质,将此水解反应变成不可逆反应。

3. 重要的羧酸和羧酸衍生物

1) 甲酸

甲酸(HCOOH)俗名蚁酸,最初是从红蚂蚁体内发现的,它存在于许多昆虫的毒汁中。甲酸是具有刺激性的无色液体,熔点为 8.4℃,沸点为 101℃。甲酸除有酸性之外,还有还原性,它能与托伦试剂和斐林试剂反应,这是甲酸和其他羧酸的不同之处。

2) 乙酸

乙酸(CH_3COOH)俗名醋酸,食醋中含有 $6\% \sim 10\%$ 的醋酸。乙酸的熔点为 16.6℃,沸点为 118℃。纯乙酸是有刺鼻味的无色液体,低温为冰状固体,故称为"冰醋酸"。乙酸是萜类、酯类化合物及一些长链羧酸的生物合成原料。

3) 乙二酸

乙二酸(HOOC—COOH)俗名草酸,在大部分植物尤其是草本植物中常以盐的形式存在,是无色晶体。无水草酸的熔点为 189℃,加热到 160℃ 以上时分解为甲酸及 CO_2,甲酸再分解为 CO 及水。草酸是酸性较强的有机酸并具有还原性,在容量分析中可用草酸或其盐来标定高锰酸钾溶液的浓度。

$$5\begin{array}{c} COOH \\ | \\ COOH \end{array} + 2KMnO_4 + 3H_2SO_4 \longrightarrow 10CO_2 + 2MnSO_4 + K_2SO_4 + 8H_2O$$

4) 丁二酸

丁二酸(HOOC—CH_2CH_2—COOH)俗名琥珀酸,最初是从蒸馏琥珀得到的。它存在于许多植物及褐煤中,也存在于动物的脑、肌肉及尿中,是体内糖代谢过程中生成的中间产物。丁二酸是白色晶体,熔点为 185℃,加热时即脱水而形成丁二酐。丁二酸在医药上有抗痉挛、祛痰及利尿作用。

5）苯甲酸

苯甲酸（C_6H_5—COOH）俗名安息香酸，是最简单的芳香酸，是白色固体，熔点为 122℃，微溶于水，易升华。苯甲酸具有抑菌、防腐作用，毒性较低，广泛用作食品、药剂和日用品的防腐剂，也作为治疗疥癣的药物。

7.4 今日话题：合成化学，一个跨学科交叉新领域

柳晗宇 耶鲁大学化学系，耶鲁大学能源研究所

有机合成（organic synthesis）是有机化学（organic chemistry）乃至化学学科中最为重要的子学科之一。1828 年，维勒（Wöhler）将氰酸（HNCO）与氨水（$NH_3 \cdot H_2O$）混合，首次人工合成出尿素 $[(H_2N)_2CO]$，有力地证明了有机物是可以从无机物合成的。该实验推翻了当时阻碍化学发展的生活力论，也标志着有机化学作为一门独立学科的诞生。此后的 200 年来，有机化学与有机合成的研究疆域不断扩张，物理、生物、医学、工学、材料、能源、农业、环境等各个领域，都离不开合成化学家所创造的成千上万种分子。1965 年诺贝尔化学奖得主，一代合成大师 R. B. 伍德沃德（R. B. Woodward）曾说："在旧的自然界旁边，化学家创造了一个新世界。"足见有机合成的重要作用。

以医药领域为例，2020 年全世界销售额最高的 200 种药物中，超过一半是化学合成药物。这其中既包含我们所熟知的古老分子阿司匹林（拜耳制药，商品名 Aspirin，1899 年问世），也有 2012 年才上市却排行第三的新分子阿哌沙班（Apixaban，辉瑞制药及百时美施贵宝，商品名 Eliquis）。图 7 - 10 给出了这两个分子的结构——显然，想要在 1900 年合成阿哌沙班无异于天方夜谭；而在 2020 年简直易如反掌。甚至"大魔王"难度的维生素 B_{12}，早在 1973 年就被伍德沃德与 A.艾申莫瑟（A. Eschenmoser）领导的百位科学家团队成功合成了。

在造福人类的同时，有机合成自身也在不断发展，在 1901 年至 2020 年间共 112 次诺贝尔化学奖中，超过 25 项奖项颁给了合成化学家，涉及其中最重要的三个领域：① 合成天然产物和复杂有机物（全合成）；② 发展新反应、新方法、新技术（方法学）；③ 研究物质合成的机制、规律和理论（理论研究）。同时，有机合成也不断采用、吸纳其他学科发展的最新洞见与成果：高效液相色谱（high

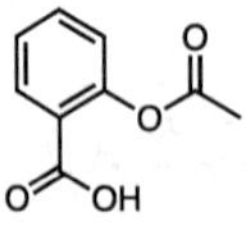

乙酰水杨酸
(acetylsalicyclic acid, ASA)
商品名：阿司匹林 (Aspirin)
拜耳制药，1899

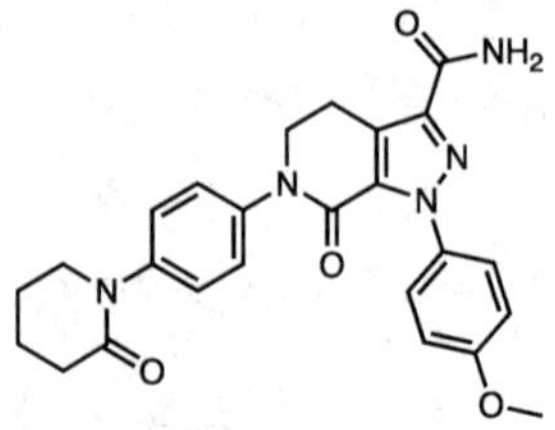

阿哌沙班 (Apixaban)
商品名：Eliquis
辉瑞制药与百时美施贵宝，2012

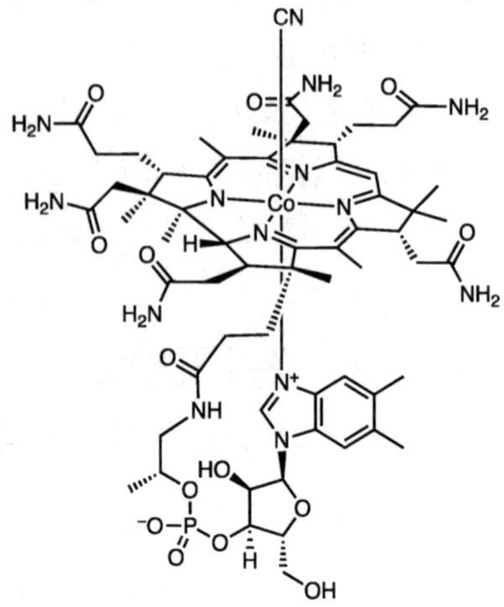

维生素 B_{12} (Vitamin B_{12})
伍德沃德与艾申莫瑟，1973

图 7-10　乙酰水杨酸、阿哌沙班与维生素 B_{12}

performance liquid chromatography，HPLC）提高了混合物的分离效率；红外光谱（infrared spectroscopy，IR）、核磁共振（nuclear magnetic resonance，NMR）和质谱（mass spectrometry，MS）是现代有机结构分析的三大武器；超声（ultrasound）合成、微波（microwave）合成和流动化学（flow chemistry）等技术缩短了反应时间，提高了产率；组合化学（combinatorial chemistry）、高通量（high-throughput）自动化合成和多样性导向的合成（diversity-oriented synthesis）可以在短时间及很有限的步骤内合成大量不同的化合物；数据科学（data science）与人工智能（artificial intelligence）的发展，使得繁杂的有机合成知识更好地为非合成专业的化学家及科学家所用。

200 年的发展、十余代有机化学家的汗水与灵感，使得有机合成化学在学术层面日趋成熟，将科学与艺术、智与美的结合演绎到了极致。许多人甚至断言："在现有的合成水平下，没有合成不了的分子，只有想不到的分子"。但这是否意味着有机合成已经趋于完美，难有大的突破与发展？其实不然，有机合成的使命，永远是与人类社会的发展需求相伴相生的。进入 21 世纪，人类社会面对的两个最大挑战，一来自健康（如何长生不老，并提高生命质量?），二来自资源（资源和能源日趋稀缺，如何应对?）。这两个挑战所催生的若干学科——生命科学、材料科学、能源科学——都深深地植根于有机合成的广袤大地之上。同时，这些行业也在不断提出新的需求，为有机合成的未来指引着新方向。比如在药物领域,先导化合物(lead compound)和候选药物(drug candidate)的合成是新药开发的瓶颈,如何快速高效地合成大量的、结构多样的候选分子,是合成化学家新的努力目标。在资源能源领域,不少合成方法面临着低效、耗能、污染严重等问题。这些问题的解决,不仅需要化学家、工程师与环境科学家的通力合作,从根本上,更是需要合成化学家不断推陈出新,开发出更多原子经济的、高选择性的、底物廉价易得的、产物环境友好的有机反应。有机合成仍然是一门极具发展空间的学科,与生命科学、材料科学、能源科学紧密结合,开发简洁实用、高效经济、绿色环保的反应和工艺,应成为合成化学未来的主要目标。

2021 年诺贝尔化学奖授予德国化学家本杰明·利斯特(Benjamin List) 和美国化学家大卫·W.C.麦克米兰(David W. C. MacMillan),表彰他们在开发"不对称有机催化"研究中做出的突出贡献。在有机合成反应中,催化剂是使反应顺利进行的有效手段,催化剂与反应底物的相互作用可以帮助反应克服固有能垒,降低反应所需的能量条件,使苛刻的反应条件变得温和,使低效的反应变得高效,有机催化是继金属和酶之后的第三种催化方法。他们所研究的"不对称有机催化"成功建立了手性有机小分子的合成方法,极大地方便了药物、塑料、香精和香水等生活必须品的合成。

合成化学的成就是衡量各国化学科学研究水平的重要标尺。我国正处于迈向世界科技强国的战略机遇期,合成化学的重要地位不言而喻。近十年来,我国有机合成在学术领域取得了突破式的发展,大量来自中国的合成化学论文登上 *Nature*、*Science*、*Nature Chemistry*、*Journal of the American Chemical Society*、*Angewandte Chemie International Edition.*等顶级期刊,中国人参与的文章更是占据合成化学的大半江山(见图 7 - 11)。张绍东等在《合成化学发展规划概述》中指出:中国合成化学应致力于提升学术品味,打破原有的学科界限,勇于开拓新领域,探索"无人区",形成特色研究方向;既要针对重大需求,解决实际问题,又要推进机制研究,提升理论和科学高度。合成化学正进入一个崭新的时代,充满了机遇与挑战。

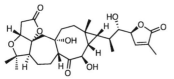

Pre-schisanartanin C Yang Z, Chen J-H. Journal of the American Chemical Society. 2020,142(1): 573-580.

(+)-Waihoensene Yang Z. Journal of the American Chemical Society. 2020,142(14): 6511-6515.

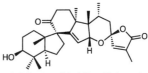

(-)-Spirochensilide A Yang Z. Journal of the American Chemical Society. 2020,142(18): 8116-8121.

(-)-Batrachotoxinin A Luo T. Journal of the American Chemical Society. 2020,142(8): 3675-3679.

Bufospirostenin A Li C-C. Journal of the American Chemical Society. 2020,142(29): 12602-12607.

(-)-Rhodomollanol A Ding H. Journal of American Chemical Society. 2020,142(10): 4592-4597.

Conidiogenone Zhai H. Angewandte Chemie International Edition. 2020, 59 (38): 16475-16479.

(-)-Daphnezomines B Li C. Journal of American Chemical Society. 2020, 142(36): 15240-15245.

(+)-Caldaphnidine J Xu J. Nature Communications. 2020, 11: 3538.

4β-Acetoxyprobotryane-9β,15α-diol (Li, 2020) *J. Am. Chem. Soc.* **2020**, *142*, 19868

Lycojaponicumin A Tu Y-Q, Organic Letters. 2020, 22 (10): 3775-3779.

(+)-Tronocarpine Han F-S. Angewandte Chemie International Edition. 2020, 76(49): 131641.

(–)-Kopsanone (Ye, 2020) *Angew. Chem., Int. Ed.* **2020**, *59*, 12832.

Galanthamine (Xu, 2020) *Org. Lett.* **2020**, 4, 1244.

(+)-Penostatin A Tong R. Organic Letters. 2020, 22(13): 5074-5078.

(-)-Pepluanol B She X G. Angewandte Chemie International Edition. 2020, 59(10): 3966-3970.

(-)-Guignardone A Yang Z. Organic Letters. 2020, 22(4): 1644-1647.

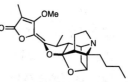

(+)-Stemofoline Huang P-Q. Nature Communications. 2020, 11: 5314.

(±)-11-*O*-Debenzoyltashironin Wang B. Organic Letters. 2020, 22(7): 2730-2734.

(-)-Kopsifoline D Peng X-S. Journal of Organic Chemistry. 2020, 85(2): 967-976.

图 7-11 中国化学家于 2020 年发表的全合成工作(节选)

参考文献

[1] Wöhler F. Ueber künstliche bildung des harnstoffs[J]. Annals of Physics. 1828，88(2)：253 - 256.

[2] McGrath N A，Brichacek M，Njardarson J T. A graphical journey of innovative organic architectures that have improved our lives[J]. Journal of Chemical Education. 2010，87(12)：1348 - 1349. 最新版本：Njardarson，J. T. Top Pharmaceuticals Poster. https://njardarson.lab.arizona.edu/content/top - pharmaceuticals - poster（accessed Aug 23，2021）

[3] Adamo A，Beingessner R L，Behnam M，et al. On - demand continuous - flow production of pharmaceuticals in a compact，reconfigurable system[J]. Science. 2016，352(6281)：61 - 67.

[4] Perera D，Tucker J W，Brahmbhatt S，et al. A platform for automated nanomole—scale reaction screening and micromole - scale synthesis in flow[J]. Science. 2018，359(6374)：429 - 434.

[5] Ahneman D T，Estrada J G，Lin S，et al. Predicting reaction performance in C - N cross—coupling using machine learning[J]. Science. 2018，360(6385)：186 - 190.

[6] 张绍东，卢红成，康强，等.合成化学发展规划概述[J].中国科学：化学.2021，51(5)：538 - 546.

[7] Nicolaou K C. Organic synthesis：the art and science of replicating the molecules of living nature and creating others like them in the laboratory[J]. Proceedings of the Royal Society A. 2014，470(2163)：20130690.

[8] Blakemore D C，Castro L，Churcher I，et al. Organic synthesis provides opportunities to transform drug discovery[J]. Nature Chemistry. 2018,10(4):383 - 394.

[9] 丁奎岭，黄少胥. 合成我们的未来. 中国科学院院刊. 2011，26：20 - 30.

[10] Nicolaou K C，Montagnon T. Molecules that changed the world[J]. Wiley：Weinheim，2008，9(5)：808.

[11] 李媛媛,冯琦琦,张筱宜,等.不对称有机催化：化繁为简助力药物研发——2021 年诺贝尔化奖[J],首都医科大学学报.2021,42(5)：883 - 887.

第 7 章 习 题

7.1　根据下列化合物中所含官能团,指出它们属于哪类化合物?

(1) [结构式: 苯环-CH₂OH]　(2) [结构式: 苯环-OH, 邻位-CH₃]　(3) [结构式: 苯环-OCH₃]

(4) $CH_3CH_2\overset{O}{\overset{\|}{C}}-H$　　(5) $H_3C\overset{O}{\overset{\|}{C}}-CH_3$　　(6) $CH_3\underset{NH_2}{CHCOOH}$

(7) naphthalene-SO_3H　　(8) benzene-NH_2, CH_3　　(9) H_3C—benzene—NO_2

7.2 命名下列化合物。

(1) $(CH_3)_2CHCH_2CH_3$

(2) $CH_3CH_2CH-\underset{\underset{CH_3}{|}}{\overset{\overset{CH_3}{|}}{C}}CH_2CH_3$

(3) $CH_3-CH-\underset{\underset{CH_3}{|}}{\overset{\overset{CH_3}{|}}{CH}}-CH_3$

(4) $(CH_3)_3CC(CH_3)_2\underset{\underset{CH_2CH_3}{|}}{CHCH_3}$

(5) $CH_3CH=CHCH_2CH_3$

(6) $CH_2=CH-\underset{\underset{CH_3}{|}}{\overset{\overset{CH_3}{|}}{C}}-CH=CH_2$

(7) $C_2H_5\underset{\underset{CH_2}{\|}}{C}CH_2CH_3$

(8) $CH_2=CHCH_2C\equiv CCH_2CH=CH_2$

(9) $H_3C-CH-CH-CH-CH_2-CH-CH_3$
$\quad\quad\quad\;\;\;|\quad\;\;|\quad\;\;|\quad\quad\quad\;|$
$\quad\quad\quad CH_3\;CH_2\;CH_3\quad\quad CH_3$
$\quad\quad\quad\quad\quad\;\;|$
$\quad\quad\quad\quad\quad CH_3$

(10)
$\quad\quad\quad\quad\quad\quad CH_2CH_2CH_2CH_3$
$\quad\quad\quad\quad\quad\quad\;|$
$CH_3CH_2CH_2CHCHCH_2CH_2CH_2CH_3$
$\quad\quad\quad\quad\;|$
$\quad\quad\quad\quad CH(CH_3)_2$

(11)
$\quad\quad\quad\quad\quad\quad CH_2CH_2CH_2CH_3$
$\quad\quad\quad\quad\quad\quad\;|$
$CH_3CH_2CH_2CHCHCH_2CH_2CH_2CH_3$
$\quad\quad\quad\quad\;|$
$\quad\quad\quad\quad CH_2CH_2CH_2CH_3$

$$(12)\ CH_3—\overset{\overset{\displaystyle CH_2CH_3}{|}}{\underset{\underset{\displaystyle CH_2CH_3}{|}}{\underset{CH_3CHCH_2CH_3}{C}}}—\overset{\overset{\displaystyle CH_2CH_3}{|}}{C}—CH_2—\overset{\overset{\displaystyle CH_3}{|}}{CH}—CH_3$$

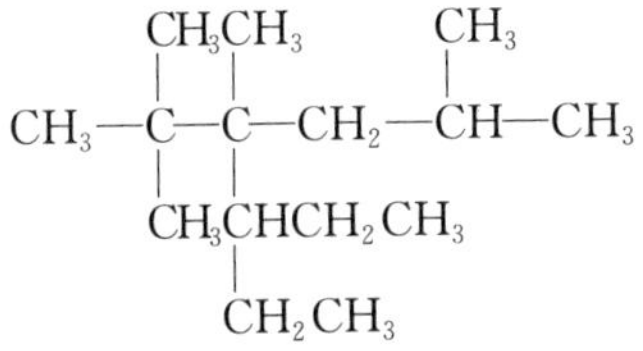

(13) 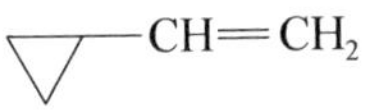 $\triangleright\!\!-CH\!\!=\!\!CH_2$

(14) 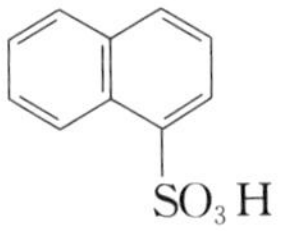 ［萘］ SO_3H

(15) 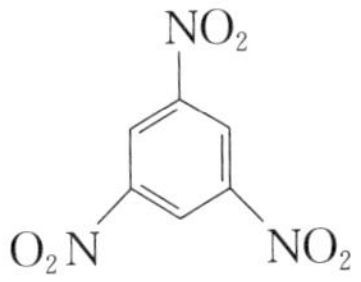 ［苯环 NO₂, O₂N, NO₂］

(16) 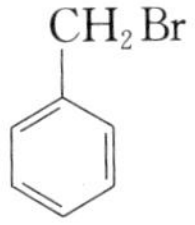 ［苯环 CH₂Br］

(17) 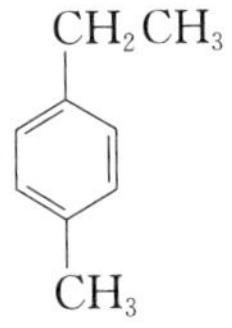 ［对位 CH₂CH₃ / CH₃ 苯环］

(18) 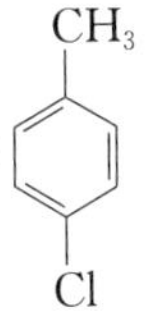 ［对位 CH₃ / Cl 苯环］

(19)  ［苯环 C(CH₃)₃］

(20) 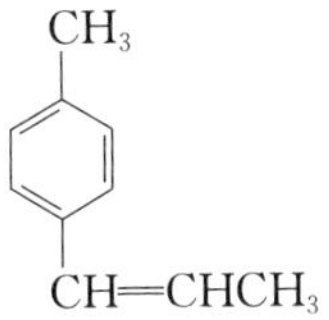 ［对位 CH₃ / CH=CHCH₃ 苯环］

7.3 写出下列化合物的构造式。

(1) 2-甲基丁烷

(2) 2,3-二甲基戊烷

(3) 2-甲基-3-乙基戊烷

(4) 2,3-二甲基-4-乙基己烷

(5) 2,3-二甲基-1-丁烯

(6) 2-甲基 2-丁烯

(7) 1,5-己二烯

(8) 3-甲基-4-乙基十一烷

7.4 写出分子式为 C_4H_8 的各个烯烃的简写式(包括顺反异构体的构型式),并分别用系统命名法命名。

7.5 完成下列反应。

(1) 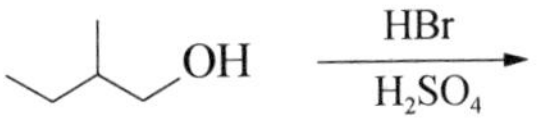 ［异戊醇结构］ $\overset{HBr}{\underset{H_2SO_4}{\longrightarrow}}$

(2) 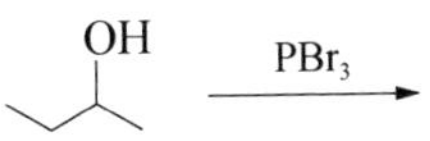 ［仲丁醇结构］ OH $\overset{PBr_3}{\longrightarrow}$

(3) ![结构式] $\xrightarrow{\text{CrO}_3,\text{吡啶}}$

(4) ![结构式] $\xrightarrow[\text{H}_2\text{O}]{\text{H}^+}$

(5) ![环氧化合物] + CH₃ONa $\xrightarrow{\text{CH}_3\text{OH}}$

7.6 用反应式分别表示 2-甲基-1-丁烯与下列各试剂的反应:(1) 溴/CCl₄;(2) 5%KMnO₄溶液;(3) HI;(4) H₂/Pt;(5) HBr(有过氧化物的存在);(6) HCl(有过氧化物的存在)。

7.7 下列各反应的主要产物是什么? 写出其构造式(简写式)及名称。

(1) 2,4-二甲基-2-戊烯 $\xrightarrow{\text{HI}}$?

(2) 1-己炔 $\xrightarrow{\text{HBr(过量)}}$?

(3) 1-辛炔 $\xrightarrow[\text{Hg}^{2+},\text{ H}_2\text{SO}_4]{\text{H}_2\text{O}}$?

(4) 1-丁炔 $\xrightarrow{\text{AgNO}_3-\text{NH}_3 \text{ 水}}$?

(5) 1-丁烯 $\xrightarrow[\text{H}^+]{\text{H}_2\text{O}}$?

(6) 2-甲基丙烯 $\xrightarrow[\text{过氧化物}]{\text{HI}}$?

(7) 2-甲基-1-丁烯 $\xrightarrow[\text{过氧化物}]{\text{HBr}}$?

(8) 2-戊烯 $\xrightarrow[\triangle]{\text{KMnO}_4}$?

7.8 哪些烯烃经臭氧氧化再以 Zn/H₂O 处理,可得以下化合物?

(1) CH₃CH₂CH₂CHO+HCHO

(2) (CH₃)₂CHCHO+CH₃CHO

(3) CH₃CHO+CH₃COCH₃

(4) CH₃CHO+CH₂⟨CHO CHO⟩+HCHO

(5) CH₃COCH₃

7.9 分子式为 C₄H₆ 的化合物,能使高锰酸钾溶液褪色,但不能与硝酸银的氨溶液发生反应。试写出这些化合物的构造式。

7.10 分子式为 C₁₁H₂₀ 的烃催化氢化时,吸收 2 mol H₂,其臭氧化物用 Zn/

H_2O 处理后,生成丁酮、丁二醛 $\left(\begin{array}{c} CH_2CHO \\ | \\ CH_2CHO \end{array}\right)$ 及丙酮(CH_3CH_2CHO)。试写出这个物质可能的构造式。

7.11　某烃 C_6H_{12} 能使溴溶液褪色,催化氢化得己烷;此烃用 $KMnO_4$ 酸性溶液氧化可得两种不同的羧酸。试推导这个烃的构造式。

7.12　化合物(A)$C_{10}H_{18}$ 催化氢化为(B)$C_{10}H_{22}$。(A)用 $KMnO_4$ 氧化得到丙酮、乙酸及 $CH_3COCH_2CH_2COOH$。试推导(A)可能的构造式。

7.13　试以化学方法区别下列各组化合物。

(1) 环丙烷、丙烷与丙烯　　　　　(2) 环己烷、环己烯和苯

(3) 甲苯、1-庚烯和庚烷　　　　　(4) 乙苯、苯乙烯和苯乙炔

7.14　试以苯为原料合成下列化合物,并说明合成路线的理论依据。

(1) 苯甲酸　　　　　　　　　　　(2) 邻硝基苯甲酸

(3) 间硝基苯甲酸　　　　　　　　(4) 4-甲基-3-氯苯磺酸

7.15　用反应式表示怎样从苯或甲苯转变为下列化合物。

(1) 对溴甲苯　　　　　　　　　　(2) 间氯苯甲酸

(3) 1-(3-溴)苯基-1-丁酮　　　　(4) 间硝基苯乙酮

(5) 3,4-二溴-1-硝基苯

7.16　完成下列反应式。

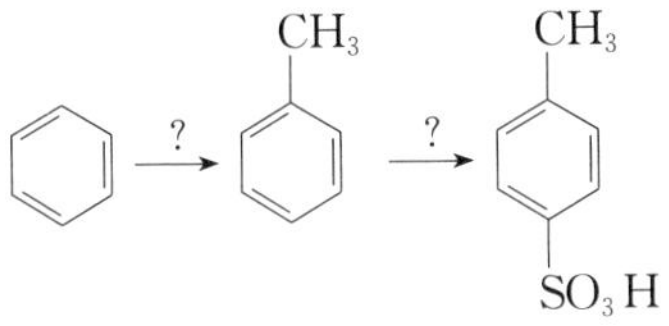

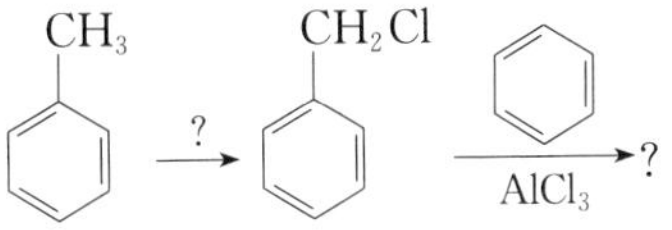

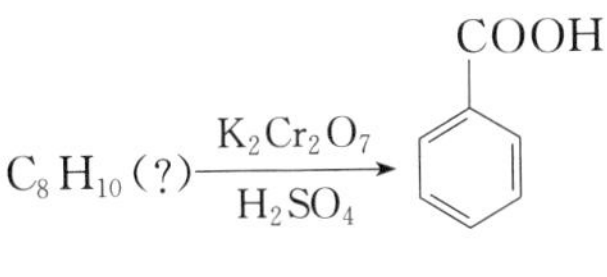

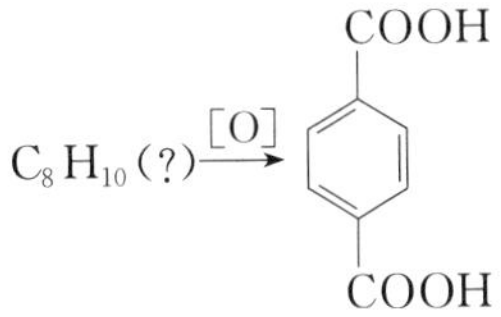

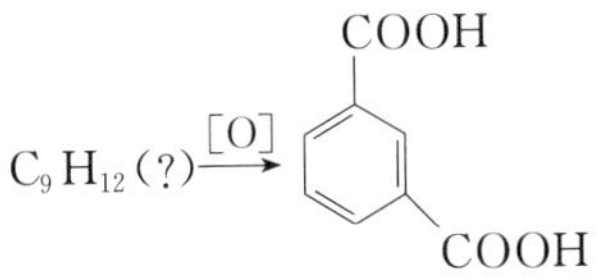

7.17　从亲电取代反应历程比较苯和甲苯在进行亲电取代反应时的难易程度,并从理论上说明。

7.18 写出下列各反应主产物的构造式。

(1) 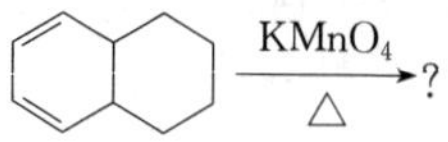 $\xrightarrow[\triangle]{KMnO_4}$?

(2) 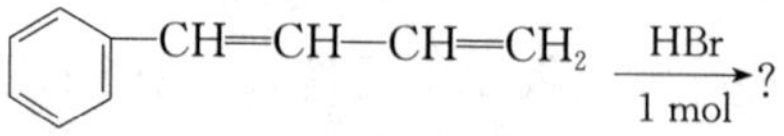 —CH=CH—CH=CH$_2$ $\xrightarrow{HBr}$ 1 mol ?

(3) —CH$_2$CH$_2$CH$_2$CHClCH$_3$ $\xrightarrow[\triangle]{AlCl_3}$ 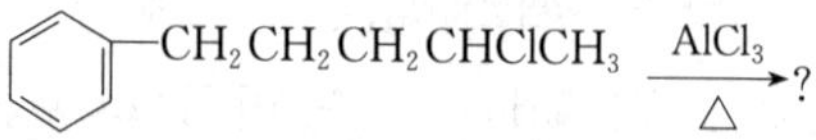 ?

(4) 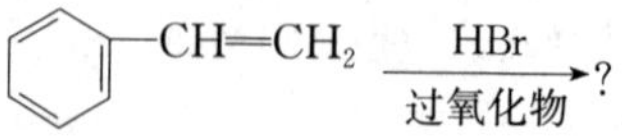 —CH=CH$_2$ $\xrightarrow[过氧化物]{HBr}$?

(5) 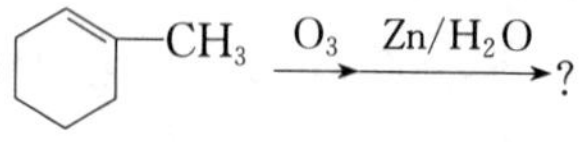 —CH$_3$ $\xrightarrow{O_3\ Zn/H_2O}$?

(6) 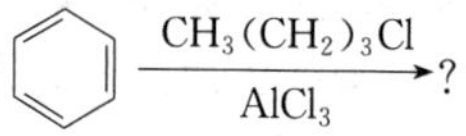 $\xrightarrow[AlCl_3]{CH_3(CH_2)_3Cl}$?

7.19 以乙烷、乙烯、乙炔、环己烷、环己烯和苯为例,总结一下它们在结构和性质上有何异同点。

7.20 经过元素分析、测定相对分子质量,证明 A、B、C 三种芳香烃的分子式为 C_9H_{12}。当以 K_2CrO_7 的酸性溶液氧化后,A 变为一元羧酸,B 变为二元羧酸,C 变为三元羧酸。但经浓硝酸和浓硫酸硝化后,A 和 B 分别生成两种一硝化合物,而 C 只生成一种一硝化合物。试通过反应式确定 A、B、C 的结构和名称。

7.21 氯霉素具有很强的杀菌作用,其结构如下图所示。试确定其有几个手性碳,预测一下这个化合物可能有哪些性质?

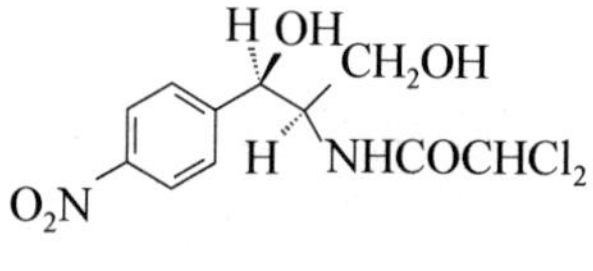

附　　录

附录 1　一些物理和化学的基本常量

量	符号	数　值	单　位
光速	c	299 792 458	$m \cdot s^{-1}$
Planck 常量	h	$6.620\ 755(45) \times 10^{-34}$	$J \cdot s$
基本电荷	e	$1.602\ 177\ 33(49) \times 10^{-19}$	C
电子质量	m_e	$9.109\ 389\ 7(54) \times 10^{-31}$	kg
质子质量	m_p	$1.672\ 623\ 1(10) \times 10^{-27}$	kg
Avogadra 常数	N_A	$6.022\ 136\ 7(36) \times 10^{23}$	mol^{-1}
Faraday 常数	F	$96\ 485.309(29)$	$C \cdot mol^{-1}$
摩尔气体常数	R	$8.314\ 510(70)$	$J \cdot mol^{-1} \cdot K^{-1}$
Boltzmann 常数	k	$1.380\ 658\ 9(12) \times 10^{-23}$	$J \cdot K^{-1}$
原子的质量单位^{12}C	u	$1.660\ 540\ 2(10) \times 10^{-27}$	kg
电子伏特	eV	$1.602\ 177\ 33(49) \times 10^{-10}$	J

附录 2　常用的单位换算关系

1 厘米(cm)	10^7 nm
1 波数(cm^{-1})	$2.859\ 1 \times 10^{-3}$ kcal $\cdot$ mol^{-1}
1 eV	23.061 kcal $\cdot$ mol^{-1}
1 kcal $\cdot$ mol^{-1}	0.043 3 eV
1 kcal	4.148 kJ
1 尔格(erg)	2.390×10^{-11} kcal $= 10^{-7}$ J
1 大气压	101 325 Pa $=$ 760 Torr

附录 3　常见物质的 $\Delta_f H_m^{\ominus}$、$\Delta_f G_m^{\ominus}$ 和 $S_m^{\ominus}$(298.15 K)

物　　质	$\Delta_f H_m^{\ominus}$/kJ·mol^{-1}	$\Delta_f G_m^{\ominus}$/kJ·mol^{-1}	$S_m^{\ominus}$/J·K^{-1}·mol^{-1}
Ag(s)	0.0	0.0	42.55
Ag$^+$(aq)	105.58	77.12	72.68
Ag(NH$_3$)$_2^+$(aq)	−111.3	−17.2	245
AgCl(s)	−127.07	−109.80	96.2
AgBr(s)	−100.4	−96.9	107.1
Ag$_2$CrO$_4$(s)	−731.74	−641.83	218
AgI(s)	−61.84	−66.19	115
Ag$_2$O(s)	−31.1	−11.2	121
Ag$_2$S(s, α)	−32.59	−40.67	144.0
AgNO$_3$(s)	−124.4	−33.47	140.9
Al(s)	0.0	0.0	28.33
Al^{3+}(aq)	−531	−485	−322
AlCl$_3$(s)	−704.2	−628.9	110.7
α - Al$_2$O$_3$(s)	−1 676	−1 582	50.92
B(s. β)	0.0	0.0	5.86
B$_2$O$_3$(s)	−1 272.8	−1 193.7	53.97
BCl$_3$(g)	−404	−388.7	290.0
BCl$_3$(l)	−427.2	−387.4	206
B$_2$H$_6$(g)	35.6	86.6	232.0
Ba(s)	0.0	0.0	62.8
Ba^{2+}(aq)	−537.64	−560.74	9.6
BaCl$_2$(s)	−858.6	−810.4	123.7
BaO(s)	−548.10	−520.41	72.09

(续表)

物　　　质	$\Delta_f H_m^{\ominus}/kJ \cdot mol^{-1}$	$\Delta_f G_m^{\ominus}/kJ \cdot mol^{-1}$	$S_m^{\ominus}/J \cdot K^{-1} \cdot mol^{-1}$
$Ba(OH)_2(s)$	-944.7	—	—
$BaCO_3(s)$	$-1\,216$	$-1\,138$	112
$BaSO_4(s)$	$-1\,473$	$-1\,362$	132
$Br_2(l)$	0.0	0.0	152.23
$Br^-(aq)$	-121.5	-104.0	82.4
$Br_2(g)$	30.91	3.14	245.35
$HBr(g)$	-36.40	-53.43	198.59
$HBr(aq)$	-121.5	-104.0	82.4
$Ca(s)$	0.0	0.0	41.2
$Ca^{2+}(aq)$	-542.83	-553.54	-53.1
$CaF_2(s)$	$-1\,220$	$-1\,167$	68.87
$CaCl_2(s)$	-795.8	-748.1	105
$CaO(s)$	-635.09	-604.04	39.75
$Ca(OH)_2(s)$	-986.09	-898.56	83.39
$CaCO_3(s,方解石)$	$-1\,206.9$	$-1\,128.8$	92.9
$CaCO_4(s,无水石膏)$	$-1\,434.1$	$-1\,321.9$	107
$C(石墨)$	0.0	0.0	5.74
$C(金刚石)$	1.987	2.900	2.38
$C(g)$	716.68	671.21	157.99
$CO(g)$	-110.52	-137.15	197.56
$CO_2(g)$	-393.51	-394.36	213.6
$CO_3^{2-}(aq)$	-667.14	-527.90	-56.9
$HCO_3^-(aq)$	-691.99	-586.85	91.2
$CO_2(aq)$	-413.8	-386.0	118
$H_2CO_3(aq,非电离)$	-699.65	-623.16	187
$CCl_4(l)$	-135.4	-65.2	216.4
$CH_3OH(l)$	-238.7	-166.4	127
$C_2H_5OH(l)$	-277.7	-174.9	161
$HCOOH(l)$	-424.7	-361.4	129.0
$CH_3COOH(l)$	-484.5	-390	160
$CH_3COOH(aq,非电离)$	-485.76	-396.6	179

(续表)

物　　质	$\Delta_f H_m^{\ominus} / kJ \cdot mol^{-1}$	$\Delta_f G_m^{\ominus} / kJ \cdot mol^{-1}$	$S_m^{\ominus} / J \cdot K^{-1} \cdot mol^{-1}$
CH_3COO^-(aq)	-486.01	-369.4	86.6
CH_3CHO(l)	-192.3	-128.2	160
CH_4(g)	-74.81	-50.75	186.15
C_2H_2(g)	226.75	209.20	200.82
C_2H_4(g)	52.26	68.12	219.5
C_2H_6(g)	-84.68	-32.89	229.5
C_3H_8(g)	-103.85	-23.49	269.9
C_4H_6(g,1,2-丁二烯)	165.5	201.7	293.0
C_4H_8(g,1-丁烯)	1.17	72.04	307.4
$n-C_4H_{10}$(g)	-124.73	-15.71	310.0
Hg(g)	61.32	31.85	174.8
HgO(s,红)	-90.83	-58.53	70.29
HgS(s,红)	-58.2	-50.6	82.4
$HgCl_2$(s)	-224	-179	146
Hg_2Cl_2(s)	-265.2	-210.78	192
I_2(s)	0.0	0.0	116.14
I_2(g)	62.438	19.36	260.6
I^-(aq)	-55.19	-51.59	111
HI(g)	25.9	1.30	206.48
K(s)	0.0	0.0	64.18
K^+(aq)	-252.4	-283.3	103
KCl(s)	-436.75	-409.2	82.59
KI(s)	-327.90	-324.89	106.32
KOH(s)	-424.76	-379.1	78.87
$KClO_3$(s)	-397.7	-296.3	143
$KMnO_4$(s)	-837.2	-737.6	171.7
Mg(s)	0.0	0.0	32.68
Mg^{2+}(aq)	-466.85	-454.8	-138
$MgCl_2$(s)	-641.32	-591.83	89.62
$MgCl_2 \cdot 6H_2O$(s)	$-2\,499.0$	$-2\,215.0$	366
MgO(s,方镁石)	-601.70	-569.44	26.9

(续表)

物 质	$\Delta_f H_m^{\ominus}$ /kJ $\cdot$ mol^{-1}	$\Delta_f G_m^{\ominus}$ /kJ $\cdot$ mol^{-1}	$S_m^{\ominus}$ /J $\cdot$ K^{-1} $\cdot$ mol^{-1}
Mg(OH)$_2$(s)	−924.54	−833.58	63.18
MgCO$_3$(s,菱镁石)	−1 096	−1 012	65.7
MgSO$_3$(s)	−1 285	−1 171	91.6
Mn(s, α)	0.0	0.0	32.0
Mn^{2+}(aq)	−220.7	−228.0	−73.6
MnO$_2$(s)	−520.03	−465.18	53.05
MnO$_4^-$(aq)	−518.4	−425.1	189.9
MnCl$_2$(s)	−481.29	−440.53	118.2
Na(s)	0.0	0.0	51.21
Na$^+$(aq)	−240.2	−261.89	59.0
NaCl(s)	−411.15	−384.15	72.13
Na$_2$O(s)	−414.2	−375.5	75.06
C$_6$H$_6$(g)	82.93	129.66	269.2
C$_6$H$_6$(l)	49.03	124.50	172.8
Cl$_2$(g)	0.0	0.0	222.96
Cl$^-$(aq)	−167.16	−131.26	56.5
HCl(g)	−92.31	−95.30	186.80
ClO$_3^-$(aq)	−99.2	−3.3	162
Co(s)(α,六方)	0.0	0.0	30.04
Co(OH)$_2$(s,桃红)	−539.7	−454.4	79
Cr(s)	0.0	0.0	23.8
Cr$_2$O$_3$(s)	−1 140	−1 058	81.2
Cr$_2$O$_7^{2-}$(aq)	−1 490	−1 301	262
Cr$_2$O$_4^{2-}$(aq)	−881.2	−727.9	50.2
Cu(s)	0.0	0.0	33.15
Cu$^+$(aq)	71.67	50.00	41
Cu^{2+}(aq)	64.77	65.52	−99.6
Cu(NH$_3$)$_4^{2+}$(aq)	−348.5	−111.3	274
Cu$_2$O(s)	−169	−146	93.14
CuO(s)	−157	−130	42.63
Cu$_2$S(s, α)	−79.5	−86.2	121

（续表）

物　　质	$\Delta_f H_m^{\ominus} /kJ \cdot mol^{-1}$	$\Delta_f G_m^{\ominus} /kJ \cdot mol^{-1}$	$S_m^{\ominus} /J \cdot K^{-1} \cdot mol^{-1}$
$CuS(s)$	-53.1	-53.6	66.5
$CuCO_4(s)$	-771.36	-661.9	109
$CuSO_4 \cdot 5H_2O(s)$	$-2\ 279.7$	$-1\ 880.06$	300
$F_2(g)$	0.0	0.0	202.7
$F^-(aq)$	-332.6	-278.8	-14
$F(g)$	78.99	61.92	158.64
$Fe(s)$	0.0	0.0	27.3
$Fe^{2+}(aq)$	-89.1	-78.87	-138
$Fe^{3+}(aq)$	-48.5	-4.6	-316
$Fe_2O_3(s,赤铁矿)$	-822.2	-741.0	87.40
$Fe_3O_4(s,磁铁矿)$	$-1\ 120.9$	$-1\ 015.46$	146.44
$H_2(g)$	0.0	0.0	130.57
$H^+(aq)$	0.0	0.0	0.0
$H_3O^+(aq)$	-285.85	-237.19	69.96
$NaOH(s)$	-426.73	-379.53	64.45
$Na_2CO_3(s)$	$-1\ 130.7$	$-1\ 044.5$	135.0
$NaI(s)$	-287.8	-286.1	98.53
$Na_2O_2(s)$	-513.2	-447.69	94.98
$HNO_3(l)$	-174.1	-80.79	155.6
$NO_3^-(aq)$	-207.4	-111.3	146
$NH_3(g)$	-46.11	-16.5	192.3
$NH_3 \cdot H_2O(aq,非电离)$	-366.12	-263.8	181
$NH_4^+(aq)$	-132.5	-79.37	113
$NH_4Cl(s)$	-314.4	-203.0	94.56
$NH_4NO_3(s)$	-365.6	-184.0	151.1
$(NH_4)_2SO_4(s)$	-901.90	$—$	187.5
$N_2(g)$	0.0	0.0	191.5
$NO(g)$	90.25	86.57	210.65
$NOBr(g)$	82.17	82.42	273.5
$NO_2(g)$	33.2	51.30	240.0
$N_2O(g)$	82.05	104.2	219.7

(续表)

物　　质	$\Delta_f H_m^\ominus /kJ \cdot mol^{-1}$	$\Delta_f G_m^\ominus /kJ \cdot mol^{-1}$	$S_m^\ominus /J \cdot K^{-1} \cdot mol^{-1}$
$N_2O_4(g)$	9.16	97.82	304.2
$N_2H_4(g)$	95.40	159.3	238.4
$N_2H_4(l)$	50.63	149.2	121.2
$NiO(s)$	−240	−212	38.0
$O_3(g)$	143	163	238.8
$O_2(g)$	0	0	205.03
$OH^-(aq)$	−229.99	−157.29	−10.8
$H_2O(l)$	−285.83	−237.18	69.94
$H_2O(g)$	−241.82	−228.4	188.72
$H_2O_2(l)$	−187.8	−120.4	—
$H_2O_2(aq)$	−191.2	−134.1	144
$P(s,白)$	0.0	0.0	41.09
$P(红)(s,三斜)$	−17.6	−12.1	22.8
$PCl_3(g)$	−287	−268.0	311.7
$PCl_5(s)$	−443.5	—	—
$Pb(s)$	0.0	0.0	64.81
$Pb^{2+}(aq)$	−1.7	−24.4	10
$PbO(s,黄)$	−215.33	−187.90	68.70
$PbO_2(s)$	−277.40	−217.36	68.62
$Pb_3O_4(s)$	−718.39	−601.24	211.29
$H_2S(g)$	−20.6	−33.6	205.7
$H_2S(aq)$	−40	−27.9	121
$HS^-(aq)$	−17.7	12.0	63
$S^{2-}(aq)$	33.2	85.9	−14.6
$H_2SO_4(l)$	−813.99	−690.10	156.90
$HSO_4^-(aq)$	−887.34	−756.00	132
$SO_4^{2-}(aq)$	−909.27	−744.63	20
$SO_2(g)$	−296.83	−300.37	248.1
$SO_3(g)$	−395.7	−370.3	256.6
$Si(s)$	0.0	0.0	18.8
$SiO_2(s,石英)$	−910.94	−856.67	41.84

(续表)

物　　质	$\Delta_f H_m^{\ominus} / kJ \cdot mol^{-1}$	$\Delta_f G_m^{\ominus} / kJ \cdot mol^{-1}$	$S_m^{\ominus} / J \cdot K^{-1} \cdot mol^{-1}$
$SiF_4(g)$	$-1\,614.9$	$-1\,572.7$	282.4
$SiCl_4(l)$	-687.0	-619.90	240
$SiCl_4(g)$	-657.01	-617.01	330.6
Sn(s,白)	0.0	0.0	51.5
Sn(s,灰)	-2.1	0.13	44.3
SnO(s)	-286	-257	56.5
$SnO_2(s)$	-580.7	-519.7	52.3
$SnCl_2(s)$	-325	—	—
$SnCl_4(s)$	-511.3	-440.2	259
Zn(s)	0.0	0.0	41.6
$Zn^{2+}(aq)$	-153.9	-147.0	-112
ZnO(s)	-348.3	-318.2	43.64
$ZnCl_2(aq)$	-488.19	-409.5	0.8
ZnS(s,闪锌矿)	-206.0	-201.3	57.7

摘自：Robert C. West. CRC Handbook Chemistry and Physics[M]. 69th ed. 1988—1989：50—93，96—97。已换算成 SI 单位。

附录 4　弱酸和弱碱在水中的解离常数

1. 弱酸的解离常数

名　称	分子式	温度/℃	解离常数 K_a		pK_a
砷酸	H_3AsO_4	18	5.62×10^{-3}	(K_{a_1})	2.25
			1.70×10^{-7}	(K_{a_2})	6.77
			3.95×10^{-12}	(K_{a_3})	11.40
亚砷酸	$HAsO_2$	25	6.0×10^{-10}		9.22
硼酸	H_3BO_3	20	5.8×10^{-10}	(K_{a_1})	9.24
四硼酸	$H_2B_4O_7$	25	$\sim 10^{-4}$	(K_{a_1})	~ 4
			$\sim 10^{-3}$	(K_{a_2})	~ 9
氢氰酸	HCN	25	4.93×10^{-10}		9.31
碳酸	H_2CO_3	25	4.3×10^{-7}	(K_{a_1})	6.38
			5.6×10^{-11}	(K_{a_2})	10.25
铬酸	H_2CrO_4	25	1.8×10^{-1}	(K_{a_1})	0.74
			3.2×10^{-7}	(K_{a_2})	6.49
氢氟酸	HF	25	3.53×10^{-4}		3.45
亚硝酸	HNO_2	12.5	4.6×10^{-4}		3.34
磷酸	H_3PO_4	25	7.52×10^{-3}	(K_{a_1})	2.12
			6.23×10^{-8}	(K_{a_2})	7.20
磷酸	H_3PO_4	25	4.4×10^{-13}	(K_{a_3})	12.36
氢硫酸	H_2S	18	1.3×10^{-7}	(K_{a_1})	6.89
			7.1×10^{-15}	(K_{a_2})	14.15
硫酸	H_2SO_4	25	1.20×10^{-2}	(K_{a_2})	1.92

（续表）

名　　称	分子式	温度/℃	解离常数 K_a		pK_a
亚硫酸	H_2SO_3	18	1.54×10^{-2}	(K_{a_1})	1.81
			1.02×10^{-7}	(K_{a_2})	6.99
甲酸	HCOOH	20	1.77×10^{-4}		3.75
乙酸	CH_3COOH	25	1.76×10^{-5}		4.75
丙酸	CH_3CH_2COOH	25	1.34×10^{-5}		4.87
一氯乙酸	$CH_2ClCOOH$	25	1.40×10^{-3}		2.85
二氯乙酸	$CHCl_2COOH$	25	3.32×10^{-2}		1.48
三氯乙酸	CCl_3COOH	25	2×10^{-1}		0.70
乙二酸（草酸）	$H_2C_2O_4$	25	5.90×10^{-2}	(K_{a_1})	1.23
			6.40×10^{-5}	(K_{a_2})	4.19
丙二酸	$HOOC—CH_2—COOH$	25	1.49×10^{-3}	(K_{a_1})	2.83
			2.03×10^{-6}	(K_{a_2})	5.69
d-酒石酸	$\begin{array}{c} CH(OH)COOH \\ | \\ CH(OH)COOH \end{array}$	25	1.04×10^{-3}	(K_{a_1})	2.85
			4.55×10^{-5}	(K_{a_2})	4.34
柠檬酸	$\begin{array}{c} CH_2COOH \\ | \\ C(OH)COOH \\ | \\ CH_2COOH \end{array}$	20	7.10×10^{-4}	(K_{a_1})	3.15
		20	1.68×10^{-5}	(K_{a_2})	4.77
		20	4.07×10^{-7}	(K_{a_3})	6.39
乙二胺四乙酸	H_6Y^{2-}		1.2×10^{-1}	(K_{a_1})	0.9
			2.5×10^{-2}	(K_{a_2})	1.6
			8.5×10^{-3}	(K_{a_3})	2.07
			1.78×10^{-3}	(K_{a_4})	2.75
			5.8×10^{-7}	(K_{a_5})	6.24
			4.6×10^{-11}	(K_{a_6})	10.34
苯甲酸	C_6H_5COOH	25	6.46×10^{-5}		4.19
邻苯二甲酸	$\sigma-C_6H_4(COOH)_2$	25	1.3×10^{-3}	(K_{a_1})	2.89
			3.9×10^{-6}	(K_{a_2})	5.54
苯酚	C_6H_5OH	20	1.28×10^{-10}		9.89
水杨酸	$C_6H_4(OH)COOH$	19	1.07×10^{-3}	(K_{a_1})	2.97
		18	4×10^{-14}	(K_{a_2})	13.40

2. 弱碱的解离常数

名　称	分子式	温度/℃	解离常数 K_b	pK_b
氨水	$NH_3 \cdot H_2O$		1.75×10^{-5}	4.75
羟胺	NH_2OH	20	1.07×10^{-8}	7.97
苯胺	$C_6H_5NH_2$		4.27×10^{-10}	9.37
苯甲胺	$C_6H_5CH_2NH_2$		2.14×10^{-5}	4.67
乙二胺	$H_2NCH_2CH_2NH_2$	0	$5.15 \times 10^{-4}(K_{b1})$	3.29
			$3.66 \times 10^{-7}(K_{b2})$	6.44
三乙醇胺	$(HOCH_2CH_3)_3N$		7.94×10^{-7}	6.10
六次甲基四胺	$(CN_2)_6N_4$		1.35×10^{-9}	8.87
吡啶	C_5H_5N		1.78×10^{-9}	8.75
1,10-邻二氮菲	$C_{12}H_3N_2$		6.94×10^{-10}	9.16

附录 5　常见难溶电解质的溶度积 K_{sp}（291.15 K）

难溶电解质	K_{sp}	难溶电解质	K_{sp}
AgCl	1.8×10^{-10}	$Fe(OH)_2$	4.87×10^{-17}
AgBr	5.35×10^{-13}	$Fe(OH)_3$	2.64×10^{-39}
AgI	8.5×10^{-17}	FeS	1.59×10^{-19}
Ag_2CO_3	8.45×10^{-12}	Hg_2Cl_2	1.45×10^{-18}
Ag_2CrO_4	2.0×10^{-12}	HgS(黑)	6.44×10^{-53}
Ag_2SO_4	1.20×10^{-5}	$MgCO_3$	6.82×10^{-6}
$Ag_2S(\alpha)$	6.69×10^{-50}	$Mg(OH)_2$	5.61×10^{-12}
$Ag_2S(\beta)$	1.09×10^{-49}	$Mn(OH)_2$	2.06×10^{-13}
$Al(OH)_3$	2×10^{-33}	MnS	4.65×10^{-14}
$BaCO_3$	2.6×10^{-9}	$Ni(OH)_2$	5.47×10^{-16}
$BaSO_4$	1.07×10^{-10}	NiS	1.07×10^{-21}
$BaCrO_4$	1.2×10^{-10}	$PbCl_2$	1.17×10^{-5}
$CaCO_3$	4.96×10^{-9}	$PbCO_3$	1.46×10^{-13}
$CaC_2O_4 \cdot H_2O$	2.34×10^{-9}	$PbCrO_4$	1.77×10^{-14}
CaF_2	1.46×10^{-10}	PbF_2	7.12×10^{-7}
$Ca_3(PO_4)_2$	2.07×10^{-33}	$PbSO_4$	1.82×10^{-8}
$CaSO_4$	7.10×10^{-5}	PbS	9.04×10^{-29}
$Cd(OH)_2$	5.27×10^{-15}	PbI_2	8.49×10^{-9}
CdS	1.40×10^{-29}	$Pb(OH)_2$	1.6×10^{-17}
$Co(OH)_2$(桃红)	1.09×10^{-15}	$SrCO_3$	5.60×10^{-10}
$Co(OH)_2$(蓝)	5.92×10^{-15}	$SrSO_4$	3.44×10^{-7}
$CoS(\alpha)$	4.0×10^{-21}	$ZnCO_3$	1.19×10^{-10}
$CoS(\beta)$	2.0×10^{-25}	$Zn(OH)_2(\gamma)$	6.68×10^{-17}
$Cr(OH)_3$	7.0×10^{-31}	$Zn(OH)_2(\beta)$	7.71×10^{-17}
CuI	1.27×10^{-12}	$Zn(OH)_2(\varepsilon)$	4.12×10^{-17}
CuS	1.27×10^{-36}	ZnS	2.5×10^{-25}

摘自：Robert C. West. CRC Handbook Chemisry and Rhysics. 69th ed. 1988—1989，B207—208.

附录6 标准电极电势(298.15 K)

半 反 应	$\varphi^{\ominus}/V$
$\frac{1}{2}F_2 + H^+ + e^- \!=\! HF$	3.03
$F_2 + 2e^- \!=\! 2F^-$	2.87
$O_3 + 2H^+ + 2e^- \!=\! O_2 + H_2O$	2.07
$S_2O_8^{2-} + 2e^- \!=\! 2SO_4^{2-}$	2.0
$H_2O_2 + 2H^+ + 2e^- \!=\! 2H_2O$	1.776
$H_5IO_6 + H^+ + 2e^- \!=\! IO_3^- + 3H_2O$	约1.7
$PbO_2 + SO_4^{2-} + 4H^+ + 2e^- \!=\! PbSO_4 + 2H_2O$	1.685
$MnO_4^- + 4H^+ + 3e^- \!=\! MnO_2 + 2H_2O$	1.679
$HClO + H^+ + e^- \!=\! \frac{1}{2}Cl_2 + H_2O$	1.63
$2HBrO + 2H^+ + 2e^- \!=\! Br_2(I) + H_2O$	1.6
$BrO_3^- + 6H^+ + 5e^- \!=\! \frac{1}{2}Br_2 + 3H_2O$	1.52
$Mn^{3+} + e^- \longrightarrow Mn^{2+}$	1.51
$MnO_4^- + 8H^+ + 5e^- \!=\! Mn^{2+} + 4H_2O$	1.491
$HClO + H^+ + 2e^- \!=\! Cl^- + H_2O$	1.49
$ClO_3^- + 6H^+ + 5e^- \!=\! \frac{1}{2}Cl_2 + 3H_2O$	1.47
$PbO_2 + 4H^+ + 2e^- \!=\! Pb^{2+} + 2H_2O$	1.46
$HIO + H^+ + e^- \!=\! \frac{1}{2}I_2 + H_2O$	1.45
$ClO_3^- + 6H^+ + 6e^- \!=\! Cl^- + 3H_2O$	1.45
$Ce^{4+} + 2e^- \!=\! Ce^{2+}$	1.443 0
$BrO_3^- + 6H^+ + 6e^- \!=\! Br^- + 3H_2O$	1.44
$Au^{3+} + 3e^- \!=\! Au$	1.42
$Cl_2 + 2e^- \!=\! 2Cl^-$	1.358 3

（续表）

半　反　应	$\varphi^{\ominus}/V$
$ClO_4^- + 8H^+ + 7e^- \Longrightarrow \dfrac{1}{2}Cl_2 + 4H_2O$	1.34
$Cr_2O_7^{2-} + 14H^+ + 6e^- \Longrightarrow 2Cr^{3+} + 7H_2O$	1.33
$Au^{3+} + 2e^- \Longrightarrow Au^+$	~1.29
$O_2 + 4H^+ + 4e^- \Longrightarrow 2H_2O$	1.229
$MnO_2 + 4H^+ + 2e^- \Longrightarrow Mn^{2+} + 2H_2O$	1.208
$2IO_3^- + 12H^+ + 10e^- \Longrightarrow I_2 + 6H_2O$	1.19
$ClO_4^- + 2H^+ + 2e^- \Longrightarrow ClO_3^- + H_2O$	1.19
$Fe(ph)_3^{3+} + e^- \Longrightarrow Fe(ph)_3^{2+}$	1.14
$Br_2(aq) + 2e^- \Longrightarrow 2Br^-$	1.087
$IO_3^- + 6H^+ + 6e^- \Longrightarrow I^- + 3H_2O$	1.085
$VO_2^+ + 2H^+ + e^- \Longrightarrow VO^{2+} + H_2O$	1.00
$HNO_2 + H^+ + e^- \Longrightarrow NO + H_2O$	0.99
$HIO + H^+ + 2e^- \Longrightarrow I^- + H_2O$	0.99
$NO_3^- + 4H^+ + 3e^- \Longrightarrow NO + 2H_2O$	0.96
$NO_3^- + 3H^+ + 2e^- \Longrightarrow HNO_2 + H_2O$	0.94
$2Hg^{2+} + 2e^- \Longrightarrow Hg_2^{2+}$	0.905
$ClO^- + H_2O + 2e^- \Longrightarrow Cl^- + 2OH^-$	0.90
$Hg^{2+} + 2e^- \Longrightarrow Hg$	0.851
$\dfrac{1}{2}O_2 + 2H^+(10^{-7}\ mol \cdot dm^{-3}) + 2e^- \Longrightarrow H_2O$	0.815
$2NO_3^- + 4H^+ + e^- \Longrightarrow N_2O_4 + 2H_2O$	0.81
$Ag^+ + e^- \Longrightarrow Ag$	0.799 1
$Hg_2^{2+} + 2e^- \Longrightarrow 2Hg$	0.796 1
$Fe^{3+} + e^- \Longrightarrow Fe^{2+}$	0.771
$PtCl_6^{2-} + 2e^- \Longrightarrow PtCl_4 + 2Cl^-$	0.74
$O_2 + 2H^+ + 2e^- \Longrightarrow H_2O_2$	0.682
$Hg_2SO_4 + 2e^- \Longrightarrow 2Hg + SO_4^{2-}$	0.615 8
$MnO_4^- + 2H_2O + 3e^- \Longrightarrow MnO_2 + 4OH^-$	0.588
$MnO_4^- + e^- \Longrightarrow MnO_4^{2-}$	0.564

(续表)

半 反 应	$\varphi^{\ominus}/V$
$IO_3^- + 2H_2O + 4e^- \Longrightarrow IO^- + 4OH^-$	0.56
$I_2 + 2e^- \Longrightarrow 2I^-$	0.535 5
$I_3^- + 2e^- \Longrightarrow 3I^-$	0.533 8
$Cu^+ + e^- \Longrightarrow Cu$	0.522
$Cu^{2+} + 2e^- \Longrightarrow Cu$	0.340 2
$VO^{2+} + 2H^+ + e^- \Longrightarrow V^{2+} + H_2O$	0.337
$BiO^+ + 2H^+ + 3e^- \Longrightarrow Bi + H_2O$	0.32
$Hg_2Cl_2 + 2e^- \Longrightarrow 2Hg + 2Cl^-$	0.268 2
$HAsO_2 + 3H^+ + 3e^- \Longrightarrow As + 2H_2O$	0.247 5
$AgCl + e^- \Longrightarrow Ag + Cl^-$	0.222 3
$SbO^+ + 2H^+ + 3e^- \Longrightarrow Sb + H_2O$	0.212
$SO_4^{2-} + 4H^+ + 2e^- \Longrightarrow H_2SO_3 + H_2O$	0.20
$Cu^{2+} + e^- \Longrightarrow Cu^+$	0.158
$Sn^{4+} + 2e^- \Longrightarrow Sn^{2+}$	0.15
$S + 2H^+ + 2e^- \Longrightarrow H_2S(aq)$	0.141
$Hg_2Br_2 + 2e^- \Longrightarrow 2Hg + 2Br^-$	0.139 6
$Co(NH_3)_6^{3+} + e^- \Longrightarrow Co(NH_3)_6^{2+}$	0.1
$S_4O_6^{2-} + 2e^- \Longrightarrow 2S_2O_3^{2-}$	0.09
$AgBr + e^- \Longrightarrow Ag + Br^-$	0.071 3
$Ti(OH)^{3+} + H^+ + e^- \Longrightarrow Ti^{3+} + H_2O$	0.06
$2H^+ + 2e^- \Longrightarrow H_2$	0.000
$Fe^{3+} + 3e^- \Longrightarrow Fe$	-0.036
$Ag_2S + 2H^+ + 2e^- \Longrightarrow 2Ag + H_2S$	$-0.036\ 6$
$O_2 + H_2O + 2e^- \Longrightarrow HO_2^- + OH^-$	-0.076
$CrO_4^{2-} + 4H_2O + 3e^- \Longrightarrow Cr(OH)_2 + 5OH^-$	-0.12
$Pb^{2+} + 2e^- \Longrightarrow Pb$	$-0.126\ 3$
$Sn^{2+} + 2e^- \Longrightarrow Sn$	$-0.136\ 4$
$O_2 + 2H_2O + 2e^- \Longrightarrow H_2O_2 + OH^-$	-0.146

（续表）

半　　反　　应	$\varphi^{\ominus}/V$
$AgI + e^- \rightleftharpoons Ag + I^-$	$-0.151\ 9$
$Ni^{2+} + 2e^- \rightleftharpoons Ni$	-0.23
$Co^{2+} + 2e^- \rightleftharpoons Co$	-0.28
$Cd^{2+} + 2e^- \rightleftharpoons Cd$	$-0.402\ 6$
$Cr^{3+} + e^- \rightleftharpoons Cr^{2+}$	-0.409
$Fe^{2+} + 2e^- \rightleftharpoons Fe$	$-0.440\ 2$
$2CO_2 + 2H^+ + 2e^- \rightleftharpoons H_2C_2O_4$	-0.49
$S + 2e^- \rightleftharpoons S^{2-}$	-0.508
$Cr^{2+} + 2e^- \rightleftharpoons Cr$	-0.557
$2SO_3^{2-} + 3H_2O + 4e^- \rightleftharpoons S_2O_3^{2-} + 6OH^-$	-0.58
$AsO_4^{3-} + 2H_2O + 2e^- \rightleftharpoons AsO_2^- + 4OH^-$	-0.71
$Zn^{2+} + 2e^- \rightleftharpoons Zn$	$-0.762\ 8$
$HSnO_3^- + H_2O + 2e^- \rightleftharpoons Sn + 3OH^-$	-0.79
$SO_4^{2-} + H_2O + 2e^- \rightleftharpoons SO_3^{2-} + 2OH^-$	-0.92
$Sn(OH)_6^{2-} + 2e^- \rightleftharpoons HSnO_2^- + 3OH^- + H_2O$	-0.96
$Mn^{2+} + 2e^- \rightleftharpoons Mn$	-1.029
$ZnO_2^{2-} + 2H_2O + 2e^- \rightleftharpoons Zn + 4OH^-$	-1.216
$H_2AlO_3^- + H_2O + 3e^- \rightleftharpoons Al + 4OH^-$	-2.35
$Mg^{2+} + 2e^- \rightleftharpoons Mg$	-2.375
$Na^+ + e^- \rightleftharpoons Na$	$-2.710\ 9$
$Ca^{2+} + 2e^- \rightleftharpoons Ca$	-2.76
$Sr^{2+} + 2e^- \rightleftharpoons Sr$	-2.89
$Ba^{2+} + 2e^- \rightleftharpoons Ba$	-2.90
$K^+ + e^- \rightleftharpoons K$	-2.924
$Li^+ + e^- \rightleftharpoons Li$	-3.045

附录 7　常见配离子的稳定常数 K_f

配离子	K_f	配离子	K_f
$[Ag(CN)_2]^-$	1.3×10^{21}	$[Fe(CN)_5]^{4-}$	1.0×10^{35}
$[Ag(NH_3)_2]^+$	1.1×10^7	$[Fe(CN)_5]^{3-}$	1.0×10^{42}
$[Ag(SCN)_2]^-$	3.7×10^7	$[Fe(C_2O_4)_3]^{3-}$	2×10^{20}
$[Ag(S_2O_3)_2]^{3-}$	2.9×10^{13}	$[Fe(NCS)]^{2+}$	2.2×10^3
$[Al(C_2O_4)_3]^{3-}$	2.0×10^{16}	$[FeF_3]$	1.13×10^{12}
$[AlF_6]^{3-}$	6.9×10^{19}	$[HgCl_4]^{2-}$	1.2×10^{15}
$[Cd(CN)_4]^{2-}$	6.0×10^{18}	$[Hg(CN)_4]^{2-}$	2.5×10^{41}
$[CdCl_4]^{2-}$	6.3×10^2	$[HgI_4]^{2-}$	6.8×10^{29}
$[Cd(NH_3)_4]^{2+}$	1.3×10^7	$[Hg(NH_3)_4]^{2+}$	1.9×10^{19}
$[Cd(SCN_4)]^{2-}$	4.0×10^3	$[Ni(CN)_4]^{2-}$	2.0×10^{31}
$[Co(NH_3)_6]^{2+}$	1.3×10^5	$[Ni(NH_3)_4]^{2+}$	9.1×10^7
$[Co(NH_3)_6]^{3+}$	2×10^{35}	$[Pb(CH_3COO)_4]^{2-}$	3×10^8
$[Co(NCS)_4]^{2-}$	1.0×10^3	$[Pb(CN)_4]^{2-}$	1.0×10^{11}
$[Cu(CN)_2]^-$	1.0×10^{24}	$[Zn(CN)_4]^{2-}$	5×10^{16}
$[Cu(CN)_4]^{3-}$	2.0×10^{30}	$[Zn(C_2O_4)_2]^{2-}$	4.0×10^7
$[Cu(NH_3)_2]^+$	7.2×10^{10}	$[Zn(OH)_4]^{2-}$	4.6×10^{17}
$[Cu(NH_3)_4]^{2+}$	2.1×10^{13}	$[Zn(NH_3)_4]^{2+}$	2.9×10^9
$[FeCl_3]$	98		

参 考 文 献

［1］ 同济大学普通化学及无机化学教研室.普通化学［M］.北京：高等教育出版社,2004.

［2］ 华彤文,王颖霞,卞江,等.普通化学原理(第四版)［M］.北京：北京大学出版社,2013.

［3］ 崔爱莉,沈光球.现代化学基础(第二版)［M］.北京：清华大学出版社,2008.

［4］ 浙江大学普通化学教研组.普通化学(第七版)［M］.北京：高等教育出版社,2019.

［5］ 陈平初,李武客,詹正坤.社会化学简明教程［M］.北京：高等教育出版社,2004.

［6］ 马荔,陈虹锦.基础化学(第二版)［M］.北京：化学工业出版社,2010.

［7］ 唐有祺,王夔.化学与社会［M］.北京：高等教育出版社,1997.

［8］ 陈虹锦.无机与分析化学(第二版)［M］.北京：化学工业出版社,2008.

［9］ 陈虹锦.化学与生活［M］.北京：高等教育出版社,2013.

［10］ 傅献彩,沈文霞,姚天扬,等.物理化学(第五版)［M］.北京：高等教育出版社,2005.

［11］ 宋天佑,程鹏,徐家宁,等.无机化学(第四版)上册［M］.北京：高等教育出版社,2019.

［12］ 宋天佑,徐家宁,程恭臻,等.无机化学(第二版)下册［M］.北京：高等教育出版社,2019.

［13］ 张祖德.无机化学(第二版)［M］.合肥：中国科学技术大学出版社,2018.

［14］ 朱裕贞,顾达,黑恩成.现代基础化学［M］.北京：化学工业出版社,2004.

［15］ 吴旦,刘萍,朱红.从化学的角度看世界［M］.北京：化学工业出版社,2006.

［16］ 吴旦.化学与现代社会［M］.北京：科学出版社,2002.

[17] 北京师范大学,华中师范大学,南京师范大学无机化学教研室.无机化学（上册,第四版）[M].北京：高等教育出版社,2010.

[18] 北京师范大学,华中师范大学,南京师范大学无机化学教研室.无机化学（下册,第四版）[M].北京：高等教育出版社,2003.

[19] John A Suchocki. Conceptual chemistry [M]. 北京：机械工业出版社,2002.

[20] P Ralph H, H William S, Herring Geofftey. General chemistry Principles and Modern Applications[M]. 8th ed.北京：高等教育出版社,2004.

[21] David W, Oxtoby H P G, Norman H N. Principles of modern chemistry [M]. 5th ed. Stamford：Thomson Learning, Inc., 2002.

[22] 李博达,冯慈珍.普通化学[M].北京：人民教育出版社,1982.

[23] 蔡少华,龚孟濂,史华红.无机化学基本原理[M].广州：中山大学出版社,1999.

[24] 北京大学《大学基础化学》编写组.大学基础化学[M].北京：高等教育出版社,2003.

[25] 古练权,汪波,黄志纾,等.有机化学[M].北京：高等教育出版社,2008.

[26] 钟兴厚,萧文锦,袁启华,等.无机化学丛书第六卷,卤素,铜分族,锌分族[M].北京：科学出版社,1995.

[27] 谢少艾,陈虹锦,舒谋海.元素化学简明教程[M].上海：上海交通大学出版社,2006.

[28] 陆国元.有机化学(第三版)[M].南京：南京大学出版社,2020.

[29] 邢其毅,裴伟伟,徐瑞秋,等.基础有机化学[M].北京：高等教育出版社,2005.

[30] 华东理工大学,四川大学.分析化学(第七版)[M].北京：高等教育出版社,2019.

[31] 彭崇惠,冯建章,张锡瑜.分析化学(第3版)[M].北京：北京大学出版社,2009.

[32] 徐端钧,聂晶晶,刘清.新编普通化学(第二版)[M].北京：科学出版社,2012.

[33] 甘孟瑜,张云怀.大学化学[M].北京：科学出版社,2017.

[34] 周祖新,丁蕙.工程化学[M].北京：化学工程出版社,2011.